高等学校新工科应用型人才培养系列教材

★ 本书获中国通信学会"2020 年信息通信教育精品教材"称号

LTE 与 5G 移动通信技术

主 编 赵 珂

副主编 邹艳琼

西安电子科技大学出版社

内 容 简 介

    本书简要介绍了移动通信系统的发展史，讲解了移动通信系统从 1G 到 5G 的演进过程、系统架构和技术变迁。本书重点对 LTE 与 5G 移动通信系统中的系统架构、帧结构、物理层资源和信道、小区搜索、随机接入、小区选择和重选、功率控制、多址技术、大规模 MIMO 技术、小区干扰抑制、超密集组网、网络切片等关键技术做了较详细的阐述。最后还对 LTE 与 5G 移动通信的典型设备进行了介绍，以帮助读者认识 BBU、RRU、AAU 等设备，并建立 LTE 与 5G 全网的概念，掌握通信工程师所需的基本技能。

    通过本书的学习，读者可以建立对 LTE 与 5G 移动通信系统的整体认识，掌握移动通信系统的关键技术原理，为进一步理解移动通信系统的信令流程，掌握网络优化等技能提供理论基础。

    本书可作为高校通信专业的教材，也可作为通信行业认证培训班的教材、各类移动通信技术大赛的理论考试用书、移动通信运营商的参考书，还可作为通信行业专业技术人员和广大移动通信爱好者的自学用书。

图书在版编目(CIP)数据

LTE 与 5G 移动通信技术/赵珂主编.
—西安：西安电子科技大学出版社，2020.9(2022.4 重印)
ISBN 978 - 7 - 5606 - 5792 - 9

Ⅰ. ① L… Ⅱ. ① 赵… Ⅲ. ① 无线电通信—移动网 Ⅳ. ① TN929.5

中国版本图书馆 CIP 数据核字(2020)第 136253 号

策划编辑　李惠萍
责任编辑　马晓娟　李惠萍
出版发行　西安电子科技大学出版社(西安市太白南路 2 号)
电　　话　(029)88202421　88201467　　邮　编　710071
网　　址　www.xduph.com　　　　　电子邮箱　xdupfxb001@163.com
经　　销　新华书店
印刷单位　陕西天意印务有限责任公司
版　　次　2020 年 9 月第 1 版　2022 年 4 月第 3 次印刷
开　　本　787 毫米×1092 毫米　1/16　印张　19.5
字　　数　462 千字
印　　数　2501～4500 册
定　　价　45.00 元
ISBN 978 - 7 - 5606 - 5792 - 9/TN
XDUP 6094001 - 3
＊＊＊如有印装问题可调换＊＊＊

前　言

随着科学技术水平的不断提高，为能随时随地进行自由的沟通，移动通信技术应运而生。各类新型业务的兴起以及用户规模的迅猛发展，不停地推动着移动通信系统的持续演进与革新。我国目前移动通信网络正处在 5G 的发展阶段，4G 的应用方兴未艾，5G 的步伐已经开始，6G 的研发也已经提上日程。5G/4G/3G 均采用了后向兼容技术，而且在很长时间内会以 5G/4G 为主导，2G/3G/4G/5G 技术共存，直至 2G/3G 逐渐退网。2G/3G/4G/5G 移动通信技术的区别主要在于其采用的无线接口不同和系统架构不同，因此采用的相关技术在各系统中也有所区别。本书简要介绍了移动通信系统的发展史，讲解了移动通信系统的演进过程以及各类技术在系统中的应用。鉴于 2G/3G 将逐渐退网，4G 技术主要以 LTE 系统为主，5G 的部分技术亦是基于 LTE 技术发展而来，且现阶段的组网模式以 LTE 与 5G 共存为主，因此本书选取 LTE 与 5G 移动通信技术作为主要内容，重点介绍了 LTE 与 5G 移动通信系统的系统架构、帧结构、物理层和无线接口技术，并对 LTE 与 5G 移动通信的典型设备进行了讲解，以帮助读者认识 BBU、RRU、AAU 等设备，并建立 LTE 与 5G 全网的概念。本书对 LTE 与 5G 的关键知识点都做了较详细的阐述，希望读者可以通过本书的学习建立对 LTE 与 5G 移动通信系统的整体认识，可以掌握通信工程师所需的基本技能。

全书分 9 章：

第 1 章为移动通信概述，包括移动通信的概念、特点、分类和移动通信的工作方式，移动通信的发展简史和移动通信标准化组织介绍。

第 2 章为早期移动通信系统，简单介绍了第一代模拟移动通信系统(1G)、第二代数字移动通信系统(2G)和第三代数字移动通信系统(3G)各自的发展、标准、系统架构和技术特点等内容。

第 3~5 章介绍 LTE 移动通信系统，主要包括 LTE 系统的发展、标准演进、系统架构、物理层、帧结构、空中接口协议和关键技术等内容。

第 6~8 章介绍 5G 移动通信系统，包括 5G 的发展、系统架构、物理层、帧结构、空中接口协议和 5G 关键技术等内容。

第 9 章为 LTE 与 5G 移动通信网络设备，介绍了 LTE 与 5G 移动通信网络的相关典型设备的结构、参数和使用等内容。

本书第 1~8 章由赵珂编写，第 9 章由邹艳琼编写，全书由赵珂统筹规划、统稿和修改。

感谢中兴通讯股份有限公司、中国电信云南分公司、中国移动云南分公司、大唐移动通信设备有限公司的同仁在本书编写过程中给予的支持和帮助，感谢苏树盟、陈燕、李亚梅、刘鑫年、王嘉鑫、柴若磊精心制作了本书的部分图表。感谢西安电子科技大学出版社的编辑对本书出版的大力支持和付出的辛勤劳动。

由于作者水平和能力有限，书中难免存在疏漏及不当之处，敬请广大读者和同行专家批评指正。

作　者

2020 年 6 月

目　录

第 1 章 移动通信概述

1.1 移动通信的概念和特点

1.1.1 移动通信的概念

移动通信是指通信双方有一方或双方处于移动状态中的通信方式。移动体可以是人，也可以是处于移动状态中的物体，如手机、收音机、汽车、火车、飞机、轮船等。固定体可以是固定无线电台、固定电话、有线通信用户等。通信的过程是移动双方的信息交换，包括语音和非语音通信业务（如数据、传真、邮件、图像、视频等）的信息交换。

1.1.2 移动通信的组成

移动通信信息的交换依赖于无线电波的传输，采用的频段涉及低频、中频、高频、甚高频和特高频。移动通信系统由用户终端、基站、移动交换局组成。一个完整的移动通信系统包括以下 4 个子系统。

1. 用户子系统

用户子系统即移动终端（如手机），包括射频系统和编解码系统等。

2. 基站子系统

基站子系统也称为无线管理子系统，包括无线信道管理、空口切换规则等。

3. 交换子系统

交换子系统也称为移动核心网，负责完成用户信息的传递与交互。

4. 传输子系统

传输子系统包括有线中继、无线中继等传输基础网络和各种接口等。

1.1.3 移动通信的特点

移动通信的主要特点如下：

（1）通信方具有移动性。

移动通信的双方或一方要保持物体在移动状态中的正常通信，通信的方式可以是无线通信，也可以是无线通信与有线通信的结合。

（2）利用无线电波进行信息传输。

由于移动通信的移动性特点，移动通信系统与用户之间的信号传输必须采用无线方式，即以无线电波方式进行信息传输。

（3）电波传播条件复杂、信道特性差。

因通信的移动体可能在各种不同环境中运动，移动通信采用无线传输方式的电磁波在传播过程中会产生反射、折射、绕射、多普勒效应等现象，导致多径干扰、信号传播延迟和展宽等。电波也会随着传输距离的增加而衰减；不同的地形、物体对信号也会有不同的影响；信号可能经过多点反射后从多条路径到达接收点，产生多径效应，导致电平衰落和时延扩展；当用户的通信终端快速移动时，会产生多普勒效应，影响信号的接收。同时，因为电磁波受外界环境的影响是不断变化的，所以通信用户终端的移动也会导致接收信号衰减。

（4）系统中噪声和干扰严重。

移动通信系统中无线电波传播的特性，决定了其在通信过程中必然受到外界多种因素的影响，因此，外来电波的干扰是造成移动通信系统干扰的主要原因之一。另外，由于移动通信系统的复杂性（有线通信与无线通信的综合体），它还在一定程度上受到网络内部其他因素的影响。因此，可以说移动通信系统运行在复杂的干扰环境中，如外部噪声干扰（天电干扰、工业干扰、信道噪声）、系统内干扰和系统间干扰（邻频干扰、互调干扰、交调干扰、同频干扰、多址干扰和远近效应等），以及其他因网络参数设定不当而造成的干扰等。如何有效减少这些干扰的影响，也是移动通信系统要解决的重要问题。

（5）可以利用的频谱资源有限。

国际电信联盟（ITU）定义 3000GHz 以下的电磁频谱为无线电磁波的频谱，为了合理使用频谱资源，保证各行业和业务使用频谱资源时彼此之间不会干扰，ITU 颁布了国际无线电规则，对各种业务和通信系统所使用的无线频段进行了统一的频率范围规定。这些频段的频率范围在各个国家和地区实际应用时会略有不同，但都必须在 ITU 规定的范围内。按照国际无线电规则规定，现有的无线电通信共分成航空通信、航海通信、陆地通信、卫星通信、广播、电视、无线电导航、定位以及遥测、遥控、空间探索等 50 多种不同的业务，并对每种业务都规定了一定的频段，无线电磁波波段划分见表 1－1。考虑到无线覆盖、系统容量和用户设备的实现等问题，移动通信系统基本上选择在特高频（UHF，分米波段）上实现无线传输，而这个频段还有其他的系统（如雷达、电视等其他的无线接入），因此移动通信可以利用的频谱资源非常有限。随着移动通信的发展，通信容量不断提高，因此，必须研究和开发各种新技术，采取各种新措施，最大限度地提高频谱的利用率，合理地分配和管理频率资源。

表 1－1   国际电信联盟波段划分

ITU 波段号码	频段名称	缩写	频率范围	波段	波长范围	使用范围
			≤3 Hz		≥100 000 km	
1	极低频	ELF	3 Hz～30 Hz	极长波	100 000 km～10 000 km	潜艇通信或直接转换成声音
2	超低频	SLF	30 Hz～300 Hz	超长波	10 000 km～1000 km	交流输电系统（50 Hz～60 Hz）或直接转换成声音
3	特低频	ULF	300 Hz～3 kHz	特长波	1 000 km～100 km	矿场通信或直接转换成声音

ITU 波段号码	频段名称	缩写	频率范围	波段	波长范围	使用范围
4	甚低频	VLF	3 kHz~30 kHz	甚长波	100 km~10 km	直接转换成声音、超声,进行地球物理学研究
5	低频	LF	30 kHz~300 kHz	长波	10 km~1 km	国际广播、全向信标
6	中频	MF	300 kHz~3 MHz	中波	1 km~100 m	调幅(AM)广播、全向信标、海事及航空通信
7	高频	HF	3 MHz~30 MHz	短波	100 m~10 m	短波、民用电台
8	甚高频	VHF	30 MHz~300 MHz	米波	10 m~1 m	调频(FM)广播、电视广播、航空通信
9	特高频	UHF	300 MHz~3 GHz	分米波	1 m~100 mm	电视广播、无线电话通信、无线网络、微波炉
10	超高频	SHF	3 GHz~30 GHz	厘米波	100 mm~10 mm	无线网络、雷达、人造卫星接收
11	极高频	EHF	30 GHz~300 GHz	毫米波	10 mm~1 mm	射电天文学、遥感、人体扫描安检仪
			>300 GHz		<1 mm	

(6) 系统网络结构复杂,设备性能要求较高。

移动通信系统是一个多用户通信系统和网络的综合系统,必须使用户之间互不干扰,才能协调一致地工作。此外,移动通信系统还与市话网、卫星通信网、数据网等互连,同时,随着移动通信技术的不断更新和移动通信系统的升级,不同移动通信系统之间也要互连,所以移动通信系统的整个网络结构比较复杂,对移动通信网络设备性能要求较高。移动通信系统对用户终端设备的要求也比较多,除技术含量要求很高外,对于手持机(手机)还要求体积小、重量轻、防震动、省电、操作简单、携带方便;对于车载台还要求保证在高低温变化等恶劣环境下也能正常工作。

(7) 具备很强的管理和控制功能。

由于移动通信系统中用户终端可移动,为了确保与指定的用户进行通信,移动通信系统必须具备很强的管理和控制功能,如用户的位置登记和定位、呼叫链路的建立和拆除、信道的分配和管理、越区切换和漫游的控制、鉴权和保密措施、计费管理等。

1.2　移动通信的分类和工作方式

1.2.1　移动通信的分类

移动通信有以下多种分类方法:

（1）按传输信号类型划分，可分为模拟网和数字网。

（2）按服务对象划分，可分为公用移动通信和专用移动通信。

（3）按网络形式划分，可分为单区制、多区制和蜂窝制。

（4）按移动通信网络的业务性质划分，可分为电话业务和数据、传真等非话业务。

（5）按移动台活动范围划分，可分为陆地移动通信、海上移动通信和航空移动通信。

（6）按多址方式划分，可分为频分多址（FDMA）、时分多址（TDMA）、码分多址（CDMA）和空分多址（SDMA）等。

（7）按用户的通话消息传递方向与时间关系划分，可分为单工制、半双工制和双工制。

（8）按使用情况划分，可分为移动电话系统、无线寻呼系统、集群调度系统、卫星移动通信系统等。

1.2.2　移动通信的工作方式

1. 单工制

单工制通信的通信双方中，一方固定为发送端，另一方固定为接收端。信息只能沿一个固定方向传输，使用一根传输线，即数据传输是单向的。单工制可分为单频（同频）单工和双频（异频）单工两种。同频是指通信双方使用相同的工作频率。异频是指通信双方使用两个不同的频率。单工模式一般用在只向一个方向传输数据的场合。例如计算机与打印机之间的通信是单工模式，因为只有计算机向打印机传输数据，而没有相反方向的数据传输。还有某些通信信道也是单工模式，如广播电台、传呼机、电视信号转播等。

2. 半双工制

半双工制通信使用同一根传输线，在通信过程的任意时刻，信息既能由A传到B，又能由B传A，即A（或B）可以发送数据又可以接收数据，但不能同时进行发送和接收。数据传输允许在两个方向上传输，但是，在任何时刻只能由其中的一方发送数据，另一方接收数据。因此半双工模式既可以使用一条数据线，也可以使用两条数据线。它实际上是一种切换方向的单工通信，如对讲机之间的通信。半双工通信中每端需有一个收发切换电子开关，通过切换来决定数据向哪个方向传输。因为收发存在切换，所以通信会产生时间延迟，信息传输效率低。

3. 双工制

双工制指的是全双工通信，即在通信的任意时刻，线路上存在A到B和B到A的双向信号传输。在全双工方式下要求通信双方的发送设备和接收设备都有独立的接收和发送能力，同时，需要两根数据线传送数据信号。所以全双工能控制数据同时在两个方向上传送。全双工方式无需进行方向的切换，所以没有切换操作所产生的时间延迟，可在交互式应用和远程监控系统中使用，信息传输效率高。

当前蜂窝移动通信的双工制分为频分双工（Frequency Division Duplexing，FDD）和时分双工（Time Division Duplexing，TDD）。

1）频分双工

频分双工的发射和接收信号采用两个独立对称的频率信道分别进行向下和向上传送信息，如图1-1所示。为了防止邻近的发射机和接收机之间产生相互干扰，在两个信道之间存在一个保护频段。FDD 操作时需要两个独立的信道，一个信道传输从基站向终端用户发送的信息，即下行传送信息；另一个信道传输从终端用户向基站发送的信息，即上行传送信息。

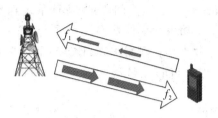

图 1-1　FDD 传输示意图

2）时分双工

时分双工的发射和接收信号是在同一频率信道的不同时隙中进行的，彼此之间采用一定的保护时隙予以分离，见图 1-2。TDD 不需要分配对称频段的频率，在每个信道内可以灵活地控制、改变发送和接收时间的长短比例，在进行不对称的数据传输时，可充分利用有限的无线电频谱资源，有利于实现明显上下行不对称的互联网业务。

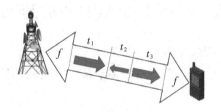

图 1-2　TDD 传输示意图

根据 FDD、TDD 两种工作模式的特点，在移动通信网络中，它们各自有着不同的适用范围：采用 FDD 模式工作的系统是时间连续控制的系统，适用于大区制的国家和国际间覆盖漫游，以及对称业务，如话音、交互式实时数据等；采用 TDD 模式工作的系统是时间分隔控制的系统，适用于城市及近郊等高密度地区的局部覆盖和对称及不对称数据业务，如互联网业务等。

采用 FDD 模式的移动通信系统与采用 TDD 模式的移动通信系统相比，各有以下优缺点：

（1）FDD 必须使用成对的收发频率。

FDD 在支持对称业务时能充分利用上下行的频谱，但在进行非对称的数据交换业务时，频谱的利用率大为降低，约为对称业务时的 60％。而 TDD 不需要成对的频率，通信网络可根据实际情况灵活地变换信道上下行的切换点，有效地提高了系统传输不对称业务时的频谱利用率。

（2）FDD 的数据传输速率更快。

根据 ITU 的要求，LTE 系统下采用 FDD 模式的系统的最高移动速度可达 500 km/h，而采用 TDD 模式的系统的最高移动速度只有 120 km/h。这是因为 FDD 上下行数据传输在不同频率上，相当于高速公路上双向行驶比较顺畅，因而速度会更快。而且，TDD 系统在芯片处理速度和算法上也达不到 FDD 的标准。

（3）TDD 适用于智能天线技术。

采用 TDD 模式工作的系统，上下行工作于同一频率，其电波传输的一致性使之适于运用智能天线技术，通过智能天线具有的自适应波束赋形，可有效减少多径干扰，提高设备的可靠性。而收、发采用一定频段间隔的 FDD 系统则难以采用上述技术。同时，智能天线技术要求采用多个小功率的线性功率放大器代替单一的大功率线性放大器，其价格远低于单一大功率线性放大器。据测算，TDD 系统的基站设备成本比 FDD 系统的基站成本低约 20％～50％。但 TDD 系统因上行受限，TDD 基站的覆盖范围明显小于 FDD 基站。

（4）FDD 系统的抗干扰性较好。

在抗干扰方面，使用 FDD 可消除邻近蜂窝区基站和本区基站之间的干扰，但仍存在邻区基站对本区移动机的干扰及邻区移动机对本区基站的干扰。而使用 TDD 则能引起邻区基站对本区基站、邻区基站对本区移动机、邻区移动机对本区基站及邻区移动机对本区移动机的四项干扰。综比两者，可见 FDD 系统的抗干扰性比 TDD 系统更好。但随着新技术的不断出现，TDD 系统的抗干扰能力一定会有大幅度的提高。

1.3　移动通信的多址方式

从信息理论的角度看，无线信道是一个多址接入信道，多个不同的收发信机共享信道上的时/频/空间资源来进行数据收发。根据多址接入方式的不同，可分为正交多址接入和非正交多址接入两种方式。

1.3.1　正交多址

正交多址的用户间不存在干扰的情况。移动通信中正交多址技术主要有四种：频分多址（Frequency Division Multiple Access，FDMA）、时分多址（Time Division Multiple Access，TDMA）、码分多址（Code Division Multiple Access，CDMA）和空分多址（Space Division Multiple Access，SDMA）。基于这四种多址方式，随着移动通信的技术发展，将会有更多新型的多址方式出现。

1. 频分多址

频分多址通过频率的划分来区分不同的用户，即将不同的信号分配给不同的信道。发往和来自邻近信道的干扰采用带通滤波器限制，在规定的带宽内只能通过有用的信号，而其他频率的信号无法通过。FDMA 的实现比较简单，但由于频率资源有限，所以系统容量受限，如图 1-3（a）所示。FDMA 是第一代模拟移动通信系统采用的多址技术。

2. 时分多址

时分多址在 FDMA 技术的基础上，采用 TDMA 对每个频点进行时间上的划分，即从频域和时域两个维度上划分，一个信道由一连串周期性的时隙构成，不同的信号被分配到不同的时隙里，利用定时选通开关来限制邻近信道的干扰，在规定的时隙中只让有用信号通过。TDMA 方式增加了系统的容量，提高了频谱利用率，如图 1-3（b）所示。TDMA 是第二代模拟移动通信系统采用的多址技术。

3. 码分多址

码分多址在 TDMA 技术的频域和时域划分的基础上进行码域的划分，通过不同的码区分不同的用户。CDMA 指的是每一个信号被分配一个伪随机二进制序列进行扩频，不同信号对应分配不同的伪随机序列码。在接收机里，信号用相关接收器加以分离，这种相关器只接收选定的二进制序列并压缩其频谱，凡不符合该用户二进制序列的信号，其带宽不被压缩，只有有用信号的信息才能被识别和提取出来。CDMA 可以进一步提高系统容量，如图 1-3(c)所示。CDMA 是第三代模拟移动通信系统采用的多址技术。CDMA 系统是一个干扰受限系统，对抗干扰技术要求很高。

4. 空分多址

空分多址利用空间分割构成不同的信道，对用户进行空域上的划分，即不同方向的用户使用不同的空间定向波束，如图 1-3(d)所示。在由中国提出的第三代移动通信标准 TD-SCDMA 系统的智能天线中用到了 SDMA 技术。SDMA 实现时，首先要进行用户配对，由于不同用户之间的隔离度不完全相同，为了减少干扰、提升吞吐量，应该优选隔离度大且相互干扰小的用户对(集)进行空分复用。换句话来说，SDMA 指的是处于不同位置的用户可以在同一时间使用同一频率和同一码型，而不会相互干扰，因为 SDMA 系统将不同信号分配到不同的频率子带上进行传输，系统具有很强的抗窄带噪声性能。对实际系统来说，SDMA 不是独立使用的，而是和其他的多址方式(FDMA、TDMA 和 CDMA 等)一起结合使用的，处于同一波束内的不同用户可用这些多址方式加以区分。举例来说，在一颗卫星上使用多个天线，各个天线的波束射向地球表面的不同区域。地面上不同地区的地球站在同一时间、使用相同的频率进行工作也不会形成干扰。

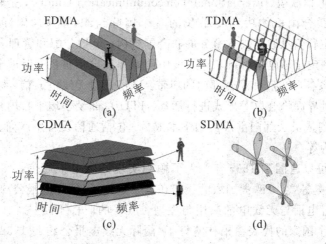

图 1-3　多址技术示意图

SDMA 是一种更有效的信道增容的方式，可以实现频率的重复使用，提高频率利用率。SDMA 还可以和其他多址方式相互兼容，从而实现组合的多址技术，例如空分码分多址(SD-CDMA)。应用 SDMA 的优势是明显的：它可以提高天线增益，使得功率控制更加合理有效，显著地提升系统容量；它一方面可以削弱来自外界的干扰，另一方面还可以降低对其他电子系统的干扰。SDMA 实现的关键是智能天线技术，这也是当前应用 SDMA 的难点。特别是对于移动用户，由于移动无线信道的复杂性，使得智能天线中关于多用户信号的动态捕获、识别与跟踪以及信道的辨识等算法极为复杂，从而对 DSP（数字信号处理）提出了极高的要求，这对于当前的技术水平也是一个严峻的挑战。

1.3.2 非正交多址

非正交多址方式下每个用户的信号有可能与其他用户的信号存在相关干扰的情况。非正交多址接入种类繁多（详见后续 8.4 节），此处只列举其中一些：

- 多用户共享接入（Multi-User Shared Access，MUSA）。
- 资源扩展多址接入（Resource Spread Multiple Access，RSMA）。
- 稀疏编码多址接入（Sparse Code Multiple Access，SCMA）。
- 图样分割多址接入（Pattern Defined Multiple Access，PDMA）。
- 非正交码分多址接入（Non-orthogonal Coded Multiple Access，NCMA）。
- 低码率扩展（Low Code Rate Spreading，LCRS）。
- 频域扩展（Frequency Domain Spreading，FDS）。
- 非正交多址接入（Non-Orthogonal Multiple Access，NOMA）。

1.4 移动通信标准化相关组织

1.4.1 ITU

1. ITU 简介

ITU 即国际电信联盟（International Telecommunication Union），是联合国的一个重要专门机构，也是联合国机构中历史最长的一个国际组织，简称"国际电联""电联"或"ITU"。ITU 是主管信息通信技术事务的联合国机构，负责分配和管理全球无线电频谱与卫星轨道资源，制定全球电信标准，向发展中国家提供电信援助，促进全球电信发展。作为世界范围内联系各国政府和私营部门的纽带，ITU 通过无线电通信、标准化和发展电信展览，信息社会世界高峰会议等形式进行活动。ITU 总部设在瑞士日内瓦，有 193 个成员国和 700 多个部门成员及部门准成员和学术成员，包括通信设备生产商、电信运营商和服务机构、学术机构等。

ITU 的历史可以追溯到 1865 年。为了顺利实现国际电报通信，1865 年 5 月 17 日，法、德、俄、意、奥等 20 个欧洲国家的代表在巴黎签订了《国际电报公约》，国际电报联盟也宣告成立。随着电话与无线电的应用与发展，ITU 的职权不断扩大。1906 年，德、英、法、美、日等 27 个国家的代表在柏林签订了《国际无线电报公约》。1932 年，70 多个国家的代表在西班牙马德里召开会议，将《国际电报公约》与《国际无线电报公约》合并，制定《国际电信公约》，并决定自 1934 年 1 月 1 日起正式将组织改称为"国际电信联盟"。经联合国同意，1947 年 10 月 15 日，国际电信联盟成为联合国的一个专门机构，其总部由瑞士伯尔尼迁至日内瓦。

ITU 是联合国的 15 个专门机构之一，但在法律上不是联合国附属机构，ITU 的决议和活动不需要联合国的批准，但每年要向联合国提出工作报告。ITU 的组织机构主要分为电信标准化部门（ITU-T，该部门前身是 CCITT：Consultative Committee on International

Telegraph and Telephone，国际电报电话咨询委员会)、无线电通信部门(ITU - R)和电信发展部门(ITU - D)。ITU 每年召开 1 次理事会，每 4 年召开 1 次全权代表大会、世界电信标准大会和世界电信发展大会，每 2 年召开 1 次世界无线电通信大会。

2. ITU 与中国

　　我国于 1920 年加入国际电信联盟，1932 年派代表参加了马德里国际电信联盟全权代表大会，1947 年在美国大西洋城召开的全权代表大会上被选为行政理事会的理事国和国际频率登记委员会委员。中华人民共和国成立后，我国的合法席位一度被非法剥夺。1972 年 5 月 30 日，国际电信联盟第 27 届行政理事会正式恢复了我国在国际电信联盟的合法权利和席位。我国由工业和信息化部代表中国参加国际电信联盟的各项活动。

　　2014 年 10 月 23 日，赵厚麟当选国际电信联盟新一任秘书长，成为国际电信联盟 150 年历史上首位中国籍秘书长，也成为担任联合国专门机构主要负责人的第三位中国人，2015 年 1 月 1 日正式上任，任期四年。2018 年 11 月 1 日，赵厚麟又高票连任国际电信联盟秘书长，2019 年 1 月 1 日正式上任，任期四年。

图 1 - 4　国际电信联盟秘书长赵厚麟

1.4.2　3GPP

1. 3GPP 简介

　　3GPP 即第三代合作伙伴计划(Third Generation Partnership Project)，是领先的 3G 技术规范机构，是由欧洲的 ETSI(European Telecommunications Standards Institute，欧洲电信标准化委员会)、日本的 ARIB(Association of Radio Industries and Business，无线行业企业协会)和 TTC(Telecommunications Technology Committee，电信技术委员会)、中国的 CCSA(China Communications Standards Association，中国通信标准化协会)、韩国的 TTA(Telecommunications Technology Association，电信技术协会)以及北美的 ATIS(the Alliance for Telecommunications Industry Solution，世界无线通信解决方案联盟)在 1998 年 12 月成立的标准化组织，旨在研究制定并推广基于演进的 GSM 核心网络的 3G 标准，即 WCDMA、TD - SCDMA、EDGE 等。3GPP 最初的工作范围是为第三代移动通信系统制定全球适用技术规范和技术报告。随着技术的发展，3GPP 对工作范围进行扩大，先后增加了对 UTRA 长期演进系统和 5G 的研究与技术规范的制定。如今，3GPP 对技术创新起着决定性的驱动作用。本世纪初，3GPP 着手推动移动数据演进；到了 2010 年左右，移动互联网开始成为主要的应用场景；2019 年开始了 5G 元年，5G 正在如火如荼地进行当中，它涉及的范围更广，提供的业务也更多。目前，3GPP 所做的项目涉及蜂窝电信网络技术，包括无线接入、核心传输网络和服务能力，还涉及编解码器、安全性、服务质量等工作，为市场提供完整的系统技术规范。

　　3GPP 是一个由会员驱动的组织，3GPP 的会员包括三类：组织伙伴、市场代表伙伴和个体会员。

　　(1) 组织伙伴(Organizational Partner，OP)也叫作 SDO(Standards Development

Organization，标准开发组织），主要完成将 3GPP 制定的技术规范转换为适当的可交付成果（例如标准）等工作。3GPP 的组织伙伴包括欧洲的 ETSI、日本的 ARIB 和 TTC、韩国的 TTA、北美的 ATIS、中国的 CCSA 和印度的 TSDSI（电信标准发展协会）共七个标准化组织。组织伙伴确定 3GPP 的一般政策和战略，并执行以下任务：批准和维护 3GPP 范围；维护伙伴关系项目说明；决定技术规范组的创建或停止，并批准其范围和职权范围；批准组织伙伴资金要求；组织伙伴向项目协调小组提供人力和财力资源分配；作为提交给 3GPP 的程序事项的上诉机构。

（2）市场代表伙伴（Market Representation Partners，MRP），不是官方的标准化组织，而是向 3GPP 提供市场建议（如项目业务和功能需求等）和统一意见的机构组织，由 3GPP 组织伙伴邀请其参与 3GPP 以提供建议，但没有权限发布和设置标准。市场代表伙伴包括：3G Americas/Femto 论坛/FMCA/Global UMTS TDD Alliance/GSA/GSM Association/IMS Forum/InfoCommunication Union/IPV6 论坛/MobileIGNITE/TDIA/TD-SCDMA 论坛/UMTS 论坛等 13 个组织。组织伙伴和市场代表伙伴（MRP）共同执行以下任务：维持伙伴关系项目协议；批准 3GPP 合作伙伴关系的申请；作出有关 3GPP 解散的决定。

（3）个体会员（Individual Members，IM），也称独立会员，是注册加入 3GPP 的独立成员，拥有和组织伙伴成员相同的参与权利。希望参与 3GPP 标准制定工作的实体（包括设备商和运营商）均需首先注册为 SDO 中的成员，从而成为 3GPP 的个体会员，才具有相应的 3GPP 决定权以及投票权。全球各知名设备商、运营商均具有 3GPP 的个体会员席位，共同参与标准规范的讨论制定。例如，运营商 VDF、Orange、NTT、AT&T、Verizon、CMCC 等，设备商华为、中兴、Ericsson、NSN&Nokia 等。

除了组织伙伴、市场代表伙伴、个体会员之外，3GPP 还有观察员的"角色"，观察员是具有成为未来组织合作伙伴资格的标准制定组织（SDO）。3GPP 目前有以下观察员：电信工业协会（TIA）、加拿大 ICT 标准咨询委员会（ISACC）和澳大利亚通信业论坛（ACIF）。除了管理 3GPP 网站之外，在 3GPP 中所有工程工作的启动、开发和完成都依赖于 3GPP 会员的研发、技术发明以及来自生态系统和世界各地 3GPP 个体会员的相互协作。

3GPP 是一个目前最大的开发技术规范的国际化标准工程组织，过去二十年，3GPP 成为引领全球通信业发展的主导性标准化组织。特别是进入 5G 时代，3GPP 的影响力进一步扩大，至今已产生 15 个发布（Release）的完整版本，最终能够实现商业产品化的技术规范超过 1200 个，来自成员公司的技术提案已经有数十万项。5G 时代，越来越多的行业、企业、机构参与到 3GPP 的生态系统中。目前 3GPP 有 550 多个成员公司，这些公司来自于 40 多个国家，包含网络运营商、终端制造商、芯片制造商、基础制造商以及学术界、研究机构、政府机构。至今，3GPP 的规范技术开发和研究一直由成员公司、工作组和技术规范组共同推动，以确保标准符合行业需求，保证厂商之间无缝互操作，保证移动通信的全球规模化。

2. 3GPP 的组织架构

3GPP 定义端到端的系统规范，它的组织系统架构见图 1-5。

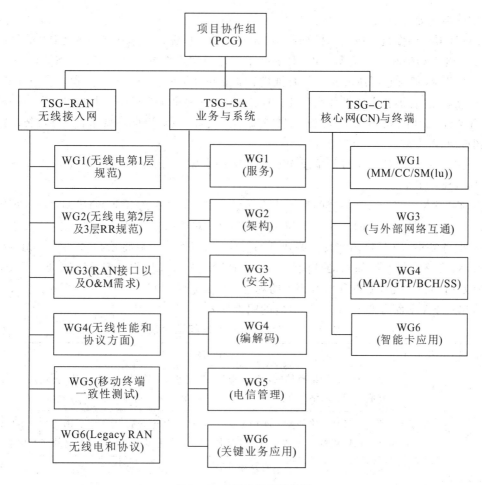

图 1-5　3GPP 组织架构图

从图 1-5 可见，3GPP 的三级组织分为项目协作组(Project Cooperation Group，PCG)、技术规范组(Technology Standards Group，TSG)和工作组(Work Group，WG)。

• 第一级 PCG：是 3GPP 中最高的决策机构，也是 3GPP 的总管机构，负责 3GPP 的时间计划、技术工作的分配和事务协调等工作，以确保能够按照市场需求及时完成 3GPP 规范。

• 第二级 TSG：主要负责技术方面的工作。目前，3GPP 包括三个 TSG，分别是无线接入网方面的 TSG-RAN(Radio Access Network)、业务与系统方面的 TSG-SA(Service and System Aspects)、核心网与终端方面的 TSG-CT(Core Network and Terminal)。需要说明的是，3GPP 的 TSG 也是可以按照工作需求新建、关闭或调整的，3GPP 之前还有 3 个已经关闭的 TSG，分别是对应 GSM 接入网的 TSG-GERAN，已经合并为 TSG-CT 的 TSG-CN 与 TSG-T。

• 第三级 WG：每一个 TSG 又进一步可以分为多个不同的 WG，每个 WG 分别承担具体的任务。TSG 可以根据工作需要，新建或者关闭工作组。换句话来说，第三级的 WG 就是真正负责干活的了，它得承担具体的任务。WG 并不制定标准，而是提供技术规范(TS)和技术报告(TR)，并交由 TSG 批准，一旦 TSG 批准了，就会提交到组织的成员，再进行各自的标准化处理流程。

　　PCG(项目协作组)每六个月召开一次正式会议,以完成 TSG(技术规范组)的最终采纳,批准选举结果和相关资源。3GPP 的技术规范开发工作由 TSG 完成,TSG 向 PCG 汇报。每个 TSG 都对它所涉及的规范有推进、批准和维护的责任。简单地说,就是 TSG 的主要职能就是"告诉我们要做什么",比如规定在某段时间需要实现哪些功能,发布哪些规范;而 WG(工作组)的主要职能就是具体"怎么去做",根据 TSG 的要求,把具体技术需要实现的东西做出来。

　　现有的三个 TSG 和相应的下属 WG 的具体职责如下。

1) TSG - SA

　　TSG - SA 负责 3GPP 系统的整体架构和服务能力,具有跨 TSG 的协调责任。可以把 TSG - SA 看作是 3GPP 的产品经理与系统架构师,对于每个 3GPP 发布版本,SA 需要确定具体业务需求,然后给出实现这些业务的总体技术方案,最后将核心网(CN)、无线接入网(RAN)和终端子系统的功能分配给 TSG - RAN 与 TSG - CT 规范组来实现。可以说,3GPP 发布的技术规范版本和所有相关的规范工作都是从 SA1 起步的。

　　TSG - SA 下面有 6 个 WG,其对应的职责见表 1 - 2。

表 1 - 2　TSG - SA 工作组职责表

TSG - SA 工作组	具 体 职 责
SA1(SA WG1)	定义 3GPP 网络整体的功能、服务、服务能力(阶段 1),确认支持服务运作、服务互联互通、网络之间服务互操作性的需求以及计费需求
SA2(SA WG2)	负责 3GPP 网络的整体架构定义(阶段 2)。基于 SA1 工作组所阐述的业务需求,SA2 确认网络的主要功能与网络实体,确定这些实体之间如何互联及交互信息
SA3(SA WG3)	负责 3GPP 系统的安全与私密性,确认安全性与私密性的要求,并指定安全体系结构和协议
SA4(SA WG4)	处理包括电路交换域及数据交换域的语音、音频、视频及多媒体编解码的规范;进行质量评估,确定端到端性能以及与现有移动和固网的交换性(编解码角度)
SA5(SA WG5)	确认电信网管系统的需求、架构与方案
SA6(SA WG6)	主要支持应急通信及其他应用的应用层功能单元与接口的技术规范的定义、演进与维护等

　　从表 1 - 2 的工作组职责可以看出,在每个 3GPP 发布版本中,最早开始的 WG 工作组是 TSG - SA 里的 SA1,接下来就是 SA2,然后才是 RAN 与 CT 的工作组。

　　2019 年 3 月 21 日,3GPP 在深圳召开第 83 次会议,完成了三大技术规范组的换届投票,其中,在 TSG SA 工作组的竞选中,华为公司的 Georg Mayer 及高通推举的 Eddy Hall 对决,最终华为的 Georg Mayer 当选 SA 工作组的主席,任期两年。

2) TSG - RAN

　　TSG - RAN 分管移动通信系统最关键的无线技术工作,负责定义 UTRA/E - UTRA 网络(FDD & TDD)的功能、需求与接口,包括无线性能、物理层、层 2 与层 3 无线资源规范、接入网接口的规范;O & M 需求及基站与终端的一致性测试。

　　TSG - RAN 下面有 6 个 WG,其对应的职责见表 1 - 3。

表 1 - 3   **TSG - RAN 工作组职责表**

TSG - RAN 工作组	具 体 职 责
RAN1(RAN WG1)	负责终端、接入网及未来接入网的无线接口的物理层规范
RAN2(RAN WG2)	负责无线接口架构与协议(MAC、RLC、PDCP)、无线资源控制(RRC)协议、无线资源管理的策略与物理层向上层提供的业务
RAN3(RAN WG3)	负责整体无线接入网架构与无线接入接口的协议规范
RAN4(RAN WG4)	负责无线接入网的射频方面工作,执行各种射频系统场景下的仿真,从中获得发射与接收参数及信道解调的最低要求;定义基站的测试流程
RAN5(RAN WG5)	基于其他组定义的需求,负责终端无线接口的一致性测试规范
RAN6(RAN WG6)	负责 3GPP 系统内各无线接入网之间无线接口的协议规范

3) TSG - CT

TSG - CT 是由 TSG - CN 与 TSG - T 合并而成的,负责定义终端接口(逻辑与物理)、终端能力与 3GPP 系统的核心网部分。TSG - CT 下面有 4 个 WG,其对应的职责见表 1 - 4。

表 1 - 4   **TSG - CT 工作组职责表**

TSG - CT 工作组	具 体 职 责
CT1(CT WG1)	负责终端与核心网互联接口的层 3 协议
CT3(CT WG3)	负责电路与数据交换域业务的承载能力,用户终端的网间互通功能
CT4(CT WG4)	负责核心网的阶段 2 与阶段 3 部分,主要是补充业务,进行基本呼叫处理、核心网移动性管理、承载独立架构及 CAMEL(移动网络增强定制应用逻辑)等
CT6(CT WG6)	负责 3GPP 智能卡应用及与移动终端的接口规范和测试规范

3. 3GPP 的工作流程

3GPP 对工作的管理和开展以项目的形式进行,项目的标准工作可以分为两个阶段:研究阶段(Study Item, SI)和工作阶段(Work Item, WI)。3GPP 标准化的步骤可以分为三个阶段(对于所有 RAN/SA/CT 工作组都一样进行):

• 阶段 1:业务需求定义;

• 阶段 2:制定总体技术实现方案(架构);

• 阶段 3:实现该业务在各接口定义的具体协议规范。

SI 阶段即阶段 1,主要以研究的形式确定系统的基本框架,并进行主要的候选技术选择,以对标准化的可行性进行判断。

WI 阶段分为阶段 2、阶段 3 两个子阶段。其中,阶段 2 主要通过对 SI 阶段中初步讨论的系统框架进行确认,同时进一步完善技术细节。该阶段规范并不能直接用于设备开发,而是对系统的一个总体描述,仅是一个参考规范,根据阶段 2 形成的初步设计,进一步验证系统的性能。阶段 3 主要是确定具体的流程、算法及参数等。

3GPP 的技术规范具体工作流程如下:

第一步:早期研发。早期研发的工作是在 3GPP 之外进行的,一般是由组织成员提出愿景、概念和需求,并进行早期的研究,先行研究之后提交给 3GPP 审核。

第二步:项目提案。3GPP 任何组织成员都可以进行项目提案,但必须有至少 4 个其他成员支持该提案。提交之后，经过 3GPP 内部的多轮讨论评估，TSG 最终给出是否采纳的决定。

第三步：可行性研究。提案被采纳后将进入可行性研究阶段，经过多轮的讨论评估，3GPP 针对提案形成技术报告的文档，提交 TSG 决策，确定其可行性是否适合制定规范。

第四步：技术规范。被 TSG 采纳的提案将进入技术规范制作阶段，并将提案的任务划分技术模块，交给相应的 WG 完成。规范完成后经过 TSG 决策形成可以发布的版本。

第五步：商用。技术规范发布之后，企业可以遵从这些规范来研发商用产品。当技术规范在应用中发现有需要改进的地方时，经变更请求的流程可以把改进需求向 3GPP 进行反馈，3GPP 会在后续技术规范中进行完善。

4. 3GPP 的文档介绍

3GPP 工作完成的最终成果以 3GPP 技术规范的形式呈现。3GPP 制定的标准规范以 Release 作为版本进行管理，平均一到两年就会完成一个版本的制定（也称"冻结"）。3GPP 从建立之初的 R99，之后到 R4，目前已经发展到 R17。"冻结"的意思是指自即日起对该 Release 只允许进行必要的修正而推出修订版，不再添加新特性。一个版本的"冻结"，往往意味着吹响投入商用的号角。3GPP 按照 Release 的方式进行运作。简单地可以将 Release 理解为一个工作规划，实际工作时按照预定的规划进行工作。

3GPP 通过 Release 将最新的技术特性引入移动蜂窝系统，保证技术在一定时期内能够满足市场需求，新特性功能性冻结即可投入部署。3GPP 规范通过高度迭代的方式演进，但是构建在之前版本的基础之上以支持后向兼容。例如，LTE Release 12 用户设备可在 LTE Release 10 基站工作。反之，LTE Release 10 用户设备也可在 LTE Release 12 基站工作。总之，无线通信技术的全新特性可通过不同 3GPP Release 引入。3GPP 规范会交错推进，即 3GPP 多个版本的不同阶段工作可并行展开、迭代，如版本中包含新完成的特性，各个版本都构建在之前版本的基础之上。比如 2009 年初，就有 3 个 Release 并行（Release 8，Release 9 和 Release 10）。又如 4G LTE 在超过 8 个不同版本中持续演进（从 Release 8 到 Release 15）。3GPP 目前有超 1200 个活跃的 3GPP 技术规范。

Release 按照工作的进展情况来界定，直到预定的工作完成时才算一个 Release 完成。3GPP 基本上是两条腿走路，每个时间点既要对之前或当前的通信技术进行改正、完善和更新，又要研究新的通信技术。例如 2016 年，3GPP 在进一步完善 4G LTE 网络的同时，已经开始 5G 网络的研究和标准化。因此多个 Release 的不同阶段工作都是交错推进、并行展开的。当前，3GPP 正在推进的是 Release 15、Release 16 和 Release 17，会引入正在演进的 5G 技术。

3GPP 技术规范的规则如下：

- 每个规范的制定都是基于数百个提交的技术提案最终形成的结果。
- 每个提案都至少有一位报告人（编辑者和管理者），遵循工作组的指导。
- 特定的技术规范组负责在季度会议上对功能稳定的规范进行冻结。
- 下游制造商再利用技术规范进行产品开发。
- 每个技术规范都有一个五位数字的标识号，该识别号将规范分类到相应的技术类别。
- 每个技术规范都特别详细，因此技术规范的文档会非常长，有的时候技术内容太多，一个文档无法承载，甚至需要分成几个部分。

　　每个 Release 的工作重点也不一样，见表 1-5。每次发布都在一个或几个方面有所升级，包括无线性能改善，如更高的数据速率、更低的时延和更大的通信容量；旨在降低无线网络复杂性、提高传输效率的核心网络变化；更多的应用接入，如对一键通话、多媒体广播及多播和 IP 多媒体业务、万物互联等新应用的支持。

表 1-5　3GPP Release 的重点内容

版本号	冻结时间	重要特性
R99	2000 年	1999 年发布，定义了新型 WCDMA 无线接入，即早期的 UMTS 3G 网络指定使用 WCDMA 空中接口，也包括对 GSM 的数据升级(EDGE)
R4	2001 年	电路域的呼叫与承载分离；增加对多媒体短信的支持，采取措施在核心网络中使用 IP 传输
R5	2002 年	指定 HSDPA 的峰值上行数据速率最高为 1.8 Mb/s；引入 IMS(IP 多媒体业务)体系结构
R6	2004 年	指定 HSUPA 的上行速率最高为 2 Mb/s；负责 MBMS 业务；增加高级接收器规范、无线蜂窝网上的按键通话(PoC)及其他 IMS 升级、WLAN 的交互工作选项、容量受限的 VoIP
R7	2007 年	考虑了固定方面的特性要求，加强了对固定、移动融合的标准化制定。具体为 HSPA+指定更高阶调制(下行 64QAM，上行 16QAM)和对下行 MIMO 的支持，提供 28 Mb/s 下行峰值数据速率和 11.5 Mb/s 上行峰值数据速率；减小了 VoIP 时延，提高了 QoS
R8	2009 年	LTE 的第一版协议，但该版本 LTE 的指标并未达到 ITU-R 规定的 4G 性能指标，所以此版本也称为 3.9G。LTE 相比 3G 网络有了以下特征：高峰值吞吐率、高频谱效率、简化网络架构和全 IP 网络架构等
R9	2010 年	在 R8 的基础上增加了以下功能：公共预警系统，Femto Cell，波束赋形和多媒体广播等。此时的 LTE 系统还是只能称为 3.9G
R10	2011 年	已经达到了 ITU-R 提出的 4G 性能指标(IMT-Advanced)，可以真正地称为 4G 系统。为了体现这一点，3GPP 把 LTE R10 之后的 LTE 系统更名为 LTE-Advanced，简称 LTE-A。此版本主要添加以下功能：进一步增加 MIMO 天线数、中继节点、增强型小区间干扰协调、载波聚合和异构网络等。对性能提升较大的是 MIMO 天线数的增加和载波聚合
R11	2013 年	在 R10 的基础上进一步完善了增强型载波聚合、协作多点传输(CoMP)、ePDCCH 以及基于网络的定位等
R12	2015 年	增强型 Small Cell、增强型载波聚合、机器通信(MTC)、WiFi 与 LTE 融合和 LTE-U(LTE 和 WiFi 融合技术)等
R13	2016 年	主要对载波聚合、机器通信、LTE-U、室内定位、MIMO 和多用户叠加编码等进行增强。R13 在后来也被称为 LTE-A Pro，俗称 4.5G
R14	2017 年	对 LTE-A Pro 进一步完善，主要包括多用户叠加传输技术(MUST)、V2V，对 FD-MIMO、CoMP、LAA 和 LWA(LTE WLAN Aggregation)的进一步增强等
R15	2019 年	在进一步演进 LTE 系统的同时，也开始了 5G 标准化的工作
R16	2020 年	目前是 3GPP 的 R16 阶段，R16 还未冻结。为 IMT-2020 奠定基础，SA1 完成了对 5G 要求的研究
R17	2021 年	2019 年 6 月开始了 R17 阶段，更多的 5G 加强应用将在这个版本完善

3GPP 更看重驱动技术演进的能力。步入 5G 时代，3GPP 为更好地扩展整个移动生态系统，重点从核心网、无线接入网络和用户设备这三个层面系统地推动端到端的发展。

3GPP Release 规范一般分为技术规范（Technical Specification，TS）和技术报告（Technical Report，TR），发布文档命名规则为"3GPP TS/TR XX. YYY V x. y. z"。其中，TR 由 3GPP 标准工作阶段 SI 工作组完成，TS 由 WI 工作组完成。TR 和 TS 均采用 4 位或者 5 位编号，编号由被点号（"."）隔开的 4 或 5 个数字构成，即"XX. YYY"。其中点号前两位数字"XX"代表系列号，后 2 位或 3 位数字"YY"或"YYY"代表一个系列中的一个特定规范。3GPP TS/TR 还包括一个版本号，即 V 后的"x. y. z"，其中"x"代表 3GPP Release，"y"代表版本号，"z"代表子版本号。例如图 1-6 中，3GPP TS38. 201 V15. 0. 0 表示 3GPP 技术规范，38. 201 是规范的编号，其中 38 是系列号，201 是文档号，V15. 0. 0 是版本号，即 R15 版本。

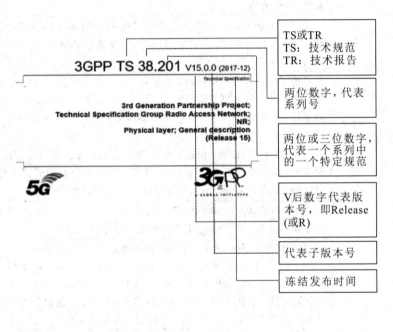

图 1-6   3GPP 文档首页图示

3GPP 对标准文本采用分系列的方式进行管理，如常见的 WCDMA 和 TD-SCDMA 接入网部分标准在 25 系列，核心网部分标准在 22、23 和 24 等系列，LTE 标准在 36 系列，5G 标准在 38 系列等。

5. 查找 3GPP 规范的方法

1）通过 3GPP 的网站首页查找

可以通过 3GPP 网站首页（http://www.3gpp.org）的链接查找某一个 Release，也可以在右侧搜索栏输入关键字查找某一个 Release，见图 1-7。

图 1-7　3GPP 首页

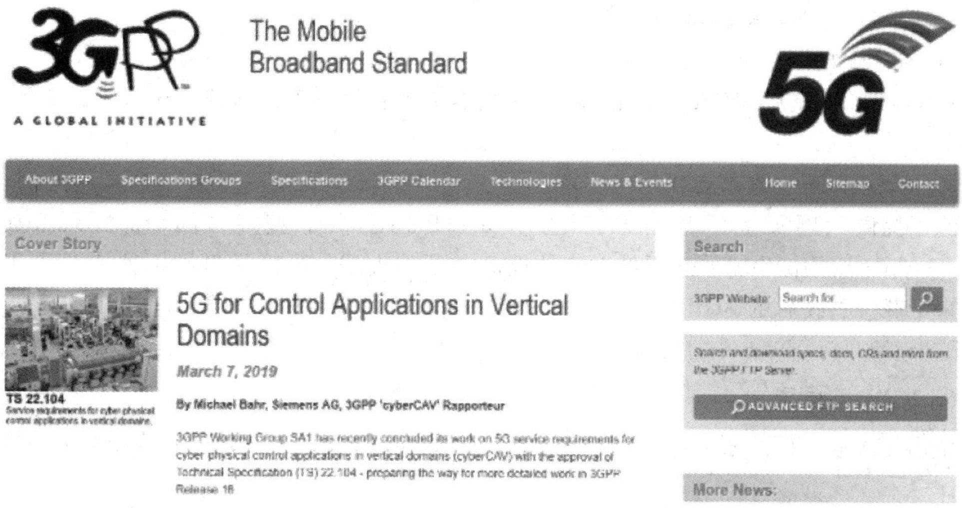

2）通过查看规范矩阵查找

3GPP 的网站地址 http://www.3gpp.org/ftp/Specs/html-info/SpecReleaseMatrix.htm 下展示了所有规范目前的状态，如果知道规范的文件名或者编号，可以查询该规范目前的状态、更新的版本等，也可以直接下载保存，见图 1-8。

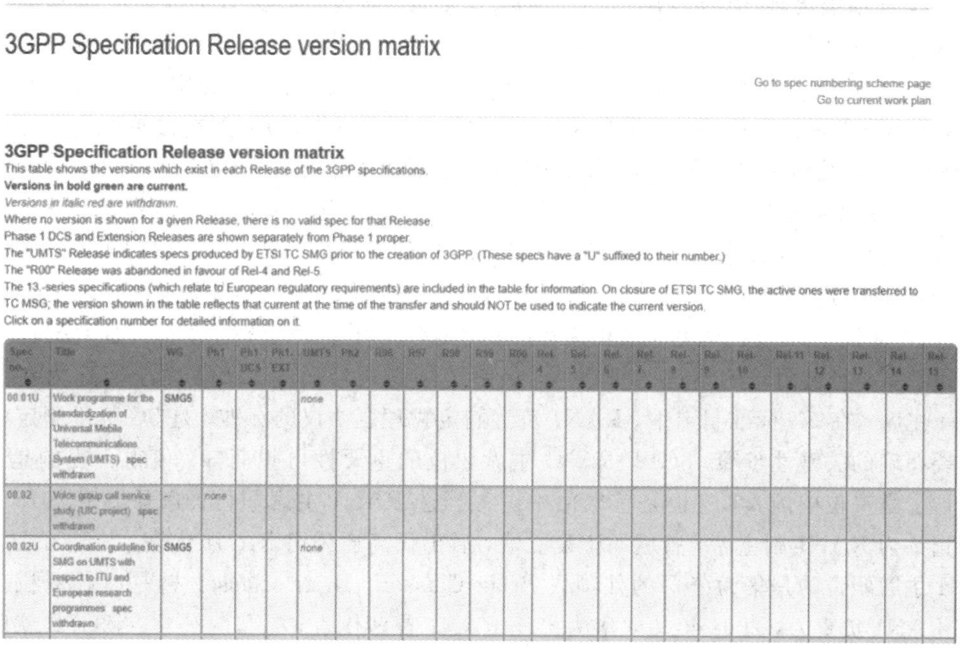

图 1-8　通过 3GPP 网站查看规范矩阵

3）通过查看规范分类列表查找

3GPP 的网站地址 http://www.3gpp.org/specification-numbering 下是按照 Release 的不同和项目的不同分类所列的所有的规范文档。

4）通过查看 Work Item 的信息查找

打开 3GPP 的网站 http://www.3gpp.org/ftp/Specs/html-info/GanttChart-Level-2.htm#bm370025，可以选择需要查看的 Release 版本来查看每个工作组的工作状态、目标完成日期等。

5）通过访问 ftp 目录查找

除了提供从网页上下载的方式之外，3GPP 还提供了直接访问 ftp 目录 http://www.3gpp.org/ftp/Specs 来下载对应的规范文档的方法，可以通过浏览器或是采用 ftp 软件来下载。下载后的 3GPP 规范是 Word 文件的 ZIP 压缩格式，如 38401-010.zip 是 3GPP TS 38.401 V0.1.0 的所有文件打包。

6. 3GPP 与中国

中国无线通信标准研究组于 1999 年 6 月加入 3GPP，是 3GPP 的七大标准制定组织之一。

2016 年 6 月，中国移动牵头，中兴通讯联合工信部电信研究院、大唐电信、华为、联想、OPPO、酷派、爱立信、三星、诺基亚和高通等 12 家企业共同成立"3GPP 中国伙伴（Chinese Friends of 3GPP，CF3）"，并在南京举办 3GPP RAN1/2/3/4/5、GEARAN 和 SA2 工作组会议。会议围绕 LTE 演进、5G、窄带物联网无线通信技术（NB-IoT）等议题进行了深入讨论并取得积极进展。超过三千名代表参加会议，提交会议文稿 6000 余篇，是中国市场上最具影响力的通信企业首次集体以"3GPP 中国伙伴"的身份承办会议，向世界展示了"3GPP 中国伙伴"团结、高效和务实的整体形象，展现了"3GPP 中国伙伴"在全球通信标准制定方面的实力。

2016 年 11 月 17 日，3GPP RAN1（无线物理层）#87 次会议在美国拉斯维加斯召开，就 5G 短码方案进行讨论。中国华为提出的 Polar Code（极化码）方案击败美国高通提出的 LDPC Code 方案和法国提出的 Turbo2.0 Code 方案成为了 5G 控制信道 eMBB（增强移动宽带）场景编码最终方案，而高通的 LDPC 码成为数据信道的上行和下行短码方案。但编码和调制是无线通信技术中最核心的部分，本次华为主导的 Polar 码最终能够胜出，证明了我国企业在通信领域的专业实力，华为已成为全球通信技术的领头企业之一。

2017 年 8 月 21 日在捷克布拉格举行的 3GPP RAN1 #90 会议上，举行了 RAN1 主席的投票选举。经过两轮的不记名投票后，最终美国高通公司的陈万士博士当选为新一届 RAN1 主席。在 5G 标准制定中，RAN1 负责制定物理层协议的标准，是 5G 标准制定中最先需要明确的关键性步骤，3GPP RAN1 主席职位的重要性可想而知。值得一提的是，陈万士博士是一位中国人，这也是首次由中国人当选 RAN1 主席职位。陈万士于 2013 年 8 月被选举为 RAN1 副主席，曾就职于爱立信，后出任高通公司 RAN1 代表。与陈万士竞争 RAN1 主席职位的是华为公司的外国人 Brian Classon。Brian Classon 曾是摩托罗拉公司 LTE RAN1 负责人，2008 年加入华为出任 RAN1 首席代表，是华为公司在 3GPP 就职的众多外籍专家中的重要一员。本次 3GPP RAN1 主席选举，候选人分别是国外公司的中国人、中国公司的外国人，具有标志性意义，在 5G 技术基础研究和标准制定领域，中国人、中国公司已经成为第一流的贡献者。

在 5G 标准制定中，来自中国的力量起到了重要作用。据了解，中国通信企业贡献给 3GPP 关于 5G 的提案，占到了全部提案的 40%；中国专家也占到了各个 5G 工作组的很大比重，例如在 RAN1，作为定义 5G 物理层的工作组，华人专家占到了 60%；服务于中国通信企业的中外专家占到了总数的 40%。

2018 年 12 月 12 日，权威的专利数据公司 IPlytics 发布了"对 3GPP 之 5G 标准的技术贡献最高的领先企业"统计数据，5G 标准是通过企业在国际会议上提交和展示技术贡献来制定和调整的。图 1-9 所示的排名前 16 的企业中，中国企业华为、海思半导体、中兴通讯、大唐电信科技产业集团、中国移动和中国台企联发科都占有一席之位。

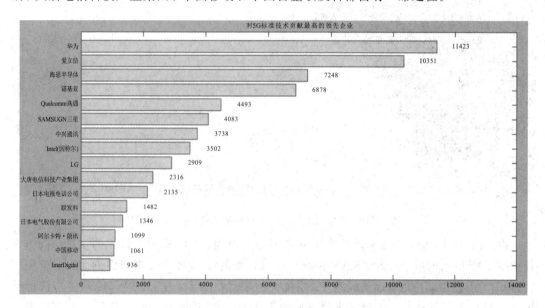

图 1-9　对 5G 标准技术贡献最高的领先企业

华为成为了对 5G 标准技术贡献最高的领先企业的第一名，旗下的海思半导体位列第三名。值得一提的是，华为更是已经多年蝉联国际专利第一名，截至 2018 年底，华为在全球累计获得授权专利 87 805 件，90% 以上为发明专利。联合国下属的世界知识产权组织（WIPO）此前公布数据称，2018 年度，华为向该机构提交了 5405 份专利申请，在全球所有企业中排名第一。其中 1481 件 5G 专利，占据全球 5G 专利总数的 28.9%。2018 年华为率先发布了全球首个 3GPP 标准的端到端全系列 5G 商用产品与解决方案。华为在最新的年报中透露，截至 2019 年 2 月底，已经和全球领先运营商签订了 30 多个 5G 商用合同，40 000 多个 5G 基站已发往世界各地，将为全球建设 40 000 多个 5G 基站。

中兴通讯一直持续加强在 5G 领域的投入，是全球 5G 技术研究和标准制定活动的主要参与者和贡献者。截至 2018 年底，中兴通讯向 3GPP 等组织提交 5G NR（New Radio，新空口）/5G 核心网国际标准提案 7000 余篇，5G 专利申请超过 3000 件，终端专利申请约 2 万件；向 ETSI（欧洲电信标准化协会）披露首批 3GPP 5G SEP（标准必要专利）超过 1200 族。在 5G 技术标准制定的重要国际标准组织 3GPP 中，中兴通讯还担任多个技术标准报告人。

IPlytics 分析表示，衡量对 5G 标准制定的参与和投资程度的另一种方式是工程师参与 3GPP 5G 标准制定会议的人次。出席 3GPP 5G 会议反映了企业为开发 5G 技术所做的投资，企业派遣了最优秀的技术工程师参会，并花费了大量的时间、精力来讨论 5G 最新的技术发展。图 1-10 所示为 IPlytics 发布的参加 5G 标准制定会议的员工数量排名前 20 的企业。

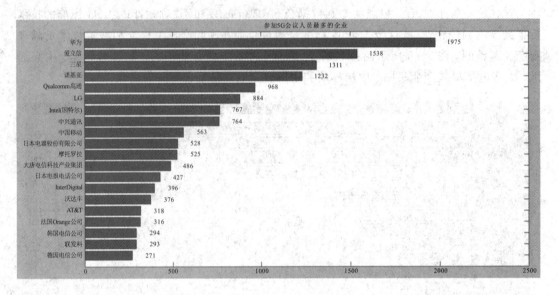

图 1-10　参加 5G 会议员工数量排名前 20 的企业

以中国移动为例,中国移动研究院的众多专家成为了 5G 标准工作组的主席、报告人及重要贡献者,如徐晓东成为 RAN 全会副主席,胡南成为 RAN2 工作组副主席,黄振宁成为 CT3 工作组副主席,孙滔成为 5G 系统架构项目报告人,宋月成为 5G 网络协议标准研究和制定项目报告人,倪吉庆成为 NR 波形项目主要贡献者,陈卓成为 eVoLTE 报告人,王森成为 RAN NOMA 项目主要贡献者,陈亚迷成为 CU/DU 分离项目主要贡献者。

2019 年 3 月下旬,3GPP 在深圳成功召开系列重要会议,完成了 CT(核心网与终端)、RAN(无线接入网)、SA(业务与系统)这三大技术规范组的新一届主席、副主席的选举,共计 12 人。中国移动研究院徐晓东成功连任 RAN 全会副主席,大唐移动艾明成功当选 CT 全会副主席,华为公司的 Georg Mayer 成功当选 SA 全会主席。

回首我国的移动通信发展史,我国实现了从 2G 跟随、3G 突破到 4G 超越,并在 5G 领跑的发展历程。中国通信企业的力量在全球标准形成中的"角色"也在步步提升,在 5G 时代已经跻身于全球领先地位,在通信标准全球博弈中拥有了更多更强的话语权。

1.4.3　3GPP2

第三代合作伙伴计划 2(3rd Generation Partnership Project 2,3GPP2)成立于 1999 年 1 月,由美国的 TIA、日本的 ARIB 和 TTC、韩国的 TTA 四个标准化组织发起,中国无线通信标准研究组(CWTS)于 1999 年 6 月在韩国正式签字加入 3GPP2。3GPP2 由关注 ANSI/TIA/EIA-41 蜂窝无线电通信系统运营网络向 3G 演进和支持 ANSI/TIA/EIA-41 的无线传输技术的全球规范发展的北美和亚洲地区成员组成。3GPP2 声称致力于使 ITU 的 IMT-2000 计划中的(3G)移动电话系统规范在全球的发展,是从 2G 的 CDMA One 或者 IS-95 发展而来的 CDMA2000 标准体系的标准化机构,受到拥有多项 CDMA 关键技术专利的高通公司的较多支持。与之对应的 3GPP 致力于从 GSM 向 WCDMA

(UMTS)过渡，因此两个机构存在一定竞争。

3GPP2 下设四个技术规范工作组：TSG - A(接入网接口方面)、TSG - C(无线接入方面)、TSG - S(业务和系统方面)、TSG - X(核心网方面)，这些工作组向项目指导委员会(SC)报告本工作组的工作进展情况。SC 负责管理项目的进展情况，并进行一些协调管理工作。

1.4.4　IEEE

IEEE 即电气和电子工程师协会(Institute of Electrical and Electronics Engineers)，是一个美国的电子技术与信息科学工程师的协会，是世界上最大的非营利性专业技术学会，会员人数超过 40 万人，遍布 160 多个国家。IEEE 的前身是 AIEE(美国电气工程师协会)和 IRE(无线电工程师协会)。1963 年 1 月 1 日，AIEE 和 IRE 正式合并为 IEEE。IEEE 致力于电气、电子、计算机工程和与科学有关的领域的开发和研究，在航空航天、信息技术、电力及消费性电子产品等领域已制定了 900 多个行业标准，现已发展成为具有较大影响力的国际学术组织。IEEE 作为 IT 领域学术界的老大，在无线通信标准方面主要制定了 WiFi(Wireless Fidelity，无线保真)协议以及 WiMAX(Worldwide Interoperability for Microwave Access，全球微波互联接入)协议，并力推 WiMAX 作为 3G 标准。

在电气及电子工程、计算机及控制技术领域中，IEEE 发表的文献占了全球将近 30%。IEEE 每年也会主办或协办三百多项技术会议。目前，中国的北京、上海、西安、郑州等地的 28 所高校已成立了 IEEE 学生分会。

1.4.5　GSMA

GSMA(GSM Association，GSM 协会)即全球移动通信系统组织，是世界移动通信界的国际组织之一，联合了来自 220 多个国家的近 800 家移动运营商以及 250 多家移动生态系统产业链组织，包括手机与设备制造商、软件公司、设备供应商、互联网企业、金融服务机构、健康医疗、媒体、交通和公共事业等相关行业部门和组织。GSMA 代表了全球移动运营商的共同权益，GSMA 将公共和私营部门聚集在一起，通过获得移动创新来改变生活，从而应对全球移动通信最紧迫的挑战。GSMA 作为行业领先活动的主办方，主办的"世界移动通信大会"是全球具备影响力的专注于移动通信领域的展览会之一，主要包括移动通信前沿领域的展览、会议活动、交流体验等内容。如"GSMA Mobile 360"系列就提供了一个会议平台，选择全球范围内影响移动行业的相关主题开展讨论，邀请移动通信、相邻行业和垂直行业的企业高级管理人员一起研讨、分享经验或解决彼此的问题。

1.4.6　ETSI

ETSI 即欧洲电信标准化协会(European Telecommunications Standards Institute)，是由欧共体委员会于 1988 年批准建立的一个非营利性的电信标准化组织，总部设在法国南部的尼斯。ETSI 的标准化领域主要是电信业，并涉及与其他组织合作的信息及广播技术领域。ETSI 作为一个被 CEN(欧洲标准化协会)和 CEPT(欧洲邮电管理委员会)认可的电信标准协会，其制定的推荐性标准常被欧共体作为欧洲法规的技术基础而采用，并被要求执行。

　　ETSI 宗旨是为贯彻欧洲邮电管理委员会(CEPT)和欧共体委员会确定的电信政策,满足市场各方面及管制部门的标准化需求,实现开放、统一、竞争的欧洲电信市场,及时制定高质量的电信标准,以促进欧洲电信基础设施的融合,确保欧洲各电信网间互通,确保未来电信业务的统一,实现终端设备的相互兼容,实现电信产品的竞争和自由流通,为开放和建立新的泛欧电信网络和业务提供技术基础。

1.4.7　ANSI

　　ANSI(American National Standards Institute,美国国家标准学会)成立于 1918 年。当时,美国的许多企业和专业技术团体已开始了标准化工作,但因彼此间没有有效协调而存在不少矛盾和问题。为了进一步提高效率,数百个科技学会、协会组织和团体均认为有必要成立一个专门的标准化机构,并制定统一的通用标准。ANSI 是 ISO 的成员之一,有将近一千个会员,包括制造商、用户和其他相关企业。ANSI 标准广泛存在于各个领域。例如,光纤分布式数据接口(FDDI)就是一个适用于局域网光纤通信的 ANSI 标准;美国标准信息交换代码(ASCⅡ)则是被用来规范计算机内的信息存储的。

　　ANSI 经联邦政府授权,作为自愿性标准体系中的协调中心,其主要职能是:协调国内机构、团体的标准化活动;审核批准美国国家标准;代表美国参加国际标准化活动;提供标准信息咨询服务;与政府机构进行合作。理事会是 ANSI 的决策机构,由各大公司、企业、专业团体、研究机构、政府机关的代表组成。理事会休会期间,由执行委员会代行其职能。

1.4.8　CCSA

　　CCSA 即中国通信标准化协会(China Communications Standards Association),于 2002 年 12 月 18 日在北京正式成立。协会是中国国内企事业单位自愿联合组织起来,经业务主管部门批准,国家社团管理机关登记,开展通信技术领域标准化活动的非营利性法人社会团体。协会主要任务是为了更好地开展通信标准研究工作,把通信运营企业、制造企业、研究单位、大学等关心标准的企事业单位组织起来,按照公平、公正、公开的原则制定标准,进行标准的协调和把关,把高技术、高水平、高质量的标准推荐给政府,把具有我国自主知识产权的标准推向世界,支撑我国的通信产业,为世界通信做出贡献。协会采用单位会员制,广泛吸收科研、技术开发和设计单位,产品制造企业,通信运营企业,高等院校,社团组织等参加。协会遵循公开、公平、公正和协商一致原则组织开展通信标准化研究活动,通过研究通信标准、开展技术业务咨询等工作,为国家通信产业的发展做出贡献。

　　一般来说,CCSA 的技术工作委员会每年召开 3 次会议,工作组根据工作需求每年召开 4~6 次会议,主要开展通信标准体系研究和技术调查,提出制定和修改通信标准项目建议;组织会员参与标准草案的起草、意见征求、协调、审查、符合性试验和互连互通试验等标准研究活动。CCSA 完成行标的起草和撰写工作,经主管部门审批,可作为行业标准发布实施。

1.4.9　GTI

　　GTI(Global TD-LTE Initiative,TD-LTE 全球发展倡议组织)是一个在全球范围内

推广 TD-LTE 技术的国际组织。为推广、带动由中国主导的 4G 标准 TD-LTE 在全球的发展，中国移动 2011 年 2 月联合日本软银、印度巴蒂、英国沃达丰等众多合作伙伴，共同发起成立了 GTI，同时也是全球通信运营商合作推广 TD-LTE 技术的开放平台。GTI 作为世界范围内联系各国移动通信运营商的纽带，通过秘书处举办与 TD-LTE 相关的会议和活动，致力于在全球范围内推广和普及 TD-LTE 和 LTE FDD 相关技术及其融合，以适应当前不断增长的对移动宽带网络技术发展的需求，同时为广大的运营商和合作伙伴创造更多的经济价值。GTI 通过体系化的宣传推广，全面提升 TD-LTE 影响力。例如举办 GTI 国际产业峰会，发布关键成果和计划，发布产业市场信息；在世界移动大会、ITU 世界电信展上组织关键技术提交和产品展示，宣传端到端产业最新进展；以网站、奖项等多种形式进行全球性宣传推广。此外，GTI 还与运营商伙伴一起共同研究和解决 TD-LTE 发展中面对的技术问题、产品问题、市场问题，发布了终端、频谱、网络、商业与业务应用等诸多白皮书，为整个 TD-LTE 产业的发展和推动 TD-LTE 走向全球做出了卓越贡献。

经过几年的发展，GTI 已经成为世界上非常有影响力的产业聚合平台，2018 年，GTI 已汇聚全球 127 家运营商成员以及 130 多家设备制造商和终端厂商合作伙伴。同时，GTI 也与 ITU、GSMA 等各大国际组织展开紧密合作。ITU 秘书长赵厚麟先生对 GTI 做出了如下评价："GTI 对推动 TD-LTE 在全球的快速成功部署做出了巨大贡献。我们坚信，ITU 和 GTI 将会开展更多合作，为 TD-LTE 创造更加美好的前景。"

2016 年，GTI 完成第一个五年计划 GTI 1.0。五年来，GTI 在推动 TD-LTE 端到端产业成熟和全球商用、促进 TDD/FDD 融合发展等方面做了大量卓有成效的工作，取得了丰硕成果，对移动互联网快速普及和经济社会发展做出了重要贡献。截至 2016 年，已有 43 个国家和地区部署了 76 张 TD-LTE 商用网络，用户超过 4.7 亿，此外还有 26 个 LTE TDD/FDD 融合网络。同年，GTI 开始了 GTI 2.0 新征程。在未来的五年里，GTI 2.0 将一如既往地推进 TD-LTE 的技术演进和全球化发展，推动 5G 端到端系统的产业化发展和全球推广；GTI 将持续推动"大带小"模式，大运营商带动中小运营商共同发展，共建繁荣生态；GTI 将进一步与产业紧密合作，并大力拓展垂直行业，拥抱万物互联时代。

1.4.10　各组织与标准之间的关系

各个组织的关系可以概括为：在 ITU 协调下，满足一定需求的移动通信技术统称为"IMT 家族(International Mobile Telecommunications Family)"，ITU 为这些技术分配相应的频谱资源。从技术和标准的角度来说，3GPP、3GPP2 和 IEEE 负责标准制定，以满足 IMT 的需求，不断地对无线通信系统进行完善。三大阵营的标准发展历程见图 1-11。

从图 1-11 可见，一开始 3GPP、3GPP2 和 IEEE 各自发展了自己的技术标准。3GPP 采用了从 GSM/UMTS 升级到 4G 的 LTE、LTE-A 和 5G NR 技术，提供更高容量、更多连接、更短时延。3GPP2 阵营走出来的 CDMA2000(由 AMPS/TIA 演进而来)技术也有个称为超行动宽带(UMB)的替代方案在推展。从 3.9 G 开始，两个项目均舍弃了原有的空中接入标准，改以 OFDMA 为下行链路技术，上行链路采用以 OFDM 为基础的多项方案。随着 2010 年英特尔对 WiMAX 的放弃以及 LTE 在 4G 市场成了唯一的主流标准，WiMAX 的电信运营商也逐渐向 LTE 转移，WiMAX 论坛也于 2012 年将 TD-LTE 纳入 WiMAX 2.1 规范，一些 WiMAX 运营商也开始将设备升级为 TD-LTE。

可以预见，5G 时代将是标准统一的时代。

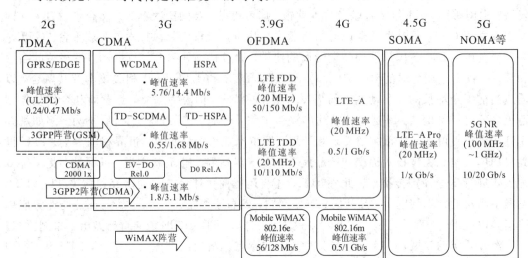

图 1-11　三大阵营的标准发展历程

1.5　移动通信发展概述

　　自人类社会诞生以来，通信就与人的生活息息相关。在古代，人们通过口述相告、飞鸽传书、烽火旗语和驿马邮递等最原始的方式传递信息，这些传递信息的方式效率极低，沟通起来极其不方便，而且受到地理环境、气象条件的极大限制。早在 3000 多年前我国就建立了驿站，开始了邮驿。可以说邮驿是我国古代传统的通信组织形式，也是现代邮政通信的前身之一。驿使，为古代传递文书的人，即信使。史载，西周时就在交通要道上设馆驿，向过往官员和差役提供食宿；秦统一后，建立了以咸阳为中心的驿站网络，颁行的《行书律》是我国最早的邮驿法；汉武帝时，在河西走廊设敦煌、张掖、酒泉、武威四郡，据玉门关和阳关，邮驿文化由此发展。迅速、准确、安全是邮驿通信的要求，所以传递军情和紧急公文时，需要快马加鞭日行千里，每到一站换人换马接力传递。嘉峪关魏晋墓出土的彩绘《驿使图》(见图 1-12)客观真实地记录了距今 1600 多年前的西北边疆驿使驰送文书的邮驿情形，被认为是我国发现的最早古代邮驿的形象资料。《驿使图》绘于公元 3 世纪前后，

图 1-12　魏晋《驿使图》画像砖

证明了我国是世界上最早建立邮驿的国家之一，图中的高头大马飞奔的节奏和人物无口保密的形象，准确地刻画了通信的基本准则。

1844 年，美国人莫尔斯(S. B. Morse)发明了莫尔斯电码，并在电报机上传递了第一条电报，开创了人类使用"电"来传递信息的历史，人类传递信息的速度得到极大的提升，从此拉开了现代通信的序幕。1864 年，麦克斯韦从理论上证明了电磁波的存在，1876 年，赫兹用实验证实了电磁波的存在。1896 年，意大利人古列尔莫·马可尼(Guglielmo Marconi)取得了无线电报系统世界上第一个专利，并于 1897 年 7 月成立了"无线电报及电信有限公司"。同年又在斯佩西亚向意大利政府演示了 12 英里(1 英里＝1609.34 米)的无线电信号发送。1899 年，马可尼建立起了跨越英吉利海峡的法国和英国之间的无线电通信，同时在多地建立了永久性的无线电台。1900 年马可尼为其

图 1 - 13　实用无线电报系统的发明人——马可尼

"调谐式无线电报"取得了著名的第 7777 号专利。1901 年 12 月的具有历史意义的一天，马可尼用他的发报系统证明了无线电波不受地球表面弯曲的影响，第一次使无线电波越过了康沃尔郡的波特休和纽芬兰省的圣约翰斯之间的大西洋，距离为 2100 英里，这是通信技术的一次飞跃，也是人类科技史上的一个重要成就。马可尼将电磁学原理应用于信息空间传输，从而开创了不用导线就能对无数接收机同时进行电波通信的先河，奠定了现代远距离无线电通信的基础。从此人类开始以宇宙的极限速度——光速来传递信息，进入了移动无线电通信的新时代。

现代移动通信诞生于 20 世纪初，在 20 世纪 40 年代以前，初步进行一些传播性测试并在短波的几个频段上进行通信应用，如 20 年代初的 2MHz 频段的警车无线调度系统，其工作于单工或半双工方式。40 年代至 60 年代后期，发展了一些具有拨号、半双工功能的移动通信系统，这种系统实现较容易，但同频系统必须距离足够远，才能使同频干扰电平远低于接收机的接收门限。整个系统没有频率复用，可支持的同时工作用户的数量有限，因此，系统存在容量受限、系统功能薄弱、频率利用率低和质量差等局限性。1971 年，贝尔实验室论证了蜂窝系统的可行性后，各国对蜂窝移动通信系统进行了深入研究，从而进入蜂窝移动通信系统的发展阶段，移动通信使用户实现了完全的个人移动性、可靠的传输手段和接续方式，逐渐演变成社会进步不可少的工具，极大地改变了人们的生活方式，并成为推动社会发展的最重要动力之一。

G 是英文 Generation 的缩写，即"代"的含义。对应的 1G 指的是第一代蜂窝移动通信系统，2G、3G、4G、5G 就分别指第二、三、四、五代移动通信系统。1G～5G 等的定义，主要是从移动通信系统的数据传输速率、支持的业务类型、传输时延等具体的实现技术指标的不同进行划分的。现代移动通信从 1G、2G、3G、4G 到 5G 的发展过程，是从低速语音业务到高速多媒体业务和万物互联发展的过程，每一代移动技术的发展时间只有 10 年，追求更快捷、更高效的通信目标是不停驱动移动通信技术快速发展的动力。移动通信技术的演进过程和终端发展如图 1 - 14 和 1 - 15 所示。

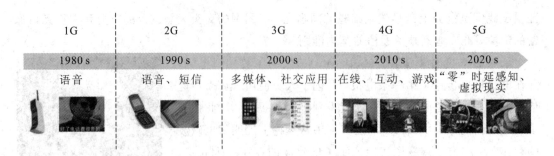

图 1-14　移动通信技术的演进过程

图 1-15　1G～5G 的终端发展

思 考 与 习 题

1. 简述移动通信系统的多址方式，并解释其概念。
2. 简述移动通信系统的双工方式 FDD 和 TDD 的概念和优劣。

第 2 章　早期移动通信系统

2.1　1G 模拟移动通信系统

2.1.1　1G 发展概述

　　1901 年底，马可尼成功地在一艘意大利巡洋舰上进行了第一次跨大西洋的无线电（电报）传输，直到 1915 年，第一个跨大西洋的语音信号的无线传输才成功地从弗吉尼亚州的阿灵顿发送到了法国巴黎。又经历了几十年的短波无线电、频率调制及其他关键技术的发展，才完成了第一个移动通信系统的开发。20 世纪 30 年代，美国的几个市政当局开始着手部署无线移动通信系统。1946 年，美国电话电报公司（American Telephone & Telegraph，AT&T Inc.）在密苏里州的圣路易斯市第一次引入人工移动电话业务，容量最大能支持 3 路电话同时呼叫。到 1948 年，AT&T 把该业务扩展到 100 个城市，拥有 5000 多个用户，其中多数是公共事业公司、卡车司机和记者。早期移动电话系统采用几个基站，内有高功率放大器和高塔，以便覆盖大范围的地区。每个基站均独立于其他基站，占用能获得的所有频道。为避免干扰，在地理上，各基站也是相互分离的。早期无线电话系统有：在 40 MHz 频段上工作的 MTS（Mobile Telephone System，移动电话系统）以及在 150 MHz 和 450 MHz 频段上工作的 IMTS（Improved Mobile Telephone Service，改进的移动电话业务）。这些系统的容量都极其有限。如 1976 年，在纽约市部署的 IMTS 系统有 12 个信道，只能支持 1000 平方公里范围内的 2000 个用户。即使用户这么少，在打电话时他们也经常需要先等上 30 分钟。

　　移动业务需求的不断增长，迫使人们必须要找到一种支持更多用户的方法。政府简单地对频谱进行分配这一做法已经跟不上移动业务不断增长的需求了。解决容量有限问题的突破性方法是蜂窝概念，即用几个低功率发射器代替单个的高功率发射器，每个低功率发射器使用总频谱的一部分，覆盖业务区中的一小块地区。这样，只要使用同样频率的基站彼此离得足够远，频率就可以复用。虽然贝尔实验室早在 1947 年就提出蜂窝移动通信系统的概念和理论，但是受到硬件的限制，直到 20 世纪 70 年代才解决了如何实施蜂窝概念的技术难题。1971 年，AT&T 公司向联邦通信委员会（Federal Communications Commission，FCC）提交了一份关于蜂窝移动概念的提案。1978 年，美国贝尔试验室研制成功全球首个蜂窝移动电话系统 AMPS（Advanced Mobile Phone System，高级移动电话系统）。1983 年，FCC 批准了 AMPS，并把 800 MHz 频段上的 40 MHz 宽的频谱分配给他们，在芝加哥及其近郊进行第一代商用蜂窝移动通信系统的商业部署。1986 年，第一代移动通信系统（1G）在美国芝加哥诞生，采用模拟信号传输，即在无线传输时将电磁波进行 FM 模拟调制后，将介于 300 Hz 到 3400 Hz 的语音信号转换到载波频率（一般在 150 MHz 或以上）

上，载有信息的电磁波被发布到空间后，由接收设备接收，并从载波电磁波上还原语音信息，完成一次通话。

AMPS 的第一个系统的小区面积较大，采用全向基站天线，系统覆盖面积达 2100 平方英里，只需要 10 个基站，每个基站的天线塔高为 150 英尺～550 英尺（1 英尺＝0.3048 米）。为获得让人满意的通话质量，多数早期系统载干比（Carrier-to-Interference Ratio，CIR）被设计为 18 dB，在多个小区频率复用模式下进行部署，其中每个小区又分成 3 个扇区。除了美国之外，南美、亚洲和北美也有几个国家部署了 AMPS 系统。在美国，针对每个市场，FCC 会把频谱分配给两家运营商，一家是主导电信运营商，另一家是新的非主导运营商。每家被分配有 20 MHz 的频谱，用以支持每个市场中的全部 416 个 AMPS 信道。在这 416 个信道中，21 个信道用于传输控制信息，剩下的 395 个信道携带语音业务数据。AMPS 系统采用 FM（Frequency Modulation，调频）方式传输模拟语音信号，FSK（Frequency Shift Keying，频移键控）方式传输控制信道信号。甚至在第二代系统部署完毕后，北美的运营商依然把 AMPS 系统作为一项能在整个地区通用的备用业务。在后来出现不同运营商网络部署的 2G 系统不兼容的情况下，也用它来提供彼此间的漫游服务。

1G 时代主要以美国的 AMPS 为代表，与此同时，各国也在发展自己的移动通信系统，产生了各国基于不同标准的其他模拟蜂窝移动通信系统。1979 年日本东京开通了第一个商业蜂窝网络，使用的技术标准是日本电报电话（Nippon Telegraph and Telephone，NTT）标准，后来发展了高系统容量版本 HiCap 通信（High Capacity Communication，高容量通信）。1981 年 9 月瑞典开通了 NMT（Nordic Mobile Telephone，北欧移动电话）系统，接着英国开通 TACS 系统（Total Access Communications System，总接入通信系统），德国开通 C-450 系统等。表 2-1 所示为主要的 1G 系统。

表 2-1　主要的第一代蜂窝系统

制式	AMPS	ETACS	JTACS	NMT 450/NMT 900
引入年份	1983 年	1985 年	1988 年	1981 年
频段/MHz	DL：869～894 U/L：824～849	D/L：916～949 U/L：871～904	D/L：860～870 U/L：915～925	NMT450：450～470 NMT900：890～960
信道带宽	30 kHz	25 kHz	12.5 kHz	NMT450：25 kHz NMT900：12.5 kHz
多址接入	FDMA	FDMA	FDMA	FDMA
双工	FDD	FDD	FDD	FDD
语音调制	FM	FM	FM	FM
信道数	832	1240	400	NMT450：200 NMT900：1999

2.1.2　1G 制式标准

1G 为模拟通信系统，通信技术使用了多重蜂窝基站，允许用户在通话期间自由移动并在相邻基站之间无缝传输通话，主要制式有 AMPS、TACS、NMT 等。

1. AMPS

AMPS 即高级移动电话系统，运行于 800MHz 频段，在北美、南美和部分环太平洋国家广泛使用。

2. TACS

TACS 即总接入通信系统，由摩托罗拉公司开发，是 AMPS 的修改版本，运行于 900MHz 频带，分为 ETACS(欧洲)和 JTACS(日本)两种版本。英国、日本和其他部分亚洲国家广泛使用此标准，我国邮电部于 1987 年确定以 TACS 制式作为我国模拟制式蜂窝移动电话的标准。英国的 TACS 提供了全双工、自动拨号等功能，与 AMPS 系统类似，它在地域上将覆盖范围划分成小单元，每个单元复用频带的一部分以提高频带的利用率，即利用在干扰受限的环境下，依赖于适当的频率复用规划(特定地区的传播特性)和频分复用来提高容量，实现真正意义上的蜂窝移动通信。

3. NMT

NMT 即北欧移动电话，运行于 450 MHz 和 900 MHz 频段，使用于北欧国家瑞士、荷兰，东欧及俄罗斯等国。NMT450 由爱立信和诺基亚公司开发，服务于北欧国家，是世界上第一个多国使用的蜂窝网络标准，运行于 450 MHz 频段；NMT900 为其升级版本，运行于 900 MHz 频段有更高的系统容量，能使用手持的终端产品。

4. C‑Netz

C‑Netz 运行于 450 MHz 频段，使用于西德、葡萄牙及奥地利。

5. C‑450

C‑450 与 C‑Netz 基本相同，运行于 450 MHz 频段，使用于非洲南部。

6. Radiocom2000

Radiocom2000 简称 RC2000，运行于 450 MHz 和 900 MHz 频段，使用于法国。

7. RTMS

RTMS 运行于 450 MHz 频段，使用于意大利。

8. NTT

NTT 分为 TZ‑801、TZ‑802 和 TZ‑803 三种制式，高容量版本称为 HiCap。

20 世纪 80 年代初期，我国的移动通信产业还是一片空白，直到 1987 年我国邮电部才确定以 TACS 制式作为我国模拟制式蜂窝移动电话的标准。中国的第一代模拟移动通信系统于 1987 年 11 月 18 日在广东第六届全运会上开通并正式商用，采用的是英国 TACS 制式。1G 时期，我国的移动电话公众网由美国摩托罗拉移动通信系统和瑞典爱立信移动通信系统构成。经过划分，摩托罗拉设备使用 A 频段，称之为 A 系统；爱立信设备使用 B 频段，称之为 B 系统。移动通信的 A、B 两个系统即为 A 网和 B 网，而在这两个网背后就是主宰模拟时代的摩托罗拉和爱立信。模拟通信系统有着很多缺陷，经常出现串号、盗号等现象。从中国电信 1987 年 11 月开始运营模拟移动电话业务到 2001 年 12 月底中国移动关闭模拟移动通信网，1G 系统在中国的应用长达 14 年，用户数最高时曾达到了 660 万。

2.1.3　1G 技术特点

图 2-1　上世纪 90 年代的 1G 市场

　　第一代移动通信系统的主要技术是以模拟方式工作的模拟调频(FM)、频分多址(FDMA)，电磁波使用频段为 450/800/900 MHz。1G 只能应用在一般的模拟语音传输上，频率利用率低导致其容量非常有限，又存在模拟语音品质低、信号不稳定、涵盖范围也不够全面、安全性差和易受干扰等问题。由于主要基于蜂窝结构组网，不同国家采用了不同的工作系统，不能进行移动通信的长途漫游，只能是一种区域性的移动通信系统，只有"国家标准"没有"国际标准"，系统制式混杂不能国际漫游成为了一个突出的问题，也极大限制了 1G 的发展。1G 具有代表性的终端设备是美国摩托罗拉公司在上世纪 90 年代推出并风靡全球的"大哥大"(见图 2-1)——移动手提式电话，只能完成语音业务，但终端价格和服务费用都昂贵无比。

　　总之，1G 通信存在众多弊端，包括保密性差、系统容量有限、频率利用率低、只能进行模拟语音通信、设备成本高、体积重量大等。由于传输带宽受限和制式混杂问题，不能进行移动通信的长途漫游，只能是一种区域性的移动通信系统。这些缺点都随着第二代移动通信系统的到来得到了很大的改善。

2.2　2G GSM 移动通信系统

2.2.1　2G 发展概述

　　2G 开启了数字蜂窝移动通信。2G 时代虽然标准也比较多，但 GSM(Global System for Mobile Communications，全球移动通信系统)脱颖而出成为 2G 时代最广泛采用的移动通信制式。GSM 让电话全球漫游成为了可能。

　　1982 年，GSM 小组(Groupe Spécial Mobile，法语，特别行动小组)创立。最开始这个小组由欧洲邮电管理委员会(Confederation of European Posts and Telecommunications，CEPT)负责管理。GSM 的名字就源于这个小组的名字，尽管后来决定使用缩写代替了它的原有含义。GSM 的原始技术在 1987 年定义。1989 年，欧洲电信标准化协会(European Telecommunications Standards Institute，ETSI)从 CEPT 接手这个小组。1990 年第一个 GSM 规范完成，文本超过 6000 页。1992 年 1 月，芬兰移动运营商架设了首个商用 GSM 网络。时任芬兰总理拨出全球首个 GSM 电话。移动运营商为该系统设计和注册了满足市场要求的商标，将 GSM 更名为"全球移动通信系统"(Global System for Mobile Communications，GSM)。

GSM 作为一种起源于欧洲的第二代移动通信技术标准，研发初衷是让全球共同使用一个移动电话网络标准，让用户拥有一部手机就能走遍天下。GSM 也是国内著名移动业务品牌——"全球通"这一名称的本意。1992 年，欧洲标准化委员会统一了推出的标准，采用了数字通信技术和统一的网络标准，使 2G 系统的通信质量得以保证，并可以开发出更多的新业务供用户使用。2G 的声音品质较佳，比 1G 多了数据传输的服务，数据传输速度为 9.6 kb/s～14.4 kb/s，最早的文字短信业务从 2G 开始。2000 年 5 月，诞生了第一款支持 WAP(Wireless Application Protocol，无线应用协议)的 GSM 手机——诺基亚 7110，它的出现标志着手机上网时代的开始。因 GSM 系统只能进行电路域的数据交换，且最高传输速率仅为 9.6 kb/s，难以满足数据业务的需求，因此，欧洲电信标准委员会(ETSI)推出了 GPRS(General Packet Radio Service，通用分组无线业务)。分组交换技术是计算机网络方面一项重要的数据传输技术。为了实现从传统语音业务到数据业务的支持，GPRS 在原 GSM 网络的基础上叠加了支持高速分组数据的网络，向用户提供 WAP 浏览(浏览因特网页面)、E-mail 等功能，推动了移动数据业务的初次飞跃发展，实现了移动通信技术和数据通信技术(尤其是 Internet 技术)的完美结合。GPRS 是介于 2G 和 3G 之间的技术，也被称为 2.5G。GPRS 提供最大上行(42.8 kb/s)/下行(85.6 kb/s)数据传输速率。后续技术还有 EDGE(Enhanced Data rates for GSM Evolution，增强型数据速率 GSM 演进技术)，被称为 2.75G，属于增强型 GPRS。数据传输速率为最大上行(45 kb/s)/下行(90 kb/s)数据传输速率。GPRS 和 EDGE 也可按照 2.5G 来理解，它只是 3G 发展中的一个路标。

以 GSM 为通信系统，自欧洲起家的诺基亚与爱立信开始攻占美国和日本市场，仅用 10 年，诺基亚就力压摩托罗拉，成为全球最大的移动电话商。我国 2G 网络的建设始于 1994 年中国联通的成立。1994 年，时任信息产业部部长的吴基传打通了中国第一个 GSM 电话。2000 年 4 月中国移动成立。2001 年，中国移动在全国启动了模拟网转网工作，并于年底正式关闭了 1G 模拟移动电话网，从此中国的移动通信进入了 2G 全数字的通信时代。此后，2G 开始了它长达 15 年的霸主地位，直到 2009 年，工信部才给国内三大运营商发放 3G 牌照。

2G 时代全球的 GSM 移动用户已经超过 10 亿，覆盖了 1/7 的人口，GSM 技术在世界数字移动电话领域所占的比例已经超过 70%。2017 年 1 月 17 日，美国第二大移动运营商 AT&T 宣布已于 2017 年 1 月 1 日正式关停了旗下的 2G 网络，世界各地的主要移动运营商也都已经或者打算关闭 2G 网络。

2.2.2　2G 制式标准

1G 时代各国的通信模式和系统互不兼容，迫使厂商要发展各自的专用设备，设备的无法大量生产在一定程度上抑制了产业的发展，因此 2G 时代各国也开始了移动通信标准的争夺战。2G 时代主要的系统标准有五个。

1. GSM

GSM 的空中接口采用 TDMA，源于欧洲并实现全球化，使用 GSN(GPRS Support Node，GPRS 支持节点)处理器，包括 SGSN(Serving GPRS Support Node，服务 GPRS 支持节点)和 GGSN(Gateway GPRS Support Node，网关 GPRS 支持节点)。GSM 采用用户身份识别(Subscriber Identification Module，SIM)技术来识别移动用户，为发展个人通信打下了基础。

2. IDEN

IDEN(Integrated Digital Enhanced Network，集成数字增强型网络)的空中接口采用TDMA，是美国独有的系统，被美国电信系统商Nextell使用。

3. IS - 136(D - AMPS)

IS - 136(D - AMPS)的空中接口采用TDMA，是美国最简单的TDMA系统，用于美洲。

4. IS - 95

IS - 95(CDMAOne)的空中接口采用CDMA，是美国最简单的CDMA系统，用于美洲和亚洲一些国家。

5. PDC

PDC(Personal Digital Communication，个人数字通信)的空中接口采用TDMA，仅在日本普及。

2.2.3　2G系统架构

1. GSM系统架构

GSM系统主要由移动台(Mobile Station，MS)、网络子系统(Network Subsystem，NSS)、基站子系统(Base Station Subsystem，BSS)和操作支持子系统(Operation Support System，OSS)四部分组成，如图2-2所示。

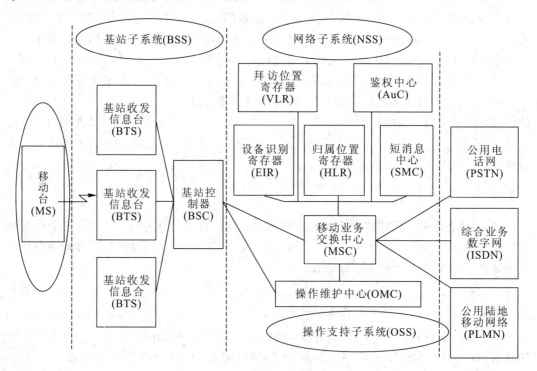

图2-2　GSM系统架构图

1) 移动台(MS)

MS 是 GSM 系统的用户终端设备,可以是车载台、便携台和手机等,由移动终端(ME)和用户识别卡(SIM 卡)两部分组成。移动终端主要完成语音信号的处理和无线收发等功能。SIM 卡存储认证用户身份所需的所有信息以及与安全保密有关的重要信息。

2) 基站子系统(BSS)

BSS 通过无线接口与移动台相接,负责无线发送/接收和无线资源管理。BSS 与网络子系统(NSS)中的移动业务交换中心(MSC)相连,实现移动用户之间或移动用户与固网用户之间的通信连接,传送系统信号和用户信息等。BSS 与操作支持子系统(OSS)连接,完成 OSS 对 BSS 的操作维护管理。BSS 主要包括基站控制器(BSC)和基站收发信息台(BTS)两个功能实体。

(1) BSC(Base Station Controller):基站控制器,处理所有与无线信号有关的工作:小区的切换、无线资源管理等。位于 MSC 与 BTS 之间,具有对一个或者多个 BTS 进行控制和管理的功能,主要完成无线信道的分配、BTS 和 MS 发射功率的控制以及越区信道切换等功能。

(2) BTS(Base Transceiver Station):基站收发信息台,负责无线信号的收发。BSS 的无线收发设备由 BSC 控制,负责无线传输功能,完成无线与有线的转换、无线分集、无线信道加密、跳频等功能。此外,BSS 还包括编码变换和速率适配单元(TRAU)。TRAU 通常位于 BSC 与 MSC 之间,主要完成 16 kb/s 的 RPE - LTP 编码和 64 kb/s 的 A 律 PCM 编码之间的码型变换。

3) 网络子系统(NSS)

NSS 主要包含用于用户数据与移动性管理、安全性管理所需的数据库功能和 GSM 系统的交换功能,对 GSM 移动用户之间通信和 GSM 移动用户与其他通信网用户之间通信起着管理作用。NSS 由移动业务交换中心(MSC)、归属位置寄存器(HLR)、拜访位置寄存器(VLR)、鉴权中心(AuC)、设备识别寄存器(EIR)和短消息中心(SMC)等功能实体构成。在实际的 GSM 系统中,通常将 MSC 和 VLR 设置在一起,而将 HLR、EIR 和 AuC 合设于另外一个物理实体中。在整个 GSM 系统内部,NSS 各功能实体之间都通过符合 ITU 信令系统 No.7 协议和 GSM 规范的 7 号信令网路互相通信。

(1) MSC(Mobile Service Switching Center):移动业务交换中心,是 GSM 系统的核心,完成最基本的交换功能,即完成移动用户和其他网络用户之间的通信连接;完成移动用户寻呼接入、信道分配、呼叫接续、话务量控制、计费、基站管理等功能;提供面向系统其他功能实体/网络/MSC 互联的接口。

(2) HLR(Home Location Register):归属位置寄存器,HLR 是系统的中央数据库,存放与用户有关的所有信息,包括用户的漫游权限、基本业务、补充业务以及当前位置信息等,为 MSC 提供建立呼叫所需要的路由信息。一个 HLR 可以覆盖几个 MSC 服务区甚至整个移动网络。

(3) VLR(Visitor Location Register):拜访位置寄存器,存储了进入覆盖区的所有用户的信息,为已经登记的移动用户提供呼叫接续的条件。VLR 是一个动态的数据库,需要与有关的 HLR 进行大量的数据交换,以保证数据的有效性。当用户离开该 VLR 的控制区域时,重新在另一个 VLR 登记,原 VLR 将删除临时记录的该移动用户的数据。在物理上,

MSC 和 VLR 通常合为一体。

(4) AuC(Authentication Center)：鉴权中心，是一个受到严格保护的数据库，存储用户的鉴权信息和加密参数。在物理实体上，AuC 和 HLR 共存。

(5) EIR(Equipment Identity Register)：设备识别寄存器，存储与移动台设备有关的参数，可以对移动台设备进行识别、监视和闭锁等，防止未经许可的移动设备使用网络。

4) 操作支持子系统(OSS)

OSS 完成包括移动用户管理、移动设备管理以及网络操作和维护等功能。

2. GSM 网络接口模型

GSM 各接口采用的分层协议结构符合开放系统互联(OSI)参考模型。GSM 的接口采用对等层协议模型，如图 2-3 所示。

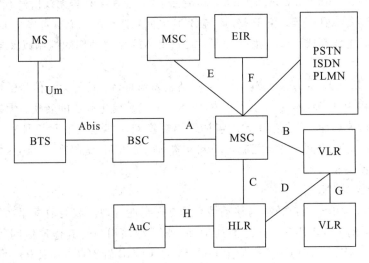

图 2-3　GSM 网络接口模型图

1) A 接口

A 接口是 NSS 与 BSS 间的通信接口，是 MSC 与 BSC 间的互连接口。A 接口信令协议基于 ITU-T 的 SS7；传递的信息包括移动台管理、基站管理、移动性管理、接续管理等；采用标准的 2.048 Mb/s 的 PCM 数字传输链路实现。

2) Abis 接口

Abis 接口是 BSS 的两个功能实体 BSC 和 BTS 间的通信接口。支持所有向用户提供的服务，并支持对 BTS 无线设备的控制和无线频率的分配；采用标准的 2.048 Mb/s 或 64 kb/s 的 PCM 数字传输链路实现。

3) Um 接口

Um 接口是移动台与 BTS 间的通信接口，用于移动台与 GSM 设备间的互通。传递的信息包括无线资源管理、移动性管理和接续管理等。

4) 网络子系统内部接口

(1) D 接口：HLR 与 VLR 间的接口，用于交换有关移动台位置和用户管理的信息，保证移动台在整个服务区内建立和接收呼叫。D 接口通过 MSC 与 HLR 间的标准 2.048 Mb/s 的 PCM 数字传输链路实现。

（2）B 接口：VLR 与 MSC 间的内部接口，用于 MSC 向 VLR 询问有关移动台当前的位置信息或者通知 VLR 有关移动台的位置更新信息等。

（3）C 接口：HLR 与 MSC 间的接口，用于传递路由选择和管理信息。

（4）E 接口：相邻区域的不同 MSC 间的接口，用于切换过程中交换有关切换信息，以启动和完成切换。

（5）F 接口：MSC 与 EIR 间的接口，用于交换相关的国际移动设备识别码（IMEI）管理信息。

（6）G 接口：VLR 间的接口，用于在采用临时移动用户识别码（TMSI）的移动台进入新的 MSC/VLR 服务区域时向分配 TMSI 的 VLR 询问移动用户的国际移动用户识别码（IMSI）信息。

2.2.4 2G 技术特点

2G 技术基本可被分为两类：一类是基于 TDMA 技术发展而来的 GSM；另一类是CDMA。

GSM 包括 GSM900：900 MHz、GSM1800：1800 MHz 及 GSM1900：1900 MHz 等几个频段。GSM900 和 GSM1800 用于欧洲、中东、非洲、大洋洲以及亚洲的大部分区域。GSM850 和 GSM1900 用于阿根廷、巴西、加拿大、美国以及美洲的许多其他国家。GSM 参数见表 2-2。此外还有一种不太常见的版本是 GSM450。

表 2-2 国际 GSM 频段表

GSM 版本	上行/MHz	下行/MHz	上行速率/(b/s)	下载速率/(b/s)	备注
GSM850	824~949	869~894	2.7 k	9.6 k	
GSM900	890~915	935~960	2.7 k	9.6 k	又称 PGSM
EGSM900	880~890	925~935	2.7 k	9.6 k	又称扩展 GSM
GSM1800	1710~1785	1805~1880	2.7 k	9.6 k	又称 DCS1800
GSM1900	1850~1910	1930~1990	2.7 k	9.6 k	又称 PCS1900

GSM900 使用（890~915）MHz 从移动台向基站发送信息（上行），使用（935~960）MHz 接收信息（下行），提供了 124 个无线频道，每个频道占用 200 kHz；双工间隔是 45 MHz；100 kHz 的保护带宽被置于频段的两端；共占用 2×25 MHz 带宽。

2G 手机用户数量的激增，需要进一步扩容手机网络系统，于是 GSM1800 应运而生，尽管这种又被称为 DCS1800（Digital Cellular System at 1800 MHz，1800 MHz 数字蜂窝系统）。GSM1800 移动通信系统是指 GSM900 向高端 1.8 GHz 频段扩展的移动通信系统。1990 年，ETSI 在欧洲已有 GSM 标准的基础上，将 GSM 工作频段提高到 1800 MHz 频段，开始制定 DCS1800 标准，并于 1991 年冻结该标准。DCS1800 的主要技术规范与 GSM 相同，但该系统相对于原有的 GSM 网络，其能力又有新的提高。GSM1800 使用（1710~1785）MHz 从移动台向基站发送信息（上行），使用（1805~1880）MHz 接收信息（下行），提供 374 个频道（频道号 512~885），共 2×75 MHz 带宽，双工间隔是 95 MHz，频谱资源是 GSM 的 3 倍；蜂窝小区半径减小；可与其他系统重叠覆盖或部分重叠覆盖运行等。GSM1800 在英国也称为 DCS(Digital Cellular System，数字蜂窝系统)，而在我国香港则被称为 PCS(Personal Communications Service，个人通信服务)。

DCS1800 的使用让基于 GSM900、GSM1800 的双频网络由梦想变为现实。使用 GSM900/GSM1800 双频手机，用户可以在 GSM900 与 GSM1800 之间自由切换，可以有效地避免掉话、通话难和音质差等问题。其后，三频手机也出现，能够灵活地在 GSM900、GSM1800 和 GSM1900 之间进行切换，能始终保持通话不断。GSM1900 是北美地区(美国、加拿大)通信网络领域普遍使用的网段。从技术角度而言，GSM1800 因为频段高，使得信号穿透能力强，在高楼林立的复杂环境中能带来良好的通话质量和通信覆盖。对于运营商而言，三频段网络彻底地缓解了 GSM900 所存在的频段与容量的问题。三频手机可以使用户自由地在五大洲 120 个国家进行通信。同理，四频手机就是支持四种频段 850/900/1800/1900 MHz 网络的手机。比如你在国内使用 900 MHz 频段网络，假如哪天你出国，该国家网络是 1900 MHz 频段的，那么你开通了国际漫游，且你的手机也支持此频段的网络，就可以使用，否则就不能使用。

我国批准的 GSM 频段见表 2-3。

表 2-3 我国批准的 GSM 频段表

频段	上行/MHz	下行/MHz	国际频率对比	备 注
GSM900	890～909	935～954	高端砍掉 6 MHz	中国移动 GSM 网工作频段
EGSM900	885～890	930～935	低端砍掉 5 MHz	中国移动 EGSM 网工作频段
GSM1800	1710～1755	1805～1850	高端砍掉 30 MHz	中国移动、中国联通 GSM 网工作频段
GSM1900	1850～1910	1930～1990	又称 PCS1800	中国电信、中国联通小灵通工作频段

与 1G 技术相比，GSM 的主要技术特点如下：

1. 频带利用率高

由于采用了高效调制器、信道编码、交织、均衡和语音编码技术，GSM 具有较高的频谱效率。

2. 用户容量大

GSM 是 2G 时代使用最普遍的标准，使用 900 MHz 和 1800 MHz 两个频带，采用 SIM 卡鉴别用户，传输时使用 TDMA 和 CDMA 技术大幅度增加了网络中信息的传输量。根据 GSM 体制规范的建议，通常在无线网络规划中都采用 4×3 频率复用方式，即 4 个基站区(每个基站分为 3 个 120°扇形小区或 60°三叶草形小区)，12 个扇形区为一小区群。这种频率复用方式由于同频复用距离大，能较可靠地满足 GSM 体制对同频干扰保护比和邻频干扰保护比要求降低至 9 dB 的指标要求。GSM 半速率话音编码的引入和自动话务分配技术大幅减少了越区切换的次数，使得 GSM 系统的容量效率(每兆赫每小区的信道数)比 TACS 系统高 3～5 倍。

3. 话音质量高

鉴于数字传输技术的特点以及 GSM 规范中有关空中接口和话音编码的改进，GSM 的话音质量和保密性得到了极大的改善。

4. 采用开放的接口

GSM 标准所提供的开放性接口不局限于空中接口，而且包括网络之间以及网络中各设备实体之间。GSM 的开放标准提供了更容易的互操作性，允许网络运营商提供漫游服务。

5. 安全性高

GSM 通过鉴权、加密和临时移动用户标识(TMSI)号码的使用，达到安全的目的。鉴权用来验证用户的入网权利。加密用于空中接口，由 SIM 卡和网络 AuC 的密钥决定。TMSI 是一个由业务网络给用户指定的临时识别号，以防止有人跟踪而泄漏其地理位置，使 GSM 网络运行质量好，安全性好。

6. 实现了互连和漫游

GSM 可以与 ISDN (Integrated Services Digital Network，综合业务数字网)、PSTN (Public Switched Telephone Network，公共交换电话网络)等进行互连。GSM 的手机与 1G 模拟手机的区别是多了用户识别卡(SIM 卡)，在 SIM 卡基础上实现了漫游。漫游是移动通信的重要特征，它标志着用户可以从一个网络自动进入另一个网络。GSM 系统可以提供全球漫游。

随着移动通信用户数的增加，TDMA 依靠大力压缩信道带宽突显弊端的时候，美国高通开始投入 CDMA 的研发，并证实 CDMA 用于蜂窝通信，能带来容量大、频率利用率高、抗干扰能力强的优点。与 GSM 相同，CDMA 也有 2 代、2.5 代和 3 代技术。但 GSM 为 2G 时代全世界最流行的移动通信标准制式，由于 GSM 内部兼容，国际漫游变得更容易。全球 2G 网络中 80%为 GSM 制式，覆盖 212 个国家或地区的 30 亿人口。

2.3　3G UMTS 移动通信系统

2.3.1　3G 发展概述

3G(第三代移动通信系统)的发展要解决 2G 在发展后期出现的 FDMA 的局限，必须要面对新的频谱、新的标准和更快的数据传输。3G 技术复杂，从 2G 一下迈向 3G 无法马上实现，于是 2.5G 移动通信技术应运而生，2.5G 引入了分组交换技术，突破了 2G 电路交换技术对数据传输速率的制约。电路交换负责进行语音等数据传输，分组交换则将语音等转换为数字格式，通过互联网进行包括语音、视频和其他多媒体内容在内的数据包传输。分组交换技术使数据传输速率有了质的突破。2.5G 主要代表技术为：GPRS、HSCSD、WAP、EDGE、蓝牙(Bluetooth)、EPOC 等。1985 年，在美国的圣迭戈成立的高通公司利用美国军方解禁的"展布频谱技术"开发了一种码分多址(Code Division Multiple Access，CDMA)的新通信技术，促使了 3G 的诞生。CDMA 是数字移动通信进程中出现的一种先进的无线扩频通信技术，它能够满足市场对移动通信容量和品质的高要求，具有频谱利用率高、话音质量好、保密性强、掉话率低、电磁辐射小、容量大、覆盖广等特点，可以大幅减少投资和降低运营成本。因此基于 CDMA 的移动通信系统以频率规划简单、系统容量大、频率复用系数高、抗多径能力强、通信质量好、软容量、软切换等特点显示出巨大的发展潜力。

3G 由 ITU 在 1985 年提出，当时称为未来公众陆地移动通信系统（Future PublicLand Mobile Telecommunications System，FPLMTS），1996 年更名为国际移动通信 2000 标准（International Mobile Telecom System - 2000，IMT - 2000），意为该系统工作在 2000 MHz 频段，最高业务速率可达 2000 kb/s，在 2000 年左右得到商用。在 2000 年 5 月，ITU 正式确定 WCDMA（Wideband Code Division Multiple Access，宽带码分多址）、CDMA2000、TD - SCDMA（Time Division - Synchronous Code Division Multiple Access，时分-同步码分多址技术）为第三代移动通信标准三大主流无线接口标准。其中，TD - SCDMA 为中国提交的标准。2007 年，WiMAX 成为 3G 的第四大标准。WiMAX 定位是取代 WiFi 的一种新的宽带无线传输方式，类似于 3.5G 技术，用于提供终端使用者任意上网的连接。

3G 统一了不同的移动技术标准，使用较高的频带和 CDMA 技术传输数据来支持多媒体业务，工作在 2000MHz 频段，主要特点是高速率、高频谱利用率、高服务质量、低成本和高保密性等，其最基本特征是智能信号处理技术，以支持语音和多媒体数据通信。相对第一代模拟制式手机（1G）和第二代 GSM 等数字手机（2G），第三代手机（3G）将无线通信与国际互联网等多媒体通信结合在一起，为手机融入多媒体元素提供强大的支持。3G 扩大了带宽，也提供了稳定的数据传输，视频电话和大量互联网数据的传送更为普遍，移动通信有了更多样化的应用。支持 3G 网络的平板电脑也在这个时期出现，苹果、联想和华硕等都推出了一大批优秀的平板产品。

日本是世界上 3G 网络起步最早的，2000 年 12 月，日本以招标方式颁发了 3G 牌照，2001 年 10 月，NTTDoCoMo 在世界上第一个开通了 WCDMA 服务。中国电信行业在这个时代也开始迎来了突破，1998 年 6 月 30 日，中国正式向 ITU 提交拥有自主知识产权的 TD - SCDMA 作为第三代移动通信标准的候选标准。2000 年该标准被 ITU 接受。这是我国首次提出并被国际认可的完整的通信系统标准，对改变当时我国移动通信产业落后的状况，提高移动通信产业的自主创新能力和核心竞争力具有十分重要的意义。我国于 2009 年的 1 月 7 日颁发了三张 3G 牌照，分别是中国移动的 TD - SCDMA、中国联通的 WCDMA 和中国电信的 CDMA2000，至此，我国正式进入 3G 时代。

2.3.2　UMTS 制式标准

UMTS（Universal Mobile Telecommunications System，通用移动通信系统）最初由 ETSI 开发，作为 IMT - 2000 的一个基于 GSM 演进的 3G 系统。1998 年，随着 GSM 走向全球，全世界 6 个地区的电信标准机构联合起来组成 3GPP，继续开发 UMTS 及继承 GSM 的一些其他标准。1999 年，3GPP 完成并发布了第一个 3G UMTS 标准，该标准通常被称为 UMTS Release 99。UMTS Release 99 被广泛地部署在世界各地，到 2010 年 5 月，UMTS 已经被 346 个运营商在超过 148 个国家进行部署，拥有 4.5 亿个用户。

UMTS 作为 3GPP 制定的全球 3G 标准，包括 CDMA 接入网络和分组化的核心网络等一系列技术规范和接口协议。UMTS 的三种国际制式的具体技术指标见表 2 - 4。

表 2 - 4　3G 三大制式标准技术对比表

制式	WCDMA （欧洲标准）	CDMA2000 （美国标准）	TD - SCDMA （中国标准）
继承基础	GSM	窄带 CDMA	GSM
核心网	GSM MAP	ANSI - 41	GSM MAP
双工方式	FDD	FDD	TDD
系统带宽	5 MHz	1.25 MHz	1.6 MHz
多址方式	FDMA＋CDMA	FDMA＋CDMA	TDMA＋FDMA＋CDMA
载频间隔	5 MHz	1.25 MHz	1.6 MHz
码片速率	3.84 Mc/s	1.2288 Mc/s	1.28 Mc/s
帧长	10 ms	20 ms	10 ms(两子帧)
基站同步	不需要	需要，GPS	需要，GPS
语音编码方式	AMR	QCELP、EVRC、VMR - WB	AMR
功率控制	快速功控：上、下行 1500 Hz	反向：800 Hz 前向：慢速、快速功控	0～200 Hz 开环、闭环
检测方式	相干解调	相干解调	相干解调(联合检测)

1. WCDMA

WCDMA 由欧洲和日本提出，继承了 GSM 标准化程度高和开放性好的特点。WCDMA 的支持者主要是以 GSM 系统为主的欧洲厂商和日本公司，包括欧美的爱立信、阿尔卡特、诺基亚、朗讯、北电，以及日本的 NTT、富士通、夏普等厂商。该标准提出了 GSM(2G)→GPRS→EDGE→WCDMA(3G) 的演进策略，可以在原有的 GSM 网络上演进，因此在 GSM 系统较为普及的亚洲，WCDMA 具有先天的市场优势，也是 3G 时期采用的国家及地区最广泛的、终端种类最丰富的一种 3G 标准，占据全球 80% 以上市场份额。

WCDMA 采用 FDD 双工方式，多址方式采用 FDMA＋CDMA，载频间隔为 5 MHz，码片速率为 3.84 Mc/s，采用 10 ms 的帧长度，不需要和基站同步，功控速率为上下行 1500 Hz；由于接收机可获取的信道信息较多，可以适应更加高速的移动信道；上下行频段对称分配，更加适合话音等对称业务；上下行信道间隔较大，不利于智能天线的使用。

2. CDMA2000

CDMA2000 由美国和韩国提出，继承了 IS - 95 窄带 CDMA 系统的技术特点。CDMA2000 是由窄带 CDMA 技术发展而来的宽带 CDMA 技术，最早由美国高通北美公司为主导提出，摩托罗拉、朗讯科技公司和后来加入的韩国三星都有参与，三星公司快速的发展，也促使韩国成为了该标准的主导者。CDMA2000 可以从窄带的 CDMA 结构直接升级到 3G，建设成本低廉。但使用 CDMA 的地区只有日本、韩国和北美地区，所以 CDMA2000 的支持者没有 WCDMA 多。不过 CDMA2000 的研发技术却是 3G 各标准中进度最快的，许多基于 CDMA2000 的 3G 手机率先面世。该标准提出了 CDMAIS95(2G)→CDMA2000 1x→CDMA2000 3x(3G) 的演进策略。CDMA2000 1x 被称为 2.5 代移动通信技术。CDMA2000

3x 与 CDMA2000 1x 的主要区别在于应用了多路载波技术,通过采用三路载波使带宽提高。中国电信采用了这一方案向 3G 过渡,建成了 CDMA IS95 网络。

CDMA2000 采用 FDD 双工方式,多址方式采用 FDMA+CDMA,载频间隔为 1.25 MHz;无线部分采用前向功率控制、TURBO 码等新技术;电路交换部分采用传统的电路交换方式;分组交换部分采用以 IP 技术为基础的网络结构。

3. TD-SCDMA

TD-SCDMA 是由中国独自制定的 3G 标准于 1999 年 6 月 29 日由中国原邮电部电信科学技术研究院(大唐电信)向 ITU 提出,但技术发明始于西门子公司。TD-SCDMA 具有辐射低的特点,被誉为绿色 3G。该标准将智能无线、同步 CDMA 和软件无线电等当时国际领先的技术融于其中,具用频谱利用率高,对业务支持具有灵活性、频率灵活性高及成本低等独特优势。此外,由于中国内地庞大的市场,该标准受到各大主要电信设备厂商的重视,全球一半以上的设备厂商都提供了支持 TD-SCDMA 标准的设备。因该标准不经过 2.5G 的中间环节,直接向 3G 过渡,因此非常适用于 GSM 系统向 3G 升级。军用通信网也是 TD-SCDMA 的核心任务。但 TD-SCDMA 相对于另两个主要 3G 标准 CDMA2000 和 WCDMA,它的起步较晚,技术也不够成熟。

TD-SCDMA 采用 TDD 双工方式,上下行时隙可灵活配置,适合对称和不对称业务。上下行信道在相同时隙,适合采用智能天线技术,提高了频谱效率。但用户移动速度越高,智能天线的可靠性越低。多址方式采用 TDMA+CDMA+FDMA,载频间隔为 1.6 MHz,采用 5 ms 的帧长度,需要和基站严格同步。功控采用 200 Hz,要求不高。TD-SCDMA 能为网络运营商提供从 2G 向 3G 业务的渐进、无缝的转换,给运营商和终端设备厂商带来较以往更连贯的经营模式。中国三大运营商的 3G 频道分配见表 2-5。

表 2-5　中国三大运营商的 3G 频道表

	上行 /MHz	下行 /MHz	上行速率 /(b/s)	下行速率 /(b/s)	双工 方式	备　注
CDMA2000 (中国电信)	825~835	870~880	1.8 M	3.1 M	FDD	补充频率:(885~915) MHz,(930~960) MHz
TD-SCDMA (中国移动)	1880~1920	2010~2025	384 k	2.8 M	TDD	不分上下行,补充频率: (2300~2400) MHz
WCDMA (中国联通)	1920~1980	2110~2170	5.76 M	7.2 M	FDD	补充频率:(1755~1785) MHz,(1850~1800) MHz

2.3.3　UMTS 系统架构

1. UMTS 系统架构

UMTS 本来是 3G 的统称,但由于 WCDMA 是第一个制式的 3G 网络,且使用范围较广,所以业内也用 UMTS 表示 WCDMA。UMTS 系统采用了与 2G 类似的架构,包括无线接入网和核心网。其中无线接入网用于处理所有与无线有关的功能,核心网处理 UMTS 系统内所有的话音呼叫和数据连接,并实现与外部网络的交换和路由功能。

　　UMTS 系统由终端用户设备(User Equipment，UE)、UMTS 陆地无线接入网(UMTS Terrestrial Radio Access Network，UTRAN)和负责提供交换、路由和用户管理的 3G 核心网(Core Network，CN)三部分组成，如图 2-4 所示。

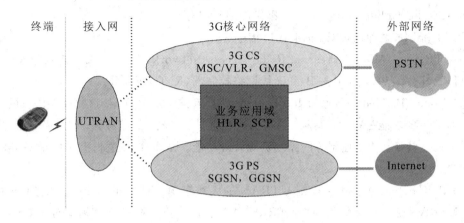

图 2-4　UMTS 系统架构图

　　从 3GPP R99 标准的角度来看，UE 和 UTRAN 由全新的协议构成，设计基于 WCDMA 无线技术。而 CN 则采用了 GSM/GPRS 的定义，从逻辑上分为电路交换域(Circuit Switched Domain，CS)和分组交换域(Packet Switched Domain，PS)，这样可以实现网络的平滑过渡，此外在第三代网络建设的初期可以实现全球漫游。

2. UMTS 的网元功能

　　UMTS 的体系结构建立在 GSM/GPRS 体系结构后向兼容基础上，重点对 UMTS 的每个网元都在 3G 方面进行了升级，UMTS 的网络单元构成如图 2-5 所示。GSM/GPRS 体系的 BTS 成为 UMTS 的 Node-B，BSC 成为 RNC(Radio Network Controller，无线网络控制器)，NSS 成为 CN，MS 则被称为 UE。

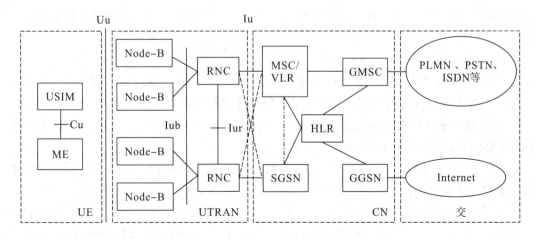

图 2-5　UMTS 的网络单元构成图

UMTS 系统的网络单元包括以下部分：

1) UE (User Equipment，用户终端设备)

UE 通过 Uu 接口与网络设备进行数据交互，为用户提供电路域和分组域内的各种业务功能，包括话音通信、数据通信、移动多媒体通信、Internet 应用(如 E - mail、WWW 浏览、FTP 等)。其中 UE 包括两部分：

- USIM(the UMTS Subscriber Module)，提供用户身份识别。
- ME(the Mobile Equipment)，提供应用和服务。

USIM 和 ME 之间通过 Cu 标准接口相连。

2) UTRAN(UMTS Terrestrial Radio Access Network，UMTS 陆地无线接入网)

UTRAN 分为基站(Node - B)和无线网络控制器(RNC)两部分。

(1) Node - B。Node - B 通过 Iub 接口和 RNC 互连，完成 Uu 接口物理层协议的处理。Node - B 的主要功能是扩频、调制、信道编码及解扩、解调、信道解码，包括基带信号和射频信号的相互转换、功率控制等的无线资源管理功能。Node B 在逻辑上对应于 GSM 网络中的 BTS。

(2) RNC。RNC 主要用于控制 UTRAN 的无线资源。RNC 通过 Iu 接口与 CN 相连，UE 和 UTRAN 之间的无线资源控制(RRC)协议在此终止。RNC 在逻辑上对应 GSM 网络中的 BSC。RNC 主要完成连接建立和断开、切换、宏分集合并、无线资源管理控制等功能。要强调的是，如果在一个 UE 与 UTRAN 的连接中用到了多个 RNS 的无线资源，那么这些涉及的 RNS 可以分 SRNS、DRNS。

① SRNS(服务 RNS)：负责管理 UE 和 UTRAN 之间的无线连接。无线接入承载的参数映射到传输信道的参数，是否进行越区切换、开环功率控制等基本的无线资源管理都由 SRNS 中的 SRNC(服务 RNC)来完成。一个与 UTRAN 相连的 UE 有且只能有一个 SRNC。

② DRNS(漂移 RNS)：除了 SRNS 以外，UE 所用到的 RNS 称为 DRNS。对应的 RNC 为 DRNC。一个用户可以没有，也可以有一个或多个 DRNS。

通常在实际的 RNC 中包含了所有 CRNC、SRNC 和 DRNC 的功能。其中 CRNC 是控制 Node - B 的 RNC，称为该 Node - B 的控制 RNC(CRNC)，CRNC 负责对其控制的小区的无线资源进行管理。

3) CN(Core Network，核心网)

CN 从逻辑上可划分为电路域(CS 域)、分组域(PS 域)和广播域(BC 域)。CS 域设备是指为用户提供"电路型业务"，或提供相关信令连接的实体，包括 MSC、GMSC、VLR、IWF。PS 域为用户提供"分组型数据业务"，实体包括 SGSN 和 GGSN。其他设备如 HLR(或 HSS)、AuC、EIR 等为 CS 域与 PS 域共用。

CN 负责与其他网络的连接和对 UE 的通信和管理。在 UMTS 系统中，不同协议版本的核心网设备有所区别。UMTS 的第一个版本 R99 版本结构图如图 2 - 6 所示。

为了确保运营商的投资利益，在 R99 网络结构设计中充分考虑了 2G/3G 兼容性问题，以支持 GSM/GPRS/3G 的平滑过渡。因此，在网络中，CS 域和 PS 域是并列的，R99 核心网设备包括 MSC/VLR、SGSN、GGSN、HLR/AuC、EIR 等。为支持 3G 业务，有些设备增添了相应的接口协议，另外对原有的接口协议进行了改进。具体功能实体接口见图 2 - 7 和表 2 - 6。

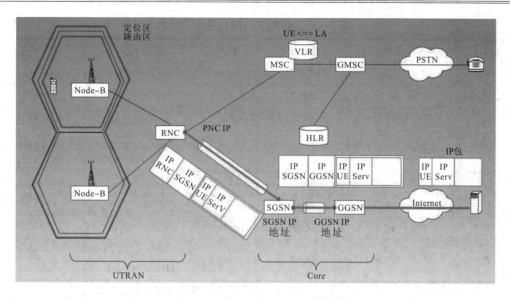

图 2 - 6　3GPP 的 R99 定义的 UMTS

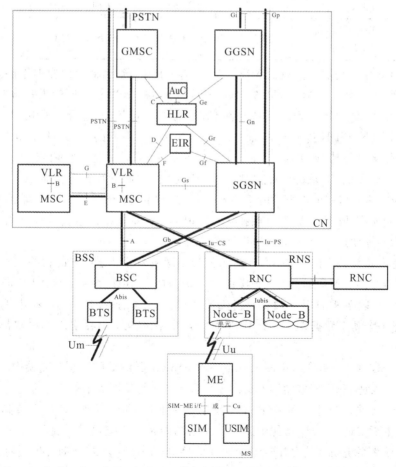

粗线：表示支持用户业务的接口；细线：表示支持信令的接口

图 2 - 7　R99 网络结构接口图

表 2 - 6　R99 核心网的主要接口

接口	连接实体	信令与协议	接口	连接实体	信令与协议
A	MSC—BSC	BSSAP	Ga	GSN—CG	GTP′
Iu - CS	MSC—RNS	RANAP	Gb	SGSN—BSC	BSSGP
B	MSC—VLR		Gc	GGSN—HLR	MAP
C	MSC—HLR	MAP	Gd	SGSN—SMS - GMSC/IWMSC	MAP
D	VLR—HLR	MAP	Ge	SGSN—SCP	CAP
E	MSC—MSC	MAP	Gf	SGSN—EIR	MAP
F	MSC—EIR	MAP	Gi	GGSN—PDN	TCP/IP
G	VLR—VLR	MAP	Gp	SGSN—GGSN (Inter PLMN)	GTP
Gs	MSC—SGSN	BSSAP+	Gn	SGSN—GGSN (Intra PLMN)	GTP
H	HLR—AuC		Gr	SGSN—HLR	MAP
PSTN	MSC—PSTN/ ISDN/PSPDN	TUP/ISUP	Iu - PS	SGSN—RNC	RANAP

R99 中 CS 域的功能实体包括 MSC、VLR 等。其中，运营商可以根据连接方式的不同将 MSC 设置为 GMSC、SM - GMSC、SM - IWMSC 等。R99 核心网的主要功能实体如下：

(1) MSC/VLR。MSC/VLR 是核心网 CS 域的功能节点，通过 Iu - CS 接口与 UTRAN 相连，通过 PSTN/ISDN 接口与外部网络(PSTN/ISDN 等)相连，通过 C/D 接口与 HLR 相连，通过 E 接口与其他 MSC/VLR、GMSC 或 SMC 相连，通过 Gs 接口与 SGSN 相连。MSC/VLR 主要实现 CS 域的呼叫控制、移动性管理、鉴权和加密等功能。

MSC 为电路域特有的设备，用于连接无线系统(包括 BSS、RNS)和固定网。MSC 完成电路域呼叫所有功能，如控制呼叫接续，管理 UE 在本网络内或与其他网络(如 PSTN/ISDN/PSPDN 等)的通信业务，并提供计费信息。

VLR 是电路域特有的设备，存储进入该控制区域内已登记用户的相关信息，为移动用户提供呼叫接续的必要数据。当 UE 漫游到一个新的 VLR 区域后，该 VLR 向 HLR 发起位置登记，并获取必要的用户数据；当 UE 漫游出控制范围时，删除该用户数据。因此VLR 可看作一个动态数据库。一个 VLR 可管理多个 MSC，但在实现时通常都将 MSC 和VLR 合为一体。

(2) GMSC。GMSC(Gateway Mobile Switching Center，网关移动交换中心)是电路域特有的设备，也是 UMTS 移动网 CS 域与外部网络之间的网关节点，是可选功能节点，通过 PSTN/ISDN 接口与外部网络(PSTN/ISDN/其他 PLMN)相连，通过 C 接口与 HLR 相连。GMSC 主要实现 VMSC 功能中的呼入路由功能及与固定网等外部网络的网间结算功能。GMSC 作为系统与其他公用通信网之间的接口，同时还具有查询位置信息的功能，如UE 被呼时，网络如不能查询该用户所属的 HLR，则需要通过 GMSC 查询，然后将呼叫转接到 UE 目前登记的 MSC 中。具体由运营商决定哪些 MSC 可作为 GMSC，如部分 MSC

或所有的 MSC。

（3）SGSN。SGSN（服务 GPRS 支持节点）是核心网 PS 域的功能节点，通过 Iu–PS 接口与 UTRAN 相连，通过 Gn/Gp 接口与 GGSN 相连，通过 Gr 接口与 HLR/AuC 相连，通过 Gs 接口与 MSC/VLR 相连。SGSN 主要实现 PS 域的路由转发、移动性管理、会话管理、鉴权和加密等功能。

（4）GGSN。GGSN（网关 GPRS 支持节点）是核心网 PS 域的功能节点，通过 Gn/Gp 接口与 SGSN 相连，通过 Gi 接口与外部数据网络（Internet/Intranet）相连。GGSN 提供数据包在 UMTS 移动网和外部数据网之间的路由和封装。GGSN 主要实现同外部 IP 分组网络的接口功能。GGSN 需要提供 UE 接入外部分组网络的关口，从外部网的观点来看，GGSN 就类似可寻址 UMTS 移动网络中所有用户 IP 的路由器，需要同外部网络交换路由信息。GGSN 作为移动通信系统与其他公用数据网之间的接口，同时还具有查询位置信息的功能，如 UE 被呼时，数据先到 GGSN，再由 GGSN 向 HLR 查询用户的当前位置信息，然后将呼叫转接到目前登记的 SGSN 中。GGSN 也提供计费接口。

（5）HLR。HLR（归属位置寄存器）是核心网 CS 和 PS 域共有的功能节点，通过 C 接口与 MSC/VLR 或 GMSC 相连，通过 Gr 接口与 SGSN 相连，通过 Ge 接口与 GGSN 相连。HLR 主要实现用户的签约信息存放、新业务支持、增强的鉴权等功能。

实际上 HLR 是一个负责管理移动用户的数据库系统。PLMN 可以包含一个或多个 HLR，具体配置方式由系统容量、用户数和网络结构所决定。HLR 存储本归属区的所有移动用户数据，如识别标志、位置信息、签约业务等。当用户漫游时，HLR 接收新位置信息，并要求前 VLR 删除用户所有数据。当用户被呼叫时，HLR 提供路由信息。

（6）AuC。AuC 为 CS 和 PS 域共用设备，是存储用户鉴权算法和加密密钥的实体。AuC 将鉴权和加密数据通过 HLR 发往 VLR、MSC 以及 SGSN，以保证通信的合法和安全。每个 AuC 和对应的 HLR 关联，只通过该 HLR 和外部通信。通常 AuC 和 HLR 结合在同一物理实体中。

（7）EIR。EIR 为 CS 和 PS 域共用设备，存储着系统中使用的移动设备的国际移动设备识别码（IMEI）。其中，移动设备被划分"白""灰""黑"三个等级，并分别存储在相应的表格中。中国没有用到该设备。

R4 版本的核心网和 R99 类似，只是把 R99 电路域中的 MSC 功能改由两个独立的实体：MSC Server 和 MGW（Media Gateway，媒体网关）来实现，新增了一个 SGW 功能实体，HLR 也可被替换为 HSS。R5 版本的核心网相对 R4 来说增加了一个 IP 多媒体子系统（IP Multimedia Subsystem，IMS），其他网元与 R4 基本一样。R5 支持端到端的 VoIP，核心网络引入了大量新的功能实体，改变了原有的呼叫流程。如果有 IMS，则网络中也可使用 HSS 来替代 HLR。具体见图 2-8 中 3GPP R4 和 R5 定义的 UMTS。

3. UTRAN 基本结构

UTRAN 结构如图 2-9 所示，它由一组 RNS 组成，每一个 RNS 包括一个 RNC 和一个或多个 Node-B，Node-B 和 RNC 之间通过 Iub 接口进行通信，RNC 之间通过 Iur 接口进行通信，RNC 则通过 Iu 接口和核心网 CN 相连，UE 通过 Uu 接口与 UTRAN 相连。

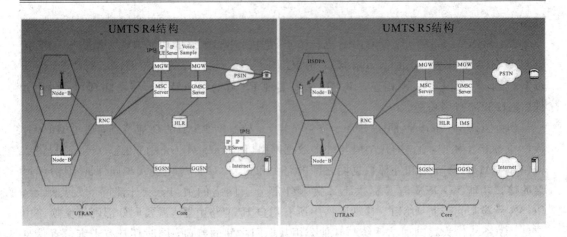

图 2-8　3GPP R4 和 R5 定义的 UMTS

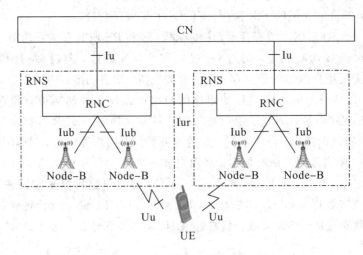

图 2-9　UTRAN 结构

1）UTRAN 的无线接口

UMTS 系统中 UTRAN 的主要无线接口包括 Uu\Iub\Iur\Iu 接口，见表 2-7。

表 2-7　UTRAN 的主要接口

接口	含　义
Uu	UTRAN 与 UE 之间的逻辑接口
Iub	RNC 与 Node-B 之间的逻辑接口
Iur	RNC 与 RNC 之间的逻辑接口
Iu	RNC 与 CN 之间的逻辑接口

（1）Uu 接口。Uu 接口是 UMTS 系统中最重要的一个开放标准接口，UE 通过 Uu 接口接入到 UMTS 系统的固定网络部分。

（2）Iub 接口。Iub 接口是连接 Node-B 与 RNC 的开放标准接口，因此通过 Iub 接口相连接的 RNC 与 Node-B 可以分别由不同的设备制造商提供。

（3）Iur 接口。Iur 接口是连接 RNC 之间的开放标准接口。Iur 接口是 UMTS 系统特有的接口，用于对 RAN 中移动台的移动管理。当不同的 RNC 之间进行软切换时，移动台所有数据都要通过 Iur 接口从正在工作的 RNC 传到候选的 RNC。

（4）Iu 接口。Iu 接口是连接 UTRAN 和 CN 的开放标准接口，类似于 GSM 系统的 A 和 Gb 接口。通过 Iu 接口相连接的 UTRAN 与 CN 也可以分别由不同的设备制造商提供。Iu 接口又进一步分为电路域的 Iu - CS 接口、分组域的 Iu - PS 接口和广播域的 Iu - BS 接口。

2）UTRAN 通用协议结构模型

UTRAN 各接口协议结构采用通用的协议结构模型架构，见图 2 - 10。协议结构的原则是层和面在逻辑上相互独立，以保证可以根据各接口不同的需要，对应修改协议结构的一部分，而无需改变其他部分。因此 UTRAN 的接口协议具有开放性特点，同时无线网络层与传输层分离、控制面与用户面分离、信令面与数据面分离的特性能保证各层的几个平面在逻辑上彼此独立，便于后续版本的修改，使其影响最小化。

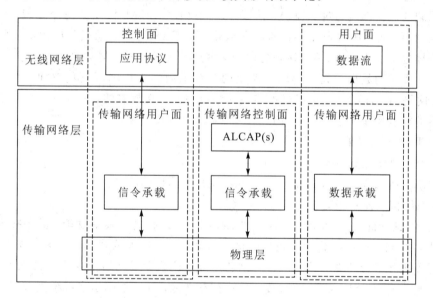

图 2 - 10　UTRAN 通用协议结构模型

图 2 - 10 中，ALCAP(s)（Access Link Control Application Part）表示传输网络层控制平面相应协议的集合。

从水平层来看，通用协议结构主要包含两层：无线网络层和传输网络层。无线网络层包含所有与 UTRAN 有关的协议。传输网络层是指被 UTRAN 所选用的标准的传输技术，与 UTRAN 的特定的功能无关。

从垂直平面来看，通用协议结构主要包括控制面和用户面。

控制面包括的应用协议有：Iu 接口的无线接入网络应用部分（Radio Access Network Application Part，RANAP）、Iur 接口的无线网络子系统应用部分（Radio Network Subsystem Application Part，RNSAP）、Iub 接口的节点 B 应用部分（Node - B Application Part，NBAP）和用于传输这些应用协议的信令承载。应用协议用于建立到 UE 的承载（例如在 Iu 中的无线接入承载及在 Iur、Iub 中的无线链路），而这些应用协议的信令承载与接入链路控制协议的信令承载可以一样，也可以不一样，它通过 O&M 操作建立。

用户面包括数据流和用于承载这些数据流的数据承载。用户面主要用于在 UE 和 CN 之间转发话音、数据等用户数据，包括相应的数据流和承载，每个数据流的特征由一个或多个接口的帧协议来描述。用户收发的所有信息，如话音和分组数据，都经过用户平面传输。

传输网络控制面在控制面和用户面之间，只在传输层，不包括任何无线网络层的信息。它包括为用户平面建立传输承载（数据承载）的 ALCAP 协议和 ALCAP 所需要的信令承载协议。ALCAP 建立用于用户面的信令承载。引入传输网络控制面，使得在无线网络层控制面的应用协议的完成与用户面的数据承载所选用的技术无关。所以，也可以说传输网络控制面是联系控制面和用户面的纽带，它可以使控制面不关心用户面所使用的具体传输协议，帮助保持无线网络层和传输网络层的独立性和无关性。

在传输网络中，用户面中数据的传输承载建立过程是：在控制面里的应用协议先进行信令处理，这一信令处理通过 ALCAP 协议触发用户面的数据承载的建立。并非所有类型的数据承载的建立都需通过 ALCAP 协议。如果没有 ALCAP 协议的信令处理，就无需传输网络控制面，而应用预先设置好的数据承载。ALCAP 的信令承载与应用协议的信令承载可以一样也可以不一样。ALCAP 的信令承载通常是通过 O&M 操作建立的。

在用户面里的数据承载和应用协议里的信令承载属于传输网络用户面。在实时操作中，传输网络用户面的数据承载是由传输网络控制面直接控制的，而建立应用协议的信令承载所需的控制操作属于 O&M 操作。

3）UTRAN 的功能

（1）用户数据传输功能。

UTRAN 提供在 Uu 和 Iu 参考点之间的用户数据传输功能。

（2）系统接入控制功能。

系统接入控制包含接入允许控制、拥塞控制和系统信息广播等功能。其中接入允许控制功能用来控制允许或拒绝新的用户的接入、新的无线接入承载或新的无线连接的建立。基于上行干扰和下行功率的接入准许控制功能位于控制无线网络控制器（CRNC）中，在 Iu 接口中由服务 RNC（SRNC）来执行接入准许控制功能；拥塞控制是当系统接近于满载或已经超载时用来监视、检测和处理阻塞情况的，该功能尽量平滑地使系统返回到稳定的状态；系统信息广播提供了在其网络内运行的 UE 所需的接入层（Access Stratum，AS）或非接入层（Non Access Stratum，NAS）信息。

（3）移动性管理功能。

移动性管理功能主要是基于无线测量，用来维持核心网所要求的服务质量的无线接口的移动性切换管理、SRNS 重定位、寻呼功能和 UE 的定位。

（4）无线资源的管理和控制功能。

无线资源管理包括对无线资源的分配和保持等相关功能，UMTS 的无线资源应该能在电路交换业务和分组交换业务之间共享。无线资源的管理和控制功能具体有下面几点：

- 无线资源的配置和操作。
- 无线环境的测量。
- 信息流的合并，分离控制。
- RRC 连接的建立与释放。

- 无线承载的分配和重分配。
- TDD 动态信道分配(Dynamic Channel Allocation，DCA)。
- 无线协议功能。
- RF 功率控制与设定。
- 信道的编、解码。
- 初始随机接入的检测和处理。

(5) 无线信道的加密和解密功能。

该功能通过一定的加、解密操作为发送的无线数据提供保护，加密功能位于 UE 和 UTRAN 中。

(6) 广播和多播功能。

(7) 跟踪和流量报告功能。

UTRAN 可以跟踪与 UE 的位置及其行为相关的各种事件。UTRAN 可以向 CN 报告非确认数据的流量信息。

2.3.4　3G 技术特点

与 1G 和 2G 相比，3G 移动通信是覆盖全球的多媒体移动通信。3G 开始实现了真正的全球无缝漫游通信服务，使人们可以在任何时间、任何地点采用移动通信进行交流。3G 带来了高速数据传输和宽带多媒体通信服务，人们可以上网读书看报，利用手机查询资料，下载文件/图片和享受各种娱乐游戏业务等。这些服务的实现都是基于 3G 标准在无线网络接口技术方面完成了突破。蜂窝移动通信系统的无线技术包括小区复用、多址/双工方式、应用频段、调制技术、射频信道参数、信道编/解码技术、帧结构、物理信道结构和复用模式等诸多方面。一方面，3G 无线技术的演变充分借鉴了 2G 网络运营经验，在技术上兼顾了 2G 的成熟应用技术；另一方面，根据 IMT－2000 确立的目标，3G 系统采用的无线技术具有高频谱利用率、高业务质量、适应多业务环境、较好的网络灵活性和全覆盖能力等优点。

3G UMTS 保留了 GSM/GPRS 的基本体系结构，但 3G 的空中接口完成了全新的定义，系统可以是 FDD/TDD 运行模式，其中 FDD 部署较为广泛。UMTS 系统除继承了 CDMA 的技术优势外，还采用了软件无线电、双工模式、智能天线、多用户检测、同步技术、动态信道分配、接力切换和 Turbo 编码等关键技术，其中时分双工、智能天线、接力切换是 TD－SCDMA 特有的关键技术。3G 在无线技术上的创新主要表现在以下几方面：

1. 采用高频段频谱资源

为实现全球漫游目标，按 ITU 规划 IMT－2000 统一采用 2G 频段，可用带宽高达 230 MHz，分配给陆地网络 170 MHz，卫星网络 60 MHz，为 3G 容量发展，实现全球多业务环境提供了广阔的频谱空间，同时可更好地满足宽带业务。

2. 频率复用系数高，工程设计简单，扩容方便

UMTS 系统采用扩频的码分多址技术，所有用户在同一时间、同一频段上，根据不同的编码获得业务信道。因此，系统频谱利用率高，相同频谱情况下容量是模拟系统的 8～10 倍，是 GSM 的 4～6 倍。系统覆盖范围大，是标准 GSM 的 2 倍左右，相同覆盖范围所用的基站少, 节省投资。例如覆盖 1000 km² 的范围, GSM 需要 200 个基站, UMTS 只需约 50 个基站。

3. 多业务、多速率传送

在宽带信道中, 可以灵活应用时间复用、码复用技术, 单独控制每种业务的功率和质量, 通过选取不同的扩频因子, 将具有不同 QoS 要求的各种速率业务映射到宽带信道上, 实现多业务、多速率传送。

4. 完善的功率控制

3G 主流技术均在下行信道中采用了快速闭环功率控制技术, 用以改善下行传输信道性能, 这一方面提高了系统抗多径衰落能力, 但另一方面由于多径信道影响导致扩频码分多址用户间的正交性不理想, 增加了系统自干扰的偏差, 但总体上快速功率控制的应用改善了系统性能, 带来了发射功率小的好处。

5. 宽带射频信道, 支持高速率业务

3G 网络充分考虑承载多媒体业务的需要, 射频载波信道根据业务要求, 可选用 5/10/20M 等信道带宽, 同时进一步提高了码片速率, 系统抗多径衰落能力也大大提高。

6. 采用自适应天线及软件无线电技术

3G 基站采用带有可编程电子相位关系的自适应天线阵列, 可以进行波束赋形, 自适应地调整功率, 减小系统自干扰, 提高接收灵敏度, 增大系统容量。软件无线电技术在基站及终端产品中的应用, 对提高系统灵活性、降低成本至关重要。

7. 采用独特的软切换技术, 降低了掉话率

UMTS 系统小区/扇区的切换采用软/更软切换的方式进行, 切换方式是先接续再中断, 服务质量高, 有效地降低了掉话率。其他无线系统的小区/扇区的切换采用的是硬切换, 切换方式是先中断再接续, 容易产生掉话现象。

思 考 与 习 题

1. 1G 移动通信系统的多址方式是什么?
2. 2G 移动通信系统的多址方式是什么?
3. 什么是 UMTS?
4. UMTS 的三种主流国际制式是什么? 各自的双工方式采用的是什么方式?
5. UMTS 的关键技术有哪些?

第 3 章　LTE 移动通信系统

3.1　LTE 系统发展概述

3.1.1　LTE 发展概述

1. 概述

LTE 是长期演进(Long Term Evolution)的简称，是 3GPP 主导的 UMTS 技术的长期演进，LTE 关注的核心是无线接口和无线组网架构的技术演进问题。简单来讲就是，LTE 是 3G 的演进，并非人们普遍误解的 4G 技术，而是 3G 与 4G 技术之间的一个过渡，是 3.9G 的全球标准，其改进了 3G 的空中接入技术，采用 OFDMA(Orthogonal Frequency Division Multiple Access，正交频分多址)、MIMO(Multiple Input Multiple Output，多输入多输出)作为无线网络演进的标准。

2004 年底，3GPP 的运营商成员面对日益增长的移动宽带数据需求和 WiMAX 等新兴无线宽带技术标准的挑战，为了保持 3GPP 标准在业界中的长期竞争优势，推动 3GPP 设立了 LTE 标准化项目。项目自 2005 年初正式启动，历时近四年，于 2008 年 12 月完成了 LTE 第一个版本的技术规范，即 R8。R8 LTE 在 20 MHz 系统带宽的情况下，下行峰值速率超过 300 Mb/s，上行峰值速率超过 80 Mb/s。LTE 面向移动互联网应用设计，基于 OFDMA、MIMO 天线等核心技术，并采用了扁平化、全 IP、全分组交换的新型网络架构，实现了无线传输速率和频谱效率的大幅提升，被看做移动通信技术的一次革命性的全面创新。自 2008 年第一个版本发布以来，LTE 得到了移动通信产业界最广泛的支持，已成为事实上的全球统一 4G 标准。LTE 包括 TD-LTE 和 LTE FDD 两种双工方式，其中我国首先提出并最先形成国际标准的 TD-LTE，其已成为全球非成对频谱部署宽带移动通信系统的最佳技术选择。之后，为了实现 LTE 技术的进一步演进，并满足 ITU 对 IMT-A (IMT Advanced，即 4G)的技术需求，3GPP 在通过 R9 对 LTE 标准进行局部增强后，于 2009 年启动了 LTE 演进标准——LTE-A(LET Advanced)的研究和标准化工作。LTE-A 的第一个版本 R10 被 ITU 接纳为 4G 国际标准，R10 版本的 LTE-A 标准支持 100 MHz 带宽，峰值速率超过 1 Gb/s。之后 LTE-A 又相继形成 R11、R12、R13、R14、R15 等演进版本。

从 2009 年年初开始，ITU 在全世界范围内征集 IMT-A 候选技术，4G 国际标准公布有两项标准，分别是 LTE-A 和 IEEE：一类是基于 3GPP 的 LTE-A 的 FDD 部分(即 TD-LTE 的演进版本 LTE-A FDD)和中国提交的 TD-LTE-A 的 TDD 部分(TD-LTE-A)；另外一类是基于 IEEE 802.16 m 的技术。2009 年 10 月，各个国家和国际组织向 ITU 提交 IMT-A 候选技术提案：一类是基于 IEEE 802.16 m 的技术，包含三个提案，分别来自北美标准化组织 IEEE、日本和韩国；一类是基于 3GPP 的 LTE - A 技术，也包含三个提案，来自 3GPP 的 LTE - A FDD、中国 3GPP 的 TD - LTE - A 和日本 3GPP 的 LTE - A FDD。2010 年 6 月全球各个评估组将评估结果提交给 ITU。

2010 年 10 月份，在中国重庆，ITU - R 下属的 WP5D(第 5 研究组国际移动通信组)工作组最终确定了 IMT - A 的两大关键技术，即 LTE - A 和 WirelessMAN - A(802.16 m)。中国提交的候选技术(TD - LTE - A)作为 LTE - A 的一个组成部分，也包含在其中。在此次会议上，TD - LTE 正式被确定为 4G 国际标准，也标志着中国在移动通信标准制定领域走到了世界前列，为 TD - LTE 产业的后续发展及国际化提供了重要基础。

2012 年 1 月 18 日，ITU 在 2012 年无线电通信全会全体会议上，正式审议通过将 LTE - A 和 WirelessMAN - A(802.16 m)技术规范确立为 IMT - A(俗称"4G")国际标准，中国主导制定的 TD - LTE - A 和 LTE - A FDD 同时并列成为 4G 国际标准。

在 3GPP 制定 LTE 技术规范过程中，中国、欧洲、美国、日本等多个国家和地区的企业均参与其中，积极提交相关技术文稿，如高通、爱立信、诺西、三星、阿尔卡特朗讯、NTT Docomo、Vodafone、华为、中兴、大唐等企业都参与其中。

LTE 从最初的满足移动用户数据业务的基本要求，不断通过引入高阶 MIMO、短 TTI 等核心技术，持续提升频谱效率，在覆盖、容量、体验等多个层次提供移动用户最佳体验，已成为了发展最快的移动通信系统技术。

2. 各国的 LTE 发展

在北美地区，美国已经成为全球 LTE 网络覆盖面最广、用户数最多的国家，加拿大、墨西哥也纷纷宣布全面商用 LTE。在欧洲地区，英国、俄罗斯、荷兰等国家也部署了 LTE 网络。在亚太地区，日本、韩国是发展 LTE 最抢眼的国家，中国在 2013 年年底发放了 4G 牌照，新加坡、菲律宾、老挝等国家也在之后开始商用 LTE 服务。

美国最大的移动运营商 Verizon 选择的是 LTE，布局了上百个城市，后期开始向 LTE - A 演进；第二大移动运营商 AT&T 采取 HSPA＋和 LTE 技术并驾齐驱；第三名的 Sprint 一开始选择 WiMAX，不过后来也采用了 LTE 一起布局。欧洲选择 WiMAX 以及 LTE 两种网络标准制式居多。全世界走得最快的是韩国，2011 年开始，韩国三大电信运营商 SKT、KT 和 LGU＋就开始部署 LTE 4G 网络。日本 4G 的情况跟韩国差不多，日本 4G 的发展虽然没有造成运营商格局变化，但却成就了异常繁荣的移动互联网市场。随后，世界开始进入 4G 时代，这个时代，迎来移动互联网的新高度，而最新的通信协议则为 LTE，通信速率更是大幅提速，时速为 100 Mb/s~1 Gb/s。

3. 中国的 LTE 发展

在 3G 时代，中国提出的 TD - SCDMA 成为世界上三大主流通信标准之一。但是 TD - SCDMA 技术比 WCDMA 落后几年，后续的标准制定也比较慢，加上后期发展也不太给力，实际使用这个标准的也只有中国。在 TD - SCDMA 演进路线还没有走完的时候，国际上的 FDD 发展已经成为主流，中国的移动通信在 2G/3G 时代已经落后了，在 4G 时代不能再落后了。2007 年 11 月 7 日，在韩国的 3G PPRAN 会议上，由中国企业联合了 27 家公司主导提出了 LTE TDD 融合的帧结构的建议，将 LTE TDD 的帧结构统一成与 LTE

FDD 的帧结构基本兼容的形式，并在 RAN 第 38 次全会上通过融合帧结构方案，该方案被正式写入 3GPP 标准中。LTE TDD 是 LTE 技术中的 TDD 模式，是采取时分双频的长期演进，帧结构参照了 TD - SCDMA，但前者基于 LTE 技术，后者基于 CDMA 技术，没有直接联系。经过几年不懈的努力，2012 年 1 月 18 日，在 2012 年国际电信联盟无线电通信全会全体会议上，中国主导制定的 TD - LTE - A 和 LTE - A FDD 同时并列成为 4G 国际标准之一。

2013 年 12 月 4 日，中国工业和信息化部给中国移动、中国电信和中国联通发放 LTE TDD 牌照。

2014 年 6 月，4G 中国移动通信网络规模跃居世界第一，10 月三大运营商 4G 基站数量已接近 80 万个。根据中国移动公开的数据，中国移动已建设的 TD - LTE 基站数量超过 57 万个，4G 网络已经覆盖 29 省 300 多个主要城市，基本实现县级以上城市和发达乡镇覆盖，人口覆盖率达到 75%，并与美国等 27 个国家和地区实现 4G 漫游。中国联通和中国电信自 2014 年 6 月起启动 TD - LTE/FDD 混合组网试验。

2015 年 2 月 27 日，中国工业和信息化部给中国电信和中国联通两家运营商发放 LTE FDD 牌照。

2016 年 3 月，在由国务院发展研究中心主办的"中国发展高层论坛 2016"年会上，工业和信息化部部长苗圩指出，在 3G 时代，TD - SCDMA 成为世界上三大主流通信标准之一，第一次与其他两大标准在国际上站在同一个起跑线上，如果不投入，就没有今天的 TD - LTE，这是一个延续的发展过程。在 4G 时代，TD - LTE 成为国际两大主流通信标准之一。

2018 年 4 月 3 日，中国工业和信息化部向中国移动发放 LTE FDD 牌照。中国移动通信集团有限公司表示：在已经建设运营全球规模最大的 4G TD - LTE 网络的基础上，携手产业链伙伴，积极开展 TDD/FDD 融合组网规模应用，大力推动移动物联网和工业互联网发展，全面提升农村地区高速宽带移动通信服务水平，加速推动 5G 端到端产业成熟，促进我国 5G 加快发展。

据工信部数据，截至 2018 年，全球 4G 基站达 500 多万个，中国 4G 基站数量已达 372 万个，占 60% 以上，远超全球其他国家之和。截至 2019 年 7 月，我国 4G 基站规模已经超过了 456 万。

4. TD - LTE 发展概述

LTE TDD 长期演进技术是基于 3GPP LTE 的一种通信技术与标准，属于 LTE 的一个分支。该技术由上海贝尔、诺基亚西门子通信、大唐电信、华为、中兴通信、中国移动、高通、ST - Ericsson 等业者共同开发。TD - LTE 是 LTE TDD 的商业名称，它是由中国移动等主导创立的 TD - LTE 全球发展倡议组织（Global TD - LTE Initiative，GTI）推动支持的 LTE TDD 标准化与商业化项目。截至 2018 年，全球已有 58 个国家和地区部署了 111 张 TD - LTE 商用网络，其中包括 37 张 LTE TDD/FDD 融合网络，TD - LTE 全球用户数超过 12.6 亿户。此外，已有多家运营商相继发布 5G 商用计划，5G 端到端产业加快发展，移动物联网应用在各行各业不断普及。

截至 2018 年，"一带一路"沿线已经有 21 个国家和地区部署了 39 张 TD - LTE 商用网络。TD－LTE 技术在全球的商用部署，不仅提升了当地移动通信服务和信息化水平，而且拉动了当地数字经济发展，为当地经济社会信息化作出了积极贡献。

3.1.2 LTE 的需求和目标

在 3GPP 主导的 WCDMA/HSDPA 技术实现 UL/DL 达到 5.76/14.4 Mb/s 的时候，IEEE 主导的 WiMAX 技术宣称在 20 MHz 带宽下可以实现 30/70 Mb/s 的速率；LTE 是 3GPP 为了未来 10 年保证 3GPP 系列技术的生命力、抵御来自非 3GPP 阵营技术的竞争而启动的最大规模的标准研究项目。在该研究项目的主持下，LTE 的第一个版本 LTE R8 的需求得到完善和细化，于 2005 年 6 月完成最终版本。

LTE 系统设计涵盖了无线接口和无线网络架构两个方面，具体需求可归纳为以下几点：

- 减少时延，包括连接建立和传输。
- 提高用户数据传输速率。
- 为保证业务的一致性，提高小区边界的比特率。
- 提高频谱效率，降低每比特成本。
- 实现对现有带宽和新增带宽频谱的使用更灵活。
- 简化网络结构。
- 无缝移动性，包括在不同的无线接入技术间的无缝移动性。
- 实现移动终端的合理功耗。

总的来说，3GPP 的系统设计是将运营成本、维护成本、用户使用成本、用户使用感知等因素进行归纳，形成最终的需求。作为后 3G 时代革命性的技术，LTE 把提高用户传输数据速率、降低系统时延、提高系统容量和系统覆盖等要求作为了主要设计目标，见图 3-1。

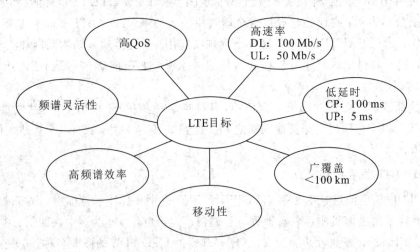

图 3-1 LTE 的主要设计目标

3GPP LTE 项目 R8 的系统性能需求目标具体（见表 3-1）如下：

（1）高速率：在 20 MHz 频谱带宽下能够提供下行 100/150 Mb/s、上行 50/75 Mb/s 的数据速率；TD-LTE 下行 100 Mb/s、上行 50 Mb/s 的峰值速率；LTE FDD 下行 150 Mb/s、上行 75 Mb/s 的峰值速率。在 4×4 MIMO 下提供 300 Mb/s 的下行链路峰值速率和 75 Mb/s 的上行链路峰值速率。

（2）低时延：降低系统时延，用户平面内部单向传输时延小于 5 ms，控制平面从睡眠状态到激活状态迁移时间小于 50 ms，从空闲状态到激活状态的迁移时间小于 100 ms。

（3）广覆盖：支持 100 km 半径的小区覆盖。

（4）移动性：能够为 350 km/h 高速移动用户提供大于 100 kb/s 的接入服务。

（5）高频谱效率：在有负荷的网络中，下行频谱效率达到 3GPP R6 HSDPA 的 3～4 倍，上行频谱效率达到 R6 HSUPA 的 2～3 倍。

（6）频谱灵活性：支持成对或非成对频谱，并可灵活配置 1.4/3/5/10/15/20 MHz 的带宽。

（7）高 QoS：改善小区边缘用户的性能；更低的 CAPEX(Capital Expenditure，资本性支出)，OPEX(Operating Expense，运营成本)。

表 3-1　LTE R8 的关键性能需求

系统性能		R8 需求	R6 参考标准	备　注
下行	峰值速率	>100 Mb/s	14.4 Mb/s	R8：LTE 以 FDD 模式运行在 20 MHz 带宽下，2×2 MIMO；R6：HSDPA 运行在 5 MHz 带宽下，FDD 模式，单天线传输
下行	峰值频谱效率	>5 (b/s)/Hz	3 (b/s)/Hz	
下行	小区平均频谱效率	1.6～2.1 (b/s)/Hz 每小区	0.53 (b/s)/Hz 每小区	R8：2×2 MIMO，干扰抑制接收机(IRC)；R6：HSDPA，Rake 接收机，2 根接收天线
下行	小区边缘频谱效率	0.04～0.06 (b/s)/Hz 每用户	0.02 (b/s)/Hz 每用户	同上，并假定每小区 10 用户
下行	广播频谱效率	>1 (b/s)/Hz	N/A	广播模式使用专用载波
上行	峰值传输速率	>50 Mb/s	11 Mb/s	LTE 以 FDD 模式运行在 20MHz 带宽下，单天线传输 R6：HSDPA 运行在 5MHz 带宽，FDD 模式下，单天线传输
上行	峰值频谱效率	>2.5 (b/s)/Hz	2 (b/s)/Hz	
上行	小区平均频谱效率	0.66～1.0 (b/s)/Hz 每小区	0.33 (b/s)/Hz 每小区	LTE：单天线传输 IRC 接收机；R6：HSUPA、Rake 接收机、2 根接收天线
上行	小区边缘频谱效率	0.02～0.03 (b/s)/Hz 每用户	0.01 (b/s)/Hz 每用户	同上，并假定每小区 10 用户
系统	用户面时延（单向无线时延）	<5 ms		LTE 的目标值是参考基准的 1/5
系统	连接建立时延	<100 ms		空闲状态→激活状态
系统	运行带宽	(1.4～20) MHz	5 MHz	

1. 高峰值速率和峰值频谱效率

出于市场和商业的目的，一般营运商和设备商就只用"峰值速率"这个概念来向普通消费者解释和表达该移动通信系统的先进性。所谓峰值速率，指的是把整个带宽都分配给一个用户，并采用最高阶调制、最佳编码方案、最多天线数目，且处于理想的无线环境时用户所能达到的最高传输速率。在实际系统中的峰值速率需要考虑典型的无线信道开销，如控制信道、参考信号、保护间隔等。

LTE R8 系统在 20 MHz 的带宽（为 UMTS 系统带宽的 4 倍）下的 TD-LTE 峰值速率定义为：下行链路的瞬时峰值数据速率可以达到 100 Mb/s（频谱效率为 5 (b/s)/Hz）（基站侧为 2 根发射天线，UE 侧为 2 根接收天线的条件下）；上行链路的瞬时峰值数据速率可以达到 50 Mb/s（频谱效率为 2.5 (b/s)/Hz（UE 侧为 1 根发射天线的条件下）。

LTE 系统的峰值速率较 3G 提升较多，主要是 LTE 系统引入了宽频带、MIMO 和高阶调制技术等，这些新技术大大提升了用户传输的峰值数据速率。对运营商来说，基站的天线数目升级比较容易，因此 LTE 的初版支持下行 MIMO 最多为 4 根发射和接收天线。

2. 低系统时延

1）用户面时延

用户面（User Plane，UP）时延对于实时业务和交互业务来说是一个非常重要的性能指标。在无线接口，用户面的最小时延可以通过无负载情况下的系统信号分析来计算。因此，用户面时延定义为一个数据包首次发送直至接收到物理层确认（ACK）的平均时间。即一个数据包首次从 UE 的 IP 层传输到 RAN 边界节点（RAN 和核心网的接口节点），或者是从 RAN 边界节点的 IP 层传输到 UE 的单向传输平均时间。

LTE R8 系统在"零负载"（即单用户、单数据流）和"小 IP 包"（即只有一个 IP 头，不包含任何有效载荷）的情况下，期望的用户面时延小于 5 ms。

2）控制面时延

为满足用户面时延需求，连接建立时延需要比现有的蜂窝移动系统明显降低。这不仅可以提供良好的用户体验，还会延长终端的电池使用时间，因为允许从空闲状态快速过渡到激活状态的系统设计能让终端有更多的时间维持在低功耗的空闲状态。控制面（Control Plane，CP）时延由执行不同的 LTE UE 状态过渡所需要的时间来衡量。

LTE UE 主要基于两种状态，即"RRC_IDLE"（空闲状态）和"RRC_CONNECTED"（连接状态）。LTE 系统要求从睡眠状态到连接激活状态，也就是类似于从 R6 的 CELL_PCH 状态到 CELL_DCH 状态，控制面传输时延小于 50 ms，这个时间不包括 DRX（Discontiue Receive，不连续接收）间隔。从空闲状态到连接激活状态，也就是类似于从 R6 的空闲模式到 CELL_DCH 状态，控制面的传输时延小于 100 ms，这个时间不包括寻呼时延和非接入层时延。另外，控制面容量频谱分配是 5 MHz 的情况下，要求每个小区至少支持 200 个处于连接激活状态的用户。在更宽的频谱分配情况下，每个小区要能够至少支持 400 个处于连接激活状态的用户。

3. 广覆盖

E-UTRA 系统应该能在重用 UTRAN 站点和载频的基础上灵活地支持各种覆盖场景，实现用户吞吐量、频谱效率和移动性等性能指标。E-UTRA 系统在不同覆盖范围内的性能要求如下：

- 覆盖半径在 5 km 内：用户吞吐量、频谱效率和移动性等性能指标必须完全满足。
- 覆盖半径在 30 km 内：用户吞吐量指标可以略有下降，频谱效率指标可以下降，但仍在可接受范围内，移动性指标仍应完全满足。
- 覆盖半径最大可达 100 km。

4. 移动性

E - UTRAN 能为低速移动(0～15 km/h)的移动用户提供最优的网络性能，能为中速(15 km/h～120 km/h)移动的移动用户提供高性能的服务，对高速(120～350 km/h，甚至在某些频段下，可以达到 500 km/h)移动的移动用户能够保持蜂窝网络的移动性。

在 R6 CS 域提供的话音和其他实时业务在 E - UTRAN 中将通过 PS 域支持，这些业务应该在各种移动速度下都能够达到或者高于 UTRAN 的服务质量。E - UTRA 系统内切换造成的中断时间应等于或者小于 GERAN CS 域的切换时间。超过 250 km/h 的移动速度是一种特殊情况(如高速列车环境)，E - UTRAN 的物理层参数设计应该能够在最高 350 km/h 的移动速度(在某些频段甚至应该支持 500 km/h)下保持用户和网络的连接。

5. 高频谱效率和用户吞吐量

小区性能是一个关系到运营商所需要的小区数量及部署整个系统的成本的关键指标。LTE 系统中选择满队列传输模型来估计小区性能(即假设只要用户获得机会就有数据传输)，有相对较高的系统负荷，通常的情况是假设每个小区有 10 个用户。

小区级别的性能需求指标有：

- 小区平均吞吐量(b/s 每小区)和频谱效率((b/s)/Hz 每小区)。
- 用户平均吞吐量(b/s 每用户)和频谱效率((b/s)/Hz 每用户)。
- 小区边缘用户平均吞吐量(b/s 每用户)和频谱效率((b/s)/Hz 每用户)，用来估计小区边缘用户的指标是百分比分布的 5% 用户吞吐量，具体数值由用户吞吐量的 CDF (Cumulative Distribution Function，累积分布函数)获得。

下行链路：在一个有效负荷的网络中，LTE 频谱效率(用每站址、每赫兹、每秒的比特数衡量)的目标是 R6 HSDPA 的 3～4 倍。在 5% CDF 处的每兆赫兹用户吞吐量应达到 R6 HSDPA 的 2～3 倍；每兆赫兹平均用户吞吐量应达到 R6 HSDPA 的 3～4 倍。此时 R6 HSDPA 是 1 发 1 收，而 LTE 是 2 发 2 收。

上行链路：在一个有效负荷的网络中，LTE 频谱效率(用每站址、每赫兹、每秒的比特数衡量)的目标是 R6 HSUPA 的 2～3 倍。在 5% CDF 处的每兆赫兹用户吞吐量应达到 R6 HSUPA 的 2～3 倍；每兆赫兹平均用户吞吐量应达到 R6 HSUPA 的 2～3 倍。此时 R6 HSUPA 是 1 发 2 收，LTE 也是 1 发 2 收。

6. 频谱灵活性

频谱灵活性要求支持成对和非成对频谱中的部署，支持不同大小的频谱分配，包括 1.4 MHz、3 MHz 、5 MHz、10 MHz、15 MHz 以及 20 MHz 不同频谱的灵活部署。同时频谱灵活性也要支持不同频谱资源的整合，支持多频段载波聚合。

7. 增强 MBMS

支持增强型的 MBMS(Multimedia Broadcast Multicast Service，广播和多播业务）是

3GPP R6 定义的多媒体广播组播功能，为了降低终端复杂度，应与单播操作采用相同的调制、编码和多址方法；可向用户同时提供多媒体广播多播和专用话音业务；可用于成对和非成对频谱。

8. 系统架构和演进

优化网络结构，降低建网成本；支持增强 IP 多媒体子系统和核心网；单一基于分组的 E-UTRAN 系统架构，取消电路域所有业务都在分组域实现，通过分组架构支持实时业务和会话业务，如采用 VoIP。

9. 与 3GPP 和非 3GPP 无线接入技术的共存和互操作

LTE 支持与现有 3GPP 和非 3GPP 系统的互操作。和 GERAN/UTRAN 系统可以邻频共站址共存；支持 UTRAN、GERAN 操作的 E-UTRAN 终端应支持对 UTRAN/GERAN 的测量，以及 E-UTRAN 和 UTRAN/GERAN 之间的切换。实时业务在 E-UTRAN 和 UTRAN/GERAN 之间的切换中断时间小于 300 ms。最大限度地避免单点失败；为不同类型服务提供增强的端到端 QoS 机制，保证实时业务的服务质量；有效支持高层传输；支持不同的无线接入技术之间的负载均衡和政策管理；允许给 UE 分配非连续的频谱；优化回转通信协议。

10. 终端的复杂性和成本

使 LTE 具有竞争力的部署策略中一个关键因素是低成本终端的实用性，无论待机还是激活状态都要有较长的电池寿命。因此在设计整个 LTE 系统时都要考虑低复杂性终端，同时也尽可能降低终端功耗。

3.1.3　LTE 的标准演进

1. 3GPP 标准的 3G 到 4G 演进

LTE 源于移动宽带化与宽带无线化的融合趋势，与 3G 时代相比提出了更高的速率、更低的时延、更高的频率利用率等需求，以满足移动 E-mail、网络会议、高清视频会议、在线游戏、高清视频流、视频共享、视频博客、视频聊天、视频点播/直播、信息服务、手机购物、手机银行等手机大规模应用需求。LTE 的提出和发展正是基于用户对移动高速业务量需求的不断增长和速度性能需求的无限提高而来的。表 3-2 所示为移动通信系统从 GSM 到 LTE-A 时期，由 3GPP 标准进行演进时，在峰值数据速率和时延方面的演进。

表 3-2　3GPP 标准的性能演进

标准	3GPP 发布版本	峰值下行速度	峰值上行速度	用户面时延
GPRS	R99	80 kb/s	40 kb/s	(600~700) ms
EDGE	R4	474 kb/s	237 kb/s	(350~450) ms
UMTS(WCDMA)	R4	2 Mb/s	384 kb/s	<200 ms
HSDPA/UMTS	R5	14.4 Mb/s	1.8 Mb/s	<120 ms
HSPA	R6	3.6~7.2 Mb/s	2 Mb/s	<100 ms

续表

标准	3GPP 发布版本	峰值下行速度	峰值上行速度	用户面时延
HSPA+	R7～R8	(28～42) Mb/s	11.5 Mb/s	<80 ms
LTE	R8～R9	(100～326) Mb/s	(50～86) Mb/s	<30 ms
LTE-A	R10～R12	(300～600) Mb/s (4×4 MIMO, 8×8 MIMO, 20 MHz 带宽) 或>1 Gb/s (4×4 MIMO, 8×8 MIMO, 载波聚合)	(150～300) Mb/s (4×4 MIMO, 8×8 MIMO, 20 MHz 带宽) 或>1 Gb/s (4×4 MIMO, 8×8 MIMO, 载波聚合)	<5 ms

从表 3-2 中可以看到，早期 GPRS 系统的峰值数据速率低至 40 kb/s，而 LTE 理论上则能达到 326 Mb/s，增幅近万倍。典型的终端用户的下行速率从 GPRS 的 80 kb/s 到 LTE 的 100 Mb/s。GPRS 和 EDGE 系统的用户面时延为 (350～700) ms，而 HSPA 系统将之减小到低于 100 ms，LTE 系统则降到 30 ms，LTE-A 系统更是降到 5 ms，因为只有较低的时延才能提高 VoIP、游戏及其他互动应用等实时体验质量。最初的 LTE，速率峰值是 100 Mb/s，带宽是 20 MHz，之后在 3GPP 的 R10 版中，通过载波聚合 (Carrier Aggregation, CA)，大幅提高了峰值速率，能提供大于 1 Gb/s 的速率，如果使用 8×8 MIMO，甚至可以达到 3.9 Gb/s。

从表 3-3 也可以看出 4G 发展的需求在峰值速率方面的大幅提升。

表 3-3 中国三大运营商 3G/4G 下行峰值速率

运营商	3G 峰值速率	4G 峰值速率	特　点
中国移动	2.8 Mb/s	TD-LTE: 110 Mb/s FDD-LTE: 150 Mb/s	3G/4G 速率差异大，4G 覆盖区域外用户的体验感觉大幅下降
中国电信	3.1 Mb/s	FDD-LTE: 150 Mb/s	3G/4G 速率差异大，4G 覆盖区域外用户的体验感觉大幅下降
中国联通	(21～42) Mb/s	FDD-LTE: 150 Mb/s	3G/4G 均是国际主流标准，网速高，用户业务感知差异小，适宜集客业务应用

当然，峰值速率要得到大幅度的提升，不只是传输速度的问题，还涉及网络架构的改变和帧结构等方面技术的同时改进。3GPP 的 R8 和 R9 版本中提出了扁平网络架构，LTE-A 的 R10 和更高版本中提出了混合网络架构，以满足 ITU 更高的峰值速率和频谱效率。

2. LTE、LTE-A 和 LTE-A Pro 的划分

2005 年，3GPP 首先提出了 LTE 的理念，2006 年正式启动了 LTE 的工作项目。4G LTE 在超过 8 个不同版本中持续演进，即从 R8 到 R15，引入了全新特性，功能不断丰富，图 3-2 所示为 LTE 标准演进图。其中，LTE 指 R8 和 R9 版本：采用了扁平网络架构。LTE-A，指的是 R10～R12：采用了混合网络架构，以满足 ITU 更高的峰值速率和频谱效率的需求。LTE-A Pro 指的是 R13～R15：提出了更高的峰值速率和频谱效率的新技术。R15 中 LTE 持续演进，为 5G 做万物互联的准备。

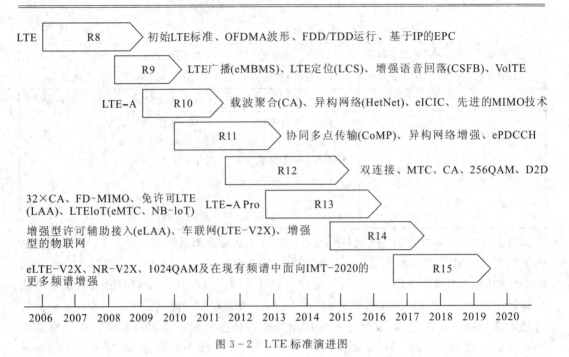

图 3-2 LTE 标准演进图

1) R8

R8 为 3GPP 的最初 LTE 版本,2006 年 01 月 23 日开始提出,于 2009 年 03 月 12 日冻结。但 R8 版本 LTE 的指标并未达到 ITU-R 规定的 4G 性能指标,所以此版本也称为 3.9G。LTE 相比 3G 网络有了以下特征:高峰值吞吐率、高频谱效率、简化网络架构和全 IP 网络架构等。R8 定义的主要内容包括:

(1) 高峰值数据速率:在采用 4×4 MIMO 以及 20 MHz 带宽的条件下,最大峰值速率为下行 300 Mb/s,上行 75 Mb/s。

(2) 高频谱效率和灵活带宽:1.4 MHz、3 MHz、5 MHz、10 MHz、15 MHz 和 20 MHz。

(3) IP 数据包的传输时延为 5 ms。

(4) 简化的扁平网络架构和全 IP 网络。

(5) 多址方式下行采用 OFDMA,上行采用 SC-FDMA。

(6) 支持 MIMO 多天线方案和成对(FDD)、非成对频谱(TDD)。

2) R9

R9 工作开始于 2008 年 03 月 06 日,于 2010 年 03 月 25 日冻结。R9 属于 LTE 增强版,在 R8 的基础上做了一些技术和功能改进,主要增加了波束赋形、Femto Cell、公共预警系统和多媒体广播等功能,但 R9 还是属于 3.9G。R9 新增的主要内容包括:

(1) MIMO 波束赋形:用波束赋形提升小区边缘吞吐量。在 R8 版本中 LTE 只支持单层波束赋形,R9 则支持多层波束赋形。

(2) Femto Cell:家庭基站(又称飞蜂窝,Femto 本意是千万亿分之一)是运营商为了解决室内覆盖问题而推出的基于 IP 网络的微型基站设备,通常部署在用户家中,甚至直接放在桌面上,通过固话宽带连接到运营商网络。

(3) PWS(Public Warning System,公共预警系统):在自然灾害或其他危急情况下,公众应该能及时收到准确的警报。加上 R8 版本已引入的 ETWS(Earthquake and Tsunami Warning System，地震海啸预警系统)，R9 版本新引入了 CMAS(Commercial Mobile Alert System，商用手机预警系统)，以便在灾后电视、广播信号和电力等中断的情况，该预警系统仍能够以短信的方式及时向居民通报情况。

(1) SON(Self-Organizing Network，自组织网络)：提供网络自安装(配置)、自优化、自修复功能，以减少人力成本。SON 在 R8 中主要针对基站自配置，R9 版本中增加了可以根据需求自优化的部分。

(2) EMBMS(Enhanced Multimedia Broadcast Multicast Service，增强型多媒体广播/多播服务)：R8 完成了在物理层对多媒体广播多播业务(MBMS)的定义，运营商可以通过 LTE 网络提供广播服务。R9 完成了这部分更高层的增强版定义。广播服务尽管早已运用于传统网络，但 LTE 中的 MBMS 信道是从数据速率和容量的角度发展而来的。

(3) LTE 定位：用于在用户无法确定自己位置的紧急情况下，提升用户位置信息的准确性。R9 定义了三种 LTE 定位方法，分别是：基于 E-CID(Enhanced CELL ID，增强型小区标识符)定位、基于下行链路的 OTDOA(Observed Time Difference Of Arrival，到达时间观测差)定位和基于 A-GNSS(Assisted Global Navagation Satellite System，辅助全球导航卫星系统)定位。

R9 版本的这三种定位方法可以看作是对蜂窝网络无线定位技术的继承和发展。GNSS(全球卫星导航系统)是欧盟为打破美国在 GPS 上的垄断而独立研制的，和 A-GPS(辅助 GPS)一样，A-GNSS 依靠卫星信息进行辅助定位。A-GNSS 的定位精度高，适合应用于航天航海，但首次定位时间较长，且在城市峡谷环境中定位精度较差。E-CID 主要综合考虑了其他因素(如时间和天线参量)，所以定位精度有所提升。OTDOA 类似于 GSM 网络中的 TDOA 定位技术，利用三个或三个以上基站到达移动台的时间差，综合考虑基站位置坐标，从而获得移动台位置。此外，R9 还定义了一种全新的定位协议 LPP(LTE Positioning Protocol，LTE 定位协议)，LPP 能够全面支持 LTE 中用到的定位技术(包括 E-CID、A-GNSS 和 OTDOA)，它还支持 A-GNSS+OTDOA 的混合定位技术。

3) R10

进一步增强后的 R10 已经达到了 ITU-R 提出的 IMT-A 的 4G 性能指标，可以真正地称为 4G 系统。为了体现这一点，3GPP 把 LTE R10 之后的 LTE 系统更名为 LTE-Advanced，简称 LTE-A。此版本工作开始于 2009 年 01 月 20 日，于在 2011 年 06 月 08 日冻结，主要需求包括：下行 1 Gb/s、上行 500 Mb/s、高吞吐率、高频谱效率(从 R8 的最高 16 (b/s)/Hz 提高到 R10 的 30 (b/s)/Hz)和全球漫游等。R10 的主要功能为：进一步增加 MIMO 天线数、载波聚合、增强型小区间干扰协调、中继节点和异构网络等。对性能提升较大的是 MIMO 天线数的增加和载波聚合。R10 的主要新增内容包括：

(1) MIMO 增强：LTE-A 允许下行有 8×8 MIMO，在 UE 侧允许上行有 4×4 MIMO。

(2) 载波聚合 CA：是充分利用分散的频率提高 UE 峰值速率的成本最低的方法。R10 通过合并 5 个 20 MHz 载波，LTE-A 支持最高 100 MHz 的频谱载波聚合。

(3) 增强型上行链路多址：R10 引入了分簇单载波频分多址，可以允许频率选择性调度。相比 R8 中的集中式 SC-FDMA 占据连续频谱的调度方式，R10 提高了信号峰均比。

(4) 支持异构网络：宏蜂窝小区和 small cell 结合而组成异构网络。

（5）增强型小区间干扰协调（eICIC）：eICIC 主要应付异构网络下的干扰问题，eICIC 使用功率、频率或时域来减小异构网络下的频率干扰。

（6）中继节点（Relay Nodes，RN）：在 LTE-A 中，通过引入 RN 来增加高效异构网络规划的可能性，即大小小区的混合。在弱覆盖环境下，RN 或低功率基站可扩展主基站的覆盖范围，RN 通过 Un 接口连接到主基站（Un 是 E-UTRAN 空中接口 Uu 的修改）。

（7）增强型 SON：针对网络自修复流程，R10 提出了增强型 SON。

4）R11

R11 版本是增强型 LTE-A，在 R10 的基础上进一步完善。R11 工作开始于 2010 年 01 月 22 日，在 2013 年 03 月 06 日冻结，主要完善了增强型载波聚合、协作多点传输、ePDCCH 和基于网络的定位等。R11 主要新增内容包括：

（1）增强型载波聚合：多时间提前量（TAS）用于上行链路的载波聚合；非连续带内载波聚合；为了支持 TDD LTE 载波聚合，物理层进行了调整。

（2）协作多点传输（Coordinated Multiple Points，CoMP）：是指地理位置上分离的多个传输点，协同合作，为一个终端发送数据或联合接收一个终端发送来的数据。

（3）ePDCCH（Enhanced Physical Downlink Control Channel，增强型物理下行链路控制信道）：为了提高控制信道的容量，R11 版本引入了 ePDCCH，使用 PDSCH 资源传送控制信息，而不像 R8 的 PDCCH 只能使用子帧的控制区。

（4）基于网络的定位：R11 版本采用了基于网络的上行定位技术，使用基于基站测量的参考信号的时间差来实现定位。

（5）最小化路测（Minimization of Drive Test，MDT）：因为路测费用花费比较昂贵，为了减少对路测的依赖，R11 推出了独立于自组织网络的 MDT 解决新方案，MDT 采用了通信的大数据分析技术，基本上依赖于 UE 上报的信息即可进行路测。

（6）机对机通信的 RAN 过载控制（Ran Overload Control for Machine Type Communication）：当过多设备接入网络时，可以禁止一些设备向网络发送连接请求信息。

（7）智能手机电池节能技术：UE 可以通知网络是否需要进入省电模式或普通模式，根据 UE 的请求，网络可以修改 DRX（Discontiue Receive，不连续接收）参数。

（8）IDC（In-Device Coexistence，设备内共存）：移动终端设备通常有多个射频通路，比如 LTE、3G、蓝牙、WLAN 等，为了减轻多路 IDC 并存带来的干扰，R11 提出的解决方案有：基于 DRX 时域/频域解决方案和 UE 自主否认等。

5）R12

R12 在 R11 的基础上进行了更强的增强型 LTE-A 定义，R12 工作开始于 2011 年 06 月 26 日，在 2015 年 03 月 13 日冻结。R12 新提出了设备到设备（D2D）创新技术，在 R11 的基础上改进了增强型 Small Cell、增强型载波聚合、机器通信（MTC）、WiFi 与 LTE 融合和 LTE-U 等功能。R12 主要新增内容包括：

（1）D2D 终端直通：R12 将 D2D 定义为 LTE Device to Device Proximity Services，LTE 设备到设备的近场服务，指定用于公共安全通信的设备到设备（D2D）近场服务，当部分或所有基础设施不可用时，R12 版 D2D 支持用户设备之间的直接数据交换，无需通过任何基站进行信号中继。

（2）增强型 Small Cell：主要内容包括密集区域部署 Small Cell、宏小区和 Small Cell

之间的载波聚合等。

（3）增强型载波聚合：R12 允许 TDD 和 FDD 之间载波聚合，以实现两网资源的融合。

（4）机器对机器通信（MTC）：未来几年内，机器对机器通信可能会爆发性增长，很可能会引起网络信令、容量不足的问题。为了应付这种情况，对 MTC 的进一步优化，用于优化 D2D。

（5）WiFi 和 LTE 融合：在 R12 中，提出了 LTE 和 WiFi 之间的流量转移和网络选择机制，实现了 LTE 和 WiFi 之间融合，可以让运营商更好地管理 WiFi。

（6）LTE 未授权频谱（LTE-U）：丰富的未授权频谱资源，可以增加运营商的网络容量和性能。

6) R13

R13 定义为 LTE-Advanced Pro，简写为 LTE-A Pro，以满足 LTE 系统不断增长的流量需求，也称为 4.5G，具有 LTE 向 5G 过渡的意义。R13 工作开始于 2012 年 09 月 30 日，在 2016 年 03 月 11 日冻结。R13 主要对载波聚合、机器类通信、LTE-U、室内定位、MIMO 和多用户叠加编码等进行了增强。R13 主要新增内容包括：

（1）关键任务按键通话：除了对现有服务和功能的增强之外，R13 完成了第一套涵盖任务关键型服务的规范，特别是任务关键型一键通，这是 LTE 的基本功能私人移动无线电话音通信服务。

（2）增强型 D2D：R12 版本中的 D2D 提供了基本的物理渠道和机制，在 R13 版本中，D2D 又增加了网络中继和优先级控制功能。

（3）增强型载波聚合：支持 32 个载波聚合，而在 R10 中，仅支持 5 个载波聚合。

（4）增强型 MIMO：采用多达 64 天线端口的更高阶 MIMO 系统。

（5）增强型 LTE-U：为了满足高增长的流量需求，R13 的方法是，主小区使用授权频谱，辅小区使用未授权频谱。

（6）室内定位：提升现有的室内定位技术，也探索新的定位方法，提高室内定位的准确性。

（7）增强的多用户传输技术：采用叠加编码来提升下行多用户传输技术。

（8）增强型机对机通信（eMTC）：进一步减少物联网设备使用带宽、能耗，延长设备电池使用时间。

（9）增强的 LTE 与 WiFi 融合：在 R12 中已有 RAN 层面的两者协同工作，为了进一步满足运营商的需求，在 R13 版本里，3GPP 定义了一些新的互联功能：LTE 和 WLAN 在 PDCP 层数据聚合（LTE and WLAN Aggregation，LWA）以及 LTE 和 WLAN 通过 IPSec 安全加密链路的方式聚合（LTE WLAN Radio Level Integration with IPSec Tunnel，LWIP）。

在 R13 中，3GPP 定义了 3 种物联网标准：eMTC、NB-IoT 和 EC-GSM-IoT。

（10）eMTC，即 MTC 的增强版本，在 R12 中叫 Low-Cost MTC，有时统称为 LTE-M，是基于 LTE 演进的物联网技术。

（11）EC-GSM-IoT，即扩展覆盖 GSM（Extended Coverage-GSM）物联网。随着各种低功耗广覆盖技术的兴起，传统 GPRS 应用于物联网的劣势凸显，EC-GSM 可以让 GSM/EDGE 满足新形势下的物联网需求。

（12）NB-IoT，即窄带物联网，可直接部署于 GSM 网络和 LTE 网络，以降低部署成本、实现平滑升级。

7) R14

R14 版本是增强型 LTE-A Pro，在 R13 的基础上对 LTE-A Pro 做了进一步的完善。R14 工作开始于 2014 年 09 月 17 日，在 2017 年 06 月 09 日冻结。R14 带来了一系列关键任务增强功能，主要包括对 V2X 服务的 LTE 支持、eLAA、增强载波聚合等功能的进一步增强和完善等。R14 主要新增内容包括：

(1) LTE-V2X：LTE-V2X 是指基于 LTE 移动通信技术演进形成的 V2X 车联网无线通信技术，包括蜂窝通信和直接通信两种工作模式。V2X(Vehicle to Everything)借助新一代信息通信技术将车与一切事物相连接，从而实现车辆与车辆(Vehicle to Vehicle，V2V)、车辆与路侧基础设施(Vehicle to Infrastructure，V2I)、车辆与行人等弱势交通参与者(Vehicle to Pedestrian，V2P)、车辆与云服务平台(Vehicle to Network，V2N)的全方位连接和信息交互。R14 完成了 LTE-V2X 的初始版本，支持基本的安全服务，如防撞、交通信号灯和车速指示等。

(2) 增强型授权辅助接入(enhancedLicensed-Assisted Access，eLAA)技术：即将 LTE 授权频段与 5 GHz 非授权频段进行聚合。

(3) 增强型 LWA(eLWA)：支持上行链路，增强了移动性，并对 802.11 技术的高数据速率进行了优化。

(4) 增强型 LWIP(eLWIP)：流量控制，支持新接口之上的测量报告。

(5) 增强型的物联网：对 eMTC 和 NB-IOT 的一些功能进行了完善，包括组播、移动性增强、新的功率等级和接入/寻呼功能增强、支持高速率数据传输和 VoLTE 等。与 R13 相比，提升了 2 倍的连接容量、3 dB 的深度覆盖、5～7 倍的连接速率。

8) R15

R15 在 R14 的基础上进行了更强的增强型 LTE-A Pro 定义，在进一步演进 LTE 系统的同时，也开始了 5G 系统标准化的工作。R15 工作开始于 2016 年 06 月 1 日，在 2019 年 9 月冻结。R15 新增 LTE 的工作重点包括：

(1) 低时延短传输时间间隔(TTI)：将原有的 TTI 从 1 ms(14 个符号)减少到 0.143 ms(2 个符号)，用户面的空口单向时延降低到大约 0.8 ms，满足了 5G 对 1 ms 时延的要求，支持对时延敏感的新一代业务的部署和优异体验。

(2) 覆盖增强：R15 引入了非相干联合传输，使不同的 MIMO 数据流从不同的传输点发送至同一个终端，从而提升小区边缘数据速率以及系统性能。同时定义了解调参考信号分组和增强信道状态信息测量汇报等技术，可实现对于小区平均吞吐量约 26% 的增益和对于小区边缘用户速率的 13% 的增益，网络覆盖进一步增强。

(3) 固定无线接入(FWA)：FWA(Fixed Wireless Access)是解决最后一英里的一种主流宽带接入到家的解决方案。R15 进一步增强 LTE 的 FWA 性能，用于 PDSCH 的调制方式从此前的 256QAM 提高到 1024QAM，最高可提升频谱效率 25%，结合 4×4 MIMO 技术，仅需 40 MHz 频谱就可支持高达 1 Gb/s 的峰值吞吐量。同时 R15 版本还特别针对 FWA 的固定场景进一步减少解调参考信号导频开销。

(4) 增强型 V2X：LTE-V2X 继续演进，包括了 eLTE-V2X 和向后演进的 NR-V2X，支持更高的可靠性(通过传输分集)、更低的时延(通过减少资源选择窗口)和更高的数据速率(通过载波聚合和 64QAM)，增强了车与车之间接口的性能，从而可以满足更高级的

V2X 服务, 如车辆编队、高级驾驶等。

(5) 增强蜂窝物联网: 为了提供低功耗广覆盖物联网应用更优质的性能体验, R15 继续优化时延、功耗等, 其中包括: 唤醒信号用于高效监听寻呼, 预计终端功耗在 164 dB 深覆盖场景降低 30%~45%; 随机接入期间的早期数据传输能够在没有建立 RRC 连接的情况下进行早期数据传输, 从而进一步降低时延和用户设备功耗。

(6) 进一步增强 LTE 在未授权频谱的性能。

3.1.4　LTE 制式标准与频段

1. FDD-LTE 与 TD-LTE

国际主要 4G 标准技术为 LTE, LTE 又分为 LTE FDD 和 LTE TDD(或简写为 TD-LTE)两种制式。其中 LTE TDD 是中国提出的具有自主知识产权的新一代移动通信技术, 是我国 3G 的 TD-SCDMA 的长期演进技术, 故也称为 TD-LTE。与 TD-LTE 名称对应, 国内又将 LTE FDD 习惯称为 FDD-LTE。

1) FDD-LTE

FDD-LTE 也是长期演进技术, 与 TD-LTE 不同的是, FDD-LTE 采用的是 FDD 频分双工技术。FDD 采用两个对称的频率信道进行发送和接收, 这两个信道之间存在着一定的频段保护间隔, LTE 系统中上下行频率间隔可以达到 190 MHz。LTE 由于其频段的多样化, 不同频段的收发间隔是不同的。FDD 的理论上行速率可达到 75 Mb/s, 下行速率可达到 150 Mb/s。FDD 具有如下优势:

(1) 同样的时间内, FDD 传输的数据量要大一倍。

(2) 覆盖范围更大, 且上下行不受限。

(3) 收发频率不同频, 能够有效地隔离干扰。

(4) 由于无线技术的差异、使用频段的不同以及各个厂家的利益等因素, FDD-LTE 的标准化与产业发展都领先于 TD-LTE。FDD-LTE 已成为当前世界上采用的国家及地区最广泛的、终端种类最丰富的一种 4G 标准。

2) TD-LTE

TD-LTE 是 TDD 版本的 TD-SCDMA 的长期演进技术, 采用了时分双工技术。TDD 的发送和接收信号在同一频率信道的不同时隙中进行, 彼此之间采用一定的保护时间予以分离。它不需要分配对称段的频率, 可以充分利用零散的频谱资源。在移动通信系统中, 移动端与基站之间通信使用同一频率, 某一时间段内移动端向基站发送信息, 另一时间段内基站向移动端发送信息。TDD 的理论上行速率可达到 50 Mb/s, 下行速率可达到 100 Mb/s。TD-LTE 具有如下优势:

(1) 能够灵活配置频率, 充分利用 FDD 系统不易使用的零散频段。

(2) 能够调整上下行时隙转换点, 提高下行时隙比例, 高效地支持非对称业务。

(3) 具有上下行信道一致性, 基站的接收和发送可以共用部分射频单元, 降低了设备成本。

(4) 接收上下行数据时, 不需要收发隔离器, 只需要一个开关即可, 降低了设备的复杂度。

(5) 具有上下行信道互惠性, 能够更好地采用传输预处理技术, 如预编码技术、智能天线技术等，可以有效地降低移动终端的处理复杂性和成本。

（6）能够采用波束赋形的天线技术，所以 TDD 的下行业务覆盖优势明显。

2. FDD - LTE 与 TD - LTE 的比较

1）系统设计

TD - LTE 与 FDD - LTE 两个系统的大部分设计在高层协议方面是一致的，可以说两个系统的相似度达到了 90%。不同的 10% 部分在系统底层设计（尤其是物理层设计）上。由于 FDD 和 TDD 两种双工方式在物理特性上的不同，采用的子帧结构的设计不同，也带来了细微的差别。LTE 系统为 TDD 的工作方式在参考和继承了 3G TD - SCDMA 的设计思想上进行了一系列专门的设计。

2）组网方式

TD - LTE 与 FDD - LTE 都支持同频组网和异频组网。同频组网和 3G UMTS 的同频组网相似，频率复用系数为 1。所有的小区使用的频率相同。TDD 和 FDD 的小区间同频干扰抑制支持静态 ICIC、半静态 ICIC 和动态 ICIC 三种。ICIC 基于分数频率复用技术，目标是相邻小区的边缘区域使用的频率不同，而小区中心区域使用的频率可以相同。异频组网和 2G GSM 的异频组网相似，但 LTE 的异频组网复用系数为 3，相邻的三个小区使用的频率不同。

3）频率

FDD 必须采用成对的频率，依靠频率来区分上下行链路。与 FDD 相比，TDD 由时间来区分上下行链路，因而可以充分使用零碎的频段。在均为 2 天线配置下，两者平均频谱效率相当；当 TD - LTE 采用更先进的智能天线时，其平均频谱效率更高，但实现复杂度也较 FDD - LTE 高。

4）上下行业务

TDD 通过调整上下行时隙配比，可以灵活支持不对称业务的数据传输。TDD 具有上下行频谱不对称、下行可用频谱资源丰富，上行速率较低、下行速率较高的特征。这些特征使得 TDD 更适用于承载数据业务，尤其是明显上下行不对称的互联网业务，如游戏、视频等对下行带宽要求较高的业务。

FDD 上下行频谱对称，在支持对称业务时，能充分利用上下行的频谱，但在支持非对称业务时，频谱利用率将大大降低。FDD 对于 VoLTE、视频直播这类上下行对称的业务更适于承载。此外，物联网的传输以上行数据传输为主，也更适合采用 FDD。

5）天线

FDD - LTE 支持 MIMO 模式 1～模式 6，TD - LTE 支持模式 1～模式 7，其中的模式 7 是波束赋形模式，是针对 TDD LTE 的。TDD LTE R9 对模式 7 进行了增强，引入双流波束赋形，即模式 8。因此，TDD 最大支持 8 天线，除了 FDD 支持的多天线技术外，下行还支持 4/8 波束赋形，上行还支持 8 天线接收分集，目前 TDD 产品已实现双流波束赋形。通常采用通道板状天线。FDD - LTE 最大支持 4 天线，最大支持下行 4×4 MIMO 和上行 2×4 MIMO，通常采用双极化天线。

TDD 主打的波束赋形技术要求安装空间隔离度低，所以 TDD 适合采用多通道板状天线。FDD 主打的空分复用和发射分集技术要求安装空间隔离度较高，但对通道数要求没有 TDD 系统的要求多，所以 FDD 可以采用双极化天线。

6）发射功率

由于 TDD 方式的时间资源分别给了上行和下行，因此 TDD 系统的发射时间少于 FDD 系统，实际时间具体少多少要看 TDD 的上下行时隙的配比。如果 TDD 要发送和 FDD 一样大小的数据，TDD 的发送功率就需要增大。

7）功率控制

在 FDD 系统中，由于上、下行功率不同，而功率的控制是靠反馈来实现的，因此 FDD 系统很难做到精确控制。

8）覆盖范围

使用 TDD 技术时，只要基站和移动台之间的上下行时间间隔不大，小于信道相干时间，就可以采用信道信号来估计信道特征的最简单方式。而 FDD 技术的上下行频率间隔远远大于信道相干带宽，因此几乎无法利用上行信号估计下行，也无法用下行信号估计上行。可以利用信号估计信道特征的特点使得 TDD 方式的移动通信体制在功率控制以及智能天线技术的使用方面有明显的优势，但也是因为这一点，TDD 系统的覆盖半径要小。为避免时隙的冲突，上下行时间存在时隙间隔，TDD 系统不允许用户距离基站太远，在相同 MIMO 模式的情况下，TDD 基站覆盖半径要小于 FDD 基站，否则，小区边缘的用户信号到达基站时会不同步。

9）时延

FDD - LTE 得益于在时间上的连续发送，其业务时延较 TD - LTE 略短。

10）干扰

TD - LTE 系统收发信道同频，无法进行干扰隔离，系统内和系统间存在同频干扰。

11）信道利用率

FDD - LTE 系统为了避免与其他无线系统之间的干扰，FDD 需要预留较大的保护带，影响了整体频谱利用效率，又因为不对称信道业务也浪费了一定的带宽，FDD 较 TDD 系统信道利用率要低一些。另外，TD - LTE 系统的时间开销要比 FDD 系统的大得多，在用户接入数越来越多的情况下，这种开销的浪费越来越明显。

12）设备成本

TDD 设备在某一时刻不是收就是发，采用电子开关进行收发切换即可，不用使用价格昂贵的双工器，设备成本较 FDD 系统低，不过最终产品的价格还跟产品的规模化程度有关。FDD 系统同时收发，必须在接收频段之间建立良好的隔离，因此设备成本高，且可靠性上低于 TDD 系统。此外，功率控制的精度要求不一样，采用 TDD 系统的基站和用户设备的成本较低。

13）峰值速率

FDD 上下行各占 20 MHz，TDD 上下行共用 20 MHz。由于 TD - LTE 为时分系统，在相同带宽下，上下行峰值速率 TD - LTE 系统均低于 FDD - LTE 系统。

综上，TD - LTE 更适合不对称的互联网业务，而 FDD - LTE 更适合对称的语音、视频通话类业务。TDD 适合区域覆盖，FDD 适合大面积覆盖。TDD 多天线技术的灵活应用，易于提升性能和覆盖。TD - LTE 的建网成本较 FDD - LTE 系统低。TD - LTE 频率利用更灵活。FDD - LTE 必须使用成对的频率，如下行和上行各 10 MHz，而 TD - LTE 则可灵活使用单块的频率进行部署，如一个 20 MHz 的频率。在全球市场规模、商用终端类型及款数等方面，TD-LTE 与 FDD-LTE 仍有一定差距，整体进展滞后于 FDD。为了充分发挥 TD-LTE 与 FDD-LTE 各自的优势，国际上已开始采用 TD-LTE 与 FDD-LTE 混合组网的模式，FDD-LTE 用于广域覆盖，将 TD-LTE 用于热点区域覆盖，在人流量密集的地方(如大型商场、体育馆、会展中心、大学等)作为广覆盖 FDD-LTE 的补充。

3. FDD-LTE 与 TD-LTE 的频段划分

1) 3GPP E-UTRA 工作频段划分

运营商在选择某种制式的技术之前，首先考虑的是其获取的频段以及能支持的带宽。对于 FDD 方式，要求有上下行对称频段；对于 TDD 则无此要求，只要有一段连续频段即可，上下行可共用此频段。所以 TDD 可用的频段会比较多。大部分国家的 TDD 频段都和 3GPP 的划分一致，主要集中在 2600 MHz 和 2300 MHz 频段。1900 MHz 和 2000 MHz 的频段比较少见。FDD-LTE 的主流应用频段是 2600 MHz、1800 MHz 和低频段的 700 MHz、800 MHz。3GPP E-UTRA(Evolved UMTS Terrestrial Radio Access，增强型 UMTS 陆地无线接入)工作频谱划分见表 3-4。

表 3-4　3GPP E-UTRA 工作频段

E-UTRA 工作频段 (Band)	上行(UL)操作频段 BS 接收 UE 发送		下行(DL)操作频段 BS 发送 UE 接收		双工模式
	F_{UL_low}/MHz	F_{UL_high}/MHz	F_{DL_low}/MHz	F_{DL_high}/MHz	
1	1920	1980	2110	2170	FDD
2	1850	1910	1930	1990	FDD
3	1710	1785	1805	1880	FDD
4	1710	1755	2110	2155	FDD
5	824	849	869	894	FDD
6	830	840	875	885	FDD
7	2500	2570	2620	2690	FDD
8	880	915	925	960	FDD
9	1749.9	1784.9	1844.9	1879.9	FDD
10	1710	1770	2110	2170	FDD
11	1427.9	1447.9	1475.9	1495.9	FDD
12	699	716	729	746	FDD
13	777	787	746	756	FDD
14	788	798	758	768	FDD
17	704	716	734	746	FDD
…	…	…	…	…	…
33	1900	1920	1900	1920	TDD
34	2010	2025	2010	2025	TDD

E - UTRA 工作频段 (Band)	上行(UL)操作频段 BS 接收 UE 发送		下行(DL)操作频段 BS 发送 UE 接收		双工模式
	F_{UL_low}/MHz	F_{UL_high}/MHz	F_{DL_low}/MHz	F_{DL_high}/MHz	
35	1850	1910	1850	1910	TDD
36	1930	1990	1930	1990	TDD
37	1910	1930	1910	1930	TDD
38	2570	2620	2570	2620	TDD
39	1880	1920	1880	1920	TDD
40	2300	2400	2300	2400	TDD
41	2469	2690	2496	2690	TDD
42	3400	3600	3400	3600	TDD
43	3600	3800	3600	3800	TDD
…	…	…	…	…	…

　　由表 3 - 4 可见，FDD 和 TDD 的频段分界是 33 频段，低频段号为 FDD，高频段号为 TDD。即从频段 1 到频段 32 为 FDD 的频段，从频段 33 之后的都是 TDD 频段。

　　还要强调的是，TDD 和 FDD 在 1920MHz 的临近段，TDD 的基站会对 FDD 的基站造成干扰，所以这里要留保护带，保护带一般会由 TDD 留。因为 TDD 留 5 MHz 保护带就只占用 5 MHz 频谱，而如果是 FDD 留 5 MHz 保护带，则因为 FDD 频谱上下行的对称性，就相当于占用 2×5MHz，这对频谱资源是一种极大的浪费。

　　2) 中国三大运营商的 E - UTRA 工作频段

　　2013 年，中国已经发放了 4G 的 TD - LTE 制式的牌照，见表 3 - 5。其中中国电信获得 40 MHz 频谱资源，分别为(2370～2390) MHz、(2635～2655) MHz；中国联通获得 40 MHz 频谱资源，分别为(2300～2320) MHz、(2555～2575) MHz；中国移动获得 130 MHz 频谱资源，分别为(1880～1900) MHz、(2320～2370) MHz、(2575～2635) MHz。

　　2015 年 2 月 27 日，中国工业和信息化部给中国电信和中国联通两家运营商发放 FDD - LTE 牌照。

表 3 - 5　中国三大运营商的频段表(2018 年前)

运营商	上行频率/MHz	下行频率/MHz	资源带宽/MHz	合计频宽	制式	
中国移动	885～909	930～945	24+15	184 MHz	GSM800	2G
	1710 - 1725	1805～1820	2×15		GSM1800	2G
	2010～2025	2010～2025	2×15		TD - SCDMA	3G
	1880～1900 2320～2370 2575～2635		130		TD - LTE	4G

续表

运营商	上行频率/MHz	下行频率/MHz	资源带宽/MHz	合计频宽	制式	
中国联通	909~915	954~960	2×6	91 MHz	GSM800	2G
	1745~1755	1840~1850	2×10		GSM1800	2G
	1940~1965	2130~2155	2×25		WCDMA	3G
	2300~2320 2555~2575		40		TD-LTE	4G
	1755~1765	1850~1860	2×10		FDD-LTE	4G
中国电信	825~840	80~885	2×15	85 MHz	CDMA800	2G
	1920~1935	2110~2125	2×15		CDMA2000	3G
	2370~2390 2635~2655		40		TD-LTE	4G
	1765~1780	1860~1875	2×15		FDD-LTE	4G

表 3-5 中合计带宽只计算上/下行频率的单边的最大频宽。

2018 年 4 月 3 日,中国工业和信息化部向中国移动发放 FDD-LTE 牌照,使用频率为(892~904) MHz/(937~949) MHz。

2019 年 1 月 11 日,工信部向中国电信发放最新版 FDD 频率许可证,使用频率为(824~835) MHz/(869~880) MHz、(1920~1940) MHz/(2110~2130) MHz,使用地域为全国,用于公众移动通信、物联网,CDMA/LTE FDD/NB-IoT/eMTC 制式。和原来中国电信拥有的频率许可证相比,这个频率并不是新分配的频段,而是将中国电信原有的 2G 的 CDMA 频段、3G 的 CDMA2000 频段调整给了中国电信的 FDD 频率使用,相当于改变了中国电信手中原有许可频段的用途,对比见表 3-5。

我国三大运营商的 E-UTRA 工作频段见表 3-6 所示,表中灰色底频段为 2018 年后新增加的频段。

表 3-6   中国三大运营商 E-UTRA 工作频段

运营商	制式	频段(Band)	频率范围/MHz		资源带宽/MHz	合计频宽/MHz
			上行	下行		
中国移动	FDD-LTE	8	892~904	937~949	2×12	142
	TD-LTE	39 F 频段	1880~1900		20	
		40 E 频段	2320~2370		50	
		38 D 频段	2575~2635		60	
中国联通	FDD-LTE	3	1755~1765	1850~1860	2×10	50
	TD-LTE	40	2300~2320		20	
		41	2555~2575		20	

续表

运营商	制式	频段（Band）	频率范围/MHz		资源带宽 /MHz	合计频宽 /MHz
			上行	下行		
中国电信	FDD‑LTE	6	824~835	869~880	2×11	86
		3	1765~1780	1860~1875	15	
		1	1920~1940	2110~2130	2×20	
	TD‑LTE	40	2370~2390		20	
		41	2635~2655		20	

部分频段是由 3G 升级而来的，以 TDD 为例，D 频段（2570 MHz～2620 MHz）在 TD‑LTE 规范中对应 38 频段，F 频段（1880 MHz～1920 MHz）在 TD‑LTE 中称为 39 频段。由于 3G 时代的习惯，目前仍保留 D、E、F 频段的称呼。41 频段对应 D 频段，38 频段是 41 频段的子集，一般两个频段都要求支持。

中国移动采用 38 频段对应 D 频段，用做室外补盲补热，增厚网络覆盖；39 频段对应 F 频段，用做室外主覆盖，增广网络覆盖。40 频段对应 E 频段，用做室内覆盖。因为 E 频段与其他室外的无线系统有冲突，所以只能用做室内覆盖。新增的 FDD 8 频段用于室外覆盖。

中国电信采用频段 3、6 来实施室外覆盖，1 频段来实施室内覆盖。

4. LTE 频段和频点映射

频段，是指工作波段的频率范围，单位为 MHz。

频点，是指具体的绝对频率值，也是一个给固定频率的编号，是一个无量纲单位。频点一般是一个频段的中心频率，频段与频点一一对应，并在 3GPP 协议中有明确规定。频段中的频点不能随意变更。

LTE 的绝对频点号记为 EARFCN（E‑UTRA Absolute Radio Frequency Channel Number）。

3GPP 对 LTE 各频段对应的频点规定见表 3‑7，表中 F 为频率，N 为频点号，具体数值表示为：

F_{DL_low}：the lowest frequency of the downlink operating band，下行最低工作频率。

F_{DL_high}：the highest frequency of the downlink operating band，下行最高工作频率。

F_{UL_low}：the lowest frequency of the uplink operating band，上行最低工作频率。

F_{UL_high}：the highest frequency of the uplink operating band，上行最高工作频率。

N_{DL}：downlink EARFCN，下行 E‑UTRA 绝对频点号。

$N_{Offs-DL}$：offset used for calculating downlink EARFCN，计算下行偏移量的 E‑UTRA 绝对频点号。

$N_{Offs-UL}$：offset used for calculating uplink EARFCN，计算上行偏移量的 E‑UTRA 绝对频点号。

N_{UL}：uplink EARFCN，上行链路 E‑UTRA 绝对频点号。

表 3 - 7 E - UTRA 信道号

E - UTRA 工作频段	下行			上行		
	F_{DL_low}/MHz	$N_{Offs-DL}$	N_{DL} 范围	F_{UL_low}/MHz	$N_{Offs-UL}$	N_{UL} 范围
1	2110	0	0~599	1920	18000	18000~18599
2	1930	600	600~1199	1850	18600	18600~19199
3	1805	1200	1200~1949	1710	19200	19200~19949
4	2110	1950	1950~2399	1710	19950	19950~20399
5	869	2400	2400~2649	824	20400	20400~20649
6	875	2650	2650~2749	830	20650	20650~20749
7	2620	2750	2750~3449	2500	20750	20750~21449
8	925	3450	3450~3799	880	21450	21450~21799
9	1844.9	3800	3800~4149	1749.9	21800	21800~22149
10	2110	4150	4150~4749	1710	22150	22150~22749
11	1475.9	4750	4750~4949	1427.9	22750	22750~22949
12	729	5010	5010~5179	699	23010	23010~23179
13	746	5180	5180~5279	777	23180	23180~23279
14	758	5280	5280~5379	788	23280	23280~23379
...	...	...	...	...	...	...
17	734	5730	5730~5849	704	23730	23730~23849
...	...	...	...	...	...	...
33	1900	36000	36000~36199	1900	36000	36000~36199
34	2010	36200	36200~36349	2010	36200	36200~36349
35	1850	36350	36350~36949	1850	36350	36350~36949
36	1930	36950	36950~37549	1930	36950	36950~37549
37	1910	37550	37550~37749	1910	37550	37550~37749
38	2570	37750	37750~38249	2570	37750	37750~38249
39	1880	38250	38250~38649	1880	38250	38250~38649
40	2300	38650	38650~39649	2300	38650	38650~39649
...	...	...	...	...	...	...

3GPP 协议规定，下行频率计算公式为

$$F_{DL} = F_{DL\_low} + 0.1 \times (N_{DL} - N_{Offs-DL}) \tag{3-1}$$

其中，F_{DL} 为该载频下行频率，F_{DL_low} 为对应频段的最低下行频率，N_{DL} 为该载频下行频点号，$N_{Offs-DL}$ 对应频段的最低下行频点号。（由表 3-7 对应频段可查。）

上行频率计算公式为

$$F_{UL} = F_{UL\_low} + 0.1 \times (N_{UL} - N_{Offs-UL}) \tag{3-2}$$

其中，F_{UL} 为该载频上行频率，F_{UL_low} 为对应频段的最低上行频率，N_{UL} 为该载频上行频点号，$N_{\text{Offs-UL}}$ 为对应频段的最低上行频点号。（由表 3-7 对应频段可查。）

由式（3-1）可得下行频点计算公式：

$$N_{\text{DL}} = 10 \times (F_{\text{DL}} - F_{\text{DL\_low}}) + N_{\text{Offs\_-DL}} \tag{3-3}$$

由式（3-2）可得上行频点计算公式：

$$N_{\text{UL}} = 10 \times (F_{\text{UL}} - F_{\text{UL\_low}}) + N_{\text{Offs-UL}} \tag{3-4}$$

LTE 的频点和频段可以通过表 3-7 相互计算，下面给出几个例题。

【例题 3-1】 在某次路测中，测到了一个下行 EARFCN 为 100 的频点号，可以得到什么信息？

解　通过查表 3-7，发现 100 的频点号属于 N_{DL} 范围的 0～599 之间，$F_{\text{DL\_low}} = 2110$ MHz。

从表中可以看出该频点是 1 频段，属于 33 之前的频段，确定这是 FDD 的频段。根据式（3-1）有

$$F_{\text{DL}} = F_{\text{DL\_low}} + 0.1 \times (N_{\text{DL}} - N_{\text{Offs-DL}}) = 2110 + 0.1 \times (100 - 0) = 2120 \text{ MHz}$$

所以，从这个下行频点 100，我们可知它是 FDD 1 频段的频段号，查表 3-6 可知属于中国电信运营范围，通过计算可知其对应的下行频率为 2120 MHz。

【例题 3-2】 计算频点号 EARFCN 为 38000 的频段的上下行频率。

解　通过查表 3-7，确定 EARFCN=38000 对应的 N_{DL} 和 N_{UL} 的范围，属于 38 频段的频段号。表中 $F_{\text{DL\_low}} = 2570$ MHz，$N_{\text{Offs-DL}} = 37\ 750$，$F_{\text{UL\_low}} = 2570$ MHz，$N_{\text{Offs-UL}} = 37\ 750$。

根据式（3-1）有

$$\begin{aligned}
F_{\text{DL}} &= F_{\text{DL\_low}} + 0.1 \times (N_{\text{DL}} - N_{\text{Offs-DL}}) \\
&= 2570 + 0.1 \times (38000 - 37750) \\
&= 2595 \text{ MHz}
\end{aligned}$$

根据式（3-2）有

$$\begin{aligned}
F_{\text{UL}} &= F_{\text{UL\_low}} + 0.1 \times (N_{\text{UL}} - N_{\text{Offs-UL}}) \\
&= 2570 + 0.1 \times (38000 - 37750) \\
&= 2595 \text{ MHz}
\end{aligned}$$

因此，可知频点号 EARFCN 为 38000 的频段的下行频率为 2595 MHz，上行频率为 2595 MHz。

【例题 3-3】 计算 F 频段 1890MHz 的频点。

解　先通过查表 3-4，可知 1890 MHz 频率属于 39 频段。

再查表 3-7 的 39 频段，得到 $F_{\text{DL\_low}} = 1880$ MHz，$N_{\text{Offs-DL}} = 38250$，$F_{\text{UL\_low}} = 1880$ MHz，$N_{\text{Offs-UL}} = 38250$。

由式（3-3）可得下行频点为

$$N_{\text{DL}} = 10 \times (F_{\text{DL}} - F_{\text{DL\_low}}) + N_{\text{Offs-DL}} = 10 \times (1890 - 1880) + 38250 = 38350$$

由式（3-4）可得上行频点为

$$N_{\text{UL}} = 10 \times (F_{\text{UL}} - F_{\text{UL\_low}}) + N_{\text{Offs-UL}} = 10 \times (1890 - 1880) + 38250 = 38350$$

因此，F 频段 1890 MHz 的频点是 38350。

3.2　LTE 系统架构

3.2.1　SAE、E-UTRA、E-UTRAN、EPC 和 EPS 概念

2004 年 12 月，3GPP 的两个工作组着手开发 IP 数据业务的标准：RAN(Radio Access Network，无线接入网络)工作组进行 LTE 项目的相关工作，工作侧重于无线接入技术的研究；SA(Service/System Aspects，系统和业务方面)工作组进行 SAE(Systems Architecture Evolution，系统体系结构演进)项目的相关工作，工作侧重于网络架构的研究。2006 年中，这两个工作组完成了各自项目的初始研究，并正式开始相关技术规范的开发。RAN 工作组的 LTE 项目开发了一种新的(空中接口)无线接入技术 E-UTRA(Evolved UMTS Terrestrial Radio Access，演进的 UMTS)，作为 UMTS RAN 的一种演进。SA 工作组的 SAE 项目开发了一种新的全 IP 分组核心网络体系结构，称为 EPC(Evolved Packet Core，演进分组核心网)。该系统的特点是：只有分组域而无电路域、基于全 IP 结构、控制与承载分离且网络结构扁平化，其中主要包含 MME、S-GW、P-GW、PCRF 等网元。S-GW 和 P-GW 常常合设并被称为 SAE-GW。

E-UTRA 主要指空中接口部分，指用户设备(UE)与基站(eNode-B，简写为 eNB)之间的接入，而 E-UTRAN 是指整个网络，包括 eNB、UE 和 E-UTRA。

E-UTRAN 和 EPC 一起被正式称为 EPS(Evolved Packet System，演进分组系统)。

由于 LTE 名称使用起来比 E-UTRAN 更简单明了，也更加通俗易懂，更具备可宣传性，因此，LTE 成为了运营商对普通公众宣传 4G 网络的名称。简单来讲，SAE、E-UTRA、E-UTRAN、EPC 和 EPS 的关系如下：

$$LTE = E\text{-}UTRAN$$
$$E\text{-}UTRAN = UE + eNB$$
$$E\text{-}UTRA = E\text{-}UTRAN - Network$$
$$EPC = MME + S\text{-}GW + P\text{-}GW$$
$$EPS = E\text{-}UTRAN + EPC$$

3.2.2　LTE 系统总体架构

1. 总体架构

LTE 虽然是基于 UTRAN 的演进，但是 E-UTRAN 采用了与 2G、3G 系统都不同的空中接口技术——基于 OFDM(Orthogonal Frequency Division Multiplexing，正交频分复用)的空中接口技术。LTE 同时对 3G 的网络架构进行了优化，采用了扁平化的网络架构，即接入网 E-UTRAN 中不再包含 RNC，仅由 eNB 组成。扁平化网络架构降低了呼叫建立时延以及用户数据的传输时延，也降低了 OPEX(运营成本)与 CAPEX(资本性支出)。LTE 系统仅存在分组交换域。LTE 系统架构包括两部分：E-UTRAN 和 EPC，其具体功能划分见图 3-3。

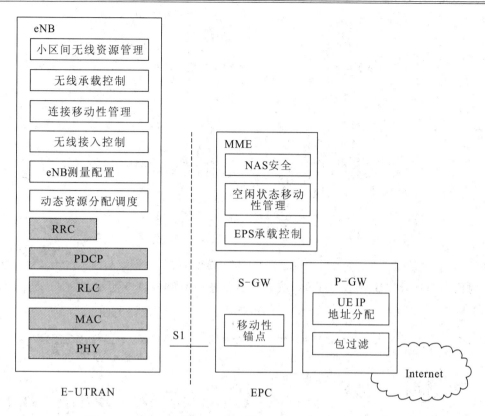

图 3-3　E-UTRAN 与 EPC 的功能划分

图 3-3 中 eNB、MME(Mobility Management Entity，移动管理实体)、S-GW (Serving Gate Way，服务网关)和 PDN 网关 P-GW(Packet Data Network Gate Way，分组数据网网关)为逻辑网元点。白色底框是各网元点的主要功能描述。阴影底框的 RRC/PDCP/RLC/MAC/PHY 是无线接入的协议。

E-UTRAN 由 eNB 组成。EPC 由 MME、S-GW 和 P-GW 组成。其中，S-GW 与 P-GW 可以分开部署，也可以在物理网元上合一部署，合一部署后称为 SAE GW。SAE GW 本质上就是一台路由器，进行路由选择与数据包转发。同时，MME 和 SAE GW 也可以被当成两个逻辑网元分开部署或者被合并为同一个物理网元部署，合一部署后称为接入网关(AGW)。终端 UE 向 MME 传递信令消息时需要先与 MME 建立信令连接，如果 UE 想向外部网络传输数据包，则需要先与 P-GW 建立 EPS 承载通道。

2. 接入网 E-UTRAN

E-UTRAN 架构如图 3-4 所示，E-UTRAN 由基站 eNB 组成。E-UTRAN 向 UE 提供 E-UTRA 用户面(PDCP/RLC/MAC/PHY)和控制面(RRC)协议。eNB 通过 X2 无线接口互相连接。eNB 通过 S1 无线接口连接到 EPC(演进分组核心网)，更具体地说，通过 S1-MME 接口连接到 MME，通过 S1-U 接口连接到服务网关 S-GW。S1 接口支持 MME/S-GW 和 eNB 之间的多对多关系。S1 接口的用户面 S1-U 终止在 S-GW 上，S1 接口的控制面 S1-C 终止在 MME 上。控制面和用户面的另一端终止在 eNB 上。

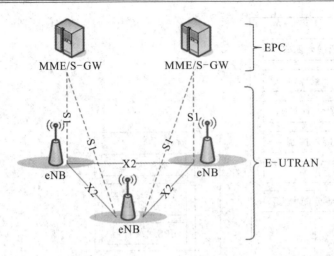

图 3-4　E-UTRAN 总体架构图

对比于 3G UMTS 系统，LTE 系统架构的演进变换如图 3-5 所示。

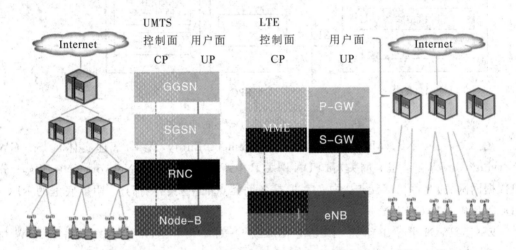

图 3-5　LTE/SAE 网络架构的演进

从图 3-5 可见，UMTS 到 LTE 的演进在两大方面体现：

（1）LTE 架构节点去掉了 RNC，实现了架构的扁平化，并将 RNC 的功能分离给了 MME 和 eNB。LTE 中的 S-GW、P-GW 分别承担着 UMTS 中的 SGSN、GGSN 的功能。

（2）LTE 的控制面和用户面协议较 UMTS 实现了一定的 CP 与 UP 的分离。在无线侧，用户面和控制面还在一个物理实体 eNB 上；而在核心网侧，用户面和控制面则完全实现了物理上的分离，分别安排在不同的物理实体上。

LTE 的 eNB 的功能主要是提供用户的服务和资源管理，除了提供和管理区域内用户的空中接口之外，还要提供小区间无线资源管理、无线承载控制、连接移动管理、无线接入控制、eNB 测量配置和动态资源分配/调度等，具体内容有：

• 无线资源管理功能：无线承载控制、无线接收控制、连接移动控制、上下行链路资源的动态分配和调度。

• IP 头压缩和用户数据流加密。

- 在 UE 无法根据 UE 提供的信息确定到 MME 的路由时选择 MME。
- 将用户面数据路由到服务网关。
- 调度和传输寻呼消息(由 MME 产生)。
- 广播消息的调度和传输(由 MME 或 O&M 产生)。
- 移动和调度的测量和测量报告配置。
- 公共预警系统(PWS)消息的调度和传输(由 MME 产生)。

此外,LTE 减少了 UE 的状态,在 eNB 中仅存在两种 RRC 状态:RRC_IDLE(空闲状态)、RRC_CONNECTED(连接状态)。LTE 删除了其他状态,简化了状态迁移管理的复杂度,降低了状态迁移所用的时间。

3. 核心网 EPC

LTE 的全 IP、低时延的 EPC 网络体系结构能大幅度减少建设成本,支持高实时和丰富的媒体业务,能带来更好的质量和更大的系统容量。EPC 不仅能支持 LTE 等新的无线接入网络,也能通过 SGSN 的连接与早期的 2G GERAN 和 3G UTRAN 进行交互。EPC 的功能包括接入控制、分组路由及传输、移动性管理、安全、无线资源管理和网络管理。

由图 3-3 可见,EPC 的三个主要网元及其对应功能如下:

1) 移动管理实体 MME

MME 功能与网关功能分离,实现了控制面/用户面分离的架构,有助于网络部署、单一技术的演进以及全面灵活的扩容。MME 主要提供 NAS 安全、空闲状态移动性管理和 EPS 承载控制功能,具体包括:

- NAS(非接入层)信令。
- NAS 信令安全性(信令的加密和完整性保护)。
- AS(接入层)安全控制(鉴权认证、信令完整性保护和数据加密)。
- 用于支持 3GPP 接入网之间移动性的核心图节点间信令。
- 空闲状态 UE 的可达(含寻呼重传消息的控制和执行)。
- 跟踪区(TA)列表管理(用于空闲和激活状态的 UE)。
- PDN GW(P-GW)和 S-GW 选择。
- 切换中 MME 发生变化时的 MME 选择。
- 切换到 3GPP 2G 或 3G 接入网时的 SGSN 选择。
- 漫游。
- 身份验证。
- 更多管理功能,包括专用承载的建立。
- 支持 PWS(公共预警系统),包括 ETWS(地震海啸预警系统)和 CMAS(商用手机预警系统)消息的发送。

2) 服务网关 S-GW

S-GW 是面向 3GPP 无线接入网络接口的终端,即本地基站切换时的锚点,主要提供移动性管理功能,具体包括:

- 用于 eNB 间切换的本地移动性锚点。
- 用于 3GPP 其他无线网络切换时的移动性锚点。
- E-UTRAN 空闲模式下行分组缓冲和网络触发业务初始化的请求程序。

- 合法拦截。
- 分组路由和转发。
- 上行链路和下行链路中的传输层包标记。
- 存储用于运营商间计费的用户信息和 QCI(QoS 等级标识)。
- UE、PDN 和 QCI 对每个 UE、PDN 和 QCI 的 UL 和 DL 收费。

3) PDN 网关 P-GW

P-GW 提供了 UE IP 分配和基于用户的包过滤功能,即实现控制 IP 数据业务、配置 IP 地址、强制执行策略,并为非 3GPP 接入网络提供接入,具体包括:

- 基于每个用户的包过滤(如深度包检测)。
- 合法拦截。
- UE IP 地址分配。
- 下行链路中的传输层包标记。
- UL 和 DL 服务计费、选通和速率执行。
- DL 基于 APN-AMBR(用来限制相同 APN 下所有非 GBR 承载的汇聚最大速率的 QoS 参数)的速率执行。

3.2.3　LTE 无线接口

无线接口(也称为空中接口)指的是基站和终端之间的无线传输规范,定义了每个无线信道的使用频率、带宽、接入方式和时机、编码方法以及切换等。LTE 采用了与 2G 和 3G 不一样的全新无线接口。E-UTRAN 的主要接口如表 3-8 所示。

表 3-8　E-UTRAN 的主要接口列表

接口		含　义	类型	功　能
Uu		E-UTRAN 与 UE 之间的逻辑接口	控制面/用户面	用来实现 E-UTRAN 与 UE 之间的移动性(数据和信令的传递),包括 RRC 信令消息、测量报告、广播消息、异常流程消息
X2		eNB 与 eNB 之间的逻辑接口	控制面/用户面	用来实现 eNB 间的移动性(数据 X2-U 和信令 X2-C 的传递),包括网络内 eNB 之间的切换和直接交换无线质量测量信息
S1		E-UTRAN 与 EPC 之间的逻辑接口		
	S1-MME	eNB 与 MME 之间的逻辑接口	控制面	用来实现 eNB 与 MME 之间的控制面信令的传递,包括上下文信息(IP 地址、UE 能力等)、用户身份信息(IMSI 或 TMSI、GUTI 等)、切换信息、位置信息(小区、TAC 等)、E-RAB 承载管理信息、NAS 信息(用户附着、鉴权、寻呼、TA 更新等)、S1 接口管理信息(MME 标识、负载均衡等)
	S1-U	eNB 与 S-GW 之间的逻辑接口	用户面	用来实现 eNB 与 S-GW 之间的用户面数据的传递,包括用户面数据的隧道传输

1. E‑UTRAN 接口协议

E‑UTRAN 接口如图 3‑6 所示，主要为 X2 和 S1 接口。其中 X2 为 eNB 之间的同级接口，S1 为 EPC 和 eNB 之间的上下级接口。

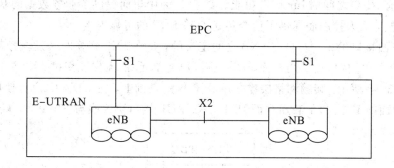

图 3‑6   E‑UTRAN 接口

E‑UTRAN 接口通用协议模型如图 3‑7 所示，适用于与 E‑UTRAN 相关的所有接口，即 X2 和 S1 接口。E‑UTRAN 接口的通用协议结构设计是基于层和面在逻辑上相互独立的原则进行独立演进的，其继承了 3G 的 UTRAN 接口定义，即控制面和用户面相分离、无线网络层与传输网络层相分离。在需要时，标准化机构可以很容易地修改协议栈及层平面，以适应未来的需求。

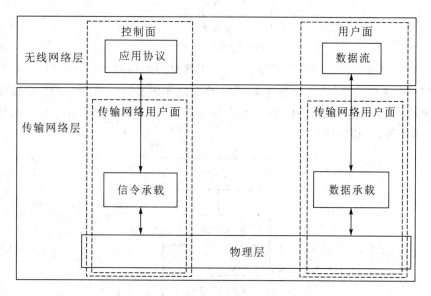

图 3‑7   E‑UTRAN 接口通用协议模型

E‑UTRAN 接口的通用协议模型由两个主要层组成：RNL(无线网络层)和 TNL(传输网络层)。E‑UTRAN 的功能在无线网络层实现，传输技术传输网络层使用。

E‑UTRAN 接口的通用协议模型由两个面组成：用户面(UP)和控制面(CP)。用户面负责业务数据的传送和处理，控制面负责协调和控制信令的传送和处理。用户面和控制面都是逻辑上的概念。控制面包括应用协议(AP)，如 S1‑AP 和 X2‑AP 以及用于传输应用协议消息的信令承载。应用协议主要用于在无线网络层中建立无线接入承载(即 E‑RAB)。

用户面包括数据流的数据承载。数据流以传输网络层中的隧道协议为准。

1）同级接口 X2

LTE 取消了 UMTS 的 RNC 网元，建立了基站 eNB 之间的 X2 接口，X2 功能上继承并加强了原有 RNC 之间的 Iur 接口功能。X2 接口为用户面提供了业务数据的基于 IP 传输的不可靠连接，而为控制面提供了信令传送的基于 IP 的可靠连接。

X2 用户面接口（X2-U）是在 eNB 之间定义的，是在 eNB 切换时转发业务数据的一个 IP 化接口。X2-U 接口提供用户面 PDU（协议数据单元）的无保证交付。X2 接口的用户面协议栈如图 3-8 所示。传输网络层建立在 IP 传输的基础上，在 UDP/IP 之上使用 GTP-U（GPRS 用户面隧道协议）承载用户面 PDU。X2-UP 接口协议栈与 S1-UP 协议栈相同。

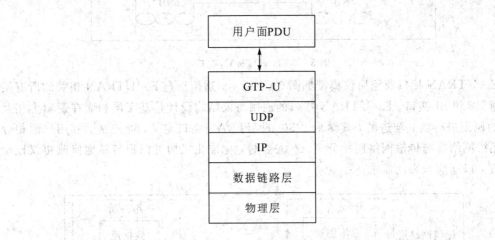

3-8　X2 接口用户面协议栈（eNB-eNB）

X2 控制面接口（X2-C）是在两个相邻的 eNB 之间定义的。X2 接口的控制面协议栈如图 3-9 所示。传输网络层建立在 IP 之上的 SCTP（流控制传输协议）上。应用层信令协议称为 X2-AP（X2 应用协议）。

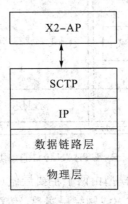

3-9　X2 接口控制面协议栈（eNB-eNB）

X2 接口的控制面也是基于 IP 传输的，但它利用 SCTP 为 IP 分组网提供可靠的信令传输。SCTP 的设计是为了解决 TCP/IP 网络在传输实时信令和数据时所面临的不可靠传输、时延等问题。每个 X2-C 接口实例应使用单个 SCTP 关联，并为 X2-C 通用过程使用一对流标识符。对于 X2-C 专用过程，应使用几对流标识符。源 eNB 通信上下文标识符由源 eNB 为 X2 - C 专用过程分配，目标 eNB 通信上下文标识符由目标 eNB 为 X2 - C 专用过程分配，用于区分 UE 特定的 X2 - C 信令传输承载。通信上下文标识符在各自的 X2 - AP 消息中传送。

X2 接口功能如下：

(1) ECM(EPS 连接管理)连接中 UE 的内部 LTE 接入系统的移动性管理。具体包括：从源 eNB 到目标 eNB 的上下文传输；源 eNB 和目标 eNB 之间的用户面隧道管理；切换取消。

(2) 负载管理，即对各 eNB 之间的资源状态、负载状态进行监测，用于 eNB 负载均衡、负荷控制或者准入控制的判断依据。

(3) 通用 X2 管理和错误处理功能。具体包括：错误指示；设置/重置 X2；更新 X2 配置数据。

2) 上下级接口 S1

S1 用户面接口位于 eNB 和 EPC 之间。在 eNB 和 S - GW 之间定义了 S1 用户面接口(S1 - U)，此接口和 X2 用户面接口协议栈一致。S1 - U 接口提供 eNB 与 S - GW 之间的用户面 PDU 的无保证交付。S1 接口的用户面协议栈如图 3 - 10 所示。传输网络层建立在 IP 传输的基础上，在 UDP/IP 之上使用 GTP - U，在 eNB 与 S - GW 之间传输用户面 PDU。

在 eNB 与 MME 之间定义了 S1 控制面接口(S1 - MME)。S1 接口的控制面协议栈如图 3 - 11 所示。传输网络层建立在 IP 传输上，类似于用户面，但是为了信令消息的可靠传输，在 IP 之上添加了 SCTP。应用层信令协议称为 S1 - AP(S1 应用协议)。

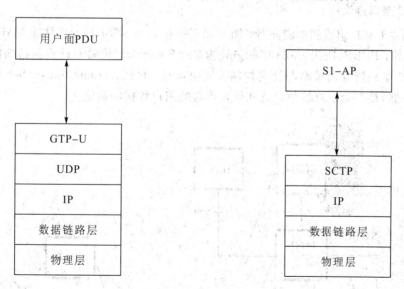

图 3 - 10　S1 接口用户面协议栈(eNB - S - GW)　　　图 3 - 11　S1 接口控制面协议栈(eNB - MME)

SCTP 层提供了应用层消息的可靠传递。在传输 IP 层中，点对点传输用于传送信令 PDU。每个 S1 - MME 接口实例应使用单个 SCTP 关联，并为 S1 - MME 通用过程使用一对流标识符。对于 S1 - MME 专用过程，应使用几对流标识符。由 MME 为 S1 - MME 专用过程分配的 MME 通信上下文标识符和 eNB 为 S1 - MME 专用过程分配的 eNB 通信上下文标识符用于区分 UE 特定的 S1 - MME 信令传输承载。通信上下文标识符在各自的

S1 - AP 消息中传送。

S1 接口功能有：

(1) E - RAB 服务管理功能：设置、修改、发布。

(2) UE 的移动功能连接：LTE 系统内切换；3GPP 系统间的 RAT 切换。

(3) S1 寻呼功能。

(4) NAS 信令传输功能。

(5) S1 接口管理功能：错误指示；复位。

(6) 网络共享功能。

(7) 漫游和区域限制支持功能。

(8) NAS 节点选择功能。

(9) 初始上下文建立功能。

(10) UE 上下文修改功能。

(11) MME 负载平衡功能。

(12) 位置报告功能。

(13) PWS(包括 ETWS 和 CMA)消息传输功能。

(14) 过载功能。

(15) RAN 信息管理功能。

(16) 配置传递函数。

(17) S1 CDMA2000 隧道功能。

2. EPC 接口协议

EPC 的主要接口组成和功能分别见图 3 - 12 和表 3 - 9。图中网元实体除 MME、S - GW 和 P - GW 外，PCRF(Policy and Charging Rules Function，策略与计费执行功能)是服务数据流和 IP 承载资源的策略与计费控制策略决策点，HSS (Home Subscriber Server，归属位置服务器)是存储用户签约信息和位置信息的用户数据库系统。

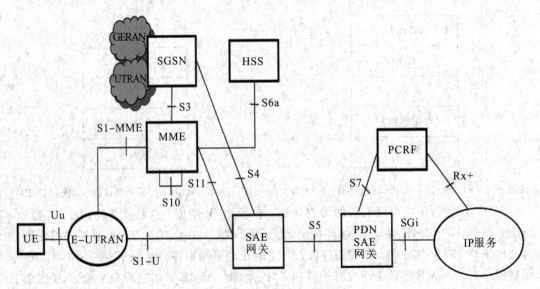

图 3 - 12　EPC 的接口组成

表 3 - 9　EPC 中的接口对应的协议与功能

接口名称	协议类型	功　　能
S1 - MME	S1 - AP 协议和 SCTP 协议	MME 与 eNB 之间的接口,作为控制面协议的参考点
S1 - U	GTP V1 - U 协议	S - GW 与 eNB 之间的接口,在核心网与无线侧之间建立用户面隧道
S3	GTP V2 - C 协议	MME 与 SGSN 之间的接口,传递用户信息和承载的上下文信息
S4	GTP V1 - U 和 GTP V2 - C 协议	S - GW 与 SGSN 之间的接口,在二者之间建立用户面隧道,转发用户面报文
S5/S8	GTP V1 - U 和 GTP V2 - C 协议	S - GW 与 P - GW 之间的接口,支持二者之间隧道的管理,进行用户面报文的隧道传递
S6a	SCTP/Diameter 协议	MME 与 HSS 之间的接口,传递用户的签约数据
S7	Diameter 协议	P - GW 与 PCRF 之间的接口,传递 QoS 和计费策略
S10	GTP V2 - C 协议	MME 与 MME 之间的接口,负责二者之间的信息传输
S11	GTP V2 - C 协议	MME 与 S - GW 之间的接口,支持 EPS 的承载管理
S12	GTP V1 - U 协议	UTRAN 与 S - GW 之间的接口,支持 3G 的直传隧道功能
SGi	RADIUS 协议、DHCP 协议、L2TP 协议、UDP/IP 协议	P - GW 与外部网络之间的接口,基于 TCP/UDP/IP 协议与外部网络进行交互
Rx	Diameter 协议	AF 和 PCRF 之间的接口

3.2.4　LTE 无线协议结构

1. 水平方向划分

LTE 无线协议栈结构与 UMTS 一样,从水平方向可分为

• 非接入层(NAS)控制协议。

• L3 层,即无线资源控制(RRC)层。

• L2 层,包括媒体接入控制(MAC)子层、无线链路控制(RLC)子层、分组数据汇聚协议(PDCP)子层。

• L1 层,包括物理层(PHY)、传输信道、传输信道与物理信道的映射。

2. 垂直方向划分

LTE 无线协议栈结构从垂直方向分为用户面和控制面。

• 用户面协议栈主要包括物理层、MAC 层、RLC 层、PDCP 层。用户面的主要功能是处理业务数据。在发送端,将承载高层业务应用的 IP 数据流,通过头压缩(PDCP)、加密(PDCP)、分段(RLC)、复用(MAC)、调度等过程变成物理层可处理的传输块;在接收

端，将物理层接收到的比特数据流按调度要求，解复用（MAC）、级联（RLC）、解密
（PDCP）、解压缩（PDCP），变为高层应用可识别的数据流。

- 控制面协议栈主要包括 PHY、MAC、RLC、PDCP、RRC、NAS 层。控制面负责协调和控制信令的传送和处理。

1. 用户面协议结构

用户面协议栈主要包括物理层（PHY）、媒体访问控制（MAC）层、无线链路控制（RLC）层以及分组数据汇聚（PDCP）层四个层次，如图 3 – 13 所示。

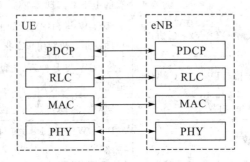

图 3 – 13　用户面协议栈

用户面 PDCP、RLC 和 MAC 在网络侧均终止于 eNB，主要实现用户面的头压缩、加密、调度、自动重传（ARQ）和混合自动重传（HARQ）等功能。

LTE 系统的数据处理过程被分解成不同的协议层。图 3 – 13 描述了 LTE 系统传输的总体协议架构，数据以 IP 包的形式进行传送。在空中接口传送之前，IP 包将通过多个协议层实体进行处理，具体描述如下：

（1）PHY 层（Physical Layer，物理层）。

负责处理编译码、调制解调、多天线映射及其他物理层功能。物理层以传输信道的方式为上层 MAC 层提供服务，主要功能有无线接入、功率控制、MIMO 等。物理层是协议中最复杂的一层，也是最考验产品的一层。在实际设计中，涉及诸多算法，也最能体现实际芯片的性能，物理层和硬件紧密相关，需要协同工作。

（2）MAC（Medium Access Control，媒体访问控制）层。

负责处理 HARQ 重传和上下行调度。MAC 层以逻辑信道的方式为上层 RLC 层提供服务，主要功能为调度、HARQ、逻辑信道优先级处理、PDU 组包和解复用。可以说 MAC 层的重传和调度体现着整个产品的速率快慢。

（3）RLC（Radio Link Control，无线链路控制）层。

负责分段与连接、重传处理以及对高层数据的顺序传送。与 UMTS 系统不同，LTE 系统的 RLC 协议位于 eNB，这是因为 LTE 系统对无线接入网的架构进行了扁平化，仅只有一层节点 eNB。RLC 层以无线承载的方式为上层 PDCP 层提供服务，其中，一个终端的每个无线承载配置一个 RLC 实体，负责提供 PDU 传输、ARQ、包的组合与拆分。

（4）PDCP（Packet Data Convergence Protocol，分组数据汇聚协议）层。

负责 IP 头的压缩和解压、数据与信令的加密以及信令的完整性保护。在接收端，PDCP 协议负责执行解密和解压缩功能。一个终端每个无线承载有一个 PDCP 实体，负责提供数据传输、加密和完整性保护。

2. 控制面协议结构

控制面协议结构如图 3 - 14 所示。控制面协议栈主要包括 PHY、MAC、RLC、PDCP、RRC、NAS。

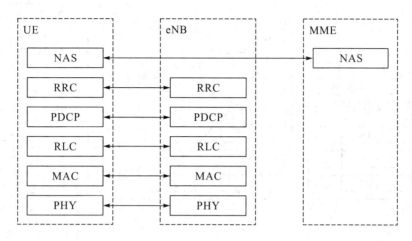

图 3 - 14　控制面协议栈

与用户面协议结构相比，控制面协议结构在 UE 侧和 eNB 侧多了 RRC 和 NAS，同时还有 MME 侧的 NAS。控制面协议具体功能为：

• PDCP 层在网络侧终止于 eNB，主要完成控制面功能，如加密和完整性保护等。RLC层和 MAC 层在网络侧终止于 eNB，执行与用户面相同的功能。

• RRC(Radio Resource Control，无线资源控制)层在网络侧终止于 eNB，负责 UE 和eNB 之间的控制面信令协议，主要实现广播、寻呼、RRC 连接管理、无线承载控制、移动性功能、UE 测量上报和控制等功能。

UE 和 eNB 在承载业务前，先要建立 RRC 连接。LTE 的 RRC 状态管理比较简单，只有两种状态：空闲状态(RRC_IDLE)和连接状态(RRC_CONNECTED)。UE 处于空闲状态时，接收到的系统信息有小区选择或重选的配置参数、邻小区信息；UE 处于连接状态时，接收到的是公共信道配置信息。

寻呼消息是 E - UTRAN 用来寻找或通知一个或多个 UE 的消息，主要携带的内容包括拟寻呼 UE 的标识、发起寻呼的核心网标识、系统消息是否有改变的指示。UE 划分成多个寻呼组，在空闲状态时并不是始终检测是否有呼叫进入，而是采用 DRX(不连续接收)方式，只在特定时刻接收寻呼信息。可避免寻呼消息过多，减少 UE 功耗。

NAS(Non Access Stratum，非接入层)：在网络侧终止于 MME，是处理 UE 和 MME 之间信息传输的功能层，传输的内容可以是用户信息或控制信息，包括会话管理、用户管理和安全管理等。该层与接入技术无关，独立于无线接入技术的相关功能和流程，主要实现 EPS 承载管理、身份鉴权、ECM(EPS 连接性管理)空闲状态下的移动性处理、空闲状态下发起寻呼、安全控制等功能。

NAS 层以下，称为 AS(Access Stratum，接入层)，而 NAS 对于 eNB 是透明的，从图 3 - 15可见，eNB 中没有 NAS，即对所有 NAS 消息来说，只是路过 eNB。也就是说，eNB 只是负责 NAS 信令透明传输，不做解释和分析。NAS 信令相当于领导(MME)和下属(UE)直接沟通的信息，但是经过邮递员（eNB）把这个信息传输过去而已。从协议栈来看，信令流与数据流的走向如图 3-15 所示。

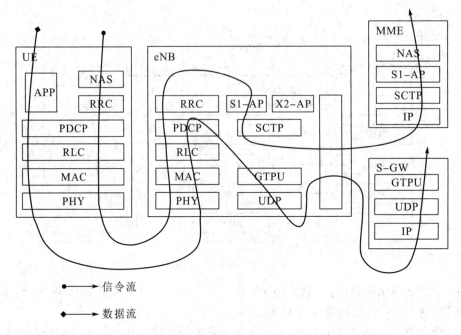

图 3-15　信令流与数据流的走向

3.3　LTE 帧结构

LTE 因为支持 FDD 和 TDD 两种双工技术，因此在空中无线接口上支持两种类型的帧结构，即：类型 1，FDD 模式；类型 2，TDD 模式。两种无线帧长度均为 10 ms。

3.3.1　FDD 帧结构

类型 1，FDD 帧结构如图 3-16 所示。每一个无线帧长度为 $T_f = 307200 T_s = 10$ ms，无线帧又分为 10 个长度为 $30720 T_s = 1$ ms 的子帧，每个子帧由 2 个 $T_{slot} = 15360 T_s = 0.5$ ms 的时隙构成。所以整个帧也可理解为分成了 10 个长度为 1ms 的子帧作为数据调度和传输的单位（即 TTI）。其中单位时间 $T_s = 1/(15000 \times 2048)$ s，也是 LTE 系统考虑子载波间隔和进行 FFT 运算时所使用的周期，也可以理解为 LTE 系统 OFDM 符号的采样周期。

LTE 中子载波间隔有两种，分别为 15 kHz 和 7.5 kHz，一般采用 15 kHz。FFT 的点数随着带宽的不同有所不同，在 20 MHz 带宽配置的情况下，FFT 运算的点数为 2048。在 15 kHz 子载波间隔（OFDM 符号长度是 1/15000 s）、FFT 采用 2048 点运算的情况下，采样间隔 $T_s =$ 时间/点数 $= 1/(15000 \times 2048) = 1/30720000 = 1/30.72$ MHz $= 32.55$ ns。

3GPP 定义 T_s 的大小也是便于 LTE 系统可与 UMTS 或者 CDMA 的码片周期匹配。如 UMTS 系统的码片周期为 $1/(3.84$ MHz$)$，CDMA 系统的码片周期为 $1/(1.2288$ MHz$)$，正好等于 $8 \times T_s$ 和 $25 \times T_s$，这样有利于减少多模芯片（同时支持 LTE 和 UMTS 或 CDMA）实现的复杂度。

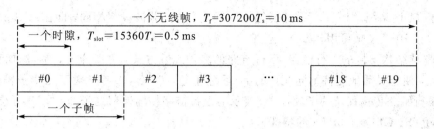

图 3-16　FDD 帧结构

　　LTE 的每个时隙由包括循环前缀(CP，Cyclic Prefix)在内的一定数量的 OFDM 符号组成。除了 CP 之外的 OFDM 符号时间称为有用的 OFDM 符号时间，时长为 $T_u = 2048 \times T_s = 66.7\ \mu s$。若系统是 Normal CP(常规 CP)类型，则每个时隙包括 7 个 OFDM 符号；若是 Extended CP(扩展 CP)类型，则每个时隙包括 6 个 OFDM 符号。对于常规 CP 类型，每个时隙第一个 OFDM 符号前部的 CP 时长是 $160 \times T_s = 5.1\ \mu s$，其他的 CP 时长是 $144 \times T_s = 4.7\ \mu s$，第一个符号时长不同的原因是为了填满 0.5 ms 的时隙。对于扩展 CP 类型，每个 CP 的长度是 $512 \times T_s = 16.7\ \mu s$。

　　对于 FDD，10 个子帧可用于下行链路传输，10 个子帧可用于每 10 ms 间隔内的上行链路传输。上行链路传输和下行链路传输在频域中分开。在半双工 FDD 业务中，UE 不能同时发送和接收，而在全双工 FDD 中没有这样的限制。

3.3.2　TDD 帧结构

　　类型 2，TDD 帧结构(适用于 5ms 上下行转换周期)如图 3-17 所示。每一个无线帧长度 $T_f = 307200 T_s = 10$ ms，分为 2 个长度为 $153600 T_s = 5$ ms 的半帧，每个半帧由五个长度为 $30720 T_s = 1$ ms 的子帧组成。子帧分为常规子帧和特殊子帧：常规子帧由两个长度为 $T_{slot} = 15360 T_s = 0.5$ ms 的常规时隙组成，每个时隙含有 7 个 OFDM 符号；特殊子帧由总长为 $30720 T_s = 1$ ms 的三个特殊时隙(下行导频时隙 DwPTS、保护时隙 GP 和上行导频时隙 UpPTS)组成，其含义和功能与 TD-SCDMA 系统中的相似。对于 TDD，GP 是为下行链路到上行链路过渡预留的时隙，主要作用是避免基站间干扰、与其他 TDD 系统兼容。其他子帧被分配用于下行链路或上行链路传输。其中单位时间 $T_s = 1/(15000 \times 2048)$ s。

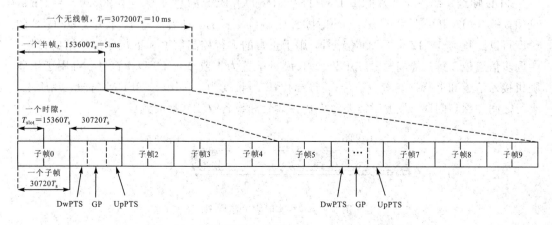

图 3-17　TDD 帧结构(适用于 5ms 上下行转换周期)

　　对于 TDD 系统，上/下行链路传输在时间上分开，载波频率相同，即在每 10 ms 内上/下行总共有 10 个子帧可用，每个子帧或者上行或者下行。

　　TDD 帧结构支持的上行链路/下行链路的多种配置方式，可以分为 5 ms 周期和 10 ms 周期两类，便于灵活地支持不同配比的上/下行业务。表 3 - 10 中，对于无线子帧号，"D"表示为下行链路传输保留的子帧，"U"表示为上行链路传输保留的子帧，"S"表示具有三个字段 DwPTS、GP 和 UpPTS 的特殊子帧。

表 3 - 10　TDD 上行链路/下行链路分配

上/下行配置	上/下行转换周期	子帧号									
		0	1	2	3	4	5	6	7	8	9
0	5 ms	D	S	U	U	U	D	S	U	U	U
1	5 ms	D	S	U	U	D	D	S	U	U	D
2	5 ms	D	S	U	D	D	D	S	U	D	D
3	10 ms	D	S	U	U	U	D	D	D	D	D
4	10 ms	D	S	U	U	D	D	D	D	D	D
5	10 ms	D	S	U	D	D	D	D	D	D	D
6	5 ms	D	S	U	U	U	D	S	U	U	D

　　由表 3 - 10 可见，具体的 TDD 帧结构的特点为：

- 支持 5 ms 和 10 ms 下行链路切换点周期的上行/下行链路配置。

- 在下行链路到上行链路切换点周期为 5ms 的情况下，两个半帧都存在特殊子帧（由 DwPTS、GP 和 UpPTS 组成），即子帧 1 和子帧 6。

- 在下行链路到上行链路切换点周期为 10 ms 的情况下，仅在前半帧中存在特殊子帧（由 DwPTS、GP 和 UpPTS 组成），即子帧 1。

- 子帧 0 和子帧 5 以及 DwPTS 始终保留用于下行链路传输。

- UpPTS 和紧接的子帧始终保留用于上行链路传输。

　　TDD 帧结构的三个特殊时隙 DwPTS、GP 和 UpPTS 的总长度等于 $30720T_s = 1$ ms，见图 3 - 18。DwPTS/GP/UpPTS 的时隙长度是可配置的，见表 3 - 11。其中，DwPTS 的长度可以配置为 3～12 个 OFDM 符号，用于正常的下行控制信道和下行共享信道的传输，主同步信道位于第三个符号；UpPTS 的长度可配置为 1 或 2 个 OFDM 符号，可用于承载随机接入信道和上行探测参考信号；剩余的 GP 的长度为 1～10 个 OFDM 符号，用于上、下行之间的保护间隔，设置时需要考虑传输时延和设备收发转换时延。

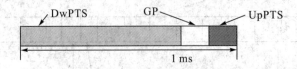

图 3 - 18　特殊时隙的结构图

表 3 - 11　特殊子帧的配置(DwPTS/GP/UpPTS 的长度 OFDM 符号)

特殊子帧配置	常规 CP			扩展 CP		
	DwPTS	GP	UpPTS	DwPTS	GP	UpPTS
0	3	10	1	3	8	1
1	9	4	1	8	3	1
2	10	3	1	9	2	1
3	11	2	1	10	1	1
4	12	1	1	3	7	2
5	3	9	2	8	2	2
6	9	3	2	9	1	2
7	10	2	2	—	—	—
8	11	1	2	—	—	—

　　GP 的大小决定了 TDD 系统支持的最大的小区半径。TDD 小区真实的小区半径(除去可使用功控进行调整的因素外)由三个参数共同决定,三者取最小值,这三个参数分别为:

- 特殊时隙中上/下行转换的 GP。
- 物理随机接入信道的前导码的接入格式的 GT。
- OFDM 中的循环 CP。

思 考 与 习 题

1. LTE 系统的性能需求目标有哪些?
2. LTE 系统可支持的带宽有哪些?
3. 什么是频段?什么是频点?
4. 在某次路测中,测到了一个下行 EARFCN 为 4000 的频点号,可以得到什么信息?
5. 计算频点号 EARFCN 为 37000 的频段的上、下行频率。
6. 计算 E 频段 2340 MHz 的频点。
7. 画出 E‐UTRAN 架构图,简述各接口以及各网元主要功能。
8. 分别画出 LTE 系统的 FDD 和 TDD 的帧结构。
9. TDD 小区真实的小区半径由什么因素决定?

第 4 章　LTE 物理层

4.1　LTE 物理资源和信道

4.1.1　LTE 物理资源

1. 资源单元（Resource Element，RE）

RE 是上下行传输的最小资源单位，时域上为 1 个符号，频域上为 1 个子载波。即对于每 1 个天线端口，1 个 OFDM 或者 SC-FDMA 符号上的 1 个子载波对应的 1 个单元称为资源单元。

2. 资源单元组（Resource Element Group，REG）

REG 为控制信道资源分配的资源单位，由 4 个 RE 组成。一个 REG 包括 4 个连续未被占用的数据 RE（去掉参考信号 RS），见图 4-1。REG 主要针对 PCFICH 和 PHICH 速率很小的控制信道资源分配，提高资源的利用率和分配灵活性。

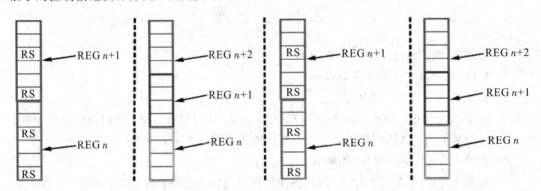

图 4-1　资源单元组 REG 示例

3. 控制信道单元（Control Channel Element，CCE）

CCE 为 PDCCH 资源分配的资源单位，由 9 个 REG（共 36RE）组成。之所以定义相对于 REG 较大的 CCE，是为了用于数据量相对较大的 PDCCH 的资源分配。每个用户的 PDCCH 只能占用 1/2/4/8 个 CCE，称为聚合级别。

4. 资源块（Resource Block，RB）

RB 是为业务信道资源分配的资源单位，时域上为 1 个时隙，频域上为 12 个子载波。LTE 在进行数据传输时，将上下行时频域物理资源组成资源块，作为物理资源单位进行调度与分配。一个 RB 由若干个 RE 组成。

一个 RB 定义为：在频域上包含 12 个连续的子载波、在时域上一个长度为 0.5 ms 的时隙中，包含 7 个连续的 OFDM 符号(在扩展 CP 情况下为 6 个，见表 4-1)，即一个 RB 频域宽度为 180 kHz(12 个子载波×15 kHz)、时间长度为 0.5 ms 的物理资源。

表 4-1　物理资源块参数

配　置		子载波数 N_{SC}^{RB}	下行符号数 N_{symb}^{DL}
常规 CP	$\Delta f = 15$ kHz	12	7
扩展 CP	$\Delta f = 15$ kHz	12	6
	$\Delta f = 7.5$ kHz	24	3

LTE 中调度的基本时间单位是 1 个子帧(1 ms，对应于 2 个时隙)，称为一个 TTI。一个 TTI 内的调度(调度 PDSCH 和 PUSCH 资源)的最小单位实际上由同一子帧上时间上相连的 2 个 RB(每个时隙对应一个 RB)组成，并被称为 RB 对。

LTE 信道带宽与 RB 的对应关系见表 4-2。LTE 中上行和下行的子载波间距均为 15 kHz，每个 RB 包含 12 个子载波。

表 4-2　LTE 信道带宽与 RB 的对应关系

信道带宽/MHz	1.4	3	5	10	15	20
传输带宽(N_{RB})/RB	6	15	25	50	75	100
子载波数目	72	180	300	600	900	1200

上行和下行时隙的物理资源结构如图 4-2 所示。

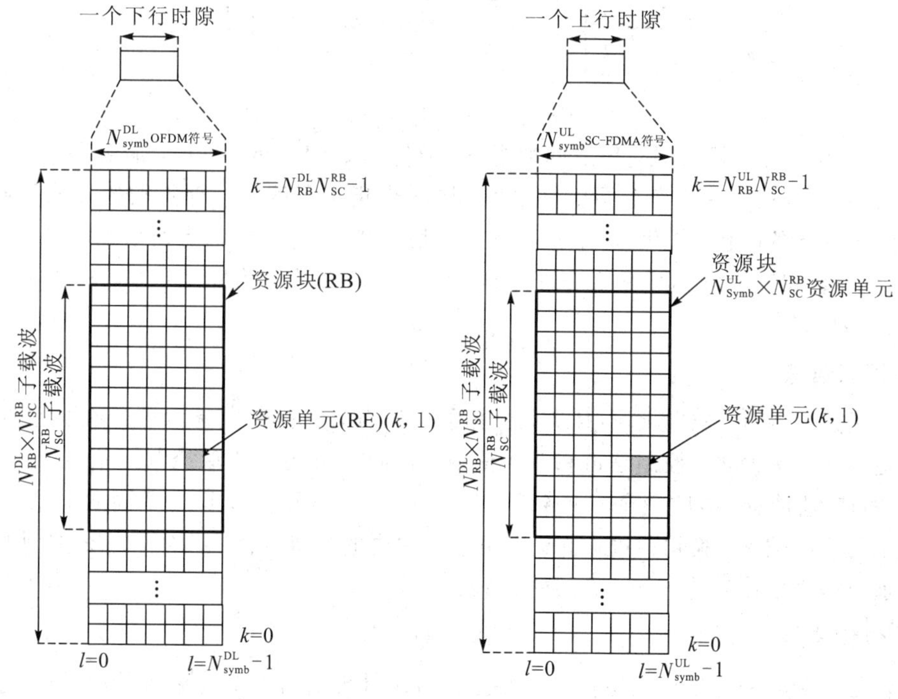

图 4-2　上行下行时隙的物理资源结构图

4.1.2　LTE 信道

LTE 采用了与 UMTS 相同的三种信道：逻辑信道、传输信道和物理信道，见图 4-3。

但 LTE 的信道结构和 UMTS 相比做了较大简化，传输信道从 UMTS 的 9 个简化为 LTE 的 5 个，物理信道从 UMTS 的 20 个简化为 LTE 的上行 3 个、下行 6 个，再加上 2 个参考信号。从协议栈角度来看，各类信道的作用就是在不同协议层之间传输数据。逻辑信道传送 RLC 层和 MAC 层之间的数据；传输信道传送 MAC 层和物理层之间的数据；物理信道通过空口映射的方式传送物理层和网络层之间的数据。

- 逻辑信道传输 RLC 层和 MAC 层之间的数据。
- 传输信道传输 MAC 层和 PHY 层之间的数据。
- 物理信道用于将 PHY 层数据在空口传送。

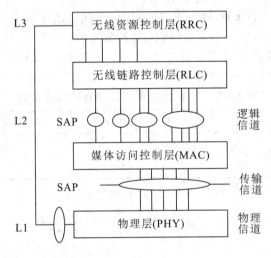

图 4 - 3　无线信道结构

图 4 - 3 中，协议栈的层与层之间通过 SAP(Service Access Point，服务/业务接入点)进行通信，下层通过 SAP 为上层提供服务，同时也指示了该层处理数据的方式。从 PHY 层开始，每一层都向上层提供服务访问点(应用层除外)，每一层都有对应的 SAP，但不同层的 SAP 内容和表示形式不一样。LTE 的无线接口协议栈分为物理层(L1)、数据链路层(L2)和网络层(L3)。

1. 逻辑信道

逻辑信道是 MAC 层向上层(RLC 层)提供的服务，它描述的是承载什么类型的信息。逻辑信道可以分为两类：控制信道和业务信道。控制信道用于传输控制面信息，即控制面的信令，如广播消息、寻呼消息；业务信道用于传输用户面信息，即业务面的消息，承载着高层传来的实际数据。换句话说，就是逻辑信道关注的是传输什么内容、什么类型的信息。逻辑信道也是高层信息传到 MAC 层的 SAP。

2. 传输信道

传输信道传输的是在对逻辑信道信息进行特定处理后再加上传输格式等指示信息后的数据流，这些数据流仍然包括所有用户的数据。传输信道负责的主要工作是承载的内容怎么传，以什么格式传。传输信道根据对资源占有的程度不同分为两类：专用传输信道和公用传输信道。不同类型的传输信道对应的是空中接口上不同信号的基带处理方式，如调制编码方式、交织方式、冗余校验方式、空间复用方式等。

3. 物理信道

物理信道负责的主要工作是将属于不同用户、不同功用的传输信道数据流分别按照相应的规则确定其载频、扰码、扩频码、开始/结束时间等，并最终调制后发射出去。不同物理信道上的数据流分别属于不同的用户或有不同的功用。依据所承载的上层信息的不同，进一步定义了不同类型的物理信道，如物理广播信道、物理上/下行共享信道等。

4.2　LTE 下行链路

4.2.1　下行物理信道及其处理流程

1. 下行物理信道

下行物理信道对应于携带来自更高层的信息的一组资源单元。LTE 下行方向有六个物理信道，具体见表 4-3。

表 4-3　LTE 下行物理信道

物理信道	LTE 物理信道	功　能	编码类型	编码速率	调制方式
下行物理信道	物理广播信道（Physical Broadcast Channel，PBCH）	承载广播信息，固定占用载波信道中间 6 个 RB(1.08 MHz)	咬尾卷积编码（Tail Biting Convolutional Coding）	1/3	QPSK
	物理下行控制信道（Physical Downlink Control Channel，PDCCH）	用于调度分配和其他控制信息，承载下行控制信息 DCI	咬尾卷积编码（Tail Biting Convolutional Coding）	1/3	QPSK
	物理控制格式指示信道（Physical Control Format Indicator Channel，PCFICH）	指示在 1 子帧中，用于 PDCCH 传输的 OFDM 符号数目	块编码（Block Coding）	1/16	QPSK
	物理 HARQ 指示信道（Physical Hybrid ARQ Indicator Channel，PHICH）	承载 HARQ 的信息，如 ACK/NACK，以响应上行链路传输	重复编码（Repetition Coding）	1/3	BPSK
	物理下行共享信道（Physical Downlink Shared Channel，PDSCH）	承载下行业务数据、寻呼消息	Turbo 编码（Turbo Coding）	1/3	QPSK、16QAM、64QAM
	物理多播信道（Physical Multicast Channel，PMCH）	下行多播信道，用于在单频网络中支持 MBMS 业务，承载多小区的广播信息。网络中的多个小区在相同的时间及频带上发送相同的信息，多个小区发来的信号可以作为多径信号进行分集接收	Turbo 编码（Turbo Coding）	1/3	QPSK、16QAM、64QAM

PDSCH 和 PMCH 可根据无线环境好坏，选择合适的调制方式。当信道质量好时，选择高阶调制方式，如 64QAM；当信道质量差时，选择低阶调制方式，如 QPSK。其他信道不可变更调制方式。

1）物理广播信道（Physical Broadcast Channel，PBCH）

PBCH 承载重要的系统信息，如承载小区 ID 等系统信息，包括系统下行带宽、系统帧号、PHICH 的配置信息等，用于小区搜索过程。PBCH 采用 QPSK 调制。

系统信息分为两类：主信息块（Master Information Block，MIB）和多个系统信息块（System Information Block，SIB），见表 4 - 4。

表 4 - 4　系统信息分类表

系统信息			调度方式	调度周期	功　能
MIB			固定调度	40 ms	定义系统带宽、PHICH 配置信息、系统帧号
SIB	SIB1		固定调度	80 ms	小区接入相关信息及其他与系统信息调度相关的信息
	SI	SIB2	动态调度	无	包含公共的共享信道的信息
		SIB3			包含小区重选信息，主要是与服务小区相关的信息
		SIB4			包含小区重选时服务频率和同频相邻小区相关的信息，包括一个频率上公共的重选参数和小区特定的重选参数（同频）
		SIB5			包含小区重选时其他 E - UTRA 频率和频间相邻小区的信息，包括一个频率上公共的重选参数和小区特定的重选参数（异频）
		SIB6			包含小区重选时 UTRA 频率和 UTRA 相邻小区相关的信息，包括一个频率上公共的重选参数和小区特定的重选参数（UMTS）
		SIB7			包含小区重选时 GERAN 频率相关的信息，包括一个频率上公共的重选参数和小区特定的重选参数（GSM）
		SIB8			包含小区重选时 CDMA 2000 频率和 CDMA 2000 相邻小区相关的信息，包括一个频率上公共的重选参数和小区特定的重选参数

PBCH 承载的是 MIB，PDSCH 承载的是 SIB。通过 MIB，终端可获知以下信息：

• 下行系统带宽，即可知道 eNB 是工作在多少带宽（LTE 的带宽有 1.4 MHz、3 MHz、5 MHz、10 MHz、15 MHz、20 MHz）。

• PHICH 配置。

• 系统帧号，其实是系统帧号的前 8 位，最后 2 位是在 PBCH 盲检时得到的，系统帧号为 10 位。

PBCH 承载 MIB，在频域上占用中间的 1.08 MHz（72 个子载波），在时域上映射在每 10 ms 无线帧的子帧 0 的第二个时隙的前 4 个 OFDM 符号上，见图 4 - 4 和图 4 - 5。PBCH 每 40 ms 传送不同的值，且每 40 ms 里每 10 ms 传的内容是一样的。也就意味着，在 40 ms

内，终端只需正确接收到其中一个 10 ms 的内容即可。

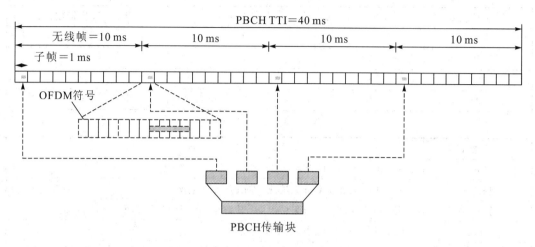

图 4-4　PBCH 物理信道帧时隙的分布

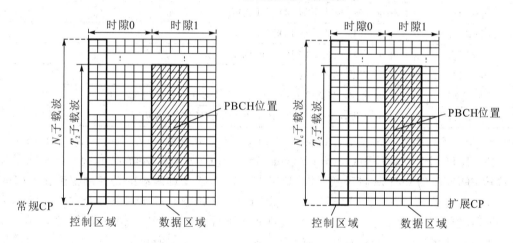

图 4-5　PBCH 物理信道时频映射

2) 物理下行控制信道(Physical Downlink Control Channel，PDCCH)

PDCCH 用于承载下行控制信息(Downlink Control Information，DCI)，包括调度分配和其他控制信息，如上下行调度信令、下行数据传输指示、公共控制信息、DL-SCH 的资源分配以及与 DL-SCH 相关的混合 ARQ 信息等。PDCCH 采用 QPSK 调制。

PDCCH 资源映射的基本单位是控制信道单元(CCE)。PDCCH 所占用的 CCE 数目取决于 UE 所处的下行信道质量。对于下行信道质量好的 UE，eNB 可能只需分配 1 个 CCE；对于下行信道质量较差的 UE，eNB 可能需要分配 8 个 CCE。

PDCCH 格式是指 PDCCH 在物理资源上的映射方式，与 PDCCH 的内容无关。PDCCH 在频域上占用所有的子载波；在时域上占用每个子帧的前 n 个 OFDM 符号，$n \leqslant 3$(系统带宽为 1.4 MHz 时，可能占用 4 个 OFDM 符号)，具体符号个数由 PCFICH 中定义的控制格式指示(CFI)确定。根据 PDCCH 传输所需要的 CCE 个数，3GPP TS36.211 定义了四种 PDCCH 格式，如表 4-5 所示。PDCCH 承载的不同 DCI 信息由多种格式类型指示，包括 DCI 格式 0、1、1A、1B、1C、1D、2、2A、2B、3、3A，具体见表 4-6。

表 4-5　PDCCH 格式

PDCCH 格式	CCE 数目	REG 数目	PDCCH 比特数目
0	1	9	72
1	2	18	144
2	4	36	288
3	8	72	576

表 4-6　DCI 格式

DCI 格式	使 用 场 景
格式 0	用于上行 PUSCH 调度
格式 1	用于单天线和发射分集情况下的 PDSCH 调度
格式 1A	用于单天线和发射分集情况下，压缩格式的 PDSCH 调度
格式 1B	用于 TM6 模式下的 PDSCH 调度
格式 1C	用于下行寻呼信息、随机接入响应和小型 BCCH 的发送以及 MCCH 更改通知
格式 1D	用于 TM5 模式下的 PDSCH 调度
格式 2	用于 TM4 模式下的 PDSCH 调度
格式 2A	用于 TM3 模式下的 PDSCH 调度
格式 2B	用于 TM8 模式下的 PDSCH 调度
格式 3	2 bit 功控，调整 PUCCH 和 PUSCH 多用户发射功率
格式 3A	1 bit 功控，调整 PUCCH 和 PUSCH 多用户发射功率

3）物理控制格式指示信道（Physical Control Format Indicator Channel，PCFICH）

PCFICH 用于传输 CFI（Control Format Indicator，控制格式指示）信息，指示在子帧中传输 PDCCH 的 OFDM 符号数目（1、2、3 或 4）的信息，即承载的是控制信道在 OFDM 符号中的位置信息。eNB 以 CFI 通知 UE 用于 PDCCH 传输的 OFDM 符号个数，当 PDCCH 的 OFDM 符号个数大于零时，PCFICH 将在每个下行链路或特殊子帧中发送。在子帧中可用于 PDCCH 传输的 OFDM 符号个数见表 4-7。PCFICH 信源包括 2 bit 信息，通过映射指示 PDCCH 在下行子帧中的前 1、2、3 或 4 个 OFDM 符号。由于 PCFICH 的重要性及特点，PCFICH 的 2 bit 信息编码为 32 bit，采用 QPSK 调制，映射到 16 个 RE 上。

表 4-7　用于 PDCCH 传输的 OFDM 符号个数

子　帧	用于 PDCCH 传输的 OFDM 符号个数	
	$N_{RB}^{DL} > 10$	$N_{RB}^{DL} \leqslant 10$
子帧 1 和子帧 6（帧结构 2）	1、2	2
支持 PDSCH 的载波上的 MBSFN 子帧，配置有 1 或 2 个小区专用天线端口	1、2	2
支持 PDSCH 的载波上的 MBSFN 子帧，配置有 4 个小区专用天线端口	2	2
不支持 PDSCH 的载波上的子帧	0	0
配置了定位参考信号的非 MBSFN 子帧（帧结构 2 的子帧 6 除外）	1、2、3	2、3
所有其他情况	1、2、3	2、3、4

在物理资源映射时，PCFICH 占用控制区域的第一个 OFDM 符号上的 4 个 REG，其资源大小是固定的，如图 4-6 所示。这 4 个 REG 等间距分布在整个系统带宽上，以获得频率分集增益；PCFICH 的映射是小区专属的，不同小区具有不同的偏移量，以降低小区间 PCFICH 的干扰；第一个 REG 的位置取决于小区物理 ID，4 个 REG 之间相差 1/4 带宽。

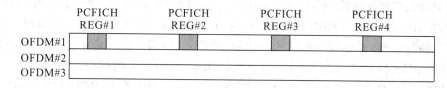

图 4-6　PCFICH 物理信道帧时隙分布

PCFICH 信道的处理过程如图 4-7 所示。

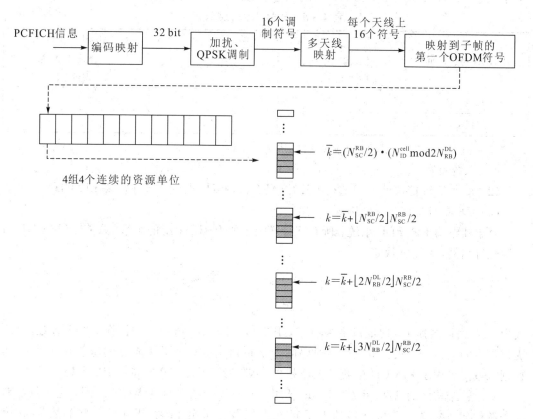

图 4-7　PCFICH 信道处理过程

4）物理 HARQ 指示信道(Physical Hybrid ARQ Indicator Channel，PHICH)

PHICH 携带混合自动重传(HARQ)的确认/非确认(ACK/NACK)信息，用于标识 eNB 是否已经在 PUSCH 上正确接收了一个传输。如果正确接收，则 HI(HARQ 标识)指示设置为 0 标识(ACK)，否则设置为 1 标识(NACK)。PHICH 使用 BPSK 调制，为每个 ACK 或 NACK 生成 3 个复值调制符号。多个 PHICH 可以映射到相同的 RE 集合中发送，这些 PHICH 组成了一个 PHICH 组，即多个 PHICH 可以复用到同一个 PHICH 组中，同一组内不同的 PHICH 通过不同的正交 Walsh 序列来区分。常规 CP 下，该序列的长度为

4，支持 8 组复数扩频码，可用来表示 8 个不同的用户；扩展 CP 下，该序列长度为 2，支持 4 组复数扩频码，可用来表示 4 个不同的用户。

在频域上，每个 PHICH 组会映射到 3 个 REG 中，这 3 个 REG 是分开的，彼此间隔 1/3 的下行系统带宽。在控制区域的第 1 个 OFDM 符号，资源首先会分配给 PCFICH，PHICH 只能映射到没有被 PCFICH 使用的 RE 上。同一个 PHICH 组中的所有 PHICH 映射到相同的 RE 集合上；不同的 PHICH 组使用的 RE 集合是不同的。为了抑制不同小区 PHICH 之间的干扰，采用循环位移的方法使相邻小区在错开的频域资源上发送 PHICH。某个小区的 PHICH 位移可以和小区 ID 对应，因此不需要额外的信令传输。

在时域上，PHICH 持续时间可由较高层进行配置，即每个 PHICH 组所占的 OFDM 符号个数与 PHICH 持续时间参数（MIB 中携带）相关，如表 4-8 所示，PHICH 配置的持续时间对 PCFICH 所指示的控制区域的大小设置了一个最低的限制。

表 4-8　PHICH 时域长度

PHICH 持续时间	非 MBSFN 子帧		MBSFN 子帧
	帧结构 2 中的子帧 1 和子帧 6	所有其他情况	混合载波承载 MBSFN
常规 CP	1	1	1
扩展 CP	2	3	2

一个小区所需的 PHICH 资源总数取决于：

（1）系统带宽。

（2）每个 TTI 能够调度的上行 UE 数（只有被调度的上行 UE 才需要 PHICH）。

（3）UE 是否支持空分复用等。

对于帧结构 1 的 FDD 系统，所有下行子帧中的 PHICH 组的个数 $N_{\text{PHICH}}^{\text{group}}$ 仅与 PHICH 资源配置相关，由下式决定：

$$N_{\text{PHICH}}^{\text{group}} = \begin{cases} \left\lceil N_g \left(N_{\text{RB}}^{\text{DL}}/8 \right) \right\rceil & （常规 CP） \\ 2 \cdot \left\lceil N_g \left(N_{\text{RB}}^{\text{DL}}/8 \right) \right\rceil & （扩展 CP） \end{cases} \tag{4-1}$$

式中，N_g 由高层提供，取值范围为 $\{1/6, 1/2, 1, 2\}$。N_g 值越大，可复用的 UE 数越多，支持调度的上行 UE 数也就越多，但码间干扰也就越大，解调性能也就越差。与此同时，控制区域内可用于 PDCCH 的资源数就越少。$N_{\text{RB}}^{\text{DL}}$ 表示下行带宽支持的 RB 个数。

对于帧结构 2 的 TDD 系统，PHICH 组数在下行子帧之间可能有所不同，它不仅与对应资源的配置相关，还与链路的上下行配置以及子帧号相关。PHICH 组个数为 $m_i \cdot N_{\text{PHICH}}^{\text{group}}$，系数 m_i 的取值范围为 $\{0, 1, 2\}$，不同下行子帧中的 m_i 取值与上下行配置有关，详见表 4-9。

由表 4-9 可见：

（1）只有在上下行子帧配置 0 的时候，PHICH 信道个数才会翻倍。

$m_i = 2$ 的场景只出现在 TDD 0 的配置下，此时对应子帧所需的 PHICH 组数量是 $m_i = 1$ 时的 2 倍。这是因为只有在 TDD 0 配置下，一个系统帧内的下行子帧数少于上行子帧数，此时同一个下行子帧可能需要反馈 2 个上行子帧的 ACK/NACK 信息，所以需要 2 倍的 PHICH 资源。

表 4 - 9　帧结构 2 的 m_i 系数

上下行配置	子帧号 i									
	0	1	2	3	4	5	6	7	8	9
0	2	1	—	—	—	2	1	—	—	—
1	0	1	—	1	0	1	—	1	0	—	1
2	0	0	—	1	0	0	0	—	1	0
3	1	0	—	—	—	0	0	0	1	1
4	0	0	—	—	0	0	0	0	1	1
5	0	0	—	0	0	0	0	0	1	0
6	1	1	—	—	—	1	1	—	—	1

(2) $m_i = 0$ 的下行子帧代表没有 PHICH 信道。

(3) 发送 PHICH 信道的子帧集合和发送 DCI 0 信道的子帧集合是一致的。如上下行子帧配置 1,只有在 1、4、6、9 这四个子帧中才能发送 PHICH 信息,也只能在这四个子帧中才能发送 DCI 0 信息。

(4) 由表 4 - 9 可查 m_i 取值,计算 PHICH 组的个数 $N_{\text{PHICH}}^{\text{group}}$。

例如,TD - LTE 系统采用 20 MHz 带宽,有 100 个 RB,采用上下行配置 2,$N_g = 1/2$ 情况下,计算 PHICH 组的个数 $N_{\text{PHICH}}^{\text{group}}$。

在上下行配置为 2 的 3D1U 的情况下,查表 4 - 9 只有子帧号 3、8 下 m_i 取值是 1,其他子帧都是 0,即只有子帧号 3、8 有 PHICH,其他子帧内没有 PHICH。

将以上取值代入式(4 - 1),计算子帧 3、子帧 8 内的 PHICH 组个数:

$$N_{\text{PHICH}}^{\text{group}} = (1/2) \times (100/8) = 6.25 \approx 7 \quad (\text{计算时向上取整})$$

计算一个小区在某个下行子帧所包含的 PHICH 资源数:对应常规 CP 配置,其值为 $8 \times m_i \times N_{\text{PHICH}}^{\text{group}}$;对应扩展 CP 配置,其值为 $4 \times m_i \times N_{\text{PHICH}}^{\text{group}}$(在 FDD 下,$m_i$ 取值为 1)。

5) 物理下行共享信道(Physical Downlink Shared Channel,PDSCH)

PDSCH 用于承载下行数据的信道,此数据包括业务数据,也包括高层信令等信息。PDSCH 采用 QPSK、16QAM 或 64QAM 调制。PDSCH 处理流程按照下行物理信道基本处理流程进行,同时遵循以下原则:

· 在没有 UE 专用参考信号的资源块中,PDSCH 与 PBCH 在同样的天线端口上传输,端口集合为 $p = \{0\}$、$\{0, 1\}$ 或 $\{0, 1, 2, 3\}$。

· 在传输 UE 专用参考信号的资源块中,PDSCH 将在天线端口 $p = \{5\}$、$\{7\}$、$\{8\}$,或 $p \in \{7, 8, \cdots, v+6\}$ 上发送,其中 v 是用于传输 PDSCH 的层数。

· 如果 PDSCH 是在 MBSFN 子帧中发送的,则 PDSCH 应在天线端口的一个或多个 $p \in \{7, 8, \cdots, v+6\}$ 上发送,其中 v 是用于传输 PDSCH 的层数。

6) 物理多播信道(Physical Multicast Channel,PMCH)

PMCH 用于承载多播业务信息,类似可点播节目的电视广播塔,负责把高层来的节目信息或相关控制命令传给终端。PMCH 采用 QPSK、16QAM 或 64QAM 调制。PMCH 用于在单频网络中传输 MBMS，网络中的多个小区在相同的时间及频带上发送相同的信息，多个小区发来的信号可以作为多径信号进行分集接收。PMCH 处理流程按照下行物理信道基本处理流程进行，同时遵循以下原则：

- 层映射和预编码在单天线端口的条件下进行，并且传输使用的单天线端口号为 4。
- PMCH 只能在 MBSFN 子帧的 MBSFN 区域内传输。
- PMCH 只使用扩展 CP 进行传输。

2. 下行物理信道处理流程

LTE 下行物理信道一般处理流程如图 4-8 所示。

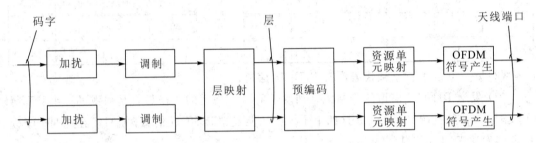

图 4-8 LTE 下行物理信道一般处理流程

LTE 下行物理信道处理过程中，在物理层传输的信号都是 OFDM 符号，从传输信道映射到物理信道的数据在经过一系列的底层处理后，最终把数据送到天线端口上，进行空口的传输。具体来说包括以下几步：

（1）加扰。在完成信道编码后，对在物理信道上传输的每个码字中的比特流进行加扰处理，即将每个码字中的编码位置乱处理。

（2）调制。对加扰后的比特流进行调制，产生复值调制符号。

（3）层映射。将复值调制符号映射到一个或多个传输层。层映射与预编码是完成将码字与发射天线进行匹配的两个子过程。层映射是按照一定的规则，将复值调制符号映射到一个或多个传输层，形成新的数据流后进行并行传输。选择的天线技术不同时，采用的层映射方式不同。层的数量小于或等于物理信道传输所使用的天线端口数量，而不小于码字数。根据不同的传输模式，层映射可分为单天线端口的层映射、空间复用的层映射和发射分集的层映射。

① 单天线端口层映射：选择单天线接收或者采用波束赋形技术，只对应 1 个天线端口的 1 层传输。

② 空间复用的层映射：天线端口有 4 个可用，就把 2 个码字的复值符号映射到 4 个天线端口上。

③ 发射分集映射：把 1 个码字上的复值符号映射到多个层上，一般选择 2 层或 4 层。

（4）预编码。对所有传输层的每层复值调制符号进行预编码，以便在天线端口上传输。LTE 预编码技术有：单天线端口的预编码、空间复用的预编码和发射分集的预编码。

① 单天线端口的预编码：物理信道只能在天线端口序号为 0、4、5、7、8 的天线上进行传输。

② 空间复用的预编码：空间复用支持 2 个或 4 个天线端口，所使用的天线端口集分别为 0、1 或 0、1、2、3。

③ 发射分集的预编码：发射分集的预编码与发射分集的层映射结合使用，支持 2 个或 4 个天线端口，所使用的天线端口分别为 0、1 或 0、1、2、3。

(5) 资源单元映射。把每个天线端口的复值调制符号映射到资源单元。

(6) OFDM 符号产生。为每个天线端口产生复值时域 OFDM 符号。

4.2.2　下行物理信号

下行物理信号对应于物理层使用的一组物理资源，但不携带来自更高层的信息。LTE 定义了两种类型的下行物理信号：

- 参考信号(Reference Signal，RS)。
- 同步信号(Synchronization Signal，SS)。

1. 参考信号(RS)

RS 是一种不含任何实际信息的伪随机序列。RS 以 RE 为单位进行映射(即一个 RS 占用一个 RE)。下行参考信号的作用有两个：

- 下行信道质量测量，用于自适应调制编码、频域调度等。
- 下行信道估计，用于 UE 端的相干检测和解调，相干解调相对于非相干解调具有更好的性能。

RS 分布越密集，信道估计越准确，但开销也会增加，同时 RS 占用过多无线资源也会降低系统传递有用信号的容量。因此，RS 分布不宜过密，也不宜过分散。RS 在天线口时域、频域上的分布应遵循以下原则：

- RS 在频域上的间隔为 6 个子载波。
- RS 在时域上的间隔为 7 个 OFDM 符号周期。
- 为最大限度地降低信号传送过程中的相关性，不同天线口的 RS 出现位置不宜相同。

下行参考信号分为五种类型(R10 版本)，每个下行链路天线端口发送一个参考信号：

- 小区专用参考信号(Cell - specific Reference Signal，CRS)。
- MBSFN 参考信号(MBSFN Reference Signal，MBSFN - RS)。
- UE 专用参考信号(UE - specific Reference Signal，UE - RS)。
- 定位参考信号(Positioning Reference Signal，PRS)。
- 信道状态信息参考信号(CSI Reference Signal，CSI - RS)。

1) 小区专用参考信号(CRS)

CRS 应在支持 PDSCH 传输的小区的所有下行链路子帧中传输。在 MBSFN 子帧中，CRS 只能在 MBSFN 子帧的非 MBSFN 区域发送。小区专用参考信号在一个或几个天线端口 0～3 上传输，并且仅支持子载波 $\Delta f = 15$ kHz 的小区。CRS 的主要作用如下：

- 解调天线端口 0～3 上的数据，包括 PBCH、PDCCH、PCFICH、PHICH 和 PDSCH。
- 下行传输信道的估计和测量。

LTE 下行支持多天线传输，每个天线都有各自的参考信号，图 4-9 所示为不同天线端口的下行链路 CRS 的映射(常规 CP)。R_p 表示通过天线端口 p 传输参考信号的资源单元。在时域上第 1 参考信号位于每个下行子帧第 1 个 OFDM 符号,有利于下行控制信号被尽早解调。在频域上,每 6 个子载波插入 1 个 RS,既有利于在典型频率选择性衰落信道中获得良好的信道估计性能,又能将 RS 控制在较低水平。图中网格区表示该 RE 不使用,目的是避免同一个小区不同天线端口之间的干扰。

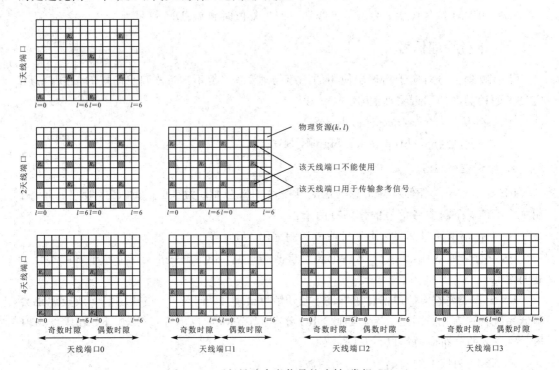

图 4 - 9　下行链路参考信号的映射(常规 CP)

2) MBSFN 参考信号(MBSFN - RS)

MBSFN(Multicast Broadcast Single Frequency Network)指的是多播/组播单频网络,它要求同时传输来自多个小区的完全相同的波形。因此,UE 接收机就能将多个 MBSFN 小区视为一个大的小区。MBSFN 分为两种:专用载波的 MBSFN 和与单播混合载波的 MBSFN。

MBSFN 参考信号(MBSFN - RS)用于 MBSFN 的信道估计和相关解调,只能在 PMCH 传输时通过天线端口 4 发送。MBSFN 只支持扩展 CP。图 4 - 10(a)和(b)分别是在扩展 CP,$\Delta f = 15$ kHz 和 $\Delta f = 7.5$ kHz 的 MBSFN 专用小区情况下用于 MBSFN 参考信号传输的资源单元映射。

3) UE 专用参考信号(UE - RS)

UE 专用参考信号(UE - RS)可用于 PDSCH 的天线端口传输,并在天线端口 $p = 5$、$p = 7$、$p = 8$ 或者 $p = 7, 8, \cdots, v + 6$(其中 v 是用于传输 PDSCH 的层数)上发送;也可在多天线端口上以空间复用的方式发送。UE 专用参考信号主要用于下行信道的估计和相关解调,且其只有在 PDSCH 传输与相应的天线端口一致时才是 PDSCH 解调的有效参考信号,故 UE - RS 又称为 DM - RS 解调参考信号。UE 专用参考信号仅在映射相应 PDSCH 的资源块上发送。图 4 - 11 为 UE 专用参考信号通过天线端口映射(常规 CP)的资源单元图。

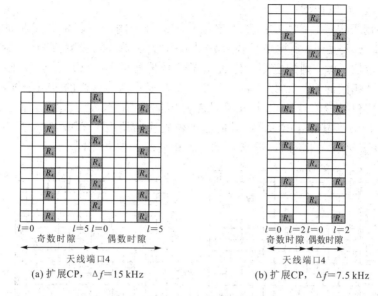

图 4-10　MBSFN 参考信号映射

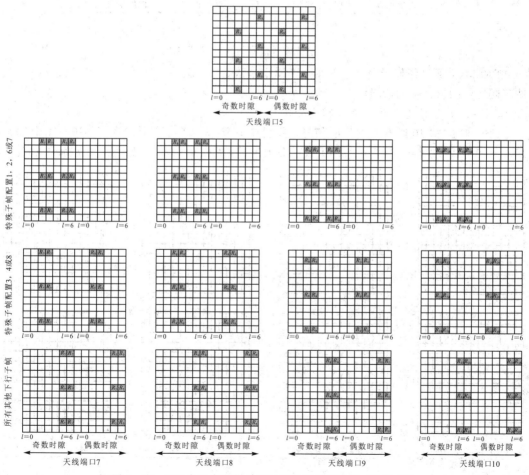

图 4-11　UE 专用参考信号通过天线端口的映射（常规 CP）

4）定位参考信号（PRS）

PRS 主要用于定位，只能在配置为定位参考信号传输的下行链路子帧的资源块中传输，在天线端口 6 上发送，资源单元映射见图 4-12。如果常规子帧和 MBSFN 子帧都被配置为小区内的定位子帧，则配置用于定位参考信号传输的 MBSFN 子帧中的 OFDM 符号应使用与子帧 0 相同的 CP。如果仅将 MBSFN 子帧配置为小区内的定位子帧，则配置用于在这些子帧中定位参考信号的 OFDM 符号应使用扩展 CP 长度。在配置用于 PRS 传输的子帧中，用于 PRS 传输的 OFDM 符号的起始位置应与所有 OFDM 符号具有与配置用于 PRS 传输的 OFDM 符号相同的 CP 长度的子帧中的起始位置相同。

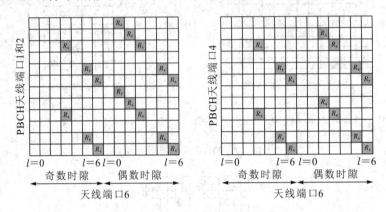

图 4-12　定位参考信号的映射（常规 CP）

PRS 不会通过任何天线端口映射到 PBCH、PSS 或 SSS 的资源单元。PRS 仅支持子载波间隔 $\Delta f = 15$ kHz 的情况。

5）信道状态信息参考信号（CSI-RS）

CSI-RS 是 R10 版本中增加的信号，分别在 1 个（$p=15$）、2 个（$p=15, 16$）、4 个（$p=15, \cdots, 18$）或 8 个（$p=15, \cdots, 22$）天线端口上发送，见图 4-13。CSI-RS 仅支持子载波。

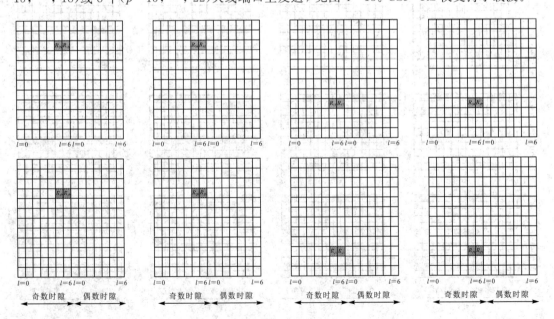

图 4-13　信道状态信息参考信号的映射（CSI 配置 0，常规 CP）

2. 同步信号(SS)

SS 用于小区搜索过程中 UE 和 E-UTRAN 的时频同步。UE 和 E-UTRAN 做业务连接的必要前提就是时隙、频率的同步。SS 包含两部分：

· 主同步信号(Primary Synchronization Signal，PSS)：用于符号时间对准、频率同步以及部分小区的 ID 检测。

· 辅同步信号(Secondary Synchronization Signal，SSS)：用于帧时间对准、CP 长度检测及小区组 ID 检测。

利用主、辅同步信号相对位置的不同，终端可以在小区搜索的初始阶段识别系统是 TDD 还是 FDD。

LTE 系统中，物理层是通过物理小区 ID(Physical Cell Identities，PCI)来区分不同小区的。LTE 支持 504 个物理层小区 ID，记作 N_{ID}^{cell}，这些物理层小区 ID 被分为 168 组，称为物理层小区 ID 组，记作 $N_{ID}^{(1)}$(范围是 0~167，由 SSS 承载)，每组包含 3 个物理层小区 ID，记作 $N_{ID}^{(2)}$(范围是 0~2，由 PSS 承载)。因此，物理小区 ID 为 $N_{ID}^{cell}=3N_{ID}^{(1)}+N_{ID}^{(2)}$。

PCI 规划原则如下：

· 避免相同的 PCI 分配给邻区。

· 避免模 3 相同的 PCI 分配给邻区，规避相邻小区的 PSS 序列相同。

· 避免模 6 相同的 PCI 分配给邻区，规避相邻小区 RS 信号的频域位置相同。

· 避免模 30 相同的 PCI 分配给邻区，规避相邻小区的 PCFICH 频域位置相同。

1) PSS 序列

PSS 使用具备良好的相关性、频域平坦性、低复杂度等性能的 Zadoff-Chu 序列(ZC 序列)，以便可以快速准确地进行小区搜索。eNB 将组内 ID 号 $N_{ID}^{(2)}$ 值与一个根索引 u 相关联，然后编码生成 1 个长度为 63 的 ZC 序列 $d_u(n)$，并映射到 PSS 对应的 RE 中。PSS 有 3 个取值，对应三种不同的 Zadoff-Chu 序列，每种序列对应一个 $N_{ID}^{(2)}$，即组内 ID，见表 4-10。不同的 $N_{ID}^{(2)}$ 对应不同的根索引 u，进而决定了不同 Zadoff-Chu 序列。主同步信号每 5 ms 传输一次，一个无线帧中前后两个半帧所使用的序列相同。UE 为了接收 PSS，采用盲检方式，会使用指定的根索引 u 来尝试解码 PSS，直到其中某个根索引 u 成功解出 PSS 为止，即获知当前小区的 $N_{ID}^{(2)}$。由于 PSS 在时域上的位置是固定的，因此 UE 又可以得到该小区的 5 ms 定时(一个系统帧有两个 PSS，且这两个 PSS 相同，第一个 PSS 与第二个 PSS 相差 5 ms，因此 UE 不知道接收的 PSS 是第一个还是第二个，所以只能得到 5 ms 定时)。

表 4-10　主同步信号的根索引

$N_{ID}^{(2)}$	根索引 u
0	25
1	29
2	34

PSS 序列到资源单元的映射方式取决于不同的帧结构。

(1) 在时域上：对于 FDD-LTE 制式，PSS 周期地出现在时隙 0 和时隙 10(对应子帧 0 和子帧 5)的最后一个 OFDM 符号上；对于 TD-LTE 制式，PSS 周期地出现在子帧 1、子帧 6 的第 3 个 OFDM 符号上。因此，UE 可以通过 PSS 的所处位置来确定是 FDD - LTE 还是 TD - LTE 制式。

(2) 在频域上：PSS 映射到整个带宽(1.4 MHz~20 MHz)频域中心频率位置的 6 个 RB、72 个子载波，只使用了频率中心周围的 62 个子载波，两边各留 5 个子载波用作保护波段。

2) SSS 序列

M 序列由于具有适中的解码复杂度，且在频率选择性衰落信道中性能占优，最终被选定为辅同步码(Secondary Synchronization Code，SSC)序列设计的基础。SSS 是由两个长度为 31 的 M 序列交叉级联得到的长度为 62 的序列，此级联序列由 PSS 提供的加扰序列加扰。为了确定 10 ms 定时获得无线帧同步，在一个无线帧内，前半帧的 SSS 交叉级联方式与后半帧的 SSS 交叉级联方式相反。

SSS 用于传输组 ID，即 $N_{ID}^{(1)}$ 值。具体做法是：eNB 通过组 ID 号 $N_{ID}^{(1)}$ 值生成两个索引值 m_0 和 m_1，然后引入组内 ID 号 $N_{ID}^{(2)}$ 值(从 UE 的角度看，SSS 检测是在 PSS 检测之后完成的，因此假设信道已经检测出 PSS 序列)，编码生成 2 个长度均为 31 的 M 序列 $d(2n)$ 和 $d(2n+1)$，交叉映射得到 SSC 序列，并映射到 SSS 的 RE 中，UE 通过盲检序列就可以知道当前 eNB 下发的是哪种序列，从而获取当前小区的 $N_{ID}^{(1)}$。对于 SSS 序列检测，UE 可以采用相干和非相干两种检测方法。辅同步信号 SSS 承载的两个序列 $d(2n)$ 和 $d(2n+1)$ 位于子帧 0 和子帧 5 这两个子帧中，在不同子帧中的值不同。

SSS 序列到资源单元的映射取决于帧结构。在帧结构类型 1 的子帧和帧结构类型 2 的半帧中，SSS 应使用与 PSS 相同的天线端口。

(1) 在时域上：对于 FDD - LTE 制式，SSS 周期地出现在时隙 0 和时隙 10(对应子帧 0 和子帧 5)的倒数第 2 个 OFDM 符号上(倒数第 1 个为 PSS)；对于 TD - LTE 制式，SSS 映射到时隙 0 和时隙 11(对应子帧 0 和子帧 5)的最后一个 OFDM 符号上。

(2) 在频域上：SSS 映射与 PSS 相同，频域上占用带宽中心频率位置的 6 个 RB、72 个子载波，只使用了频率中心周围的 62 个子载波，两边各留 5 个子载波用作保护波段。SSS 序列具有良好的频域特性，在 PSS 存在的情况下，SSS 检测允许频偏至少为 +75 kHz。

4.2.3 下行传输信道

LTE 下行传输信道有以下四个：

(1) 广播信道(Broadcast Channel，BCH)：用于在整个小区覆盖区域内的系统信息和小区的特定信息的广播传输。广播信息使用固定的预定义格式，即采用固定发送周期、固定调制编码方式。

(2) 寻呼信道(Paging Channel，PCH)：当网络不知道 UE 所处小区位置时，用于发送给 UE 的控制信息。为了减少 UE 的耗电，UE 支持寻呼消息的非连续接收(DRX)。为支持终端的非连续接收，PCH 的发射与物理层产生的寻呼指示的发射是前后相随的。PCH 能在整个小区覆盖区域发送；映射到用于业务或其他动态控制信道使用的物理资源上。

(3) 下行共享信道(Downlink Share Channel，DL - SCH)：用于传输下行用户控制信息或业务数据，支持自动混合重传(HARQ)，支持编码调制方式的自适应调制(AMC)，支持传输功率的动态调整，支持动态、半静态的资源分配，支持终端非连续接收以达到 UE 电池节电目的，支持 MBMS 业务传输，支持使用波束赋形。

（4）多播信道（Multicast Channel，MCH）：用于 MBMS 用户控制信息的传输。能够在整个小区覆盖区域发送；对于单频点网络，支持多小区的 MBMS 传输的合并；支持半静态的无线资源分配。

4.3　LTE 上行链路

4.3.1　上行物理信道

上行物理信道对应于携带来自更高层的信息的一组资源元素。LTE 上行物理信道见表 4 - 11。

表 4 - 11　LTE 上行物理信道

物理信道	LTE 物理信道	功　　能	编码类型	编码速率	调制方式
上行物理信道	物理上行共享信道（Physical Uplink Shared Channel，PUSCH）	承载上行数据，包括业务数据和高层信令等	Turbo 编码（Turbo Coding）	1/3	QPSK、16QAM、64QAM
	物理上行控制信道（Physical Uplink Control Channel，PUCCH）	承载上行控制信息（UCI），如 HARQ 的 ACK/NACK、CQI/PMI、RI	咬尾卷积编码（Tail Biting Convolutional Coding）	1/3	BPSK、QPSK
	物理随机接入信道（Physical Random Access Channel，PRACH）	用于终端发起与基站的通信。终端随机接入时发送前导码信息，基站通过 PRACH 接收，确定接入终端身份并计算其时延	N/A		N/A

1. 物理上行共享信道（Physical Uplink Shared Channel，PUSCH）

PUSCH 用于承载上行数据，包括业务数据和高层信令，如可以传输层 2 的 PDU、层 3 的信令、UCI 控制信息等。调制方式为 QPSK、16QAM 或 64QAM。PUSCH 可根据信道质量好坏选择相应的调制方式。

PUSCH 的处理流程如图 4 - 14 所示。

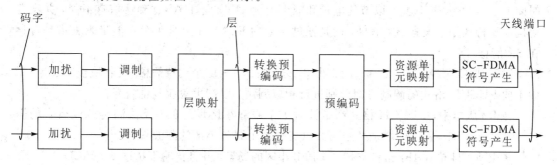

图 4 - 14　上行物理信道 PUSCH 的处理流程

PUSCH 处理过程与下行物理信道的处理过程类似，不同的是：层映射后多了转换预编码过程；最后生成的符号是 SC－FDMA 符号。具体来说，包括以下几步：

（1）加扰。在完成信道编码后，对在物理信道上传输的每个码字中的比特流进行加扰处理，即将每个码字中的编码位置乱处理。

（2）调制。对加扰的比特进行调制，生成复值调制符号。

（3）层映射。将复值调制符号映射到一个或多个传输层。

（4）转换预编码。转换预编码以生成复值符号。

（5）预编码。对复值调制符号进行预编码。

（6）资源单元映射。将预编码后的复值调制符号映射到资源单元。

（7）SC－FDMA 符号产生。为每一个天线端口生成复值时域 SC－FDMA 符号。

2. 物理上行控制信道(Physical Uplink Control Channel，PUCCH)

PUCCH 用于承载上行控制信息（UCI），如 HARQ 的 ACK/NACK、调度请求（Scheduling Request，SR)和信道质量指示(CQI)等信息。如果由较高层启用，则支持来自同一个 UE 的 PUCCH 和 PUSCH 的同时传输(R10 版本)。R8～R9 版本中，同一个 UE 在同一个上行子帧，不能同时在 PUCCH 和 PUSCH 信道中传输信息。对于帧结构类型 2，PUCCH 不在 UpPTS 字段中传输。物理上行控制信道支持多种格式，如表 4－12 所示。其中，格式 2a 和 2b 仅支持常规 CP。

表 4－12　PUCCH 支持的格式

PUCCH 格式	调制方式	每个子帧的位数 M_{bit}	信　息
1	N/A	—	SR(请求调度)
1a	BPSK	1	ACK/NACK
1b	QPSK	2	ACK/NACK
2	QPSK	20	CQI
2a	QPSK+BPSK	21	CQI+ACK/NACK
2b	QPSK+QPSK	22	CQI+ACK/NACK
3	QPSK	48	ACK/NACK

表 4－12 中，对于 PUCCH 格式 1，只携带 SR 信息，且不占用任何无线资源，仅表示 UE 传输的 PUCCH 的信息有无。UE 只有在请求上行资源时，才需要发送 SR 信息；其他时间 UE 不发送 SR 信息，以节约电量和减少干扰。因此与 HARQ 确认信息不同，并没有明确的比特块用于发送 SR 信息，而是通过对应的 PUCCH 上是否存在能量来表示是否存在 SR 信息。

对于 PUCCH 格式 1/1a/1b/2/2a/2b/3，分别发送 1～48 个比特信息。比特块按照表 4－12 中不同 PUCCH 格式的调制方案分别进行相应调制，以产生对应复值符号。

在 R8 版本中，PUCCH 格式都是针对单个服务小区设计的，无法满足载波聚合的需求。因此，在 R10 版本中增加两个格式以支持多个服务小区的载波聚合：

• PUCCH 格式 1b：最多支持 2 个服务小区的场景，并且传输不超过 4 个 ACK/NACK。

• PUCCH 格式 3：最多支持 5 个服务小区，且 UE 在每个服务小区都配置了 MIMO 场景。

与下行信道不同的是，PUCCH 分布在带宽高低频率的两端，每个 PUCCH 需要一个 RB 对承载调制符号，组成这个 RB 对的两个 RB 分别位于带宽的高低频率两侧，如图 4 - 15 所示。如 $m=0$ 的 PUCCH，第一个时隙的 RB 位于 RB 编号最小的地方，第二个时隙的 RB 则位于整个带宽 RB 编号最大的地方。如果在配置了一个服务小区的同时发送探测参考信号和 PUCCH 格式 1、1a、1b 或 3，则应使用缩短的 PUCCH 格式，其中子帧第二时隙中的最后一个 SC - FDMA 符号应保持为空。

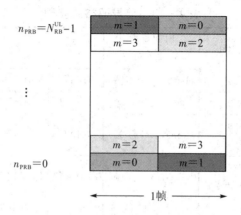

图 4 - 15　PUCCH 的物理资源块映射

设备厂家可以静态或动态地分配 PUCCH 信道占用的 RB 个数，总的原则是在满足 PUCCH 传输要求的情况下，尽量少地分配 PUCCH 占用的 RB 个数。因为 PUCCH 占用的 RB 个数越多，用于 PUSCH 传输的 RB 个数就越少。但如果为 PUCCH 分配的 RB 个数过少，则可能导致无法在 PUCCH 中反馈 ACK/NACK 信息。

3. 物理随机接入信道(Physical Random Access Channel，PRACH)

PRACH 用于终端发起与基站的通信，承载 UE 上行接入同步或上行数据到达时的资源请求。终端随机接入时发送前导码信息，基站通过 PRACH 接收，确定接入终端身份并计算该终端的时延。

物理随机接入前导码是 UE 在物理随机接入信道中发送的实际内容，由持续时间长度为 T_{CP} 的循环前缀 CP 和长度为 T_{SEQ} 的序列组成，如图 4 - 16 所示。随机接入前导码集合是由物理层生成的最大数目为 64 个的 Zadoff - Chu(ZC)序列及其移位序列组成的。

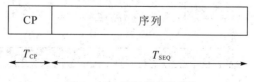

图 4 - 16　前导码结构图

UE 使用的前导码序列可以根据网络配置情况采用随机选择或者由基站分配的方式生成。因此，需要正确规划 ZC 根序列索引，以保证相邻小区使用该索引生成的前导码序列不同，从而降低相邻小区使用相同的前导码序列而产生的相互干扰。LTE 系统每个小区有 64 个前导码序列。这 64 个前导码序列由零相关的 ZC 序列的一个或几个根循环移位生成。具体算法步骤是：首先生成 ZC 序列的一个根作为基准序列索引，再循环移位形成 63 个不同的序列，共 64 个序列集构成前导码序列。在 ZC 序列单个根不能生成 64 个前导码序列的情况下，再从具有连续逻辑索引的根序列中得到附加基准序列索引，通过循环移位形成附加序列，直到找到所有的 64 个序列为止。

LTE 系统中定义了 5 种前导码格式（格式 0～格式 4），具体参数如表 4-13 所示。其取决于帧结构和随机访问配置，并由高层控制。ZC 序列的长度大小定义为 N_{zc}，保护时隙时长为 T_{GT}。

表 4-13   前导码格式参数

格式	理论最大 小区半径/km	N_{zc}/bit	时间长度 $T_{CP}+T_{SEQ}+T_{GT}$	T_{CP}	T_{SEQ}	T_{GT}	子载波 间隔
0	14.53	839	1 ms，1 个子帧	$3168T_s$	$24\,576T_s$	$2976T_s$	
1	77.34	839	2 ms，2 个子帧	$21\,024T_s$	$24\,576T_s$	$15\,840T_s$	
2	29.53	839 传输两次	2 ms，2 个子帧	$6240T_s$	$2\times24\,576T_s$	$6048T_s$	1.25 kHz
3	100.16	839 传输两次	3 ms，3 个子帧	$21\,024T_s$	$2\times24\,576T_s$	$21\,984T_s$	
4	1.406	139	157 μs，UpPTS	$448T_s$	$4096T_s$	$288T_s$	7.5 kHz

由表 4-13 可见：前导码格式 0～格式 3 适用于 FDD-LTE 和 TD-LTE 两种模式，在连续的多个常规上行子帧中传输；格式 4 只适用于 TDD 模式，只在长度为 $4384T_s$ 和 $5120T_s$ 的 UpPTS 中传输。5 种前导码格式通过以下两点进一步说明：

（1）每种前导码格式占用的子帧个数不同（$T_{CP}+T_{SEQ}+T_{GT}=N$ 个子帧的长度），见图 4-17。

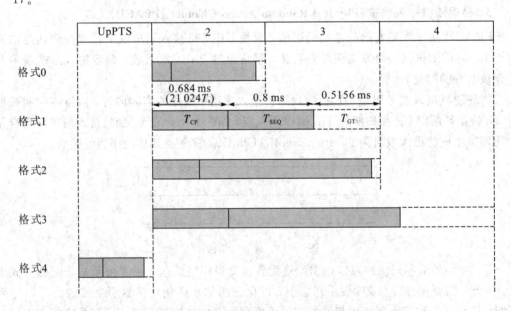

图 4-17   前导码格式占用的子帧示意图

LTE 的每个子帧时长是 $30\,720T_s$，从表 4-13 中可以得出，前导码格式 0 的时间（考虑 T_{GT}）为 $3168T_s+24\,576T_s+2976T_s=30\,720T_s=1$ ms，刚好占用 1 个上行子帧。同样可

以计算得到，格式 1、格式 2 需要占用 2 个上行子帧，格式 3 需要占用 3 个上行子帧。格式 4 只能在 TDD 的 UpPTS 中使用，即 FDD-LTE 没有格式 4。

LTE 系统中定义的 PRACH 可以占用的资源位置如下：

· 在频域的位置：占用 6 个连续的 RB，即 72 个常规子载波，共占用 1.08 MHz 带宽，与 PUCCH 相邻。

· 在时域的位置：格式 0～格式 3 占用 1～3 个连续的常规上行子帧，格式 4 占用特殊子帧中的 UpPTS 时隙。每 10 ms 无线帧接入 0.5～6 次，每个子帧采用频分方式可传输多个随机接入资源。PRACH 的时域配置可以根据 3GPP TS 36.211 的表格 Table 5.7.1-2 (FDD)、Table 5.7.1-3(TDD)和 Table 5.7.1-4 来确定。

(2) 每种前导码支持的最大小区半径不同。

在 UE 随机接入之前，由于 UE 还没有和 eNB 完成上行同步，该 UE 在小区中的位置还不确定，因此需要预留一段时间，以避免和其他子帧发生干扰，这个时间就是前导码的保护时间(GT)。GT 决定了小区的最大覆盖半径。GT 时间越长，小区的覆盖面积越大。因为小区边缘用户的传输时延需要在 GT 范围内才能保证 PRACH 能正常接收，且不干扰其他的子帧。LTE 系统中，前导码格式是由小区的覆盖范围决定的，小区的最大覆盖半径可以通过小区规划时进行的链路预算确定。

依据 CP、GT 的长度以及前导码序列的重复次数，LTE 支持的 5 种前导码格式理论上可支持的最大小区半径具体如下：

① 格式 0：常用格式，适用于普通常用小区，理论上支持的小区半径范围为 $r<14.53$ km。

② 格式 1：采用长 CP 的方式，适用于大小区，理论上支持的小区半径范围为 30 km$<r<77$ km。

③ 格式 2：采用短 CP、重复前导码序列的方式，理论上支持的小区半径范围为 15 km$<r<30$ km。

④ 格式 3：采用长 CP、重复前导码序列的方式，适用于大小区，理论上支持的小区半径范围为 77 km$<r<100$ km。

⑤ 格式 4：专属于 TDD 制式，适用于覆盖热点地区，理论上支持的小区半径范围为 $r<1.4$ km。

需要说明的是：上述最大小区半径是根据每种前导码格式的 GT 时长计算出的理论值，但实际信道中存在的大尺度衰落及阴影衰落会引起路径损耗，因此每种格式所能支持的小区半径比理论值要小。

4.3.2　上行物理信号

上行物理信号由物理层使用，不携带来自更高层的信息。LTE 支持一种类型的上行物理信号，即上行参考信号，其作用包括相干解调、上行信道的测量、功率控制、定时和波束赋形到达方向的估计等。上行参考信号分为两种：

· 解调参考信号(Demodulation Reference Signal，DM-RS)：与 PUSCH 或 PUCCH 探测参考信号的传输相关联。

· 探测参考信号(Sounding Reference Signal，SRS)：与 PUSCH 或 PUCCH 传输没有关联。

其中，同一组序列可用于解调和探测参考信号。

1. 解调参考信号(DM‐RS)

DM‐RS 是 eNB 用来对上行 PUSCH 或 PUCCH 作相干解调时进行上行信道估计用的。eNB 通过检测 DM‐RS 来评估上行信道,从而获取信噪比 SINR 等参数,类似于 UE 通过检测小区专用参考信号(CRS)来评估下行信道的 CQI。DM‐RS 需要与 PUCCH 的控制信令或 PUSCH 的数据一起传输。

当 DM‐RS 伴随在 PUSCH 中传输时,它的位置可以表述为:DM‐RS 在 PUSCH 中时域位置,如果是常规 CP,则占用每个时隙的第 4 个 OFDM 符号;如果是扩展 CP,则占用每个时隙的第 3 个 OFDM 符号。频域位置与用户被分配的带宽一致,等同于 PUSCH 中的子载波数目。在 PUSCH 传输的情况下,不同的 UE,在不同的子帧内,PUSCH 的带宽可能不同,对应的 DM‐RS 序列的长度就可能不同。

DM‐RS 在 PUCCH 中的位置随着 PUCCH 传输格式的不同而不同,见表 4‐14。在 PUCCH 传输的情况下,DM‐RS 序列的长度是固定的。

表 4‐14   DM‐RS 在 PUCCH 中的符号位置

PUCCH 格式	常规 CP	扩展 CP
1, 1a, 1b	占据每个时隙的第 3、4、5 个 OFDM 符号,共 3 位	占据第 3、4 个符号,共 2 位
2, 3	占据每个时隙的第 2、6 个 OFDM 符号,共 2 位	占据第 4 个符号,共 1 位
2a, 2b	占据每个时隙的第 2、6 个 OFDM 符号,共 2 位	N/A

2. 探测参考信号(SRS)

SRS 由高层信令调度,主要用于上行信道测量。与 DM‐RS 类似,SRS 也可以获取信噪比 SINR 参数。SRS 的作用如下:

(1)上行信道探测。eNB 用 SRS 进行上行信道质量测量,以获取 UE 的信道质量指示 CQI 信息(获得调制与编码策略 MCS 等级),再根据 CQI 信息进行上行信道资源的自适应调度,从而实现上行频率选择性调度。

(2)TDD 模式下,可以利用上下行信道对称性,通过 SRS 获得下行信道质量信息,用于下行波束赋形。

(3)通过对 SRS 的检测,获取当前上行时间提前量 TA 值,将 TA 值上报给 MAC 层,由 MAC 层通过 PDU 配置到 UE 侧。

SRS 的时域位置位于子帧最后一个 OFDM 符号中(除特殊子帧),且每隔一个子载波映射一个 RE。对于帧结构类型 1 和 2,SRS 的频域位置(带宽配置)由小区广播参数和上行带宽确定,即 SRS 的具体配置由高层参数 $srs\text{-}SubframeConfig$ 给出。对于帧结构类型 2,SRS 仅在配置的上行子帧或 UpPTS 中传输。

使用上行参考信号时要注意以下几点:

(1)如果某个 UE 在上行子帧 n 中没有上行传输,即没有任何信息需要通过 PUCCH 或 PUSCH 传输,那么由于 DM‐RS 是伴随信号,因此在子帧 n 中也就没有 DM‐RS,但此时仍然存在着 SRS,eNB 可以利用对 SRS 进行评估获取 SINR,为上行调度提供依据。

(2)DM‐RS 是和 PUCCH 或 PUSCH 伴随着传输的,因此是从相同的频率位置对上行信道进行的评估,而 SRS 并不伴随 PUCCH 或 PUSCH 一起传输,因此是从不同的频率位置对上行信道进行的评估。对于同一个 UE,如果一个上行子帧同时存在这两种参考信号，那么 eNB 如何使用两种不同的 SINR，可以由设备厂家的设置算法决定。

4.3.3　上行传输信道

LTE 定义的上行传输信道有两个：

（1）上行共享信道（Uplink Shared Channel，UL‑SCH）。UL‑SCH 用于传输上行用户控制信息或业务数据。与 DL‑SCH 一样，UL‑SCH 支持混合自动重传 HARQ，支持编码调制方式的自适应调整（AMC），支持传输功率动态调整，支持动态、半静态的资源分配。

（2）随机接入信道（Random Access Channel，RACH）。RACH 能够承载有限的控制信息，规定了终端接入网络时的初始协调信息格式。RACH 是一个上行传输信道，在终端接入网络开始业务之前使用。由于终端和网络还没有正式建立链接，因此 RACH 信道使用开环功率控制。RACH 发射信息时是基于竞争的资源申请机制的。

4.4　LTE 信道映射

信道映射是指逻辑信道、传输信道、物理信道之间的对应关系，这种对应关系包括底层信道对高层信道的服务支撑关系及高层信道对底层信道的控制命令关系。

MAC 层以逻辑信道的形式向 RLC 层提供服务。对物理层而言，MAC 层以传输信道的形式使用物理层提供的服务。

逻辑信道由其承载的信息类型定义，分为 CCH（控制信道）和 TCH（业务信道）。CCH 用于传输 LTE 系统所必需的控制和配置信息；TCH 用于传输用户数据。LTE 规定的逻辑信道如下：

• 广播控制信道（Broadcast Control Channel，BCCH）：用于承载从网络到小区中所有移动终端的系统控制信息。移动终端需要读取在 BCCH 上发送的系统信息，如系统带宽等。

• 寻呼控制信道（Paging Control Channel，PCCH）：用于寻呼位于小区级别中的移动终端，终端的位置网络不知道，因此寻呼消息需要发到多个小区。

• 公共控制信道（Common Control Channel，CCCH）：是在呼叫接续阶段，用于承载网络和 UE 之间的"一点对多点"的双向控制信令和信息。

• 专用控制信道（Dedicated Control Channel，DCCH）：是在呼叫接续阶段和在通信进行中，用于承载网络和 UE 之间的"一点对一点"的双向控制信息。

• 专用业务信道（Dedicated Traffic Channel，DTCH）：用于承载网络和 UE 之间上、下行双向业务数据。这是用于传输所有上行链路和非 MBMS 下行用户数据的逻辑信道类型。

• 多播控制信道（Multicast Control Channel，MCCH）：用于承载请求接收 MTCH 信息的控制信息。

• 多播业务信道（Multicast Traffic Channel，MTCH）：用于承载下行的 MBMS 业务。

LTE 上/下行信道的映射见图 4‑18 和图 4‑19。

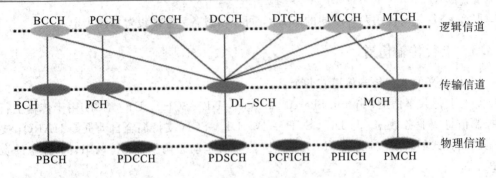

图 4-18 下行信道的映射

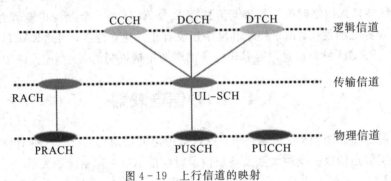

图 4-19 上行信道的映射

4.5 LTE 物理层过程

LTE 的下行物理层过程包括：小区搜索、下行功率分配、寻呼过程、手机下行测量和下行共享信道等。

LTE 的上行物理层过程包括：随机接入、上行功率控制、基站上行测量和上行共享信道等。

4.5.1 小区搜索

在 LTE 中，用户终端开机或进行小区移动切换时，都需要进行小区搜索，即终端需要和小区取得新的联系，和小区的时频保持同步，以获取小区的必要信息。

小区搜索过程中，用户 UE 要完成以下工作：

- 下行同步：符号定时、帧定时、频率同步。
- 获取小区的标识号（ID）。
- 获取广播信道（BCH）的解调信息。

BCH 信道广播的信息包括：小区的传输带宽、发射天线的配置信息（每个基站天线数目）、循环前缀（CP）的长度（单播、多播业务 CP 长度不同）、本小区的系统帧号等。

小区搜索流程如图 4-20 所示。

（1）UE 开机，搜索频点。

UE 开机后，首先在可能存在 LTE 小区的几个中心频点上接收 PSS 信号，以接收信号强度来判断这个频点周围是否可能存在小区。如果 UE 保存了上次关机时的频点和运营商信息，则开机后会先在上次驻留的小区上尝试；如果没有，就在划分给 LTE 系统的频带范围内做全频段扫描，发现信号较强的频点就去尝试。

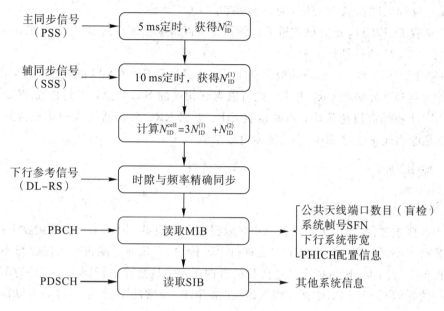

主同步信号（PSS）→ 5 ms定时，获得$N_{ID}^{(2)}$

辅同步信号（SSS）→ 10 ms定时，获得$N_{ID}^{(1)}$

计算$N_{ID}^{cell}=3N_{ID}^{(1)}+N_{ID}^{(2)}$

下行参考信号（DL-RS）→ 时隙与频率精确同步

PBCH → 读取MIB → 公共天线端口数目（盲检）／系统帧号SFN／下行系统带宽／PHICH配置信息

PDSCH → 读取SIB → 其他系统信息

图 4 - 20　小区搜索流程

（2）通过 PSS 获得 5 ms 定时，并通过序列相关得到小区 ID 号 $N_{ID}^{(2)}$。

在中心频点周围接收 PSS，PSS 占用了中心频带的 6 个 RB，因此可以兼容所有的系统带宽。信号以 5 ms 为周期重复，在子帧 0 发送。PSS 的 ZC 序列具有很强的相关性，可以直接检测并接收到，据此可以得到小区组里面的小区 $N_{ID}^{(2)}$、确定 5 ms 的时隙边界，同时通过 PSS 获知 CP 长度以及系统采用的是 FDD 还是 TDD（TDD 的 PSS 放在特殊子帧里面，位置与 FDD 有所不同）。但由于 PSS 是 5 ms 重复，因此还无法获得帧同步。

（3）通过 SSS 获得 10 ms 定时，并通过序列相关得到小区 ID 组号 $N_{ID}^{(1)}$。

5 ms 时隙同步后，在 PSS 基础上向前搜索辅同步信号 SSS。SSS 由两个端随机序列组成，前后半帧的映射正好相反，因此只要接收到两个 SSS 就可以确定 10 ms 的边界，达到帧同步的目的，得到小区组号 $N_{ID}^{(1)}$。

（4）计算 PCI。

SSS 信号的小区组号 $N_{ID}^{(1)}$ 和 PSS 的小区 ID 号 $N_{ID}^{(2)}$ 结合获得物理层 $N_{ID}^{cell}=3N_{ID}^{(1)}+N_{ID}^{(2)}$，这样就可以进一步得到下行参考信号的结构信息。

（5）获取下行参考信号 DL - RS，时频精确同步。

在获得帧同步以后就可以读取 PBCH 了。通过上面两步获得了下行参考信号结构，通过解调参考信号可以进一步地使时隙与频率精确同步，同时可以为解调 PBCH 做信道估计。

（6）在固定的时频位置上接收并解码 PBCH，得到主信息块 MIB。

PBCH 在子帧 0 的时隙 1 上紧靠 PSS 发送，通过解调 PBCH，可以得到系统帧号、带宽信息以及 PHICH 的配置和天线配置。

（7）读取 SIB 消息。

在下行子帧内接收使用 SI - RNTI（用于标识 SIB 消息的传输的无线网络临时标识符）

标识的 PDCCH 信令调度的系统信息模块(SIB)。

UE 实现了和 eNB 的定时同步,还需要接收 SIB(系统信息模块),即 UE 接收承载在 PDSCH 上的 BCCH 信息。具体分为以下两步:

(1) 接收 PCFICH,此时该信道的时频资源可以根据物理小区 ID 推算出来,通过接收解码得到 PDCCH 的符号数。

(2) 在 PDCCH 信道域的公共搜索空间里查找发送到 SI-RNTI 的候选 PDCCH,如果找到一个并通过了相关的 CRC 校验,则可以得到相应的 SIB 消息,于是接收 PDSCH,译码后将 SIB 上报给高层协议栈;不断接收 SIB,上层 RRC 会判断接收的系统消息是否足够,如果足够则停止接收 SIB,小区搜索过程结束。

4.5.2 随机接入

1. 随机接入的触发和方式

在小区搜索过程之后,UE 已经与小区取得了下行同步,因此 UE 能够接收下行数据。但 UE 只有与小区取得上行同步,才能进行上行传输。UE 通过随机接入过程与小区建立连接并取得上行同步。随机接入的主要目的有两个:一是获得上行同步;二是为 UE 分配一个唯一的标识 C-RNTI(小区无线网络临时标识)。正常的下行/上行传输可以在随机接入过程之后进行。

1) 随机接入的触发

LTE 的 UE 对以下六个事件执行随机接入过程:

(1) RRC_IDLE 的初始接入,UE 从 RRC_IDLE 态到 RRC_CONNECTED 态。

(2) RRC 连接重建过程,以便 UE 在无线链路失败后重建无线连接。

(3) 切换。UE 需要与新的小区切换时建立上行同步。

(4) RRC_CONNECTED 态下需要随机接入过程的下行数据到达。例如,当上行处于"不同步"状态时,如果网络侧有下行数据到达(此时需要回复 ACK/NACK),则需要进行随机接入。

(5) RRC_CONNECTED 态下需要随机接入过程的上行数据发送。例如,上行数据发送(需要上报测量报告或发送用户数据)时,上行处于"不同步"状态或没有可用的 PUCCH 资源用于上行调度请求 SR 传输(此时允许已经处于上行同步状态的 UE 使用 RACH 来替代 SR 的作用)。

(6) RRC_CONNECTED 态下辅助定位也需要进行随机接入。例如,UE 定位时需要获取时间提前量。

2) 随机接入的方式

随机接入过程有两种不同的方式:

(1) 基于竞争的随机接入。

基于竞争的随机接入方式适用于前五个事件,是指 UE 在小区使用的前导码序列集合中随机选择一个前导码序列进行发送,由于上行用户的行为是相互独立的,可能存在多个用户选择相同前导码序列进行随机接入的情况,而 eNB 无法区分该前导码序列究竟是哪个用户发送的,因此用户间存在竞争的随机接入。

（2）基于非竞争的随机接入。

基于非竞争的随机接入只适用于事件（3）、（4）、（6），即切换、下行数据到达和定位的三种情况，指 eNB 为 UE 分配了特定的前导码序列，此时只有一个用户使用该前导码序列，因此不会发生冲突。

2. 随机接入的过程

1）基于竞争的随机接入过程

基于竞争的随机接入适用于前五个事件，最常见的是初始接入。基于竞争的随机接入过程的步骤如图 4-21 所示。

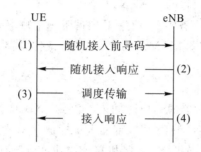

图 4-21　基于竞争的随机接入过程

（1）UE 通过上行链路发送随机接入前导码。

UE 从小区竞争的前导码中随机地选择一个，调整其发射功率，并通过 PRACH 信道发送给 eNB"消息 1"。

（2）下行链路上 MAC 层生成随机接入响应。

eNB 检测到 UE 的前导码，测量其时间提前量，并为其分配 PUSCH 的资源后向 UE 回复"消息 2"，即随机接入响应（Ransom Access Response，RAR）。RAR 中带有以下信息：

- 与"消息 1"在一个或多个 TTI 的时间内半同步。
- 无 HARQ。
- 在 PDCCH 上寻址到随机接入临时标识（RA-RNTI）。
- 至少包含随机接入前导码标识符、定时较准信息、初始上行许可和小区临时标识（C-RNTI）的分配（该临时 C-RNTI 在竞争解决时可以是永久的，也可以不是永久的）。
- 用于一个下行共享信道消息中的可变数量的 UE。

UE 发送前导码后间隔 3 个子帧开始监听 PDCCH 信道，通过 PDCCH 信道获得 eNB 用于发送 RAR 的 PDSCH 的调度信息后即可读到 RAR。但是 UE 此时并不能确定 RAR 消息是否是回给自己的，因为在随机接入的过程中有可能发生冲突，也就是说，两个甚至是多个 UE 同时在相同的时频资源上向基站发送相同的前导码，因此，UE 还需要通过"消息 3"和"消息 4"解决冲突。

（3）在上行链路上第一次调度上行传输。

UE 在 eNB 为其调度的 PUSCH 信道上向 eNB 发送"消息 3"。对于初始接入来说，"消息 3"就是 RRC 连接请求，带有以下信息：

- 使用 HARQ。

- 传输块的大小取决于步骤(2)中传送的初始上行接入许可，并且至少是 80 位的。
- 用于初始访问：传送由 RRC 层生成并通过 CCCH 传输的 RRC 连接请求；至少包含 NAS UE 标识符但没有 NAS 消息；RLC 透明传输模式无分段。
- 对 RRC 连接重新建立过程：传送由 RRC 层生成并通过 CCCH 传输的 RRC 连接重新建立请求；RLC 透明传输模式无分段；不包含任何 NAS 消息。
- 切换后，在目标小区中：传送由 RRC 层生成并通过 DCCH 发送的加密和完整性保护的 RRC 切换；传送 UE 的 C-RNTI(通过切换命令分配)；尽可能包括上行链路缓冲器状态报告。
- 其他事件：至少传达 UE 的 C-RNTI。

为了区分不同的 UE，UE 需要在"消息 3"中携带一个特定的 UE 标识，如 S-TMSI 或者随机值。UE 发完"消息 3"后启动 MAC 层的竞争解决定时器，等待基站回复"消息 4"(竞争解决标识)。

(4) DL 上的竞争解决方案。

如果 UE 在竞争解决定时器的响应时间内检测到 eNB 回复的"消息 4"(与"消息 3"不同步)，即竞争解决标识，并且"消息 4"携带的 UE 标识和 UE 在"消息 3"中上报的标识相同，UE 即认为已经允许此次随机接入，随机接入成功，对于初始访问和 RRC 连接重新建立过程，RLC 透明传输模式不使用分段。此时 UE 将把在"消息 2"中接收到的临时的 C-RNTI 转换为永久的。否则，如果 UE 没有收到 eNB 的"消息 4"或是收到的"消息 4"中的 UE 标识跟自己在"消息 3"中上报的标识不一致，则 UE 认为此次随机接入失败，需要重新选择前导码进行发送，HARQ 反馈仅由 UE 发送。

2) 基于非竞争的随机接入过程

基于非竞争的随机接入适用于随机接入事件 (3)、(4)、(6)，其中最常见的是切换，打开 DRX 功能、UE 上行失步后还可能出现场景 4。基于非竞争的随机接入过程的步骤如图 4-22 所示。

(0) eNB 通过下行链路中的专用信令进行随机接入前导码分配。

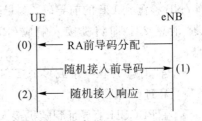

图 4-22　基于非竞争的随机接入过程

非竞争随机接入有一个竞争随机接入没有的消息，那就是"消息 0"。"消息 0"指的是 eNB 为 UE 指派非竞争的前导码(在广播信令中发送的一组随机接入前导码)，该消息通过切换时的源 eNB 生成的切换命令发送或通过 PDCCH 在下行数据到达或定位的情况下发送。

既然是 eNB 指派的非竞争的前导码，在一定时间内 eNB 是不会将该前导码指派给其他 UE 的，因此在非竞争随机接入的过程中不会发生冲突，UE 发送前导码并且得到随机接入后，即可认为非竞争的随机接入成功，而不需要竞争接入中的"消息 3"和"消息 4"解决冲突。

(1) 上行链路上 RACH 随机接入前导码。

UE 发送所分配的特定非竞争随机接入前导码。

(2) 下行链路上的随机接入响应。

- 与"消息 1"在一个或多个 TTI 的时间内半同步。

- 无 HARQ。
- 在 PDCCH 上寻址到 RA - RNTI。
- 消息至少含有：定时对准信息和用于切换的初始上行许可；用于下行数据到达的定时对准信息；随机接入前导码标识符。

　一条下行共享信道随机接入消息可以承载一个或多个 UE 的随机接入响应。

4.5.3　小区选择与重选

　　根据 3GPP 协议规定，终端在空闲状态下的任务分为四个过程：PLMN 选择；小区选择和重新选择；位置注册；支持手动 CSG(Closed Subscriber Group，封闭用户组)选择。其具体关系如图 4 - 23 所示，即 UE 首先需要进行 PLMN 选择(或者手动 CSG)，然后才能进行小区选择/重选，当小区选择/重选成功后，才能发起注册。

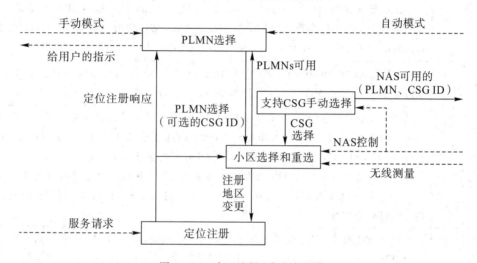

图 4 - 23　小区选择/重选流程图

1. 小区选择

　　通过小区搜索，UE 完成下行同步，获取了相应系统消息后，UE 需要通过小区选择过程来寻找最佳信号质量的小区驻留。小区选择是指 UE 尚未驻留到一个小区，需要选择一个合适小区进行驻留的过程。小区选择遵循 S 准则。

　　在空闲 IDLE 状态下，小区选择分为初始小区选择和根据存储信息选择。

　　1) 初始小区选择

　　若 UE 没有储存任何有利于识别 LTE 系统频率的先验信息，则 UE 需要扫描所有频带，并寻找一个最佳信号质量的小区进行驻留。

　　2) 根据存储信息选择

　　若 UE 已经储存了 LTE 系统频率相关的信息，同时也可能包括一些小区参数信息，那么 UE 会优先选择有相关信息的小区，并寻找一个最佳信号质量的小区进行驻留。如果储存了相关信息的小区都不合适，UE 将发起初始小区选择过程。

　　小区选择遵循的 S 准则指的是在小区选择过程中，UE 需要对将要选择的小区进行测量，以便进行信道质量评估，判断其是否符合驻留的标准。S 准则的具体内容如下：

　　R8 版本：　　　　　　$S_{rxlev} > 0$

R9 之后版本：$S_{rxlev}>0$ 且 $S_{qual}>0$

$$S_{rxlev}=Q_{rxlevmeas}-(Q_{rxlevmin}+Q_{rxlevminoffset})-P_{compensation}$$

$$S_{qual}=Q_{qualmeas}-(Q_{qualmin}+Q_{qualminoffset})$$

各参数含义见表 4-15。

表 4-15　S 准则相关参数

参　数	说　明
S_{rxlev}	小区选择电平（小区选择 S 值）(dB)
S_{qual}	小区选择质量值(dB)
$Q_{rxlevmeas}$	UE 测量到的小区接收电平值 RSRP
$Q_{qualmeas}$	UE 测量小区的 RSRQ 值
$Q_{rxlevmin}$	小区最低接收功率(dBm)，由基站配置，通过广播消息在 SystemInformationBlockType1 中指示给 UE。参数对应 SIB1/q-RxLevMin，实际值为 IEvalue×2 dBm，该参数可影响用户接入数，缺省为-130 dBm，建议取-120 dBm
$Q_{qualmin}$	小区最低接收质量(dB)，由基站配置，在 SystemInformationBlockType1 中指示给 UE，参数对应 SIB1/q-QualMin-r9，实际值为 IEvalue×1 dB，缺省和建议值都为-19 dB
$Q_{rxlevminoffset}$	最小接收功率偏移(dBm)，该参数指示了小区选择和重选条件的最小接收电平门限偏移，由基站配置，在 SystemInformationBlockType1 中指示给 UE，参数对应 SIB1/q-RxLevMinOffset，实际值为 IEvalue×2 dBm，缺省和建议值为 2 dBm。 由于终端在 VPLMN（访问公用陆地移动网）中正常驻留时会定期搜索较高优先级 PLMN（公用陆地移动网），因此在 S_{rxlev} 评估时对 $Q_{rxlevmin}$ 进行的偏移，可以防止重选振荡，在 SIB1 中广播
$Q_{qualminoffset}$	最小 RSRQ 偏移(dB)，由基站配置，在 SystemInformationBlockType1 中指示给 UE，参数对应 SIB1/q-QualMinOffset-r9，实际值为 IEvalue×1 dB，缺省和建议值都为 1 dB。由于在 VPLMN 中正常驻留时会定期搜索较高优先级 PLMN，因此在 S_{qual} 评估中要考虑到信令 $Q_{qualmin}$ 的偏移量，在 SIB1 中广播
$P_{compensation}$	$\max(P_{EMAX}-P_{PowerClass}, 0)$(dB)。 若 $P_{PowerClass}$ 达不到 P_{EMAX}，则在 UE 计算小区 S_{rxlev} 时，将该差值作为补偿值使用；否则忽略该补偿
P_{EMAX}	终端在小区中允许的最大上行发射功率(dBm)，不同系统的每个频点有各自的取值，参数对应 SIB1/p-Max，缺省和建议值都为 23 dBm
$P_{PowerClass}$	由终端能力决定的最大上行发送功率，即终端实际的最大发送功率(dBm)

在 S_{rxlev} 计算中，$Q_{rxlevmeas}-(Q_{rxlevmin}+Q_{rxlevminoffset})$ 表示下行接收信号质量，$P_{compensation}$ 表示上行发送信号质量。由此可知，S_{rxlev} 是综合考虑了上下行信号功率强度而评估出的可以表示小区可提供的服务质量的评估值。

RSRQ 作为综合考虑有用信号功率强度指示 RSRP 以及总接收功率（包括干扰和噪声影响）的信号质量度量值，可以提供比 RSRP 测量值更可靠的评估依据，所以 S_{qual} 也表示小区服务水平。由 S_{rxlev} 和 S_{qual} 可以较为全面地评估出小区可提供的服务质量。因此，$S_{rxlev}>0$ 且 $S_{qual}>0$ 成为小区是否可以驻留的基本评价条件之一。数值最大的小区选为驻留小区，驻留小区后，UE 开始在 PRACH/RACH 上进行随机接入流程。

2. 小区重选

小区重选指 UE 在空闲状态下通过监测比较邻区和当前小区的信号质量，重新选择一个最好的小区提供服务信号的过程。

小区重选过程遵循 S、R 准则和优先级排序准则（异频小区）。UE 成功驻留后，将持续进行本小区测量。RRC 层根据 RSRP 测量结果计算 S_{rxlev}、S_{qual}（S 准则），并将其与 $S_{IntrasearchP/Q}$（同频测量启动门限）和 $S_{nonintrasearchP/Q}$（异频/异系统测量启动门限）比较，作为是否启动邻区测量的判决条件。

小区重选分为同频小区重选、异频/异系统小区重选。小区重选的步骤包括：测量和重选。LTE 系统中新引入了重选优先级的概念。优先级只能按照频点设置，即同一频点只能设置相同优先级，因此在相同载频的不同小区具有相同的优先级。不同的 E - UTRAN 频率或者其他无线接入网频率之间的绝对优先级可以通过以下三种方式提供给 UE。

• LTE 系统通过系统广播消息告诉 UE，对应参数为 *cellreselectionPriority*，取值为 0～7，其中 0 优先级为最低，优先级数值越大，代表优先级越高。通常情况下，优先级在网管设置时把异频系统 2G 优先级设置为 1，3G 设置为 2/3，4G 设置为 4(FDD 900M 频段)/5 (TDD 的 F 频段)/6(TDD 的 D、E 频段和 FDD 1800 频段)。各家运营商根据不同场景，可以按需设置调整。通过配置各频点的优先级，网络便能方便地引导 UE 重选到高优先级的小区驻留，达到均衡网络负荷、提升资源利用率、保障 UE 信号质量等作用。

• 重选优先级也可以通过 *RRC ConnectionRelease* 消息告诉 UE，此时 UE 忽略广播消息中的优先级信息，以该信息为准。

• 从其他无线接入网继承进行小区重选。

LTE 中 SIB3～SIB8 携带重选相关信息（举例），见表 4 - 16。

表 4 - 16　SIB 重选相关信息

SIB	所在域	对应载频	内　容
SIB3	cellReselectionServingFreqInfo	当前载频	同频、异频或不同技术网络的小区重选信息（服务小区优先级及重选公共参数）
SIB4	intraFreqNeighborCellInfo	当前载频	同频邻区列表、同频小区重选参数、黑名单小区
SIB5	intraFreqCarrierFreqLIst	E - UTRA 异频载频	异频邻区列表、网络重选信息
SIB6	carrierFreqListUTRA - TDD	UTRA - TDD 载频	UTRA - TDD 邻区列表、网络重选信息
	carrierFreqListUTRA - FDD	UTRA - FDD 载频	UTRA - FDD 邻区列表、网络重选信息
SIB7	carrierFreqsinfoList. commoninfo	GERAN 载频	G 网邻区列表、网络重选信息
SIB8	parametersHRPD. PhysCellIdList	CDMA 2000 载频	CDMA 邻区列表、网络重选信息

1) 小区重选 UE 测量

测量准则是 UE 是否对目标频点进行测量的依据，只有达到了测量准则的要求，UE 才开始对目标频点进行测量。测量分为高优先级频点、同频、异频或者低优先级频点几种情况。高优先级邻区：UE 一直进行测量；同优先级或低优先级邻区：满足一定条件，UE 开启测量。具体测量触发原则如下：

（1）对于同频小区，主要参数在 SIB1 和 SIB3 中，以下条件满足时，UE 开始测量：

R8：$S_{ServingCell} \leqslant S_{IntraSearch}$ 或 $S_{IntraSearch}$ 没有传送给当前服务小区；

R9：$S_{rxlev} \leqslant S_{IntraSearchP}$ 或 $S_{qual} \leqslant S_{IntraSearchQ}$。

（2）对于高优先级邻区的频点，无论 S_{rxlev} 取任何值，UE 始终进行测量。

（3）对于异频或者低优先级的小区频点，以下条件满足时，UE 开始测量：

R8：$S_{ServingCell} \leqslant S_{nonintrasearch}$ 或 $S_{nonintrasearch}$ 没有传送给当前服务小区；

R9：$S_{rxlev} \leqslant S_{nonIntraSearchP}$ 或 $S_{qual} \leqslant S_{nonIntraSearchQ}$。

2）小区重选

小区重选的原则与优先级相对应，UE 在满足以下条件的情况下重新选择新小区：

- UE 在当前服务小区驻留时间已超过 1 s。
- 在持续时间 $T_{reselection}$ 期间，发现新小区比当前服务小区在信道质量中排序更好。

同频小区重选可以解决无线覆盖问题，LTE 小区同频重选没有优先级的概念。

异频/异系统小区重选不仅可以解决无线覆盖问题，还可以通过设定不同频点的优先级来实现负载均衡。异频/异系统小区重选需要进行高优先级的小区重选或低优先级的小区重选。向高优先级的小区重选时，只要高优先级的小区门限值超过一定值，不管本小区信号如何，终端都要向高优先级小区进行重选。向低优先级的小区重选时，需要本小区的信号低于一定门限值，低优先级的小区信号高于一定门限值才能发生重选。异系统之间的优先级不能是相同的。

总的来说，小区重选原则分为以下三种情况：

（1）同频小区或同优先级异频小区重选。

① 1 s 准则：UE 在当前服务小区的驻留时间已超过 1 s。

② R 准则：R_n（邻小区）$> R_s$（服务小区），且持续时间 $T_{reselection}$ 长。R 准则如下：

$$R_s = Q_{meas, s} + Q_{Hyst}$$
$$R_n = Q_{meas, n} - Q_{offset}$$

若 $R_n > R_s$，则执行小区重选，具体计算参数见表 4-17。

表 4-17　小区重选相关参数

参　数	说　明
S_{rxlev}	小区选择 S 值(dB)
S_{qual}	小区选择质量值(dB)
$S_{IntraSearchP}$	用于小区频率内测量的 S_{rxlev} 阈值(dB)，参数对应 SIB3/ s - IntraSearch 、SIB3/ s - IntraSearchP- r9，实际值为 IEvalue×2 dB
$S_{IntraSearchQ}$	用于小区频率内测量的 S_{qual} 阈值(dB)，参数对应 SIB3/s - IntraSearchQ - r9，实际值为 IEvalue×1 dB
R_s	服务小区 R 值，单位为 dB
R_n	邻小区 R 值，单位为 dB
Q_{meas}	小区重选时测量的 RSRP 值，单位为 dBm

参　数	说　明
Q_{hyst}	服务小区重选迟滞值(dB)，用于调整重选难易程度，减少乒乓效应。如果 UE 处于非普通移动状态(中速或高速)，则需要考虑对参数 $T_{reselection}$ 与 Q_{hyst} 进行缩放。 其他参数一定的情况下，增加迟滞，即增加同频小区或异频同优先级重选的难度。参数对应 SIB3/q - Hyst，实际值为 IEvalue×1 dB
Q_{offset}	本地小区与同频(或异频)邻区之间的小区质量偏移值，用于控制小区重选的难易程度，参数值越大，越难重选到此邻区。 同频重选：取值为小区间 Q_{offset}(系统广播中存在小区间 Q_{offset})或缺省取 0(系统广播中不存在小区间 Q_{offset})，参数对应 SIB4/q - OffsetCell。实际值为 IEvalue×1 dB。 异频重选：取值为频率间 Q_{offset} +小区间 Q_{offset}(系统广播中存在小区间 Q_{offset})或频率间 Q_{offset}(系统广播中不存在小区间 Q_{offset})，参数对应/q - OffsetFreq +q - OffsetCell，不存在取 0
$T_{reselection}$	小区重选定时时长参数，后台针对不同的频率/无线接入网进行分配，在相应广播信息中下发。参数对应 SIB1/t - Reselection，缺省和建议值均为 1 s

(2) 向高优先级异频/异系统重选。

如果 *threshServingLowQ* 由系统消息 SystemInformationBlockType3 中可知，则 UE 按照以下原则进行小区重选：

① 1 s 准则：UE 在当前服务小区的驻留时间已超过 1 s。

② S_{rxlev}(邻小区)$>Thresh_{X, High}$(高优先级重选门限值)，发现新小区比当前服务小区在信道质量中排序更好，并持续 $T_{reselection}$ 时长。

R8：

$$S_{nonServingCell, X} > Thresh_{X, High}$$

R9：

邻区为 E - UTRAN 或 UTRAN FDD/频点：$S_{qual} > Thresh_{X, HighQ}$

邻区为 UTRAN TDD、GERAN 或 CDMA 2000/频点：$S_{rxlev} > Thresh_{X, HighP}$

若 $R_n > R_s$，则执行小区重选，对于满足 S 准则的小区，UE 会进行排序，若有多个小区满足重选标准，则在满足条件的小区中选择排名最高的 LTE/其他无线接入网小区。

(3) 向低优先级异频/异系统(RAT)重选。

如果 *threshServingLowQ* 由系统消息 SystemInformationBlockType3 中可知，则 UE 按照以下原则进行小区重选：

① 1 s 准则：UE 在当前服务小区的驻留时间已超过 1 s。

② S_{rxlev}(服务小区)$<Thresh_{Serving, Low}$(服务频点低优先级重选门限)且 S_{rxlev}(邻区)$>Thresh_{X, Low}$(低优先级重选门限值)，并持续时间 $T_{reselection}$ 长。

R8：

服务小区：$S_{ServingCell} < Thresh_{Serving, Low}$

邻区：$S_{nonServingCell, X} > Thresh_{X, low}$

R9：

邻区为 EUTRAN 或 UTRAN FDD/频点小区：

服务小区：$S_{qual} < Thresh_{Serving, LowQ}$

邻区：$S_{qual} > Thresh_{X, LowQ}$

邻区为 UTRAN TDD，GERAN 或 CDMA2000/频点：

服务小区：$S_{qual} < Thresh_{Serving, LowQ}$

邻区：$S_{rxlev} > Thresh_{X, LowP}$

4.5.4 功率控制

对于在保证通话质量的情况下降低发射功率，从而降低整网干扰，减少功耗，无线系统中的功率控制是非常重要的。功率控制主要依据终端和基站上报的测量报告，按照实际需要来及时调整基站与手机的发射功率。

从控制方向看，LTE 功率控制分为上行功率控制和下行功率分配。

1. 上行功率控制

上行功率控制过程需要控制上行物理信道的 SC - FDMA 符号的平均功率和各上行物理信道的发射功率。上行功率控制包括：探测参考信号（SRS）功率控制、PRACH 功率控制、PUSCH 功率控制和 PUCCH 功率控制。

通过上行功率控制不同上行链路物理信道的发射功率，可以使得小区中的 UE 既保证上行所发送数据的质量，又尽可能减少对系统中其他用户的干扰，延长 UE 电池的使用时间。

UMTS 系统中，上行功率控制的主要目的是克服"远近效应"和"阴影效应"，在保证服务质量的同时抑制用户之间的干扰。LTE 系统中，上行采用 SC - FDMA 技术，小区内的用户采用正交频分的多址方式，因此小区内干扰影响较小，不存在明显的"远近效应"。但小区间干扰则是影响 LTE 系统性能的重要因素，尤其是频率复用因子为 1 时，系统内所有小区都使用相同的频率资源为用户服务，一个小区的资源分配会影响到其他小区的系统容量和边缘用户性能。对于 LTE 系统分布式的网络架构，各个 eNB 的独立调度，无法进行集中的资源管理。因此 LTE 系统需要进行小区间的干扰协调，其中上行功率控制就是实现小区间干扰协调的一个重要手段。

按照实现的功能不同，上行功率控制可分为小区内功率控制（补偿路损和阴影衰落）和小区间功率控制（基于邻小区的负载信息调整 UE 的发送功率）。小区内功率控制的目的是为了达到上行传输的目标 SINR，而小区间功率控制的目的是为了降低小区间干扰水平以及干扰的抖动性。

2. 下行功率分配

下行功率分配用于下行物理信号和信道的功率分配，eNB 决定了每个资源单元能量 EPRE（Energy Per Resource Element，指所应用的调制方案在所有星座点上的平均能量）的下行发射能量。下行功率分配包括：小区专属参考信号（RS）功率分配、同步信号（SS）功率分配、PBCH 功率分配、PCFICH 功率分配、PDCCH 功率分配、PDSCH 功率分配和 PHICH 功率分配。

由于 LTE 下行采用 OFDMA 技术，一个小区内发送给不同 UE 的下行信号之间是相互正交的，因此不存在 UMTS 系统因远近效应而进行功率控制的必要性。一方面，就小区内不同 UE 的路径损耗和阴影衰落问题，LTE 系统可以通过频域上的灵活调度方式来避免给 UE 分配路径损耗和阴影衰落较大的资源块，因此，LTE 对 PDSCH 采用下行功控意义不大。另一方面，采用下行功控会扰乱下行信道质量的测量，影响下行调度的准确性。因此，LTE 系统中不对下行采用灵活的功率控制，而只是采用静态或半静态的功率分配（为避免小区间干扰采用干扰协调时静态功控是很有必要的)。

下行功率分配的目的是在满足用户接收质量的前提下尽量降低下行信道的发射功率,从而降低小区间干扰。在 LTE 系统中,使用 EPRE 来衡量下行发射功率大小。对于物理下行共享信道的 EPRE,可以由下行小区专属参考信号功率 EPRE 以及每个 OFDM 符号内的 PDSCH EPRE 和小区专属 RS EPRE 的比值 ρ_A 或 ρ_B 得到,见表 4 - 18。

表 4 - 18　天线端口 1、2、4 下的 ρ_B/ρ_A

P_B	ρ_B/ρ_A	
	天线端口 1	天线端口 2、4
0	1	5/4
1	4/5	1
2	3/5	3/4
3	2/5	1/2

思考与习题

1. LTE 物理资源有哪些? 定义是什么?

2. LTE 下行物理信道有哪些? 对应的功能和调制方式是什么?

3. LTE 下行物理参考信号有哪些?

4. LTE 上行物理信道有哪些? 对应的功能和调制方式是什么?

5. LTE 上行物理参考信号有哪些?

6. 简述 LTE 信道映射。

7. 随机接入过程的分类有哪些? 简述它们各自的随机接入过程。

8. 简述 LTE 小区搜索过程。

9. 简述小区选择的准则。

10. 什么是小区重选? 简述小区重选的原则和步骤。

11. 简述 LTE 系统的功率控制方式。

第 5 章　LTE 关键技术

5.1　LTE 的技术特点

　　LTE 改进并增强了 3G 的空中接入技术，采用 OFDM 和 MIMO 作为无线网络演进的标准，同时支持 FDD 和 TDD 双工方式。与其他无线技术相比，LTE 具有更高的传输性能，且同时适合高速和低速移动应用场景。LTE 的技术特点如下：

　　(1) 支持灵活的频谱带宽。

　　(2) 提供了更高的容量。LTE 提供了更高的比特率，也提升了系统的容量，LTE 系统的容量至少是 3G 系统的 10 倍。

　　(3) 高峰值的数据速率。如在 LTE 系统的 R8 的 20 MHz 带宽上达到下行 100 Mb/s 和上行 50 Mb/s；到后续 LTE 版本的下行 3 Gb/s，上行 1.5 Gb/s。

　　(4) 更高的频谱效率。从 R8 的最高 16 (b/s)/Hz 到 R10 的 30 (b/s)/Hz。

　　(5) 更低的时延。控制面时延小于 100 ms，用户面时延小于 5 ms。由此大幅度提高 VoIP、游戏、视频直播等实时互动应用的体验质量。

　　(6) 增加了同时活动用户的数量。

　　(7) 提高了单元边缘的性能。提高了小区容量并降低了系统时延。例如，在下行 2×2 MIMO 的条件下，边缘频谱效率大于 2.40 (b/s)/Hz 每小区。

　　LTE 的主要关键技术有：

- 频谱效率提升技术：OFDM（正交频分复用）。
- 空口速率提升技术之一：MIMO（多输入多输出）。
- 空口速率提升技术之二：高阶调制和 AMC（自适应调制与编码）。
- 可靠性提升技术：HARQ（混合自动重传）。
- 抗干扰利器：ICIC（小区间干扰协调）。

5.2　正交频分复用

5.2.1　OFDM 概述

　　正交频分复用（Orthogonal Frequency Division Multiplexing，OFDM）是由 FDM 演变而来的一种多载波调制技术（见图 5-1），用于将宽带频率资源分割为很多个较窄的相互正交的子载波。OFDM 中的各载波的相互正交，让每个载波在一个符号时间内有整数个载波周期，每个载波的频谱零点和相邻载波的零点重叠，避免了载波间的相互干扰。

　　OFDM 通过频分复用实现高速串行数据的并行传输，它具有较好的抗多径衰落的能力，能够支持多用户接入。OFDM 的实现是将信道分成若干正交子信道，将调制后的高速数据信号转换成并行的低速子数据流，并映射到在每个子信道上进行传输。正交信号可以通过在接收端采用相关技术来分开，从而减少子信道之间的相互干扰。每个子信道上的信号带宽小于信道的相关带宽，因此每个子信道上可以看成平坦性衰落，从而可以消除码间串扰，而且由于每个子信道的带宽仅仅是原信道带宽的一小部分，因此信道均衡变得相对容易。

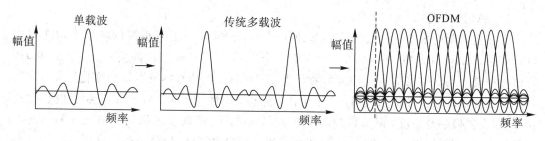

图 5 - 1　OFDM 的演变

5.2.2　OFDM 技术

1. LTE 中 OFDM 的主要参数

（1）子载波间隔。LTE 系统中主要以 15 kHz 的子载波间隔为主，用于单播和多播（MBSFN）传输。也可以采用 7.5 kHz 的子载波间隔，用于独立载波的 MBSFN 传输。

（2）子载波数目。LTE 系统中各带宽下的子载波数见表 5 - 1。

表 5 - 1　LTE 系统中各带宽下的子载波数

信道带宽/MHz	1.4	3	5	10	15	20
子载波数目	72	180	300	600	900	1200

2. OFDM 技术的优点

1）频谱效率高

传统的 FDM 是将频带分为若干个不相交的子频带来并行传输数据流的，各个子信道之间要保留足够的保护频带，而 OFDM 系统由于各个子载波之间存在正交性，允许子信道的频谱相互重叠，因此与常规的频分复用系统相比，OFDM 系统可以最大限度地利用频谱资源。

2）带宽扩展性强

OFDM 系统的信号带宽取决于使用的子载波数量，几百千赫兹到几百兆赫兹都较容易实现，非常有利于实现未来宽带移动通信所需的更大带宽，也便于使用 2G 系统退出市场后留下的零碎频谱段。

3）抗多径衰落，有效降低接收机的实现复杂度

OFDM 技术可有效地抑制无线多径信道的频率选择性衰落。因为 OFDM 的子载波间隔比较小，一般都会小于多径信道的相关带宽，这样在一个子载波内，衰落是平坦的，进一步通过合理的子载波分配方案，将衰落特性不同的子载波分配给同一个用户，以获取更大的频率分集增益，从而有效地克服频率选择性衰落。

单载波信号的多径均衡复杂度随着带宽的增大而急剧增加，很难支持较大的带宽。

OFDM 系统插入循环前缀(CP)可以用单抽头频域均衡(FDE)技术纠正信道失真,大大降低了接收机均衡器的复杂度。对于 20 MHz 以上的带宽,OFDM 优势更加明显。

4) 实现 MIMO 技术较为简单

MIMO 技术的关键是有效避免天线间的干扰(IAI),以区分多个并行数据流;在平坦衰落信道可以实现简单的 MIMO 接收。

3. OFDM 技术的缺点

1) PAPR(峰均比)高

当独立调制的很多子载波连在一起使用时,OFDM 符号就有很高的峰值平均功率比(Peak - to - Average Power Ratio,PAPR)。当 N 个具有相同相位的信号叠加在一起时,峰值功率是平均功率的 N 倍,因此可能带来信号畸变,使信号的频谱发生变化,从而导致各个子信道间的正交性遭到破坏,产生干扰,使系统的性能恶化。高 PAPR 会增加模/数转换和数/模转换的复杂度,降低射频功率放大器的效率,增加发射机功放的成本和终端电池的耗电量,不利于在上行链路实现(终端成本和耗电量受到限制)。

降低 PAPR 的技术有信号预失真技术、编码技术、加扰技术。

2) 对频率偏移特别敏感,对时频同步要求高

载波频率偏移带来两个破坏性的影响:

(1) 降低信号幅度(sinc 函数移动造成无法在峰值点抽样)。

(2) 造成载波间干扰(ICI)。

时间偏移会导致 OFDM 子载波的相位偏移。由于使用了 CP,对时间同步要求在一定程度上可以放松。假如同步误差和多径扩展造成的时间误差小于 CP,系统就能维持子载波之间的正交性。但如果时间偏移大于 CP,就会导致载波间干扰(ICI)和符号间干扰(ISI)。如果 CP 太短,就不能完全避免 ISI。CP 长度是由系统容量、信道相关时间、FFT 复杂度共同确定的。短的 CP,只允许有限的 ISI,有利于更高的系统容量。插入 CP 降低了 OFDM 对时间同步精度的要求,但由于子载波宽度较小,对频偏较敏感,因此 OFDM 系统需要保持严格的频率同步,以确保子载波之间的正交性。多载波系统对载波相位噪声也比单载波系统更加敏感。

3) 同频干扰较严重

OFDM 小区内用户之间的信号是正交的,但小区间是同频组网的情况,则同频干扰比较严重,需要相应的抑制小区间干扰的技术,如加扰(LTE 系统中的 504 个扰码分别对应 504 个小区 ID)、干扰抵消和干扰协调技术。

4. LTE 的多址接入

1) 下行多址:OFDMA

OFDMA(Orthogonal Frequency Division Multiple Access,正交频分多址)是一种多址接入技术,用于将 OFDM 子载波资源分配给不同的用户使用。

LTE 下行多址方式采用 OFDMA,发送端过程见图 5 - 2。

下行信号在发送端完成信道编码、交织和加扰后,进行调制,将调制后的频域信号进行串/并变换,将高速的数字信号转换成并行的低速子数据流,完成子载波映射,并对所有子载波上的符号进行傅里叶逆变换(IDFT/IFFT)后生成时域信号,然后在每个 OFDM 符

号前插入一个循环前缀 CP，以保证在多径衰落环境下子载波之间的正交性，从而消除多径所造成的 ISI。接收端完成发送端的逆过程。

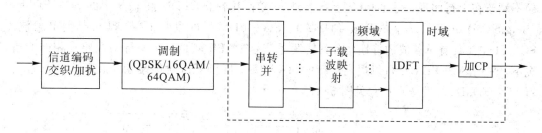

图 5-2　LTE 下行 OFDMA 的发送端过程

发送端插入 CP 是将 OFDM 符号尾部的一段复制到 OFDM 符号之前。CP 长度必须大于主要多径分量的时延扩展，才能保证接收端信号的正确解调。其方法是在 OFDM 符号保护间隔内填入 CP，以保证在 FFT 周期内 OFDM 符号的时延副本内包含的波形周期个数也是整数，见图 5-3。这样时延小于保护间隔的信号就不会在接收端解调过程中产生 ISI。

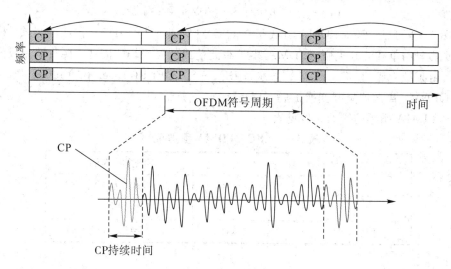

图 5-3　CP 示意图

CP 的长度决定了 LTE 系统的抗多径衰落的能力和覆盖范围的大小。长 CP 有利于 OFDM 克服多径干扰，同时也能支持大范围覆盖，但系统开销也会相应增加，从而导致系统的数据传输能力下降。为了达到小区半径 100 km 的覆盖要求，TD-LTE 系统采用长短两套 CP 方案，根据具体实际部署场景进行选择：短 CP 部署为基本选项，长 CP 部署用于支持大范围小区覆盖和多小区的广播业务。3GPP 规定的 OFDM 循环前缀 CP 的长度见表 5-2。

表 5-2　OFDM 参数配置

配　置		CP 长度 $N_{CP,l}$
常规 CP	$\Delta f = 15\ \text{kHz}$	160 $(l=0)$ 144 $(l=1, 2, \cdots, 6)$
扩展 CP	$\Delta f = 15\ \text{kHz}$	512 $(l=0, 1, \cdots, 5)$
	$\Delta f = 7.5\ \text{kHz}$	1024 $(l=0, 1, 2)$

2) 上行多址：SC-FDMA

考虑到终端处理能力有限，尤其发射功率受限的因素，OFDM 技术由于高的 PAPR 问题不利于在上行实现，因此 LTE 上行多址方式采用基于 OFDM 传输技术的 SC-FDMA（Single Carrier FDMA，单载波 FDMA）。SC-FDMA 可以从时域/频域产生单载波。SC-FDMA 具有单载波的特性，因而其发送信号 PAPR 较低，在上行功放要求相同的情况下，采用 SC-FDMA 可以提高上行的功率效率，降低系统对终端的功耗要求。LTE 上行 SC-FDMA 的发送端过程见图 5-4。

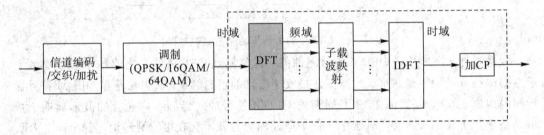

图 5-4　LTE 上行 SC-FDMA 发送端过程

由图 5-4 可见，SC-FDMA 方式是在 OFDM 之前增加了 DFT 扩频的步骤，模拟出一个单载波，用单载波来克服 OFDMA 多子载波造成的高峰均比问题。接收端完成发送端逆过程。由频域生成的 SC-FDMA 也称为 DFT-S-OFDM（Discrete Fourier Transform Spread OFDM，离散傅里叶变换扩展 OFDM）。

SC-FDMA 循环前缀的长度见表 5-3。

表 5-3　SC-FDMA 参数配置

配　置		CP 长度 $N_{\text{CP}, l}$
常规 CP	$\Delta f = 15 \text{ kHz}$	160 ($l=0$) 144 ($l=1, 2, \cdots, 6$)
扩展 CP	$\Delta f = 15 \text{ kHz}$	512 ($l=0, 1, \cdots, 5$)

5.3　多天线技术

5.3.1　MIMO 概述

多输入多输出（Multiple Input Multiple Output，MIMO）技术最早是由马可尼于 1908 年提出的，是指在发射端或接收端采用多根天线（见图 5-5），使信号在空间获得阵列增益、分集增益、空间复用增益和干扰抑制增益。在不增加频谱资源和天线发射功率的情况下，充分利用空间资源，可以得到更大的系统容量、更广的覆盖面和更高的数据传输速率，从而提高了频谱利用率。

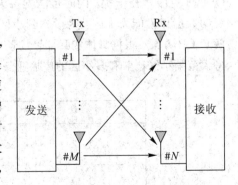

图 5-5　MIMO 技术示意图

1. MIMO 分类

1）根据实现方式不同分类

LTE 系统下行 MIMO 技术主要包括：空分复用、空间分集和波束赋形；上行 MIMO 技术包括：空分复用、空间分集和天线选择分集。

（1）空分复用（空间复用）。

空分复用指系统将高速数据流分成多路低速数据流，经过编码后调制到多根发射天线上进行发送。由于不同空间信道间具有独立的衰落特性，因此接收端利用最小均方误差或串行干扰删除技术，就能够区分出这些并行的数据流。在这种方式下，使用相同的频率资源可以获取更高的数据传输速率、频谱效率和峰值速率。LTE 系统支持基于多码字（Multiple Code Word，MCW）的空间复用传输。多码字指的是用于空分复用传输的多层数据来自多个不同的独立信道编码的数据流，每一个码字可以独立地进行速率控制，分配独立的混合自动重传请求（HARQ）。

（2）空间分集。

空间分集指将同一信息进行正交编码后从多根天线上发射出去的方式。接收端将信号区分出来再进行合并，以获得分集增益。通过在发射端的正交编码增加信号的冗余度，以减小由于信道衰落和噪声所导致的符号差错率，提高传输可靠性和扩大覆盖范围。空间分集分为发射分集、接收分集和接收发射分集三种。LTE 系统中发射分集技术包括：空时/频编码（STBC/SFBC）、时间/频率转换发射分集（TSTD/FSTD）、循环延迟分集（CDD）和天线切换分集等。

（3）波束赋形。

波束赋形是一种应用于小间距的天线阵列多天线传输技术，主要利用空间的强相关性及波的干涉原理产生强方向性的辐射方向图，使辐射方向图的主瓣自适应地指向用户来波方向，从而提高信噪比，提高系统容量和扩大覆盖范围。波束赋形按照形成的波束数目可以分为单流和多流波束赋形。

2）根据接收端是否反馈信息状态信息分类

（1）开环 MIMO。

接收端不反馈任何信息给发射端，即发射端在无法了解信道状态信息时进行的传输模式。开环传输模式下，发射端各天线平均分配发射功率。

（2）闭环 MIMO。

接收端需要给发射端进行信息反馈，即发射端在了解全部或者部分信道状态信息时进行的传输模式。闭环传输模式下，发射端需要从接收端得到下行信道状态的反馈，构成反馈信道，根据该反馈依次在各数据流间调整发射功率。

3）根据接入用户数分类

（1）SU‐MIMO（单用户 MIMO）。

SU‐MIMO 仅用于增加一个用户的速率，即占用相同时频资源的多个并行数据流发给同一个用户或从同一个用户发给基站。SU‐MIMO 的预编码考虑的是单个收发链路的性能，传输模型见图 5‐6。LTE 系统中的下行常采用该模式。

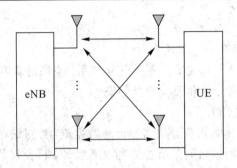

图 5-6　SU-MIMO 示意图

（2）MU-MIMO（多用户 MIMO）。

MU-MIMO 占用相同时频资源的多个并行的数据流发给不同用户或不同用户采用相同时频资源发送数据给基站，传输模型见图 5-7。LTE 系统考虑终端的实现复杂性，因此仅有上行支持 MU-MIMO，也称为虚拟 MIMO。上行 MU-MIMO 是大幅提高系统上行频谱效率的一个重要手段，但无法提高上行单用户峰值吞吐量。

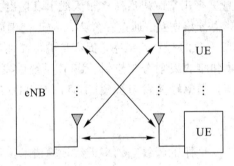

图 5-7　MU-MIMO 示意图

5.3.2　MIMO 技术

1. MIMO 技术优点

1）提高信道的容量和频带利用率

MIMO 接入点到 MIMO 终端之间，可以同时发送和接收多个空间流，信道容量可以随着天线数量的增大而线性增大，因此可以利用 MIMO 信道成倍地提高无线信道容量，在不增加带宽和天线发送功率的情况下，频带利用率可以成倍地提高。

2）提高信道的可靠性

利用 MIMO 信道提供的空间复用增益及空间分集增益，可以利用多天线来抑制信道衰落。多天线系统的应用，使得并行数据流可以同时传送，可以显著克服信道的衰落，降低误码率。

2. MIMO 模式分类

R10 版本中，MIMO 传输模式（Transmission Mode，TM）的分类见表 5-4。

表 5 − 4　MIMO 传输模式

模式	DCI	传输模式	技术描述	应用场景
TM1	1A、1	单天线传输	使用端口 0，信息通过单天线进行发送	无法布放双通道室分系统的室内站
TM2	1A、1	发射分集（发射分集是默认的多天线传输模式）	使用 2 或 4 个天线端口。通过在不同的天线上发送相同的数据实现数据冗余，从而提高 SINR，使得传输更加可靠	适用于小区边缘信道情况比较复杂、干扰较大的情况（TM2 是其他 MIMO 模式的回退模式）
TM3	1A	发射分集	使用 2 或 4 个天线端口。终端不反馈信道信息，发射端根据预定义的信道信息来确定发射信号。rank1 时采用发射分集，否则采用大规模延迟（CDD）	信道质量高且空间独立性强，适合 UE 高速移动的场景
	2A	大规模延迟（CDD）或发射分集		
TM4	1A	发射分集	使用 2 或 4 个天线端口。需要终端反馈信道信息，发射端采用该信息进行信号预处理以产生空间独立性，用于提供较高的传输速率	信道质量高且空间独立性强，适合终端静止时的场景（低速）
	2	闭环空间复用或发射分集		
TM5	1A	发射分集	使用 2 或 4 个天线端口。基站使用相同时频资源将多个数据流发送给不同用户，接收端利用多根天线对干扰数据流进行取消和零陷	TM5 是 TM4 的 MU − MIMO 版本，主要用来提高小区的容量，适用于密集城区
	1D	MU − MIMO		
TM6	1A	发射分集	使用 2 或 4 个天线端口。终端反馈 RI＝1 时，发射端采用单层预编码，使其适应当前的信道	增强小区覆盖，针对 FDD
	1B	单层闭环空间复用，rank1 的传输		
TM7	1A	如果 PBCH 天线端口数是 1，则使用单天线端口 0 单流波束赋形，否则采用发射分集	只使用端口 0 或者 5。发射端利用上行信号来估计下行信道的特征，在下行信号发送时，每根天线上乘以相应的特征权值，使其天线阵发射信号具有波束赋形效果	主要适用于小区边缘的 UE，能够有效对抗干扰，增强小区覆盖，针对 TDD
	1	单天线端口 5 单流波束赋形		
TM8	1A	如果 PBCH 天线端口数是 1，则使用单天线端口 0 单流波束赋形，否则采用发射分集	使用端口 7 和 8，每个端口对应一个 UE 特定的参考信号，这两个参考信号通过正交的 OCC（Orthogonal Cover Code，正交覆盖编码）区分，在空分复用下，这两个 OCC 和对应的参考信号被用于这 2 层的传输。结合复用和智能天线技术，进行多路波束赋形发送，既提高了用户信号强度，又提高了用户的峰值和均值速率	小区中心吞吐量大的场景，也可用于小区边缘的 UE 等其他场景
	2B	双层传输，双流波束赋形使用端口 7 和 8 或单个天线端口（端口 7 或 8）		

续表

模式	DCI	传 输 模 式	技 术 描 述	应 用 场 景
TM9	1A	非 MBSFN 子帧：如果 PBCH 天线端口数为一个，则使用单天线端口 0，否则传输分集；MBSFN 子帧：单天线端口 7	LTE-A 中新增加的一种模式，一种新的参考信号设计和信道反馈解决方案。TM9 消除了多天线技术的参考信号限制，允许具有 4 个以上天线端口的配置，可以支持最大到 8 层的传输。为了提升数据传输速率，DCI 格式中增加了新格式 2C 指示，以及波束赋形、基于 CSI-RS 码本两种实现方式	主要是为了提高数据传输速率
	2C	最多 8 层传输，端口 7~14 或单天线端口 7 或 8		

由表 5-4 可见，一个 TM 对应两种传输模式，一种是发射分集或单天线端口传输，而另一种是基于性能优选的传输模式。如 TM3，对应两种不同的传输模式：发射分集和大规模延迟(CDD)。如果 eNB 能从 UE 获得足够的反馈信息，以及信道条件较好，则会选择大规模延迟(CDD)来发送 PDSCH，否则会使用发射分集。这 9 种 TM 模式只用于下行共享信道传输，对于广播信道和 L1/L2 层控制信道，可以使用单天线端口或发射分集传输，但通常不说使用某种 TM 模式。TM 模式是 UE 特定的信息，同一小区内的不同 UE，可能配置了不同的 TM 模式。配置了载波聚合的 UE，在不同的服务小区上可以使用不同的 TM 模式。

5.4　高阶调制和 AMC

5.4.1　高阶调制

调制是将待传输的基带信号(调制信号)加载到高频振荡信号上的过程，其实质是将基带信号搬移到高频载波上去，也就是频谱搬移的过程，其目的是把要传输的模拟信号或数字信号变换成适合信道传输的高频信号。采用高阶调制能有效提高传输效率，但调制阶数越高，对信道的质量要求也越高。

高峰值传送输率是 LTE 下行链路需要解决的主要问题。为了实现系统下行 100 Mb/s 峰值速率的目标，在 3G 原有的 QPSK、16QAM 调制方式的基础上，LTE 系统增加了 64QAM 高阶调制。LTE 上行方向首要问题是控制峰均比，降低终端成本及功耗，其主要采用 BPSK 和频域滤波两种方案进一步降低上行 SC-FDMA 的峰均比。因此，LTE 支持的调制包括：BPSK、QPSK、16QAM 和 64QAM，这四种调制方式中的每个调制符号可以携带信息的大小分别为 1、2、4、6 bit/符号，这个数值也代表调制的阶数，即分别为 1、2、4、6 阶调制。

不同的调制方式有不同的特征，低阶调制增加了较多的冗余，导致实际调制效率较低，但能够保证较高的可靠性，高阶调制具有较高的调制效率但可靠性差，对信道条件提出了较高的要求，只有在信道很好的条件下才能获得较高的增益。采用 64QAM 的 TD-LTE 比采用 16QAM 的 TD-SCDMA 速率提高了 50%。

5.4.2　自适应调制与编码(AMC)

　　链路自适应技术指的是系统根据获取的当前信道信息，自适应地调整系统传输参数，以克服或适应当前信道变化带来的影响。链路自适应技术主要包括：自适应调制与编码(Adaptive Modulation and Coding，AMC)、混合自动重传请求(Hybrid Automatic Repeat reQuest，HARQ)、功率控制和信道选择性调度技术。

　　自适应调制与编码(AMC)属于物理层的链路自适应技术，指的是系统可以根据无线环境和数据本身的要求来自适应地调整选择合适的调制与编码方式。LTE 支持 BPSK、QPSK、16QAM 和 64QAM 四种调制方式和卷积码、Turbo 码等编码方式。UE 会周期性或非周期性地测量无线信道，并上报 CQI、PCI 和 Rank 给 eNB，eNB 根据上报的 CQI 选择相应的调制与编码方式，同时兼顾 UE 缓存中的数据量后决定调制方式、HARQ、资源块大小和数据速率等信息，并发送给 UE。其中，CQI 由 eNB 控制 UE 上报，可以是周期性定时上报，或者是事件触发上报，也可同时配置为周期性上报和事件触发上报。当两种上报方式同时发生时，以非周期上报为准。当信道质量较差时，选择低阶调制方式和低编码速率；当信道质量较好时，选择高阶调制方式和高速编码速率。

　　LTE 上行的链路自适应技术基于上行信道质量，直接确定具体的调制与编码方式；LTE 下行的链路自适应技术基于 UE 反馈的 CQI，从 3GPP 预定义的 CQI 表格(见表 5-5)中确定相应的调制与编码方式。

表 5-5　4 bit CQI 索引

CQI 索引	调制方式	编码速率×1024	效　　率	编码速率
0	超出范围			
1	QPSK	78	0.1523	0.0762
2	QPSK	120	0.2344	0.1172
3	QPSK	193	0.377	0.1885
4	QPSK	308	0.6016	0.3008
5	QPSK	449	0.877	0.4385
6	QPSK	602	1.1758	0.5879
7	16QAM	378	1.4766	0.3691
8	16QAM	490	1.9141	0.4785
9	16QAM	616	2.4063	0.6016
10	64QAM	466	2.7305	0.4551
11	64QAM	567	3.3223	0.5537
12	64QAM	666	3.9023	0.6504
13	64QAM	772	4.5234	0.7539
14	64QAM	873	5.1152	0.8525
15	64QAM	948	5.5547	0.9258

表 5-5 中，效率＝编码速率×调制阶数。CQI 的选取准则是 UE 接收到的传输块的误码率不超过 10%。因此，UE 上报的 CQI 不仅与下行参考信号的 SINR 有关，还与 UE 接收机的灵敏度有关。CQI 的不同取值决定了下行调制方式以及传输块大小之间的差异。CQI 值越大，所采用的调制编码方式越高，效率越大，所对应的传输块也越大，因此所提供的下行峰值吞吐量越高。

在 AMC 实现过程中，LTE 系统的不同的数据传输的配置通过 MCS(Modulation and Coding Scheme，调制与编码策略)索引值(见表 5-6)实现。

表 5-6　MCS 索引

MCS 索引	调制阶数	TBS 索引(I_{TBS})	MCS 索引	调制阶数	TBS 索引(I_{TBS})
0	2	0	16	4	15
1	2	1	17	6	15
2	2	2	18	6	16
3	2	3	19	6	17
4	2	4	20	6	18
5	2	5	21	6	19
6	2	6	22	6	20
7	2	7	23	6	21
8	2	8	24	6	22
9	2	9	25	6	23
10	4	9	26	6	24
11	4	10	27	6	25
12	4	11	28	6	26
13	4	12	29	2	
14	4	13	30	4	保留
15	4	14	31	6	

TBS 为传输块的大小，TBS 索引(I_{TBS})表可查看 3GPP TS36.213 的 Table 7.1.7.2.1-1。MCS 索引对应于各种调制阶数和编码速率，当信道条件变化时，系统需要根据信道条件选择不同的 MCS 方案，即自动调度确定 MCS 等级，进而确定资源块数量和位置，以适应信道变化带来的影响。

上行 AMC 控制过程：基站侧通过对终端发送的上行参考信号检测，进行上行信道质量测量；基站根据所测的信道质量信息，进行上行传输数据的 MCS 格式调整，并通过控制信令通知 UE。

下行 AMC 控制过程：终端通过对下行公共参考信号检测，进行下行信道质量测量；终端将信道质量信息通过反馈信道反馈到基站侧，基站侧根据反馈的信道质量信息，进行相应的下行传输 MCS 格式调整。

影响 AMC 性能的因素有：

(1) 调制与编码策略(MCS)的粒度。若 MCS 粒度过大，则系统不能充分利用当前无线信道容量；若 MCS 粒度过小，虽然能够充分反映无线信道的容量，但会增加信令开销，同时信道质量反馈误差会进一步削弱较小的 MCS 粒度带来的增益。R10 定义了 0～31 的 32 种 MCS 等级。

（2）CQI 的准确性与实时性。

5.5　混合自动重传

LTE 系统支持混合自动重传请求（HARQ）和自动重传请求（Automatic Repeat reQuest，ARQ）功能。如果 HARQ 发射端检测到一个传输块（TB）失败传输次数达到了最大重传限制，则相关的 ARQ 实体将收到通知并可能启动重传或重分段操作。

5.5.1　HARQ 概述

HARQ 是指接收方在解码失败的情况下，保存已接收到数据，并要求发送方重传数据，接收方将重传的数据和先前收到的数据进行合并译码。HARQ 是一种结合前向纠错技术（Forward Error Correction，FEC）与 ARQ 方法的技术，即 HARQ＝ARQ＋FEC。在 HARQ 中采用 FEC 减少重传的次数以实现降低误码率的目的；同时使用 ARQ 重传和循环冗余校验（CRC）来保证分组数据传输，以满足误码率极低的场合要求。HARQ 在纠错能力范围内自动纠正错误，超出纠错范围则要求发送端重新发送，既增加了系统的可靠性，又提高了系统的传输效率。在信道条件较好的情况下，HARQ 可以起到与信道编码同样的作用，有效提高了系统的可靠性。

LTE 中提供两级重传处理机制：MAC 层的 HARQ 机制和 RLC 层的 ARQ（只针对 AM 确认模式的数据传输）机制。丢失或者出错的数据主要由 HARQ 机制处理，ARQ 机制进行补充。FEC 根据接收数据中的冗余信息来进行纠错，使得接收端能纠正一部分错误，以减少重传次数。对于 FEC 无法纠正的错误，接收端会根据 ARQ 机制请求发送端重发数据。接收端使用检错码（CRC 校验码）检测接收到的数据是否出错。若无错，则发送 ACK，发送端接着发送新的数据；若有错，则发送 NACK，发送端重发相同的数据。HARQ 技术综合了 FEC 与 ARQ 的优点，避免了 FEC 需要复杂的译码设备和 ARQ 方式信息连贯性差的缺点。

5.5.2　HARQ 的运行方式和分类

1. HARQ 的运行方式

1）跟踪（Chase）或软合并（Soft Combining）方式

数据在重传时，与初次发送时的数据相同。接收到的错误数据包不会立即被丢弃，待重传的数据包收到，和错误的数据包合并后再进行译码。

2）增量冗余（Incremental Redundancy，IR）方式

重传时的数据与发送的数据有所不同。在增量冗余（IR）机制中，如果初传失败了，则在重传中增加额外的冗余信息，实现增量发送。增量冗余可分为部分增量冗余和全增量冗余。后一种方式的性能要优于第一种，但在接收端需要更大的内存。

终端的缺省内存容量是根据终端所能支持的最大数据速率和软合并方式设计的，因而

在最大数据速率时，只能使用软合并方式。而在使用较低的数据速率传输数据时，两种方式都可以使用。

2. HARQ 的分类

1）根据重传内容的不同分类

（1）HARQ-Ⅰ型：FEC 前向纠错＋重传。

HARQ-Ⅰ为传统 HARQ 方案，仅在 ARQ 基础上引入了纠错编码，即对发送数据包增加循环冗余校验（CRC）比特并进行 FEC 编码。接收端对接收的数据进行 FEC 译码和 CRC 校验，如果有错，则放弃错误分组的数据，并向发送端反馈 NACK 信息，请求重传与上一帧相同的数据包。物理层设有最大重发次数的限制，防止由于信道长期处于恶劣的慢衰落而导致用户的数据包不断地重发，浪费信道资源。如果达到最大的重传次数时，接收端还不能正确译码，则确定该数据包传输错误并丢弃该包，并通知发送端发送新的数据包。HARQ-Ⅰ对错误数据包采用简单丢弃，没有充分利用错误数据包中存在的有用信息。所以，HARQ-Ⅰ型的性能主要依赖于 FEC 的纠错能力。

（2）HARQ-Ⅱ型：FEC 前向纠错＋重传＋组合译码。

HARQ-Ⅱ也称作完全增量冗余方案，信息比特经过编码后，将编码后的校验比特按照一定的周期打孔，根据编码速率兼容原则依次发送给接收端。接收端对已传的错误分组数据不再简单丢弃，而是与接收到的重传分组数据组合进行译码；同时，重传数据并不是已传数据的简单复制，而是附加了冗余信息。接收端每次都进行组合译码，将之前接收的所有比特组合形成更低编码速率的码字，从而获得更大的编码增益，达到递增冗余的目的。每一次重传的冗余量是不同的，而且重传数据不能单独译码，通常需与先前传的数据合并后才能进行解码。

（3）HARQ-Ⅲ型：FEC 前向纠错＋重传＋互补删除。

HARQ-Ⅲ型是完全递增冗余重传机制的改进。对每次发送的数据包采用互补删除方式，各个数据包既可以单独译码，也可以合成一个具有更大冗余信息的编码包进行合并译码。

另外，根据重传的冗余版本不同，HARQ-Ⅲ又可进一步分为两种：一种是只具有一个冗余版本的 HARQ-Ⅲ，各次重传冗余版本均与第一次传输相同，即重传分组的格式和内容与第一次传输的相同，接收端的解码器根据接收到的信噪比加权组合这些发送分组的拷贝，以获得时间分集增益；另一种是具有多个冗余版本的 HARQ-Ⅲ，各次重传的冗余版本不相同，编码后按照"互补等效"原则进行冗余比特的删除。所以，合并后的码字能够覆盖 FEC 编码中的比特位，使译码信息变得更全面，更有利于正确译码。

2）根据重传时刻不同分类

（1）同步 HARQ：只能在规定时刻重传，即每个 HARQ 进程的时域位置被限制在预定义好的位置，这样可以根据 HARQ 进程所在的子帧号得到该 HARQ 进程的编号。同步 HARQ 不需要额外的信令指示 HARQ 进程号。

（2）异步 HARQ：重传可以发生在任意时刻，即不限制 HARQ 进程的时域位置，一个 HARQ 进程可以在任何子帧位置。异步 HARQ 可以灵活地分配 HARQ 资源，但需要额外的信令指示每个 HARQ 进程所在的子帧位置。

3）根据重传频率不同分类

（1）自适应 HARQ：可以改变重传所使用的物理资源以及 MCS。即重传时可以改变初传的一部分或者全部属性，比如调制方式、资源分配等，这些属性的改变需要信令额外通知。

（2）非自适应 HARQ：是指重传时改变的属性是发射机与接收机协商好的，不需要额外的信令通知。即重传必须与前一次传输（新传或前一次重传）使用相同的物理资源和 MCS。

LTE 系统中，上下行采用的 HARQ 见表 5-7。

表 5-7　LTE 上下行采用的 HARQ

HARQ	上行	下行
时域	同步 HARQ	异步 HARQ
频域	自适应/非自适应 HARQ	自适应 HARQ

LTE 上行链路采用同步、自适应/非自适应 HARQ 技术，以减少系统信令的开销。由于上行链路的复杂性，来自其他小区用户的干扰是不确定的，因此基站无法精确估测出各个用户实际的 SINR。在自适应调制编码系统中，一方面 AMC 能够根据信道的质量情况，选择合适的调制和编码方式，提供粗略的数据速率的选择；另一方面，HARQ 基于信道条件提供精确的编码速率调节，由于 SINR 值的不准确导致上行链路对于调制编码格式的选择不够精确，所以更多地依赖 HARQ 技术来保证系统的性能。因此，上行链路的平均传输次数会高于下行链路。考虑到控制信令的开销问题，上行链路采用同步 HARQ 技术。

LTE 下行链路采用异步、自适应的 HARQ 技术，能充分利用信道的状态信息，避免重传时因资源分配发生冲突而造成的性能损失，提高系统的吞吐量。

3. HARQ 进程

HARQ 使用停等协议（Stop - And - Wait protocal，SAW）来发送数据。在停等协议中，发送端每发送一个传输块后，就会停下来等待确认信息（ACK/NACK），这样的等待会导致吞吐量很低。因此，接收端有一定的缓存器用于保留接收到的数据，以便后续进行数据合并。这种方式有益于减少重传时间和提高小区吞吐量。为了避免 SAW ARQ 方式因等待反馈消息造成的系统资源浪费，采用了多线程的 SAW HARQ 方式，当一个 HARQ 进程在等待确认信息时，发送端使用另一个 HARQ 进程继续发送数据。每个 HARQ 进程在一个传输时间间隔内只处理一个传输块。每个 HARQ 进程在接收端都有一个对应的 HARQ 缓存器对相应的数据进行软合并。图 5-8 所示为 HARQ 进程软合并流程。

由图 5-8 可见，eNB 首先发送 packet 1 给 UE，UE 成功解调接收，回复 eNB"ACK"。收到成功回复的 eNB 发送下一个数据包 packet 2 给 UE，此时 UE 解调失败，回复 eNB"NACK"。于是 eNB 将一模一样的 packet 2 重新发送给 UE。如果 packet 2 一直发送失败，则 UE 一直回复 eNB"NACK"，eNB 一直重新发送该数据包，直到 UE 所有本地缓存数据联合正确解码为止。接着 eNB 会发送新的数据包。

HARQ 发端每发一个包都会开一个计时器，如果计时到了还没有下一个包到来，则 eNB 会认为这是最后一个包，会发一个指示给 UE，告诉它发完了，防止最后一个包丢失。而 UE 侧也有计时器，回复 NACK 后计时器开始，如果计时时间到，还没有收到重发的数据包，就会放弃这个包，由上层进行纠错。不同 QoS 的 HARQ 机制也不同，如 VoIP 之类的小时延业务，可能就会不要求上层重发，丢了就丢了，以保证足够小时延。

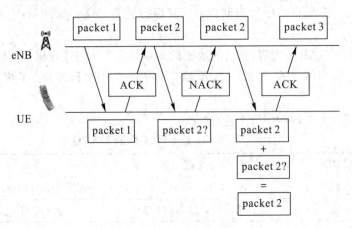

图 5-8　HARQ 进程软合并流程

5.6　小区间干扰抑制

小区间干扰(Inter Carrier Interference，ICI)指的是位于相邻小区的两个用户使用相同的时频资源时相互之间产生的干扰。小区间干扰一直是蜂窝移动通信系统的一个固有问题。在 2G/3G 网络中，由基站控制器控制小区间干扰。在 LTE 系统中，OFDM 技术确保了小区内用户之间的正交性，比 CDMA 技术更好地解决了小区内干扰问题，但是在同频组网情况下，小区间干扰依然存在。在 4G 网络中，由于基站间有 X2 接口，小区间干扰控制可以通过基站间的协调来完成，通过 X2 接口交换信息，基站可以灵活调度资源以避开小区间干扰。

LTE 系统常见的小区间干扰抑制技术有三种：小区间干扰随机化、小区间干扰消除和小区间干扰协调。另外，智能天线技术和功率控制技术也是小区间干扰抑制技术的补充。MIMO 技术可以提高小区中心的数据率，却很难提高小区边缘的性能。

5.6.1　小区间干扰随机化

小区间干扰随机化利用了物理层信号处理技术和频率特性将干扰信号随机化，从而降低对有用信号的不利影响。该方法不能降低干扰的能量，但能通过给干扰信号加扰的方式将干扰随机化为"白噪声"，从而抑制小区间干扰，因此干扰随机化又称为"干扰白化"。

实现干扰随机化的方法主要包括小区专属交织和小区专属加扰。就干扰随机化效果而言，小区专属交织和小区专属加扰性能相近，但小区专属交织可用于干扰消除技术。

1.　小区专属交织

小区专属交织也称为交织多址(Interleaved Division Multiple Access，IDMA)，是对各小区的信号在信道编码后采用不同的交织图案进行信道交织，以获得干扰白化效果的方法。交织图案与小区 ID 一一对应。小区专属交织的模式可以由伪随机数的方法产生，可用的交织模式数(交织种子)是由交织长度决定的，不同的交织长度对应不同的交织模式编号，UE 端通过检查交织模式的编号决定使用何种交织模式。在空间距离较远的小区间，交织种子可以复用，类似于蜂窝系统中的频分复用。

2. 小区专属加扰

小区专属加扰是在信道编码和交织后，对各小区信号在信道编码和信道交织后采用不同的伪随机扰码进行加扰，以获得干扰白化效果的方法。小区专属加扰可以通过不同的扰码对不同小区的信息进行区分，UE 只针对自己小区有用信息进行解码，以降低干扰。LTE 采用 504 个小区扰码区分小区，进行干扰随机化。

5.6.2　小区间干扰消除

小区间干扰消除也利用了物理层信号处理技术，但是这种方法能"识别"干扰信号，即能对小区内的干扰信号进行某种程度的解调甚至解码，然后利用接收机的处理增益，从接收机信号中消除干扰信号分量，以降低干扰信号的影响。

小区间干扰消除的优点是对小区边缘的频率资源没有限制，因此，相邻小区即使在小区边缘也可以使用相同的频率资源，从而获得更高的小区边缘频谱效率和总频谱效率。但技术缺点是相邻小区间必须保持同步，目标小区需要知道干扰小区的导频结构，才能对干扰信号进行信道估计。所以，要采用小区间干扰消除技术的用户，必须分配给相同的频率资源。

干扰消除方法有以下两种：

1. 基于多天线接收终端的空间干扰抑制技术

利用多天线技术，接收机的实现技术又称为干扰抑制合并（Interference Rejection Combining，IRC）。IRC 不依赖发射端配置，利用从两个相邻小区到 UE 的空间信道独立性来区分服务小区和干扰小区的信号。配置双接收天线的 UE 即可分辨两个空间信道，该技术不需要对发射端做任何额外的工作，仅依靠空分的手段来实现，因此，该技术的干扰消除效果也比较有限。

2. 基于干扰重构和减去的干扰消除技术

该技术通过将干扰信号解调/解码后，对该干扰信号进行重构，然后从接收信号中减去该重构干扰信号。此时，接收信号中剩下的就是有用信号和噪声。通过这种迭代干扰消除可以获得显著的性能增益和小区边缘性能增益，但对系统的资源分配、信号格式获得、小区间同步、交织器设计、信道估计、信令等提出更高的要求或更多的限制。

5.6.3　小区间干扰协调

小区间干扰协调（Inter Cell Interference Coordination，ICIC）定义于 3GPP R8，是一种与调度、功率控制技术紧密结合来降低小区间干扰的技术，作用于 MAC 层，主要是通过小区间协调的方式对边缘用户资源的使用进行限制，包括限制哪些时频资源可用，或者在一定的时频资源上限制其发射功率，来实现避免和减低干扰、保证边缘覆盖效率的目的。

ICIC 实现的关键技术之一是确定用户类型，即中心用户（Cell Center User，CCU）和小区边缘用户（Cell Edge User，CEU）。LTE 系统是通过 UE 上报的小区接收电平值（RSRP）来判断距离，从而确定 CCU/CEU，进而分配相应的频率和调度策略的。一般来说，CCU 处在小区中心的用户一般无线环境较好，受到干扰较小而无需进行干扰协调，而 CEU 处于小区边缘的用户受到邻区的干扰比较严重，需采取一定的手段来抑制干扰。

1. 小区间干扰协调从调度策略的灵活性上分类

1）静态干扰协调

静态干扰协调通过预配置或者网络规划方法，限定小区的可用资源和分配策略。静态干扰协调基本上避免了 X2 接口信令，但导致了某些性能的限制，因为它不能自适应考虑小区负载和用户分布的变化。部分频率复用技术为 LTE 系统中典型的静态干扰协调方法。

2）半静态干扰协调

半静态干扰协调通过信息交互获取邻小区的资源和干扰情况，从而调整本小区的资源分配。该方式会导致一定的 X2 接口信令开销，在几十毫秒到几百毫秒的周期内交换小区内用户功率/负载/干扰等信息，但能更加灵活地适应网络情况的变化。ICIC 为 LTE 系统中典型的半静态干扰协调技术。

3）动态干扰协调

动态干扰协调是小区间实时动态地进行协调调度，以降低小区间干扰的方法。动态干扰协调的周期为毫秒量级，要求小区间实时的信息交互，资源协调的时间通常以 TTI 为单位。由于 LTE 系统 X2 接口的典型时延为（10～20）ms，因此不同基站间小区无法实现完全实时的动态干扰协调，动态干扰协调更多地用于同一基站的不同扇区之间。

2. 小区间干扰协调从实现方式上分类

1）时域干扰协调

时域干扰协调指同站小区之间，由于时间同步，可以在奇偶帧分别调度，以达到干扰协调目的。

2）频域干扰协调

频域干扰协调将频带分为三份，每个小区使用其中一份作为其边缘用户频带，相邻小区使用不同的模式，故相邻小区的边缘用户由于使用不同的频率资源，避免了彼此之间的干扰。

如图 5-9 所示，相邻小区通过频带划分，错开各自边缘用户的频率资源，达到降低同频干扰的目的。相当于小区边缘 3 频点组网，小区中心频率复用为 1。

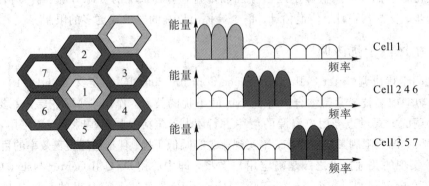

图 5-9　ICIC 频率资源协调

　　下行 ICIC 中，小区间的干扰来源是基站，即不管小区边缘是否有 CEU，干扰都存在。故下行 ICIC 不区分同站邻区和异站邻区，均采用频域干扰协调。

　　上行 ICIC 中，小区间的干扰来源是邻区 CEU。当服务小区和邻区边缘同时有 CEU 时干扰会较大，没有 CEU 时干扰较小。在 FDD 模式下，由于同站邻区间在时间上是同步的，因此，对同站邻区除了采用频域干扰协调之外，还可采用同站时域干扰协调。异站邻区之间由于帧不同步，只能采用频域干扰协调。TDD 模式下，由于是时分双工，因此同站干扰协调不适合采用时域协调。

　　3）空域干扰协调

　　空域干扰协调通过波束赋形和 MIMO 技术来实现干扰协调的目的。

　　4）功率干扰协调

　　功率干扰协调通过功率控制来实现干扰协调的目的。

　　LTE 在下行不使用功率控制。

　　LTE 在上行采用基于高干扰指示（HII）和过载指示（OI）信息的功率干扰协调技术。HII 不分等级；OI 分为低、中、高三个等级。HII 和 OI 的传送频率为最小更新周期 20 ms，这个周期与 X2 接口控制面最大传输时延一致。相邻 eNB 之间 X2 接口用于传送 HII/OI，一个 eNB 将一个物理资源块（PRB）分配给一个小区边缘用户（通过 UE 参考信号接收功率来判断是否处于小区边缘）时，预测到该用户可能的干扰相邻小区，但因为也容易受相邻小区 UE 干扰，通过 HII 将该敏感 PRB 通报给相邻小区。相邻小区 eNB 接收到 HII 后，避免将自己小区的边缘 UE 调度到该 PRB 上。当 eNB 检测到某个 PRB 已经受到上行干扰时，向邻小区发出 OI，指示该 PRB 已经受到干扰，邻小区就可以通过上行功控抑制干扰。

　　3. 小区间干扰协调从资源限制方式方面分类

　　1）部分频率复用（Fractional Frequency Reuse，FFR）

　　部分频率复用指在小区不同的区域使用不同的频率复用因子。一般把频谱分成两个部分，基站根据分配的频段结合调度算法动态调度中心用户和边缘用户的使用频段：某些子频带上的频率复用因子为 1（同频复用），而在另外一些子频带上的频率复用因子大于 1（比如复用因子为 3）。

　　FFR 从功率分配的角度看，有一个子频带被所有小区的功率使用（即频率复用因子为 1），而其余子频带的功率分配在相邻小区间协调，从而在每个小区创造一个小区间干扰较低的子频带，成为小区边缘频带。FFR 通过减少带宽使用的灵活性可以很好地解决边缘用户之间的干扰，但是该方法不适用于用户分布不均匀的情况。如果用户基本集中在中心区域，FFR 会造成边缘资源的浪费。

　　2）软频率复用（Soft Frequency Reuse，SFR）

　　软频率复用对某些子频带上的功率只是部分减少，而不是完全限制使用。对应的频率不再是被定义为用或者不用，而是用功率门限规定了其在多大程度上被使用，复用因子可以在 1～3 之间平滑过渡。软频率复用继承了部分频率复用的优点，同时采用动态的频率复用因子，较显著地提高了频率利用率。

　　SFR 将可用频带分成 N 个部分，对于每个小区，一部分作为主载波，余下为副载波。主载波的功率门限高于副载波，相邻小区的主载波不重叠。主载波可用于整个小区，副载波只用于小区内部。通过调整副载波与主载波的功率门限的比值，可以适应负载在小区内部和小区边缘的分布。一般来说，SFR 允许小区中心的用户自由使用所有频率资源；对小区边缘用户只允许按照频率复用规则使用一部分频率资源。

FFR 和 SFR 在系统低负荷时，增益非常有限；在系统高负荷时，对边缘频谱利用率有明显增益。SFR 相对于 FFR 来说以更低的整体频谱利用率的损失，获得了与 FFR 相近的边缘频谱利用率的增益。采用 FFR 和 SFR 后，上行和下行的 SINR 都有所改善，其中 FFR 的改善比 SFR 的改善更明显。一般来说，当 LTE 形成连片覆盖，且系统负荷相对较高时，可开通 ICIC 功能，以降低系统干扰。

4. 基于 RSRP 测量的 ICIC A3 事件

在下行和上行 ICIC 中，都采用基于 A3 事件上报 RSRP 测量报告来确定 UE 是否处于服务小区边缘范围之内。ICIC A3 事件的定义如下：

进入条件 A3-1：

$$Mn + Ofn + Ocn - Hys > Mp + Ofp + Ocp + Off \tag{5-1}$$

离开条件 A3-2：

$$Mn + Ofn + Ocn + Hys < Mp + Ofp + Ocp + Off \tag{5-2}$$

相关参数说明见表 5-8。

表 5-8 ICIC A3 事件参数说明

参数	说　明
Mn	相邻小区的测量结果，不考虑任何偏移
Ofn	相邻小区的频率特定偏移量（即与相邻小区的频率相对应的测量 EUTRA 中定义的偏移量）
Ocn	邻小区的小区特定偏移量（即邻小区配置频率 ObjectEUTRA 中定义的 CellIndividualOffset），如果没有为相邻小区配置，则设置为 0
Mp	PCell 的测量结果，不考虑任何偏移
Ofp	主频的频率特定偏移量（即在与主频测量 EUTRA 中定义的偏移量）
Ocp	PCell 的小区特定偏置（即主频测量 EUTRA 中定义的 CellIndividualOffset），如果没有为 PCell 配置，则设置为 0
Hys	A3 事件的滞后参数（即 ReportConfigEUTRA 中定义的滞后）
Off	A3 事件偏移量参数（即 ReportConfigEUTRA 中定义的 A3 偏移量）

表 5-8 中：Mn、Mp 在 RSRP 情况下单位为 dBm，在 RSRQ 情况下单位为 dB；Ofn、Ocn、Ofp、Ocp、Hys、Off 单位为 dB。

当 UE 满足 ICIC A3 事件进入条件或离开条件时，都会上报 RSRP 测量报告。邻区的 RSRP 测量值满足 ICIC A3 事件进入条件，则 UE 会上报服务小区和邻区的 RSRP 测量值。邻区的 RSRP 测量值满足 ICIC A3 事件离开条件，则 UE 只上报服务小区的 RSRP 测量值。

思考与习题

1. LTE 的关键技术有哪些？
2. 分别解释 OFDM 和 OFDMA。
3. LTE 系统上下行采用的多址技术分别是什么？
4. LTE 系统支持的调制方式有哪些？
5. LTE 上下行采用的 HARQ 分别是什么？
6. LTE 系统小区间干扰抑制技术有哪些？
7. 什么是 A3 事件？

第 6 章　5G 移动通信系统

6.1　5G 系统概述

6.1.1　5G 发展概述

1. 各国的 5G 发展

5G 是 5th-Generation 的英文缩写，即第五代移动电话通信系统，也是 LTE 系统之后的发展和延伸。

2009 年，华为率先开始对 5G 技术进行研究和部署。

2011 年，华为演示了 5G 基站原型机，下载速率达到了 50 Gb/s。

2013 年 11 月 6 日，华为宣布将在 2018 年前投资 6 亿美元对 5G 技术进行研发与创新，并预言在 2020 年用户会享受到 20 Gb/s 的商用 5G 移动网络。

2013 年 2 月，欧盟宣布拨款 5000 万欧元以加快 5G 移动技术的发展，计划到 2020 年推出成熟的 5G 标准。

2013 年 5 月 13 日，韩国三星电子宣布已成功开发 5G 核心技术（其中有利用 64 个天线单元的自适应阵列传输技术），预计将于 2020 年开始商业化应用。该技术可在 28 GHz 超高频段以每秒 1 Gb/s 以上的速度传送数据，最远传送距离可达 2 km。这与韩国当前 4G 技术的传送速度相比，5G 技术要快 100 倍。利用这一技术，下载一部高画质电影只需 10 秒。

2014 年 5 月 8 日，日本电信营运商都科摩宣布与爱立信、诺基亚、三星等六家厂商共同合作，开始测试现有 4G 网络 1000 倍网络承载能力的高速 5G 网络，传输速度预计提升至 10 Gb/s。计划在 2015 年展开户外测试，并于 2020 年开始运作。

2014 年 10 月 14 日，在阿联酋迪拜举行的全球移动通信系统协会（GSMA）移动峰会上，华为无线网络研发总裁应为民首次发表了华为 4.5G 目标以及关键技术进展报告，并预测 4.5G 将于 2016 年投入商用。2015 年 10 月 22 日，3GPP 正式确定 4.5G 的官方名称为 LTE-Advanced Pro，随后 4.5G 在全球展开了大规模部署和商用。

2015 年 3 月 3 日，欧盟数字经济和社会委员古泽·奥廷格正式公布了欧盟的 5G 合作愿景，力求确保欧洲在下一代移动技术全球标准中的话语权。5G 合作愿景不仅涉及光纤、无线通信技术甚至将卫星通信网络相互整合，还将利用软件定义网络（SDN）、网络功能虚拟化（NFV）、移动边缘计算（MEC）和雾计算等技术。在频谱领域，欧盟的 5G 合作愿景还将划定数百兆赫用于提升网络性能，60 GHz 及更高频率的频段也将被纳入考虑。欧盟的 5G 网络将在 2020—2025 年之间投入运营。

2015 年 6 月，ITU 会议确定了 5G 网络的名称、愿景和时间表等关键内容，标准组织 3GPP 也已经明确了 5G 标准时间表，将从 2016 年正式开始 5G 标准化工作。2015 年 10 月 26 日至 30 日，在瑞士日内瓦召开的 2015 无线电通信全会上，国际电联无线电通信部门正式批准了三项有利于推进未来 5G 研究进程的决议，并正式确定了 5G 的法定名称为"IMT - 2020"。

2015 年 9 月 7 日，美国移动运营商威瑞森无线公司宣布，将从 2016 年开始试用 5G 网络，2017 年在美国部分城市全面商用。

2016 年 7 月，诺基亚与加拿大运营商加拿大贝尔合作，完成加拿大首次 5G 网络技术的测试。测试中使用了 73 GHz 范围内的频谱，数据传输速率为加拿大现有 4G 网络的 6 倍。

2016 年 11 月，浙江乌镇举办的第三届世界互联网大会上，美国高通公司带来的可以实现"万物互联"的 5G 技术原型入选世界互联网领先成果的 15 项"黑科技"。高通 5G 向千兆移动网络和人工智能迈进。

2016 年 11 月 17 日，在 3GPP RAN1 87 次会议的 5G 短码方案讨论中，华为公司主推的 Polar 码方案，成为 5G 控制信道 eMBB 场景编码最终方案。对于控制信道，由于 Polar 码不再使用 LTE 系统中的混合自动重传请求技术避免了时延大的问题，以更优的性能成为了 5G 控制（信令）信道上行和下行的编码方案。而数据信道的上行和下行短码方案则依然采用高通公司主推的 LDPC 码。

2017 年 2 月 9 日，国际通信标准组织 3GPP 宣布了 5G 的官方商标。

2017 年 6 月 28 日，华为联合中国移动展示了全球首个 5G 服务化核心网样机。该样机全面符合 3GPP 国际标准确定的 5G 技术方向。

2017 年 10 月，高通骁龙 X50 5G 调制解调器芯片组率先完成了全球首个 5G 连接，在 28 GHz 毫米波频段上实现了千兆级别速率，极速达到 1.2 Gb/s，超过 100 Mb/s 的网络速度，同时已经提前完成小型化，可搭载于智能手机等小型化设备。一个月后，英特尔随即发布了 XMM8060 系列调制解调器，支持 5G 新空口协议，同时向下兼容 2G、3G、4G 网络。在网络兼容度方面，XMM8060 既支持韩国、美国运营商主推的 28 GHz 波段，也支持华为、诺基亚关注的 Sub 6 GHz 波段。

2017 年 12 月 21 日，在 3GPP RAN 第 78 次全体会议上，5G 首发版本 R15 的 NSA（Non - Standalone Access，非独立组网）标准正式冻结并发布。

2018 年 2 月 23 日，在世界移动通信大会召开前夕，沃达丰和华为两个公司联合宣布在西班牙合作采用非独立组网的 3GPP 5G 新无线标准和 Sub 6 GHz 频段完成了全球首个 5G 通话测试。

2018 年 2 月 27 日，华为在世界移动通信大会 2018 大展上发布了首款 3GPP 标准 5G 商用芯片巴龙 5G01 和 5G 商用终端，支持全球主流 5G 频段，包括 Sub 6 GHz（低频）、毫米波高频段，理论上可实现最高 2.3 Gb/s 的数据下载速率。华为也展示了 5G 全系列端到端商用解决方案，以及共享单车、智慧水务、智慧门锁等一系列物联网的应用案例。

2018 年 6 月 13 日，3GPP R15 的 SA（Stand Alone，独立组网）标准在 3GPP 第 80 次 TSG RAN 全会上正式完成并发布，标志着首个真正完整意义的国际 5G 标准正式出炉。该标准支持增强移动宽带和低时延高可靠物联网，完成了网络接口协议。5G NR 正式具备了独立部署的能力。加之 2017 年 12 月完成的非独立组网标准，5G 已经完成第一阶段全功能标准化工作，即 3GPP 首个完整的 5G 标准 R15 正式确定，5G 产业链进入商用倒计时阶段。

2018 年，欧盟宣布启动 5G 技术试验，而日本也计划在 2020 年东京奥运会之前实现 5G 商用。此外，韩国已在平昌冬奥会上实现了 5G 技术小范围预商用。2019 年 8 月 22 日，韩国运营商 SKT 宣布，在 5G 正式商用后的短短 140 天内其 5G 用户数突破 100 万。

2019 年全球移动大会期间，中兴通讯联合意大利最大的移动运营商 Wind Tre 以及本地光纤网络运营商 Open Fiber 打通了首个跨越地中海的基于 3GPP R15 标准的 5G 智能手机的 5G 非独立组网视频电话。

据华为公布的数据，截至 2019 年 7 月底，全球商用市场发布了 28 张 5G 商用网络，其中 19 张网络选择华为部署，全球 94 款 5G 终端发布。

截至 2019 年底，全球 119 个国家/地区的 348 家运营商正在投资 5G 技术，其中 77 家运营商已在现有网中部署并正在继续部署 5G 技术(占全球 LTE 网络运营商数量的 10%)；共计 34 个国家/地区的 61 家运营商已经推出 5G 商用服务，其中 49 家运营商已经推出 5G 移动服务，34 家运营商已经推出 5G 固定无线接入或家庭宽带服务。

2. 中国的 5G 发展

2012 年底我国和国际同步启动 5G 研发。

2013 年 2 月由我国工业和信息化部、国家发展和改革委员会、科学技术部联合推动成立中国 IMT-2020 推进组，投入巨资推动全球 5G 统一标准。中国 IMT-2020 推进组组织架构基于原 IMT-Advanced(简写为 IMT-A，即 LTE-A 系统标准)推进组的架构，同时聚合了国内移动通信领域的超过 50 多家企业的力量，是推动第五代移动通信技术研究、开展国际交流与合作的基础工作平台。2015 年 5 月，中国 IMT-2020 推进组发布了 5G 无线技术和 5G 网络架构白皮书。

2016 年 3 月，工信部副部长陈肇雄表示：5G 是新一代移动通信技术发展的主要方向，是未来新一代信息基础设施的重要组成部分。与 4G 相比，5G 不仅将进一步提升用户的网络体验，同时还将满足未来万物互联的应用需求。由中国 IMT-2020 推进组主导的 5G 技术研发试验在 2016 年到 2018 年底的时间段进行，分为 5G 关键技术试验、5G 技术方案验证和 5G 系统验证三个阶段实施。结合产业发展态势，中国移动以运营商需求为牵引，明确了面向商用产品研发的分阶段的 5G 试验规划，全力加速 5G 产品的商用化进程。

2015 年 9 月，我国完成了 5G 第一阶段试验。2016 年底进入到第二阶段试验，更加注重技术方案的集成度和可实现性，主要对 5G 性能和指标进行试验，重点开展面向移动互联网低时延、高可靠和低功耗大连接这三大 5G 典型场景的无线空口和网络技术方案的研发与试验。5G 频率方面，2016 年 4 月 26 日工信部批复了在 3.4 GHz～3.6 GHz 频段开展 5G 系统技术研发试验，同时工信部开展了其他有关频段的研究协调工作。

2017 年中开始，三大运营商已经在 13 座城市陆续开展 5G 试点，包括北京、上海、广州、深圳、杭州、武汉、成都、天津、南京等城市。在 2017 年 6 月上海举办的世界移动通信大会期间，完成在上海和广州的 5G 组网能力和业务能力的演示。

2017 年 11 月 15 日，在《工业和信息化部关于第五代移动通信系统使用 3300 MHz～3600 MHz 和 4800 MHz～5000 MHz 频段相关事宜的通知》中，确定 5G 中频频谱，能够兼顾系统覆盖和大容量的基本需求。

2017 年 11 月下旬工信部发布通知，正式启动 5G 技术研发试验第三阶段工作，于 2018 年年底前实现第三阶段试验基本目标。

2017 年 12 月，发改委发布《关于组织实施 2018 年新一代信息基础设施建设工程的通知》，要求 2018 年在不少于 5 个城市开展 5G 规模组网试点，每个城市 5G 基站数量不少于 50 个、全网 5G 终端不少于 500 个。

2018 年，中国移动开始 5G 规模试验计划，在杭州、上海、广州、苏州、武汉这五个城市开展 5G 外场测试，每个城市将建设超过 100 个 5G 基站，还将在北京、成都、深圳等 12 个城市再进行 5G 业务应用示范。

2018 年 6 月 21 日，IMT - 2020 5G 峰会在深圳召开，工信部副部长陈肇雄在会上指出，全球 5G 发展已进入商用部署关键时期。

2018 年 6 月 28 日，中国联通公布了 5G 部署：将以独立组网 SA 为目标架构，前期聚焦 eMBB(Enhanced Mobile Broa dBand，增强移动宽带)，5G 网络计划 2020 年正式商用。

2018 年 11 月 21 日，重庆首个 5G 连续覆盖试验区建设完成，5G 远程驾驶、5G 无人机、虚拟现实等多项 5G 应用同时亮相。

2018 年 12 月 7 日，工信部同意联通集团自通知日至 2020 年 6 月 30 日使用 3500 MHz ～3600 MHz 频率，用于在全国开展 5G 系统试验。2018 年 12 月 10 日，工信部正式对外公布，已向中国电信、中国移动、中国联通发放了 5G 系统中低频段试验频率使用许可。

2019 年 4 月，华为率先完成第三阶段 5G 非独立组网的核心网测试。图 6 - 1 展示了华为 5G 十年研发历程。

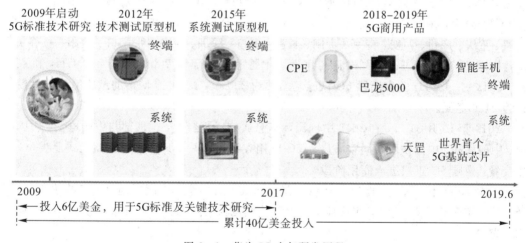

图 6 - 1　华为 5G 十年研发历程

2019 年 6 月 6 日，工信部正式向中国电信、中国移动、中国联通、中国广电发放 5G 商用牌照，中国正式进入 5G 商用元年。

截至 2019 年 8 月，31 省(自治区、直辖市)均已启动 5G 建设，29 省拨通首个 5G 电话，广东、四川、辽宁、山东、河北、江西、广西、湖南等省份全部地市开通了首批 5G 基站。首批 5G 基站普遍位于市中心、旅游景点、体育馆、机场、高铁站等重点场所，北京、福州、南京、苏州、广州、济南等地首批 5G 营业厅也纷纷落地。在基站规划方面，截至 2019 年 7 月，全国范围内已建成 5G 基站 3.8 万个，广东、浙江、江西、上海、天津、重庆、武汉、成都、太原、昆明共 10 个省/市政府相继发布了 5G 基站规划，合计将建超过 54 万个 5G 基站。

2019 年 9 月 9 日，中国联通和中国电信发布公告，共同签署了《5G 网络共建共享框架合作协议书》。根据合作协议，两家将在全国范围内合作共建一张 5G 接入网络，双方划定区域，分区建设，各自负责在划定区域内的 5G 网络建设相关工作，谁建设、谁投资、谁维护、谁承担网络运营成本。5G 网络共建共享采用接入网共享方式，核心网各自建设，5G 频率资源共享。双方联合确保 5G 网络共建共享区域的网络规划、建设、维护及服务标准统一，保证同等服务水平。另外，双方各自与第三方的网络共建共享合作不能损害另一方的利益。双方用户归属不变，品牌和业务运营保持独立。在网络建设区域上，双方将在 15 个城市分区承建 5G 网络，以双方 4G 基站总规模为主要参考，北京、天津、郑州、青岛、石家庄的北方 5 个城市，联通运营公司与中国电信的建设区域比例为 6：4；上海、重庆、广州、深圳、杭州、南京、苏州、长沙、武汉、成都的南方 10 个城市，联通运营公司与中国电信建设区域的比例为 4：6。联通运营公司将独立承建广东省的 9 个地市、浙江省的 5 个地市以及前述地区之外的北方 8 省（河北、河南、黑龙江、吉林、辽宁、内蒙古、山东、山西）。中国电信将独立承建广东省的 10 个地市、浙江省的 5 个地市以及前述地区之外的南方 17 省。

2019 年三大运营商中期业绩显示：中国移动、联通和电信的 4G 基站总数分别为 271 万、135 万和 152 万，联通和电信合计基站总数为 287 万，比中国移动多 5.9%。

2019 年 9 月 27 日，中国广电在上海虹口启动了首批 5G 测试基站部署，测试选择在虹口足球场、5G 全球创新港等区域，基于独立组网方式开展网络建设，测试基站采用 4.9 GHz 频段，在 10 月开通。在《中国广电 5G 试验网建设实施方案》中确立了北京、天津、上海、重庆、广州、西安、南京、贵阳、长沙、海口、深圳、青岛、张家口、沈阳、长春、雄安，共计 16 个城市进行 5G 试验网建设，计划每城市部署 700 MHz、4.9 GHz 和室内 3.3 GHz～3.4 GHz 等多频段 5G 试验基站共约 200 个，这 16 个城市的试验网建设总投资约为 24.9 亿元。

2019 年 10 月 31 日，在 2019 中国国际信息通信展览会上，工信部与中国电信、中国联通、中国移动、中国铁塔一同宣布启动 5G 商用方案，11 月 1 日三大运营商正式上线 5G 商用套餐。中国 5G 正式进入商用阶段。

截至 2020 年 2 月底，据三大运营商最新数据显示，全国建设开通 5G 基站达 16.4 万个，预计年底超过 55 万个，实现地级市室外连续覆盖、县城及乡镇有重点覆盖、重点场景室内覆盖。

2020 年 5 月 20 日，中国移动发声明称，本着"共建、共享、共赢"的共识，基于"平等自愿、共建共享、合作共赢、优势互补"的总体原则，中国移动通信集团有限公司与中国广播电视网络有限公司已签署了 5G 共建共享合作框架协议，开展 5G 共建共享以及内容和平台合作，共同打造"网络＋内容"生态，实现互利共赢。这就意味着，继中国电信和中国联通在 2019 年牵手 5G 共建以后，中国移动和中国广电在 2020 年也开始了联手 5G 合作模式。由此，国内四家电信运营商在 5G 市场上形成"2＋2"的合作模式，极大程度地缓解了国内 5G 建设的投资压力，也较大地提高了 5G 频谱利用率。

6.1.2　5G 需求和关键指标

1. 5G 发展需求

从 1G 到 4G，移动通信的核心是人与人之间的通信。进入 5G 时代，随着物联网、工业自动化、无人驾驶概念的引入和技术发展，5G 通信要满足的除了人与人的通信外，还包括人与物的通信，以及机器与机器的通信。正所谓：4G 改变生活，5G 改变社会！可以说 5G 时代将实现万物互联，也必将会推动社会更进一步的发展。5G 将渗透到未来社会的各个领域，以用户为中心构建全方位的信息生态系统，为用户提供光纤般的接入速率，"零"时延的使用体验，千亿设备的连接能力，超高流量密度、超高连接数密度和超高移动性等多场景的一致服务，业务及用户感知的智能优化，同时将为网络带来超百倍的能效提升和超百倍的比特成本降低。5G 技术足以改变甚至产生多个相关的产业链，同时也会对我们的社交方式、通信方式、生活娱乐产生深刻的影响。

从用户体验看，5G 具有更高的速率、更宽的带宽，5G 网速将比 4G 提高百倍，只需要几秒即可下载一部高清电影，能够满足消费者对虚拟现实、超高清视频等更高的网络体验需求。从行业应用看，5G 具有更高的可靠性，更低的时延，能够满足智能制造、自动驾驶等行业应用的特定需求，拓宽融合产业的发展空间，支撑经济社会创新发展。

2019 年 2 月 26 日，以"5G 触手可及"为主题的 2019 GTI 国际产业峰会在巴塞罗那世界移动通信大会期间召开。华为副董事长胡厚崑在演讲中指出，5G 的脚步已经越来越近，5G 的创新能力将把信息与通信技术产业推向新的高度。5G 将会带来以下五个革命性变化：

第一是连接平台化，5G 将使无线接入网络不仅仅是管道，而是一个泛在平台；

第二是永远在线，平台化的连接，让在线成为一种新常态和缺省能力；

第三是全云化，全在线走进了现实，全云化就水到渠成，一切资源在云端可以方便取用；

第四是重新定义终端，万物从即插即用走向即插即慧；

第五是连续性，全在线和全云化的实现，5G 时代将会真正实现全场景智慧化体验。

总之，5G 超高速率、超低时延、超高移动性、超强连接能力、超高流量密度，加上能效和成本超百倍改善，5G 最终将实现"信息随心至，万物触手及"的愿景。5G 的愿景如图 6-2 所示。

图 6-2　5G 的愿景图

2. 5G 关键指标

1) ITU 定义的 5G 关键指标

根据 ITU 的定义，5G 面向三大业务场景的应用为：增强移动宽带（enhanced Mobile Broad Band，eMBB）、海量机器类通信（massive Machine Type Communications，mMTC）、超高可靠和超低时延通信（Ultra - Reliable and Low Latency Communications，URLLC），如图 6 - 3 所示。

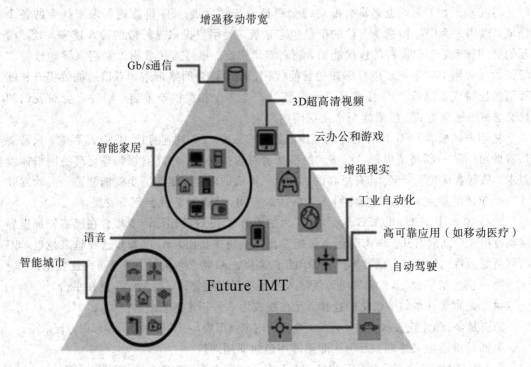

图 6 - 3　ITU 定义的 5G 三大应用场景

（1）增强移动宽带（eMBB）：5G 峰值速率大于 10 Gb/s；主要应用包括 3D 超高清视频、VR/AR（虚拟现实/增强现实）等业务需求。

（2）海量机器类通信（mMTC）：满足物联网海量连接需求，即满足低功耗、大连接（大于 1M 连接数/km²）的性能要求；主要应用包括个人可穿戴、智能家居、智慧城市、环境监测、智能农业、行业物联网等物联网需求。

（3）超高可靠和低时延通信（URLLC）：主要满足人与物的连接需求，对 E2E（端到端）时延要求低至 1 ms，可靠性高至 99.999%；主要应用包括车联网的自动驾驶、工业控制、移动医疗、远程监控等高可靠和低时延需求。

ITU 定义的 5G 八大关键能力与应用场景见图 6 - 4。5G 无线技术关键性能（KPI）指标详细说明见表 6 - 1。

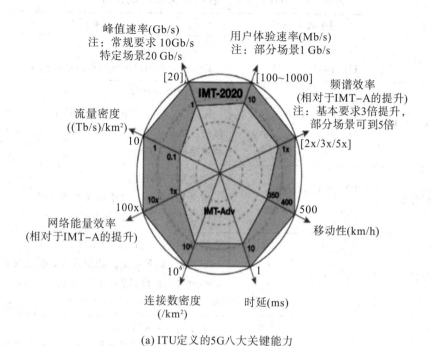

(a) ITU定义的5G八大关键能力

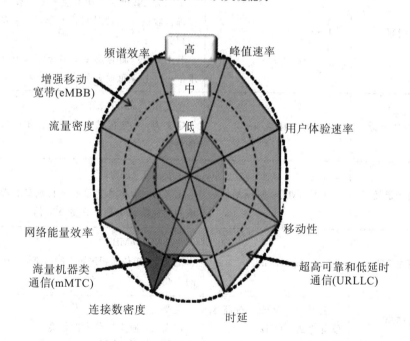

(b) 5G八大关键能力的应用场景

图 6 - 4　5G 八大关键能力与应用场景

表 6-1　3GPP 5G 无线技术关键性能指标

	KPI	最低技术指标	场景和说明
1	峰值速率	DL:20 Gb/s; UL:10 Gb/s	主要用于 eMBB。 定义为:单用户可获得的最高传输速率
2	用户体验速率	DL:100 Mb/s; UL:50 Mb/s	主要用于 eMBB。 定义为:95% 的用户的数据速率。5G 对城区和郊区的广域覆盖设定 DL100 Mb/s,对室内和热点环境期望提供 1 Gb/s
3	频谱效率	DL:30 (b/s)/Hz; UL:10 (b/s)/Hz	主要用于 eMBB。 定义为:每小区或单位面积内,单位频谱资源提供的吞吐量。要求是 IMT-A 的 3~5 倍
4	移动性	500 km/h	主要用于 eMBB 和 URLLC。 定义为:满足一定性能要求时,收发双方间的最大相对移动速度。从 IMT-A 的 350 km/h 提升到 500 km/h
5	时延	1 ms	主要用于 URLLC。 定义为:数据包从源节点开始传输到被目的节点正确接收的端到端时间,从 IMT-A 的最小 10 ms 缩短到 1 ms。 其中,用户面时延 eMBB 要求 4 ms;URLLC 要求 1 ms。控制面时延要求 20 ms
6	连接数密度	1 百万个终端/km²	主要用于 mMTC。 定义为:一定区域内满足服务质量需求的在线设备总数
7	网络能量效率	100×IMT-A(网络侧)	主要用于 eMBB。 定义为:每焦耳能量所能传输的比特数。要求网络侧的性能是 IMT-A 的 100 倍
8	流量密度	10 (Tb/s)/km²	主要用于 eMBB。 定义为:单位面积区域内的总流量。要求是 IMT-A 的 100 倍
9	带宽	至少 100 MHz,在高频段可达到 1 GHz	主要用于 eMBB。 定义为:应支持最大的带宽
10	边缘频谱效率	3×IMT-A	主要用于 eMBB 的室内热点、密集城区、乡村、城区宏蜂窝等。 定义为:边缘频谱效率在满缓存条件下,要求目标边缘频谱效率应为 IMT-A 的 3 倍

	KPI	最低技术指标	场景和说明
11	移动中断时间	500 km/h 时速下 0 ms	主要用于 eMBB 和 URLLC。 定义为：移动中，终端与基站不能进行用户数据交换的最短时间。此指标适用于 5G 系统内的同频/异频移动性
12	前传时延	100 μs	有源天线处理单元（AAU）到分布单元（DU）的时延
13	不频繁的小包的传送时延	上行<10 s；最大耦合损耗（MCL）=164 dB	主要用于 mMTC。 定义为：当终端在最节电的状态下，进行应用层不频繁的小包传送时，数据包从终端的层2/层3入口成功传送到无线网侧的层2/层3出口的时间。最大耦合损耗（MCL指的是从基站天线端口到终端天线端口的路径损耗）为 164 dB 时，对于上行 20 字节的应用包（物理层非压缩的 IP 包头为 105 字节），时延最差不超过 10 s
14	覆盖	速率 160 b/s 时，MCL=164 dB	主要用于 mMTC。终端与基站间的速率为 160 b/s 时，覆盖目标最大耦合损耗（MCL）为 164 dB
15	极端深度覆盖	MCL=140 dB 时，下行 2 Mb/s，上行 60 kb/s；MCL=143 dB 时，下行 1 Mb/s，上行 30 kb/s	用于基本的 eMBB 业务。 对于下行 2 Mb/s，上行 60 kb/s 的定点用户，最大耦合损耗（MCL）的目标值是 140 dB。对于移动用户，下行数据速率为 384 kb/s 时是可以接受的。 对于下行 1 Mb/s，上行 30 kb/s 的定点用户，最大耦合损耗（MCL）的目标值是 143 dB。这种耦合损耗下，上行控制信道应当能够工作
16	可靠性	通用 URLLC：时延 1 ms 时要求可靠性为 1~10^{-5}；eV2X：3~10 ms 时要求可靠性为 1~10^{-5}	用于 URLLC 或 eV2X（增强车到物）。 对于 URLLC，在用户面时延为 1 ms 范围内，传送 32 字节的数据包时，可靠性要求为 1~10^{-5}。对于 eV2X，在用户面时延为 3 ms~10 ms 内，传送 300 字节的数据包时，可靠性要求为 1~10^{-5}。需要注意的是，指标需求和部署场景有关，如车辆之间的相对平均速度
17	终端电池寿命	超过 10 年，期望 15 年	用于 mMTC。 定义为：终端 UE 不充电的电池寿命。对于 mMTC，极度覆盖下 UE 电池寿命计算方式是：假设 UE 存储的能量为 5Wh，UE 在 MCL=164 dB 下，每天发送 200 字节上行并接收 20 字节下行时的电池寿命

2）中国 IMT－2020 推进组定义的 5G 关键指标

中国 IMT－2020 推进组于 2015 年颁布的《5G 概念白皮书》中，根据 5G 性能需求和效率需求共同定义了 5G 的关键能力，犹如一株绽放的鲜花（见图 6－5），红花绿叶，相辅相成，花瓣代表了 5G 的六大性能指标，体现了 5G 满足未来多样化业务与场景需求的能力。其中，花瓣顶点代表了相应指标的最大值；绿叶代表了三个效率指标，是实现 5G 可持续发展的基本保障。

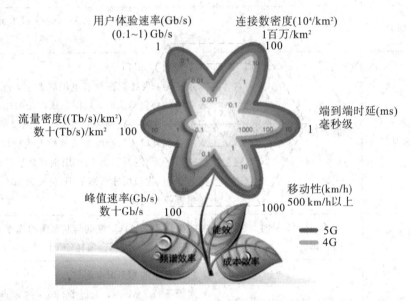

图 6－5　中国 IMT－2020 定义的 5G 之花

由 5G 之花可见，5G 需要具备比 4G 更高的性能，支持 0.1 Gb/s～1 Gb/s 的用户体验速率，每平方千米一百万的连接数密度，毫秒级的端到端时延，每平方千米数十 Tb/s 的流量密度，每小时 500 km 以上的移动性和数十 Gb/s 的峰值速率。其中，用户体验速率、连接数密度和时延为 5G 最基本的三个性能指标。同时，5G 还需要大幅提高网络部署和运营的效率，相比 4G，频谱效率提升 5～15 倍，能效和成本效率提升百倍以上。

6.1.3　5G 标准的演进

5G 网络相关标准化工作主要涉及 3GPP SA2、RAN2、RAN3 等多个工作组。核心网方面，3GPP SA2 已经成立了下一代通信研究项目（3GPP TR 23.799），负责 R14 阶段的 5G 网络架构标准化研究，整体 5G 网络架构标准化工作将通过 R14、R15、R16、R17 等多个版本完成。

IMT－2020 建议 3GPP 在 5G 核心网标准化方面重点推进的工作为：R14 研究阶段聚焦 5G 新型网络架构的功能特性，优先推进网络切片、功能重构、移动边缘计算、能力开放、新型接口和协议，以及控制和转发分离等技术的标准化研究。R15 启动网络架构标准化工作，重点完成基础架构和关键技术特性方面的内容，开展面向增强场景的关键特性研究，例如增强的策略控制、关键通信场景等。

5G 标准的演进从 R14 开始，进行 5G 新型网络架构的功能特性和关键技术的可行性标准化研究；完成了网络切片、功能重构、移动边缘计算、能力开放、新型接口和协议，以及控制和转发分离等技术的标准化研究;推进了 LTE 新无线连接的 5G 网络标准化、RAN 架构、功能和协议栈设计、无线网与核心网接口与交互、无线智能感知和业务优化等关键技术的标准化工作;优化了接入网功能虚拟化和网络切片、网络的自组织自优化等关键技术,进一步增强了对 eMBB、mMTC 和 URLLC 场景的预支撑能力。

5G 标准的演进主要在 R15、R16、R17 三个阶段中完成。

第一阶段的 R15 标准于 2017 年 11 月启动,分为三部分:R15 NR NSA(新空口非独立组网)标准在 2017 年 12 月冻结,R15 NR SA(新空口独立组网)标准在 2018 年 6 月冻结,R15 Late Drop 在 2019 年 9 月冻结。R15 重点完成了 5G 基础架构(基于服务的体系结构 SBA)和关键技术特性(重点面向 mMTC 和 NB - IoT)方面内容,并开展面向增强场景的关键特性研究,例如增强的策略控制、关键通信场景等。

第二阶段的 R16 标准于 2018 年 4 月启动,完成时间在 2020 年 7 月。R16 负责完成 5G 架构的关键技术增强标准化工作,并最终完成 IMT - 2020 提出的完整的 5G 系统定义。R16 不仅将完善和增强 5G 应用场景,包括工业化的物联网、mMTC、URLLC、V2X,如列队行驶、自动驾驶、远程驾驶等,还将有力提升 5G 的性能,完成 MIMO 增强、大气波导干扰规避、大数据采集标准化等工作。

第三阶段的 R17 标准在 2019 年 11 月启动,完成时间在 2021 年 12 月。R17 阶段进一步完成 5G 标准持续增强与演进,如完成 5G 节能的改进、工业物联网和 URLLC 的增强、NB - IoT 和 eMTC 的增强、MIMO 的增强、覆盖与边缘链路的增强等。同时 R17 将对 5G NR(New Radio,新空口)高于 52.6 GHz(包括 60 GHz 未经许可频段)的应用提出可行性定义。

6.1.4　5G 频段

1. 国际 5G 频段

频率对所有移动通信系统都是最珍稀的宝贵资源,5G 网络为了更好满足成千倍的流量增长需求,既需要合理高效地利用现有的频谱资源,还需要开发更高的频谱资源,以满足未来通信需求。根据 3GPP R16 版本的定义,5G NR 包括了两大频段范围(Frequency Range,FR),见表 6 - 2。

表 6 - 2　5G NR 定义的频段范围

频段分类	对应频率范围
FR1	410 MHz~7125 MHz
FR2	24 250 MHz~52 600 MHz

在 R16 标准中,FR1 对应的频率范围从 R15 标准的 450 MHz~6000 MHz 的范围修改为 410 MHz~7125 MHz。FR1 的频率范围涵盖了现有的 2G、3G 和 4G 的在用频谱,也是 5G 部署的核心频段,尤其以 3.5G(又称 C 波段)附近的频谱资源作为 5G 部署的黄金频段。为了能更好地支持万物互联和超可靠低时延这两类物联网应用,5G 对低于 1 GHz 以下的超低频段又称为"Sub 1G"。

FR2 对应的频率范围是 24 250 MHz~52 600 MHz 的高频,在这段频率上电磁波的波长是毫米级别的,因此 FR2 频段也称为毫米波(严格来说大于 30 GHz 才叫毫米波)。毫米波频谱的特点是超大带宽，一段频谱有好几个 GHz 的带宽，频谱把"路"拓宽了，就可以跑更大更快的"车"（数据），5G 每秒 20 Gb/s 峰值速率也需要毫米波。FR2 由于频谱高、衰减快，主要作为 5G 的辅助频段，重点用于需要速率提升的热点区域。

5G 三大场景分别对应的频谱分配原则是：eMBB 采用 FR1 和 FR2 频段；mMTC 采用 FR1 频段；URLLC 采用 FR1 频段。

对应 5G NR 定义的频率范围，相比于 LTE 系统的 1.4 MHz、3 MHz、5 MHz、10 MHz、15 MHz、20 MHz 的小区带宽，5G 取消了 5 MHz 以下的小带宽设置。针对 FR1 频段，可支持小区带宽类型包括 5 MHz、10 MHz、15 MHz、20 MHz、25 MHz、30 MHz、40 MHz、50 MHz、60 MHz、80 MHz、90 MHz、100 MHz。针对 FR2 频段（毫米波），可支持小区带宽类型包括 50 MHz、100 MHz、200 MHz、400 MHz。

3GPP 进一步划分了 FR1 和 FR2 的 NR 频段，类似 LTE 频段号以 B 开头，5G 的每个频段，在频段号前加了"n"开头，见表 6 - 3。

表 6 - 3　FR1 和 FR2 中的 NR 频段

FR1 NR 工作频段	上行（UL）工作频段 BS 接收/UE 发送 $F_{UL\_low} \sim F_{UL\_high}$	下行（DL）工作频段 BS 发送/UE 接收 $F_{DL\_low} \sim F_{DL\_high}$	双工方式
n1	1920 MHz～1980 MHz	2110 MHz～2170 MHz	FDD
n2	1850 MHz～1910 MHz	1930 MHz～1990 MHz	FDD
n3	1710 MHz～1785 MHz	1805 MHz～1880 MHz	FDD
n5	824 MHz～849 MHz	869 MHz～894 MHz	FDD
n7	2500 MHz～2570 MHz	2620 MHz～2690 MHz	FDD
n8	880 MHz～915 MHz	925 MHz～960 MHz	FDD
n12	699 MHz～716 MHz	729 MHz～746 MHz	FDD
n14	788 MHz～798 MHz	758 MHz～768 MHz	FDD
n18	815 MHz～830 MHz	860 MHz～875 MHz	FDD
n20	832 MHz～862 MHz	791 MHz～821 MHz	FDD
n25	1850 MHz～1915 MHz	1930 MHz～1995 MHz	FDD
n28	703 MHz～748 MHz	758 MHz～803 MHz	FDD
n29	N/A	717 MHz～728 MHz	SDL
n30	2305 MHz～2315 MHz	2350 MHz～2360 MHz	FDD
n34	2010 MHz～2025 MHz	2010 MHz～2025 MHz	TDD
n38	2570 MHz～2620 MHz	2570 MHz～2620 MHz	TDD
n39	1880 MHz～1920 MHz	1880 MHz～1920 MHz	TDD
n40	2300 MHz～2400 MHz	2300 MHz～2400 MHz	TDD
n41	2496 MHz～2690 MHz	2496 MHz～2690 MHz	TDD
n48	3550 MHz～3700 MHz	3550 MHz～3700 MHz	TDD
n50	1432 MHz～1517 MHz	1432 MHz～1517 MHz	TDD
n51	1427 MHz～1432 MHz	1427 MHz～1432 MHz	TDD
n65	1920 MHz～2010 MHz	2110 MHz～2200 MHz	FDD

FR1 NR 工作频段	上行（UL）工作频段 BS 接收/UE 发送 $F_{UL\_low} \sim F_{UL\_high}$	下行（DL）工作频段 BS 发送/UE 接收 $F_{DL\_low} \sim F_{DL\_high}$	双工方式
n66	1710 MHz～1780 MHz	2110 MHz～2200 MHz	FDD
n70	1695 MHz～1710 MHz	1995 MHz～2020 MHz	FDD
n71	663 MHz～698 MHz	617 MHz～652 MHz	FDD
n74	1427 MHz～1470 MHz	1475 MHz～1518 MHz	FDD
n75	N/A	1432 MHz～1517 MHz	SDL
n76	N/A	1427 MHz～1432 MHz	SDL
n77	3300 MHz～4200 MHz	3300 MHz～4200 MHz	TDD
n78	3300 MHz～3800 MHz	3300 MHz～3800 MHz	TDD
n79	4400 MHz～5000 MHz	4400 MHz～5000 MHz	TDD
n80	1710 MHz～1785 MHz	N/A	SUL
n81	880 MHz～915 MHz	N/A	SUL
n82	832 MHz～862 MHz	N/A	SUL
n83	703 MHz～748 MHz	N/A	SUL
n84	1920 MHz～1980 MHz	N/A	SUL
n86	1710 MHz～1780 MHz	N/A	SUL
n89	824 MHz～849 MHz	N/A	SUL
n90	2496 MHz～2690 MHz	2496 MHz～2690 MHz	TDD
n91	832 MHz～862 MHz	1427 MHz～1432 MHz	FDD[2]
n92	832 MHz～862 MHz	1432 MHz～1517 MHz	FDD[2]
n93	880 MHz～915 MHz	1427 MHz～1432 MHz	FDD[2]
n94	880 MHz～915 MHz	1432 MHz～1517 MHz	FDD[2]
n95[1]	2010 MHz～2025 MHz	N/A	SUL

注 1：这个频段仅在中国使用。

注 2：可变双工操作不能由网络启用动态可变双工配置。

FR2 NR 工作频段	上行（UL）工作频段 BS 接收/UE 发送 $F_{UL\_low} \sim F_{UL\_high}$	下行（DL）工作频段 BS 发送/UE 接收 $F_{DL\_low} \sim F_{DL\_high}$	双工方式
n257	26 500 MHz～29 500 MHz	26 500 MHz～29 500 MHz	TDD
n258	24 250 MHz～27 500 MHz	24 250 MHz～27 500 MHz	TDD
n260	37 000 MHz～40 000 MHz	37 000 MHz～40 000 MHz	TDD
n261	27 500 MHz～28 350 MHz	27 500 MHz～28 350 MHz	TDD

　　表 6－3 中 5G NR 的频段编号不连续是为了和 LTE 的编号能保持一致,由表可见,5G NR 包含了部分 LTE 频段,也新增了一些频段。包含的部分 LTE 频段是将原定义的 LTE 频段使用范围重新分配到了 5G NR 的频段使用,如表 6－3 中的 n1 频段到 n76 频段。

　　5G NR 除纯新增频段外,还有部分新增频段是将 4G LTE 频段合并的频段,如 LTE 的 B42(3.4 GHz～3.6 GHz)和 B43(3.6 GHz～3.8 GHz),在 5G NR 中就合并成了 n78 (3.4 GHz～3.8 GHz)。这样的频段合并满足了 5G 大带宽高速率的需求,也可以形成少数几个全球统一频段,大幅度降低了手机终端支持全球漫游的复杂度。此外,表 6－3 中 5G NR 频段工作模式中除了 TDD 和 FDD 频段外,新增了 SDL(Supplementary Downlink,下行辅助)和 SUL(Supplementary Uplink,上行辅助)两种辅助频段用于上下行解耦,以解决 5G 传输速率和上行边缘覆盖的提升。

　　由于未来 5G 应用的多样性,需要更多广泛的频谱资源以满足 5G 的需求,因此 5G 频谱分配主要采用低、中、高频段搭配的方式,利用低、中、高频段各具有不同的特性,可支持不同的应用。

　　其中,低、中、高频段特性如下:

　　• 低频段(3 GHz 以下)传播半径长,具备良好的无线传播特性,易于实现广覆盖,但带宽有限。

　　• 中频段(3 GHz～6 GHz)传播半径长,适用于城市内网络部署,可提升网络容量。

　　• 高频段(6 GHz 以上)传播半径短,覆盖范围较小,但拥有较多还未使用的无线频谱,5G 通信在人群密集地区传播效率较高,可提供较高的网络容量。

　　全球可优先部署的 5G 频段为 n28、n71、n77、n78、n79、n257、n258 和 n260,即 700 MHz、600 MHz、3.3 GHz～4.2 GHz、3.3 GHz～3.8 GHz、4.4 GHz～5.0 GHz 和毫米波频段的 26 GHz、28 GHz、39 GHz。在 3GPP TSG－RAN WG4 会议上将 3300 MHz～4200 MHz 频段即 C 波段定义为 5G 主要频段,并将在 3GPP R15 中发布。C 波段在全球范围内可提供 200 MHz～400 MHz 连续带宽的频段,这也是在 6 GHz 以下能提供的最大连续频谱。因此,C 波段作为 5G 主要频段得到了包括美洲、亚洲、欧洲和中东等地区运营商、设备商和芯片供应商的大力支持,也极大地推动了 C 波段产业链的成熟。目前,美国 5G 频段为 600 MHz、2.8 GHz、39 GHz;英国 5G 频段为 3.4 GHz～3.7 GHz 频段;加拿大 5G 频段为 3.4 GHz～3.7 GHz;韩国 5G 频段为 3.4 GHz～3.7 GHz、26.5 GHz～28.9 GHz;日本 5G 频段为 4.4 GHz～4.9 GHz、3.6 GHz～4.2 GHz。

2. 中国 5G 频段

　　2016 年 4 月 26 日工信部推动批复了在 3.4 GHz～3.6 GHz 频段开展 5G 系统技术研发试验,同时工信部也开展了其他有关频段的研究协调工作。

　　2018 年 12 月 5 日,工信部为三大运营商正式下文分配 5G 中低频段试验频率,三大运营商按所获频率许可,可在全国范围内开展 5G 试验。其中,中国电信获得 3.4 GHz～3.5 GHz(共计 100 MHz)频段的 5G 试验频率资源;中国联通获得 3.5 GHz～3.6 GHz(共计 100 MHz)频段的 5G 试验频率资源;中国移动获得 2515 MHz～2675 MHz(共计 160 MHz)、4.8 GHz～4.9 GHz(共计 100 MHz)频段的 5G 试验频率资源,其中 2515 MHz～2575 MHz、2635 MHz～2675 MHz 和 4.8 GHz～4.9 GHz 频段为新增频段,2575 MHz～2635 MHz(共计 60 MHz)频段是中国移动现有的 TD－LTE(4G)频段。中国移动在

2.6 GHz频段上获得总计 160 MHz带宽资源(其中 60M 来自于现有 4G 频段的重新分配)，在 4.9 GHz 频段上获得了 100M 资源分配。中国移动与电信、联通两家相比，拿到了更多的带宽资源，但从全球范围看，2.6 GHz 的成熟度略低于 3.5 GHz。

　　2019 年 6 月 6 日，工信部正式向中国电信、中国移动、中国联通、中国广电发放 5G 商用牌照。工信部向中国广播电视网络有限公司颁发了《基础电信业务经营许可证》，批准中国广播电视网络有限公司在全国范围内经营互联网国内数据传送业务、国内通信设施服务业务。这也就意味着，中国广电成为继中国移动、中国电信和中国联通之后第四大基础电信运营商，但广电的 5G 网络是汇集广播电视现代通信和物联网服务的一个 5G 网络。至此，中国 5G 频段分配见图 6-6。

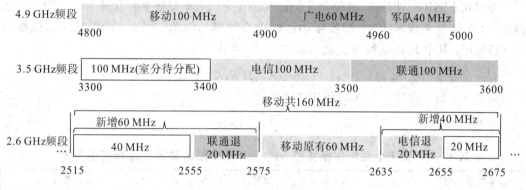

图 6-6　中国 5G 频段分配图

　　图 6-6 需要说明的是属于移动的 2.6 GHz 的部分频段还需要联通、电信各退频 20 MHz才能后交付移动使用。广电作为第四张新牌照，除了新分配的 4.9 GHz 频段，还有拥有原来的 700 MHz 频段的使用权，700 MHz 频段被看作是发展移动通信的黄金频段，具有信号传播损耗低、覆盖广、穿透力强、组网成本低等优势特性，而且适合 5G 底层网络。早在 2015 年世界无线电通信大会上已经确定该频段为全球移动通信的先锋候选频段。2020 年 4 月 1 日，工信部发布的《关于调整 700 MHz 频段频率使用规划的通知》里提到："将 702 MHz～798 MHz频段频率使用规划调整用于移动通信系统，并将 703 MHz～743 MHz、758 MHz～798 MHz 频段规划用于频分双工(FDD)工作方式的移动通信系统"。这就意味着，我国开始将用于传统的模拟广播电视系统频段的 700 MHz 频段规划腾退用于移动通信系统，为 5G 发展提供宝贵的低频段频谱资源，可推动 5G 低、中、高频段协同发展。1 GHz 以下低频段具有良好的传播特性，可更好地支持 5G 广域覆盖和高速移动场景下的通信体验以及海量的设备连接，进一步推进 5G 的多场景应用。

　　中国联通和中国电信已达成 5G 共建协议，可以共享 3.5 GHz 频谱上 200 MHz 的带宽，同时在 3.5 GHz 上的产业链较为成熟，拥有很大的优势。而中国移动和中国广电在 700 MHz、2.6 GHz 频谱上达成 5G 共享共建协议，700 MHz 的 5G 黄金频段和更多的频谱资源共享给两家的 5G 建设都提供了更多的优势。

3. 5G 频点

　　移动通信系统中使用 ARFCN(Absolute Radio Frequency Channel Number，绝对无线频道编号，简称为绝对频点/频点)来对应各频段的编号。ARFCN 最早在 GSM 系统中开始

使用，随着移动通信系统的更新发展，ARFCN 在 UMTS / WCDMA 系统中对应表示为
UARFCN，在 LTE 系统中表示为 EARFCN，在 5G 系统中表示为 NR-ARFCN。

5G 频点的计算方式与 LTE 的不一样，不再需要根据使用的频段号和对应的起始频点
来查表计算。

1) 全局频率栅格

针对 5G 频段范围广的情况，3GPP 定义了全局频率栅格用于计算 5G 频点号。全局频
率栅格定义了一组 0 GHz～100 GHz 内的所有参考频率 F_{REF}。这组参考频率主要用来确定
无线信道、同步信号块(SS/PBCH Block，SSB)和其他资源的位置。全局频率栅格的粒度
用 ΔF_{Global} 表示，频段越高，栅格粒度越大。

绝对频点 NR-ARFCN 的参考编号值 N_{REF} 在全局频率栅格上的范围 0～3 279 165 上
指定，由射频参考频率 F_{REF}(即实际小区的中心频率的取值)、$F_{REF\text{-}Offs}$ 和 $N_{REF\text{-}Offs}$ 根据式
(6-1)确定，其中 $F_{REF\text{-}Offs}$ 和 $N_{REF\text{-}Offs}$ 在表 6-4 中给出。

$$F_{REF} = F_{REF\text{-}Offs} + \Delta F_{Global}(N_{REF} - N_{REF\text{-}Offs}) \tag{6-1}$$

由式(6-1)可以推导出 N_{REF} 的计算式为

$$N_{REF} = \frac{F_{REF} - F_{REF\text{-}Offs}}{\Delta F_{Global}} + N_{REF\text{-}Offs} \tag{6-2}$$

表 6-4 用于全局频率栅格的 NR-ARFCN 频点参数 N_{REF} 取值范围表

频率范围/MHz	ΔF_{Global} / kHz	$F_{REF\text{-}Offs}$/MHz	$N_{REF\text{-}Offs}$	N_{REF} 取值范围
0～3000	5	0	0	0～599 999
3000～24 250	15	3000	600 000	600 000～2 016 666
24 250～100 000	60	24 250.08	2 016 667	2 016 667～3 279 165

下面我们通过几道例题来进一步讲解绝对频点 NR-ARFCN 和实际频率的计算。

【例 6-1】 已知绝对频点 NR-ARFCN 的参考编号值 N_{REF} 为 1000 的频点号，求实际
频率。

解 通过表 6-4 可知 1000 的频点号属于的取值范围是 0～599 999，即已知 $N_{REF} =$
1000，对应的 ΔF_{Global}、$F_{REF\text{-}Offs}$ 和 $N_{REF\text{-}Offs}$ 取值如下：

频率范围/MHz	ΔF_{Global} / kHz	$F_{REF\text{-}Offs}$/MHz	$N_{REF\text{-}Offs}$	N_{REF} 取值范围
0～3000	5	0	0	0～599 999

利用式(6-1)计算得出所需求解的实际频率为

$$F_{REF} = F_{REF\text{-}Offs} + \Delta F_{Global}(N_{REF} - N_{REF\text{-}Offs}) = 0 + 5 \text{ kHz} \cdot (1000 - 0) = 5000 \text{ kHz}$$

【例 6-2】 已知绝对频点 NR-ARFCN 的参考编号值 N_{REF} 为 21 000 00 的频点号，求
实际频率。

解 通过表 6-4 可知 21 000 00 的频点号属于的取值范围是 2 016 667～3 279 165，即
已知 $N_{REF} = 21 000 00$，对应的 ΔF_{Global}、$F_{REF\text{-}Offs}$ 和 $N_{REF\text{-}Offs}$ 取值如下：

频率范围/MHz	ΔF_{Global} / kHz	$F_{REF\text{-}Offs}$/MHz	$N_{REF\text{-}Offs}$	N_{REF} 取值范围
24 250～100 000	60	24 250.08	2 016 667	2 016 667～3 279 165

利用式(6-1)计算得出所需求解的实际频率为

$$F_{REF} = F_{REF\text{-}Offs} + \Delta F_{Global}(N_{REF} - N_{REF\text{-}Offs})$$

$$= 24\ 250.08\ \text{MHz} + 60\ \text{kHz} \cdot (2\ 100\ 000 - 2\ 016\ 667)$$

$$= 24\ 250.08\ \text{MHz} + 4999.98\ \text{MHz} = 29\ 250.06\ \text{MHz}$$

【例 6 - 3】　已知现在使用的实际频率是 1920 MHz，求对应的绝对频点 NR - ARFCN 的参考编号值 N_{REF}。

解　通过表 6 - 4 可知 1920 MHz 属于的频率范围是 0 MHz～3000 MHz，即已知 $F_{REF} = 1920\ \text{MHz}$，对应的 ΔF_{Global}、$F_{REF\text{-}Offs}$ 和 $N_{REF\text{-}Offs}$ 取值如下：

频率范围/MHz	ΔF_{Global} / kHz	$F_{REF\text{-}Offs}$/MHz	$N_{REF\text{-}Offs}$	N_{REF} 取值范围
0～3000	5	0	0	0～599 999

利用式(6 - 2)计算得出所需求解的绝对频点 NR - ARFCN 的参考编号值为

$$N_{REF} = \frac{F_{REF} - F_{REF\text{-}Offs}}{\Delta F_{Global}} + N_{REF\text{-}Offs} = \frac{1\ 920\ 000\ \text{kHz} - 0\ \text{kHz}}{5\ \text{kHz}} + 0 = 384\ 000$$

【例 6 - 4】　已知现小区中心频率是 4800 MHz，求对应的绝对频点 NR - ARFCN 的参考编号值 N_{REF}。

解　通过表 6 - 4 可知 4800 MHz 属于的频率范围是 3000 MHz～24 250 MHz，即已知 $F_{REF} = 4800\ \text{MHz}$，对应的 ΔF_{Global}、$F_{REF\text{-}Offs}$ 和 $N_{REF\text{-}Offs}$ 的取值如下：

频率范围/MHz	ΔF_{Global} / kHz	$F_{REF\text{-}Offs}$/MHz	$N_{REF\text{-}Offs}$	N_{REF} 取值范围
3000～24 250	15	3000	600 000	600 000～2 016 666

利用式(6 - 2)计算得出所需求解的绝对频点 NR - ARFCN 的参考编号值为

$$N_{REF} = \frac{F_{REF} - F_{REF\text{-}Offs}}{\Delta F_{Global}} + N_{REF\text{-}Offs} = \frac{4800\ \text{MHz} - 3000\ \text{MHz}}{15 \times 10^{-3}\ \text{MHz}} + 600\ 000 = 720\ 000$$

特别说明一点，上行辅助 SUL 频段(不包括表 6 - 3 中的 n95 段、所有 FDD 的上行链路频段和 TDD 的 n90 频段)的实际频率会比 F_{REF} 大一点，此时实际频段的计算为 $F_{REF, shift} = F_{REF} + \Delta_{Shift}$，其中 $\Delta_{Shift} = 0$ kHz 或者 7.5 kHz，Δ_{Shift} 由系统高层参数 *frequencyShift7p5* kHz 定义。

2) 信道栅格

在实际组网中，小区中心频点的取值并不是连续的，因此 3GPP 又定义了 5G 信道栅格(Channel Raster)来规范小区中心频点的取值。信道栅格在全局栅格的范围下，进一步定义了一组参考频率的子集，用于指示上下行链路中的频点位置(即资源单元映射)，信道栅格的粒度表示为 ΔF_{Raster}，且 $\Delta F_{Raster} \geqslant \Delta F_{Global}$。

5G 信道栅格与 LTE 的概念实质一致，表示各小区中心频点的间隔应该满足的条件。不同的是 LTE 的信道栅格是固定的数值 100 kHz，而 5G 信道栅格的数值不固定。由附录表 1 可见，5G 信道栅格 FR1 频段取值有 15 kHz、30 kHz 和 100 kHz，FR2 频段取值有 60 kHz 和 120 kHz。多种信道栅格的定义是为了满足 5G 的大带宽、低时延的性能要求。

每个 5G NR 工作波段对应的信道栅格和绝对频点 NR - ARFCN 的参考编号值 N_{REF} 的范围见附录 1，表中<>内数值为信道栅格的步长 I，工作频段内的每 I 个 N_{REF} 适用于工作频段内的信道栅格。信道栅格的 ΔF_{Raster} 的计算分为以下几种情况：

(1) 对于 100 kHz 信道栅格的 NR 工作频段，$\Delta F_{Raster} = I \times \Delta F_{Global}$，$I = 20$。

（2）对于 15 kHz 信道栅格低于 3 GHz 的 NR 工作频段，$\Delta F_{Raster} = I \times \Delta F_{Global}$，其中，$I \in \{3, 6\}$。

（3）对于 15 kHz 和 60 kHz 信道栅格在 3 GHz 以上的 NR 工作频段，$\Delta F_{Raster} = I \times \Delta F_{Global}$，其中，$I \in \{1, 2\}$。

（4）对于在 FR1 中有两个 ΔF_{Raster} 的频段，同步资源块 SSB 的子载波间隔＝较高 ΔF_{Raster}，较高的 ΔF_{Raster} 取值≥较高 ΔF_{Raster} 的子载波间隔取值。

（5）对于在 FR2 中有两个 ΔF_{Raster} 的频段，同步资源块 SSB 的子载波间隔≥较高 ΔF_{Raster}，较高的 ΔF_{Raster} 取值＝较高 ΔF_{Raster} 的子载波间隔取值。

例如，附录表 1 中 FR1 段的 n41、n77、n78 和 n79 的信道栅格 ΔF_{Raster} 有 15 kHz 和 30 kHz 两种取值。按照上述情况（4），当小区中的子载波间隔为较高的取值时，采用高的 ΔF_{Raster}，其他情况使用低的 ΔF_{Raster}。假设当前小区的信道的子载波间隔为 30 kHz，那么 ΔF_{Raster} 应该取为 30 kHz；否则 ΔF_{Raster} 取为 15 kHz。FR2 频段按照情况（5）取值即可。

下面以 n1 频段为例，讲解信道栅格对应的步长取值。

首先查找附录 1 表中 n1 频段对应的数值（如下举例）：

FR1 NR 工作频段	ΔF_{Raster}/kHz	上行链路 N_{REF} 的范围（开始 -〈步长大小〉- 截止）	下行链路 N_{REF} 的范围（开始 -〈步长大小〉- 截止）
n1	100	384 000 -〈20〉- 396 000	422 000 -〈20〉- 434 000

从查找的附录 1 表中得到 5G 小区使用该 n1 频段时，中心频点号 N_{REF} 的取值只能以 20 为单位步长来选取。

然后，查看表 6-3，得出 n1 频段的实际工作频率。

FR1 NR 工作频段	上行（UL）工作频段 BS 接收 / UE 发送 $F_{UL\_low} \sim F_{UL\_high}$	下行（DL）工作频段 BS 发送 / UE 接收 $F_{DL\_low} \sim F_{DL\_high}$	双工方式
n1	1920 MHz～1980 MHz	2110 MHz～2170 MHz	FDD

根据 n1 频段的实际工作频率查看表 6-4，因实际工作频率属于 0～3000 MHz 范围内，查看得到对应全局栅格 $\Delta F_{Global} = 5$ kHz。

频率范围/MHz	ΔF_{Global}/kHz	$F_{REF-Offs}$/MHz	$N_{REF-Offs}$	N_{REF} 取值范围
0～3000	5	0	0	0～599 999

利用式（6-1）和式（6-2）即可计算实际频率和对应的频点，如果选取实际频率为 2110 MHz（对应频点 422 000）作为第一个中心频率，而下一个中心频率只能是 2110.1 MHz（对应频点 422 020），而 2110.005 MHz、2110.01 MHz……2110.095 MHz（对应频点 422 001～422 019）均不能作为小区的中心频率。因为频点 N_{REF} 步长取值必须满足 20 的要求。

再次强调，计算频点时要注意对应实际步长的取值，如附录表 1 中 FR1 段的 n77、n78 和 n79 三段频段中子载波间隔为 30 kHz 的情况下，频点栅格步长是偶数 2，意味着中心频点号必须是偶数。

通过以下例题进一步说明栅格步长取值问题。

【例 6 - 5】 计算中国联通 C 波段中心频率为 3550 MHz 的对应频点号,请问采用的双工方式是什么?(注:子载波间隔取 30 kHz。)

解 通过查询表 6 - 3 可知 3550 MHz 属于 n77 和 n78 频段,工作的双工方式是 TDD 模式。

FR1 NR 工作频段	上行(UL)工作频段 BS 接收 / UE 发送 $F_{\text{UL\_low}} \sim F_{\text{UL\_high}}$	下行(DL)工作频段 BS 发送 / UE 接收 $F_{\text{DL\_low}} \sim F_{\text{DL\_high}}$	双工 方式
n77	3300 MHz~4200 MHz	3300 MHz~4200 MHz	TDD
n78	3300 MHz~3800 MHz	3300 MHz~3800 MHz	TDD

通过查询表 6 - 4 可知 3550 MHz 属于的频率范围是 3000 MHz~24 250 MHz,即已知 $F_{\text{REF}} = 3550$ MHz,对应的 ΔF_{Global}、$F_{\text{REF-Offs}}$ 和 $N_{\text{REF-Offs}}$ 的取值如下:

频率范围/MHz	ΔF_{Global}/kHz	$F_{\text{REF-Offs}}$/MHz	$N_{\text{REF-Offs}}$	N_{REF} 取值范围
3000~24 250	15	3000	600 000	600 000~2 016 666

利用式(6 - 2)计算绝对频点:

$$N_{\text{REF}} = \frac{F_{\text{REF}} - F_{\text{REF-Offs}}}{\Delta F_{\text{Global}}} + N_{\text{REF-Offs}} = \frac{3550 \text{ MHz} - 3000 \text{ MHz}}{15 \times 10^{-3} \text{ MHz}} + 600\ 000 \approx 636\ 666.67$$

对照附录 1,子载波间隔取 30 kHz 的条件下,n77、n78 频段的 N_{REF} 频点栅格步长是偶数 2,所以 N_{REF} 取最近偶数整数,得到实际 $N_{\text{REF}} = 636\ 666$。

FR1 NR 工作频段	ΔF_{Raster}/kHz	上行链路 N_{REF} 的范围 (开始 -〈步长大小〉- 截止)	下行链路 N_{REF} 的范围 (开始 -〈步长大小〉- 截止)
n77	15	620 000 -〈1〉- 680 000	620 000 -〈1〉- 680 000
	30	620 000 -〈2〉- 680 000	620 000 -〈2〉- 680 000
n78	15	620 000 -〈1〉- 653 333	620 000 -〈1〉- 653 333
	30	620 000 -〈2〉- 653 332	620 000 -〈2〉- 653 332

3) 同步栅格

5G 的"同/异频"的概念指的就是同步信号块 SSB 的中心频点相同/不同。在进行邻区关系配置时,也是配置 SSB 的中心频点。同步栅格的作用就是用于指示 SSB 的频率位置。5G UE 开机搜索 SSB 时,在不知道频点的情况下,需要按照一定的步长盲检频段内的所有频点,如果按照信道栅格盲检,则需要进行的盲检次数太多,UE 接入就会很慢。因此,3GPP 5G NR 定义了同步栅格,当 UE 未收到指示同步信号块 SSB 位置的显式信令时,UE 按照同步栅格进行盲检,可以快速获取 SSB 的频率位置。

3GPP 对所有频率都对应定义了一个 GSCN(Global Synchronization Channel Number,全局同步信道号),见表 6 - 5。表中,将 SSB 的参考频率位置定义为 SS_{REF},N 为 SSB 的对应频点号。附录 2 给出了 5G NR 每个工作频段对应的同步栅格。

表 6-5   用于全局频率栅格的 GSCN 参数

频率范围/MHz	SSB 的同步栅格	SSB 的参考频率位置 SS_{REF}	全局同步信道号	GSCN 范围
0～3000	1.20 MHz	$N \times 1200\ kHz + M \times 50\ kHz$, $N = 1{:}2499, M \in \{1,3,5\}^*$	$3N + (M-3)/2$	2～7498
3000～24 250	1.44 MHz	$3000\ MHz + N \times 1.44\ MHz$, $N = 0{:}147\ 56$	$7499 + N$	7499～22 255
24 250～100 000	17.28 MHz	$24\ 250.08\ MHz + N \times 17.28\ MHz$, $N = 0{:}4383$	$22\ 256 + N$	22 256～26 639

注：* 只支持子载波间隔的信道栅格的工作频段的默认值为 $M=3$。

由表 6-5 可见，表中定义了三种不同 SSB 同步栅格，分别是 1.20 MHz、1.44 MHz 和 17.28 MHz。5G 同步栅格的步长明显大于 LTE 系统 100 kHz 的信道栅格。5G 终端设备只需要在其所支持的频段内对应计算出 SS_{REF} 的位置，就可以进行主/辅信号的搜索。

一般情况下，可以先根据 SSB 参考频率位置 SS_{REF} 确定 N 值，再根据取整的 N 值和表 6-5 计算出 GSCN 数值。GSCN 一般用于 5G 独立组网模式下，小区搜索时通过 GSCN 加快同步信号的搜索速度，进一步更快速地获取 MIB 和 SIB1 消息。但有些时候，GSCN 不是必须计算的，若 SSB 中心频率的频点已经算出，GSCN 就可以不用计算。比如，5G 非独立组网就不需要 GSCN，因为 RRC 重配置消息中已经携带了 NR 的 SSB 频点、NR 频段以及 NR 的带宽信息。

以 n41 频段为例，100 MHz 带宽的载波，当子载波间隔取 30 kHz 时，对应有 273 个资源块（表 7-2 可查）。如果 UE 按照 SSB 同步栅格取 1.2 MHz 进行同步信号块搜索，则同步栅格内最多有 $1200/30 = 40$ 个子载波，那么，在整个带宽范围内，需要依次搜索的次数为 273×12（1 个 RB 有 12 个子载波）$/40 = 82$ 次；如果按照 LTE 系统的子载波间隔 15 kHz 进行搜索，则需 $15/30 = 0.5$ 个子载波，搜索次数为 $273 \times 12/0.5 = 6552$ 次。显然，采用 5G 的同步栅格方式非常有利于加快 UE 搜索小区同步信号的速度。

再以一个终端设备运行在 3400 MHz～3500 MHz 的 n78 频段为例，根据附录表 2，如下：

FR1 NR 工作频段	SSB 子载波间隔	SSB 索引模式	GSCN 范围 （开始 - 〈步长大小〉- 截止）
n78	30 kHz	Case C	7711 - 〈1〉- 8051

可见该频段对应的 GSCN 位置为 7711～8051。当该设备进行小区搜索的时候，只需要在 GSCN 为 7711～8051 的范围对应相应的 SS_{REF} 位置进行主/辅信号同步信号搜索即可。附录表 1 中定义的 n78 的信道栅格是 15 kHz 和 30 kHz，因此稀疏的同步栅格大大降低了 5G NR 终端进行小区搜索的时间。

6.2　5G 系统架构

6.2.1　5G 系统总体架构

1. 5G 系统架构设计原则和架构

5G 系统架构定义为支持数据连接和服务提供，以保证 5G 部署能使用网络功能、虚拟化和软件定义等联网技术。5G 系统架构利用控制面(CP)网络功能实现基于服务的各网络交互功能。5G 系统架构的一些关键原则和概念如下：

- 将用户面(UP)功能与控制面(CP)功能分开，允许独立的可伸缩性、进化和灵活的部署，例如集中式位置或分布式(远程)位置。
- 模块化功能设计，例如，使用采用灵活、有效的网络切片。
- 在适用的情况下，将网络功能之间的交互过程定义为服务，以实现重复利用目的。
- 如果需要，允许每个网络功能(NF)及网络功能服务与其他 NF 及其网络功能服务直接或间接地通过服务通信代理进行交互。
- 尽量减少接入网(AN)和核心网络(CN)之间的依赖。架构由一个具有公共 AN-CN 接口的汇聚核心网定义，并集成不同的访问类型，如 3GPP/非 3GPP 的访问。
- 支持统一的身份验证框架。
- 支持"无状态"网络功能(NF)，其中"计算"与"存储"资源分离。
- 支持能力开放。
- 支持同时访问本地和中央服务。为了支持低时延服务和对本地数据网络的访问，可以在接入网附近部署用户面(UP)功能。
- 支持在被访问的公共陆地移动网络(PLMN)中进行漫游。

5G 系统架构包括两部分：5G 无线接入网(NG-RAN)和 5G 核心网(5GC 或 NGC)，其具体功能划分如图 6-7 所示。

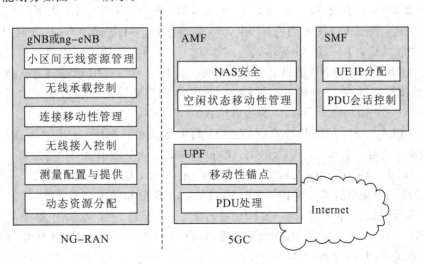

图 6-7　NG-RAN 和 5GC 功能划分

图6-7中四个带灰底的大框代表逻辑网元点，具体有gNB/ng-eNB(5G基站gNB/下一代4G基站ng-eNB)、AMF(Access and Mobility Management Function，接入和移动管理功能)、UPF(User Plane Function，用户面功能)和SMF(Session Management Function，会话管理功能)。不带灰底的小长条状框是各网元点主要功能描述。

5G无线接入网(NG-RAN)由gNB/ng-eNB组成，负责整个网络所有与无线技术相关的功能，包括小区间无线资源管理、无线承载控制、连接移动性管理、无线接入控制、测量配置与提供、动态资源分配和各种多天线方式等。

5G核心网(5GC)由AMF、UPF和SMF组成，负责提供整个网络所必需的核心功能，包括安全、鉴权、计费功能和端到端连接的设置等。

2. 5G NG-RAN 无线接入网

5G NG-RAN无线接入网架构见图6-8。

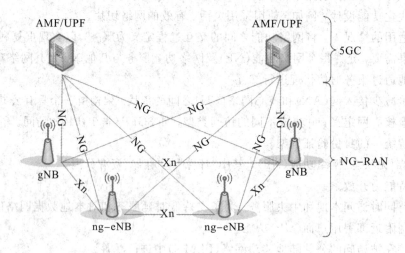

图6-8　5G NG-RAN架构

5GC由AMF/UPF组成，提供互联网接入服务和相应的管理功能等。

NG-RAN由一组通过NG接口连接到5GC的5G基站gNB和下一代4G基站ng-eNB组成，提供无线接入功能。其中，5G基站gNB向UE提供5G接入网用户面和控制面协议的终结点；下一代4G基站ng-eNB向UE提供4G接入网用户面和控制面协议的终结点。gNB和ng-eNB通过Xn接口相接。gNB和ng-eNB也通过NG接口连接到5GC，更具体地通过NG-C接口连接到AMF(接入和移动管理功能)，通过NG-U接口连接到UPF(用户面功能)。更具体的接口见表6-6。

gNB可以支持FDD/TDD模式或FDD与TDD的双模式操作。gNB之间通过Xn接口互连。gNB可以由一个gNB-CU(gNB-Centralized Unit，gNB集中单元)和一个或多个gNB-DU(gNB-Distributed Unit，gNB分布单元)组成，见图6-9(a)，gNB集中单元和分布单元通过F1接口连接。由图6-9(b)可见，gNB分布单元通过F1-C接口连接到gNB集中单元控制面(gNB-CU-CP)，通过F1-U接口连接到gNB集中单元用户面(gNB-CU-UP)，一个gNB集中单元用户面(gNB-CU-UP)通过E1接口仅连接一个gNB集中单元控制面(gNB-CU-CP)。

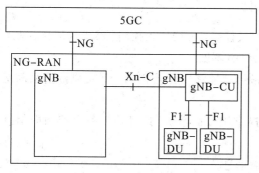
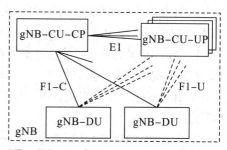

(a)5G NG-RAN 总体架构　　　　　(b)gNB-CU-CP 和 gNB-CU-UP 分离结构图

图 6-9　5G NG-RAN 总体架构与 gNB 分离结构图

　　在具有多小区 ID 广播的网络共享情况下，与 PLMN 子集相关联的每个标识小区对应连接相应的 gNB-DU 和 gNB-CU，也对应 gNB-DU 共享相同的物理层小区资源。

　　为了实现网络的弹性规划，如图 6-9(b)所示，可以将一个集中单元控制面(gNB-CU-CP)连接一个或多个 gNB 分布单元(gNB-DU)和集中单元用户面(gNB-CU-UP)。一个 gNB 分布单元可以在同一 gNB 集中单元控制面的控制下连接多个集中单元用户面(gNB-CU-UP)。一个 gNB-CU-UP 可以在同一 gNB-CU-CP 的控制下连接到多个分布单元。集中单元用户面(gNB-CU-UP)与分布单元之间的连接性由集中单元控制面(gNB-CU-CP)使用承载上下文管理功能建立。

　　5G 网络架构部分主要接口见表 6-6。

表 6-6　5G 网络架构部分主要接口

名　称		接口含义
NG		NG-RAN 和 5GC 之间的逻辑接口
NG	NG-C	NG-RAN 和 5GC 之间的控制面逻辑接口，连接到 AMF
	NG-U	NG-RAN 和 5GC 之间的用户面逻辑接口，连接到 UPF
Xn		gNB(ng-eNB)和 gNB(ng-eNB)的逻辑接口，时延<4 ms
Xn	Xn-C	gNB(ng-eNB)和 gNB(ng-eNB)的控制面逻辑接口
	Xn-U	gNB(ng-eNB)和 gNB(ng-eNB)的用户面逻辑接口
F1		gNB-DU 和 gNB-CU 的逻辑接口，时延<4 ms
F1	F1-C	gNB-DU 和 gNB-CU 的控制面逻辑接口
	F1-U	gNB-DU 和 gNB-CU 的用户面逻辑接口
E1		gNB-CU-CP 和 gNB-CU-UP 的逻辑接口
Uu		UE 与 NG-RAN 之间的逻辑接口
Fx		AAU 与 DU 之间的逻辑接口，时延<100 μs
N2		(R)AN 和 AMF 之间的逻辑接口，时延<10 ms
N3		(R)AN 和 UPF 之间的逻辑接口，eMMB<10 ms，URLLC<5 ms，V2X<3 ms
N4		SMF 和 UPF 之间的逻辑接口，交互时延：毫秒级。基于 UDP/PFCP 协议
N6		UPF 和数据网络(DN)的逻辑接口，基于 IP 协议
N9		两个核心 UPF 之间的逻辑接口，单节点转发时延：50 μs～100 μs；传输时延：取决于距离。基于 GTP/UP/IP 协议

1）gNB/ng‐eNB 的功能

（1）负责无线资源管理功能，包括无线承载控制、无线接入控制、移动性连接控制，以及在上行和下行链路中对 UE 进行动态资源分配（调度）。

（2）完成 IP 报头压缩，进行加密和数据完整性保护。当不能从 UE 提供的信息确定到 AMF 的路由时，在 UE 附着处选择 AMF。

（3）负责无线网络的连接设置和释放，提供用户面数据向 UPF 的路由控制面信息向 AMF 的路由。

（4）负责调度和传输寻呼消息、系统广播信息。

（5）完成用于移动性和调度的测量和测量报告配置，完成上行链路中的传输分组标记；负责会话管理，支持网络切片功能；完成 QoS 流量管理和对数据的无线承载映射。

（6）支持处于 RRC_INACTIVE（非激活模式）状态的 UE，负责 NAS（非接入层）消息的分发功能。

（7）支持无线接入网共享和双连接，支持 5G 和 4G 之间的无线网络紧密互通。

2）5G 无线接入网功能实体

在 5G 网络中，接入网不再是由 BBU（基带处理单元）、RRU（射频拉远模块）和天线等实体组成，而是被重构为以下三个全新的功能实体：

• CU（Centralized Unit，集中单元）：将原 BBU 的非实时部分分割出来，重新定义为 CU，负责处理非实时协议和服务。

• DU（Distribute Unit，分布单元）：BBU 的剩余功能重新定义为 DU，负责处理物理层协议和实时服务。

• AAU（Active Antenna Unit，有源天线单元）：BBU 的部分物理层处理功能与原 RRU 及无源天线合并为 AAU。

其中，CU 和 DU 以处理内容的实时性进行区分。3GPP 确定了 CU/DU 划分方案，即 PDCP 层及以上的无线协议功能由 CU 实现，PDCP 以下的无线协议功能由 DU 实现。CU 与 DU 作为无线侧逻辑功能节点，可以映射到不同的物理设备上，也可以映射为同一物理实体。对于 CU/DU 部署方案，由于 DU 难以实现虚拟化，CU 虚拟化目前存在成本高、代价大的挑战。CU/DU 分离部署适用于 mMTC 小数据包业务，也有助于避免 5G 非独立组网双链接下路由迁回，而 5G 独立组网无路由迁回问题。CU/DU 合设部署方案可节省网元，减少规划与运维复杂度，降低部署成本，减少时延（无需中传），缩短建设周期。

3. 5GC 核心网

由图 6‐7 可见，5GC 由 AMF、UPF 和 SMF 三个主要网元组成。AMF（Access and Mobility Management Function，接入和移动管理功能）提供用户设备接入身份验证、授权和移动管理控制功能及 SMF 选择；UPF（User Plane Function，用户面功能）提供基于用户面的数据分组路由和转发与监测等功能；SMF（Session Management Function，会话管理功能）提供会话管理、IP 地址分配和管理及控制部分执行策略等功能。

1）5GC 网元功能

（1）AMF 的功能如下：

• 负责非接入层 NAS 信令的安全和终止服务。

- 提供接入层 AS 的安全控制服务。
- 提供用于 3GPP 接入网之间的移动性的核心网间节点的信令。
- 完成注册区域管理，UE 的接入认证、接入授权，包括检查漫游权限。
- 负责 UE 空闲状态的移动性管理(包括寻呼重传的控制和执行)；提供 UE 在接入网系统内/间的移动性管理。
- 支持网络切片和 SMF 选择。

(2) UPF 的功能如下：
- 提供接入网系统内/系统间的移动性的锚点。
- 用作外部 PDU 与数据网络互连的会话点，提供分支点以支持多宿主 PDU 会话。
- 提供分组路由和转发功能，提供上行链路分类器以支持将业务流路由到数据网络，提供上行链路流量验证，提供下行数据包缓冲和下行数据通知触发，提供业务使用情况报告。
- 完成用户面部分的策略规则执行的数据包检查；完成用户面的 QoS 处理，如包过滤、选通、上/下行速率强制执行等。

(3) SMF 的功能如下：
- 负责 UE IP 地址的分配和管理。
- 负责用户面 UP 功能的选择和控制，提供 PDU 会话管理与控制功能。
- 配置 UPF 的流量导向，将流量路由到正确的目的地。
- 提供控制部分策略执行和 QoS 服务，负责下行链路数据的通知工作。

2) 5GC 核心网架构

5G 核心网建立在 4G 核心网 EPC 的基础上，与 EPC 相比有三个方面的增强：基于服务的架构、支持网络切片、控制面和用户面分离。

2017 年 6 月，3GPP 正式确认 5G 核心网采用基于服务的架构(Service-based Archi-tecture,SBA)，这一架构与传统的移动通信系统的核心网有很大的不同。SBA 架构意味着架构元素在任何适合的位置被定义为网络功能，通过基于通用架构的接口向任何被允许的网络功能提供服务。这种架构采用模块化、复用和自包含等网络功能原则，旨在使网络部署能利用最新的虚拟化技术和软件技术。SBA 将现有的网元按照功能的维度进行解耦，形成相互独立、模块化的功能，然后再通过服务化的方式，在统一的构架中可以按业务需要组织起来，快速、便捷地支持多种接入方式和多种业务的需求，而且每个功能都可以独立迭代更新，以快速支持新的业务需求。

5G 核心网架构支持网络切片功能。不同种类的业务对网络性能的要求是不同的，例如自动驾驶要求低时延、高可靠，但对数据速率要求不高；高清视频要求高速率，但对时延和可靠性的要求相对较低。5G 全业务要求网络能够根据需求，组成相互隔离的管道为每个垂直行业分别提供服务，基于 SBA 云化架构的网络切片为面向业务的管道资源和能力智能化分配提供实现基础，使得运营商可以为不同业务场景提供差异化的服务。5G 核心网架构的网络切片技术可以把网络切成多个虚拟的子网，以满足不同业务的个性化需求。

5G 核心网架构采用控制面和用户面的完全分离(Control and User Plane Separation,

CUPS)模式实现分布式部署,包括两者容量的独立缩放。例如,如果需要更多的控制面容量,则可以单独扩容控制面而无需同时对用户面扩容。控制面和用户面的完全分离的优点是业务变更灵活,网络扩展、升级方便,并且可使用户面脱离"中心化"的位置,使其既可以部署在核心网,也可以下沉至接入网,满足了 5G 网络低时延的要求。5G 核心网高层结构见图 6-10。

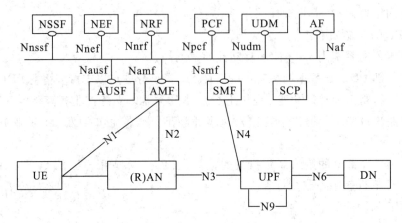

图 6-10　5G 核心网高层结构图(非漫游)

在 5G 核心网的 SBA 架构中,采用网络功能虚拟化(NFV),核心网的硬件不再使用传统的专用网元硬件,而是采用通用服务器。图 6-10 中 5G 的 NF(网络功能)包括:NSSF、NEF、NRF、PCF、UDM、AF、AUSF、AMF、SMF、SCP。各功能模块之间的通信方式不再是传统的点对点方式,而是采用 SBI 串行总线接口的通信方式。其传输层采用HTTP2协议,应用层携带不同的服务消息。5G 系统架构允许 UDM、PCF 和 NEF 在 UDR 存储数据。图 6-10 中 5G 核心网元的具体功能见表 6-7。

表 6-7　5G 核心网元功能表

序号	5G 核心网网元	功　能　描　述	与 EPC 网元对应关系
1	AMF(Access and Mobility Management Function,接入和移动性管理功能)	AMF 是处理控制面消息的主要模块,5G 的移动性管理具有灵活化、智能化的特点,可针对不同业务、不同终端的差异化移动性需求,进行按需的移动性管理,以达到信令和功耗的优化,保证网络效率和用户体验。具体功能包括:移动性管理、会话管理消息的路由;接入鉴权、安全锚点功能;安全上下文管理功能	类似于 MME 的接入和移动性管理功能
2	SMF(Session Management Function,会话管理功能)	支持会话管理(建立、修改和释放)、UE IP 地址的分配和管理;非接入层会话管理消息终止;下行数据通知等	类似 MME、S-GW 和 P-GW 的会话管理功能

	5G 核心网网元	功 能 描 述	与 EPC 网元对应关系
3	PCF（Policy Control Function，策略控制功能）	提供管控网络行为的统一策略规则给控制面执行，访问统一数据存储中与策略制定相关的订阅信息。提供网络选择和移动性管理相关的策略，负责 UE 策略的配置（网络侧须支持向 UE 提供策略信息，如网络发现和选择策略、网路切片选择策略）	类似于 PCRF 功能
4	UDM（Unified Data Management，统一数据管理）	用于管理用户数据，支持 ARPF（认证证书存储库和处理功能）；支持存储签约信息；支持 5G 功能增强后的其他签约数据	类似于 HSS 中的用户数据管理功能
5	AUSF（Authentication Server Function，鉴权服务功能）	用于实现用户鉴权，生成鉴权向量。鉴权对象包括 3GPP 网络的用户以及非 3GPP 接入网的用户	类似于 MME 和 HSS 的用户鉴权功能
6	AF（Application function，应用功能）	用于与核心网交互时提供应用服务，包括访问网络开放功能、策略管控功能等。被核心网授权的 AF 可以直接访问 5G 核心网内部网元功能	全新网元，用于应用功能访问
7	NSSF（Network Slice Selection Function，网络切片选择功能）	网络切片是指 3GPP 定义的特征和功能的集合，共同形成了向 UE 提供服务的完整 PLMN。网络切片允许来自指定网络功能的 PLMN 的受控组合及其特定和提供特定使用场景所需的服务。网络切片可以根据具体的应用场景需求对 PLMN 内指定的网络功能及其提供的服务进行组合	全新网元，用于网络切片选择
8	NEF（Network Exposure Function，网络开放功能）	负责对外开放网络数据的功能，保证非 3GPP 网络能接入 5G 核心网。提供网络能力的收集、分析和重组	类似于 SCEF（NB-IoT 技术中引入服务能力开放功能）
9	NRF（NF Repository Function，网络存储功能）	用于网络功能（NF）的注册、存储和管理，即对 NF 进行登记和管理。网络中的每个 NF 都必须到 NRF 中"服务注册"。某个 NF 如果要调用其他 NF，需要先去 NRF 中进行"服务发现"，获取该 NF 的相关数据，然后才能向该 NF 提出"服务请求"	全新网元，类似于增强 DNS

续表二

	5G 核心网网元	功　能　描　述	与 EPC 网元对应关系
	以上 9 个 NF 构成 5G 核心网控制面		
10	UPF（User Plane Function，用户面功能）	5G 核心网中所有的用户面功能都由 UPF 完成，功能包括：数据报文路由、转发、检测及 QoS 处理；流量统计和上报；外部 PDU 与数据网络互连的会话点，无线接入系统内/间移动性的锚点等	类似于 S-GW 和 P-GW 中的用户面功能
	以上 1 个 NF 构成 5G 核心网用户面		

　　图 6-10 中的 Nnssf、Nnef、Namf 等为各 NF 的通信服务化接口，详细接口见图 6-11。3GPP 标准规定了服务接口协议采用 TCP/TLS/HTTP2/JSON，提升了网络的灵活性和可扩展性。各 NF 通过各自的服务化接口对外提供服务，并允许其他获得授权的 NF 访问或调用自身的服务。它们之间通过订阅和通知的方式进行消息的交互。

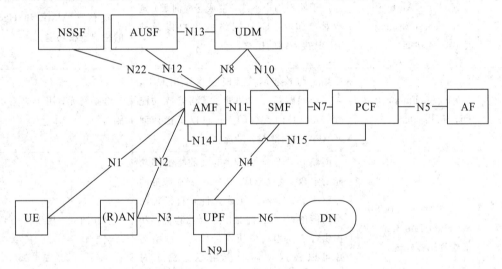

图 6-11　5G 核心网 NF 接口图（非漫游）

　　图 6-11 中 N9 和 N14 未在所有 NF 图中标出，但是它们也可适用于 NF。同时，为了清楚地说明点对点图，未描述 UDSF、NEF 和 NRF。但是，所有描述的网络功能都可以根据需要与 UDSF、UDR、NEF 和 NRF 进行交互。

　　5G 在控制平面内具有基于服务接口的本地漫游架构见图 6-12。图中，HPLMN 为本地公用陆地移动网，VPLMN 为拜访公用陆地移动网，在 3GPP 规范中，PLMN 通常表示基于 3GPP 标准的网络。

　　5G 系统漫游 UE 在拜访网络（VPLMN）中连接数据网络（DN），由归属网络（HPLMN）提供其签约信息（UDM）、用户认证（AUSF）和该 UE 特定的策略（PCF）。VPLMN 提供网络切片选择（NSSF）、接入控制和移动性管理（AMF）、数据业务管理（SMF）和应用功能（AF）。用户面（UPF）按照 3GPP 4G 标准中引入的控制面与用户面分离的模型进行管理。安全边缘保护代理（SEPP）保护 PLMN 之间的交互。

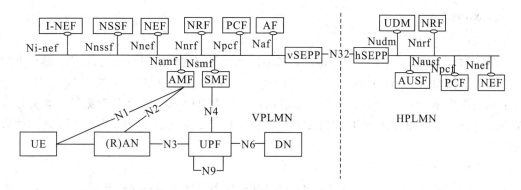

图 6 - 12　5G 核心网高层结构(本地路由的漫游场景)

6.2.2　5G 无线接口

1. NG 接口

1) NG - U 接口

NG 用户面接口(NG - U)是连接 5G 接入网(NG - RAN)节点和用户面功能(UPF)的接口。NG 接口的用户面协议栈如图 6 - 13 所示。传输网络层建立在 IP 传输之上,GTP - U 在 UDP / IP 之上用于承载 NG - RAN 节点和 UPF 之间的用户面协议数据单元(PDU)。NG - U 在 NG - RAN 节点和 UPF 之间提供无保证的用户面 PDU 传送。

2) NG - C 接口

NG 控制面接口(NG - C)是连接 NG - RAN 节点和接入控制和移动性管理功能(AMF)的接口。NG 接口的控制面协议栈如图 6 - 14 所示,传输网络层建立在 IP 传输之上。为了可靠地传输信令消息,5G 在 IP 之上增加 SCTP(流控制传输协议)。应用层信令协议称为 NGAP(NG 应用协议)。SCTP 层提供有保证的应用层消息传递。在传输中,IP 层点对点传输用于传递信令 PDU。NG - C 提供的功能包括:NG 接口管理,UE 上下文管理,UE 移动性管理,传输非接入层消息,寻呼,PDU 会话管理,配置传输,告警消息传输。

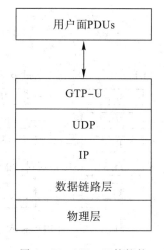

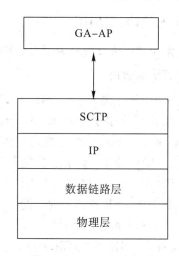

图 6 - 13　NG - U 协议栈　　　　　　　图 6 - 14　NG - C 协议栈

2. Xn 接口

1）Xn－U 接口

Xn 用户面（Xn－U）接口是连接 NG－RAN 两个节点之间的用户面接口。Xn 接口上的用户面协议栈如图 6－15 所示。传输网络层建立在 IP 传输上，GTP－U 在 UDP／IP 之上用于承载用户面 PDU。Xn－U 提供无保证的用户面 PDU 传送，并支持数据转发和流量控制功能。Xn－U 可以支持 gNB 内的 gNB－CU－CP 切换期间的 gNB－CU－UP 之间的数据转发。

2）Xn－C 接口

Xn 控制面接口（Xn－C）是连接 NG－RAN 两个节点之间的控制面接口。Xn 接口的控制面协议栈如图 6－16 所示。传输网络层建立在 IP 之上的 SCTP 上。应用层信令协议称为XnAP（Xn 应用协议）。SCTP 层提供有保证的应用层消息传递。在传输 IP 层中，点对点传输用于传递信令 PDU。Xn－C 接口支持的功能有：Xn 接口管理，UE 移动性管理（包括上下文传输和无线接入寻呼），双连接。

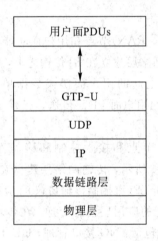

图 6－15　Xn－U 协议栈

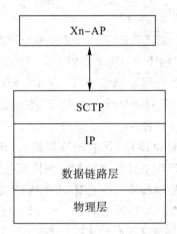

图 6－16　Xn－C 协议栈

6.2.3　5G 无线协议结构

5G NR 无线空口协议栈分为用户面和控制面。

1. 用户面协议结构

用户面的协议栈见图 6－17。5G 与 LTE 系统的用户面协议栈相比多了上层的 SDAP（Service Data Adaptation Protocol，服务数据适配协议），PDCP、RLC、MAC 和 PHY 子层功能与 LTE 类似。SDAP、PDCP、RLC、MAC 和 PHY 子层（在网络侧的 gNB 中终止）执行相应的功能。

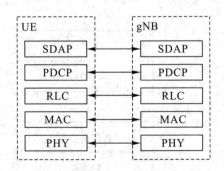

图 6－17　5G 用户面协议栈

1）SDAP 服务数据适配协议

SDAP 是在 5G NR 用户面新增的子层，主要负责服务质量 QoS。由于在 5G NR 中基站 gNB 与核心网 5GC 之间的接口是新增的 NG 接口，NG 接口是基于服务质量 QoS 流，而空口是基于用户的数据无线承载(DRB)，也可以说从 PDCP 开始就是 DRB 承载，因此在 5G NR 中需要新增一个适配子层 SDAP，以便将服务质量 QoS 流映射到 DRB 承载。如果 5G 基站 gNB 连接到 4G 核心网 EPC，即 5G 非独立组网结构时，不需要使用 SDAP，因为 LTE 中的核心网是 EPS 承载，可以直接和 DRB 承载一一对应，不需要适配过程。

SDAP 子层功能包括：传输用户面数据，为上下行数据进行 QoS 流到 DRB 的映射。在上下行数据包中标记服务质量 QoS 流 ID(QoS Flow Identity，QFI)。SDAP 是通过无线资源控制(RRC)信令来配置的。SDAP 负责将 QoS 流映射到对应的数据无线承载(DRB)上的规则是：一个或者多个 QoS 流可以映射到同一个 DRB 上，但同一个 QoS 流不能映射到不同 DRB 上。

2) PDCP 分组数据汇聚协议

PDCP 主要负责实现 IP 报头压缩、加密和完整性保护。在切换时，负责处理重传、按序递交和重复数据删除。对承载分离的双连接，PDCP 为终端的每个无线承载配置一个 PDCP 实体，并提供路由和复制。

3) RLC 无线链路控制

RLC 负责数据分段和重传。RLC 层以 RLC 信道的形式向 PDCP 提供服务。每个 RLC 信道(对应每个无线承载)针对一个终端配置一个 RLC 实体。与 LTE 相比，NR 中的 RLC 层为了减少时延，已经不支持数据按序递交给更高的协议层的方式。

4) MAC 媒体接入控制

MAC 负责逻辑信道的复用、HARQ 重传、调度和调度相关的功能，提供基于 gNB 的上、下行链路的调度功能。MAC 层以逻辑信道的形式向 RLC 提供服务。与 LTE 相比，NR 改变了 MAC 层的报头结构，可以更有效地支持低时延处理。

5) PHY 物理层

PHY 负责编解码、调制、解调、多天线映射及其他的物理层功能。物理层以传输信道的形式向 MAC 层提供服务。

2. 控制面协议结构

控制面协议主要负责连接建立、移动性和安全性功能。控制面的协议栈见图 6-18，与 LTE 系统的用户面协议栈相同。UE 所有的协议栈都位于 UE 内；在网络侧，NAS 层不位于基站 gNB 上，而是在核心网的 AMF 实体上。

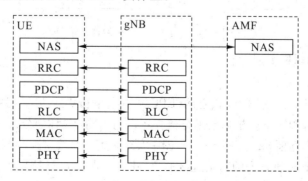

图 6-18　5G 控制面协议栈

RRC、PDCP、RLC、MAC 和 PHY 子层(在网络侧的 gNB 中终止)执行相应的功能；非接入层 NAS 控制协议(在网络侧的 AMF 中终止)执行身份验证、移动性管理、安全控制等功能。PDCP、RLC、MAC 和 PHY 层功能与用户面功能类似。

RRC(无线资源控制)层主要负责处理与接入网相关的控制面过程，包括系统信息的广播，系统信息更新的指示，发送寻呼消息，移动性功能，连接管理(建立承载和移动性)，测量配置和报告，终端能力的处理(鉴于并不是所有的终端都支持规范中的全部功能，因此，当建立连接时，终端将告知网络它具有哪些功能)。

RRC 消息通过信令无线承载发送给终端，使用的协议层(PDCP、RLC、MAC 和 PHY)和用户面一样。此外，控制面 RRC 层新增了 RRC_INACTIVE(非激活模式)态，有利于终端节电，降低控制面时延。在物理层，NR 优化了参考信号设计，采用了更为灵活的波形和帧结构参数，降低了空口开销，有利于前向兼容及适配多种不同应用场景的需求。

6.2.4 5G NR 组网架构

5G NR 架构演进分为 NSA(非独立组网)和 SA(独立组网)。

• NSA 指的是使用现有的 4G 基础设施，进行 5G 网络的部署。基于 NSA 架构的 5G 载波仅承载用户数据，其控制信令仍通过 4G 网络传输。

• SA 指的是新建 5G 网络，包括新基站、新回程链路以及新核心网。

2016 年在 3GPP TSG-RAN 第 72 次全体大会上，提出了八个有关 5G 网络架构的选项：选项1~选项8，见图6-19。其中选项1、选项2、选项5、选项6是独立组网，选项3、选项4、选项7、选项8是非独立组网。在这些选项中，选项1是纯4G的组网架构(4G核心网与4G基站相连)，早已在4G结构中实现，选项6和选项8仅是理论存在的部署场景，不具有实际部署价值，标准中没有考虑。

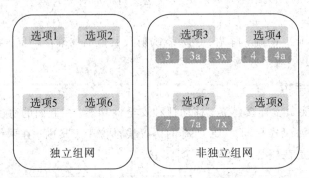

图 6-19 八个有关 5G 网络架构的选项

1. NSA 非独立组网

1) 选项 3

在选项3中，核心网使用4G核心网(EPC)，有主站和从站两种基站，其中传输控制面数据的作为主站。选项3系列根据数据分流控制点的不同，具体划分为三种选项方案，分别是选项3、选项3a和选项3x，见图6-20。图中实线是用户面数据流，虚线是控制面信令流。

由图6-20可看出该系列的基站连接的核心网是4G核心网EPC，控制面锚点都在4G基站，用户面同时必须具有连接5G NR 和 LTE 的能力。

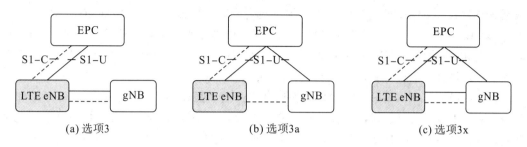

图 6-20　选项 3、选项 3a 和选项 3x

（1）在选项 3 中，UE 所有的控制面信令经由 4G 基站转发，5G 基站的用户面数据流则会流向 4G 基站，用户面数据在 4G 基站汇聚后再进入 EPC，这种情况下 5G 基站不需支持 S1-U 接口。

（2）在选项 3a 中，UE 所有的控制面信令经由 4G 基站转发，但 5G 基站和 4G 基站的用户面数据将会分别转发流入 EPC，5G 基站需要支持 S1-U 接口功能，同时在此情况下 4G 基站的压力将会大幅下降，4G 基站和 5G 基站将会成为两个在用户数据流方面独立的基站。

（3）在选项 3x 中，UE 所有的控制面信令经由 4G 基站转发，4G 基站和 5G 基站的用户面在 5G 基站汇聚后再流入 EPC。用户面数据的主要承载压力在于 5G 基站。3x 也是该系列中的最优方式。

选项 3 系列网络改动小，建网速度快，投资相对少，较适用于 5G 网络部署的初期，在 5G 标准未完全冻结而 5GC 设备也不能即时投入使用时，为快速抢占 5G 用户，实现 5G 商用，同时迅速开启 eMBB 业务和提高 4G 网络的覆盖，只引入 5G 新无线接入网，暂不引入 5G 核心网，而且通过对 4G 基站进行升级，使 5G 基站只起到分担用户面流量的作用，减少了新建的 5G 基站的压力，也能通过在原有 4G 网络基础上改建，更快速地部署 5G 网络。

2）选项 7

选项 7 系列选项是将 LTE 核心网部分进行优先升级，即将 LTE 的 EPC 改为 5G 核心网 5GC。该系列选项需要同时升级 UE 和 eNB，使其具备接入 5G 核心网的能力，UE 和网络之间交互的控制信令则仍锚定在 LTE 空口和 N2 接口上传输。此选项方案下，4G 基站仍作为主站存在，5G 基站的主要作用是支持 eMBB 业务并分担用户面数据流量，提高覆盖和用户体验速率，以快速达到 5G 指标要求和加强 4G 覆盖的目的。选项 7 系列方案包括选项 7、选项 7a 和选项 7x，见图 6-21。

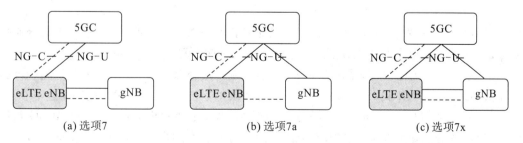

图 6-21　选项 7、选项 7a 和选项 7x

由图 6-21 可见，该系列的控制面锚点在增强型 4G 基站上。增强型 4G 基站增加接入 5G 核心网的能力，增加 N2、N3 接口。选项 7 的数据分流点在增强型 4G 基站，选项 7a 的数据分流点在 5G 核心网，选型 7x 的数据分流点同时在增强型 4G 基站和 5G 基站。

（1）在选项 7 中，UE 所有的控制面信令都经由增强型 4G 基站转发，5G 基站的用户面数据流和控制面信令都会流向增强型 4G 基站，而 5G 基站只是作为一个支持部分 5G 功能和业务，并对增强型 4G 基站分担部分用户数据流量的从站。

（2）在选项 7a 中，UE 所有的控制面信令都经由增强型 4G 基站转发，但 5G 基站和增强型 4G 基站的用户面数据将会各自转发流入 5GC，5G 基站需要支持 N3 接口功能，同时在此情况下增强型 4G 基站的压力将会大幅下降，增强型 4G 基站和 5G 基站将会成为两个在用户数据流方面相互独立的基站。

（3）在选项 7x 中，UE 所有的控制面信令都经由增强型 4G 基站转发，增强型 4G 基站和 5G 基站的用户面在 5G 基站汇聚后再流入 5GC。用户面数据的主要承载压力在于 5G 基站。此时，5G 基站的功能将会较为完备，可以完整承载用户面数据流量。7x 也是该系列中最优的方式。

选项 7 系列的控制面锚点还是在 4G 上，但支持了双连接来进行分流，上网速度大为提升，用户体验较好；适用于 5G 部署的早中期阶段，运营商在有限的物质资源和建设时间下，初期新建基站的数量和 5G 的 NR 节点覆盖能力，导致 5G 覆盖还不连续，需要由升级后的增强型 4G 基站提供连续覆盖。通过 4G 部署的优势快速抢占 5G 热点，5G 仍然作为热点覆盖提高容量。该选项组网模式下，除了支持最基本的移动宽带之外，mMTC 和 URLLC 的两个大业务也可以提供支持。

3）选项 4

选项 4 引进了 5G 核心网和 5G 基站，但 5G 基站并未直接取代 4G 基站，5G 基站作为主站，4G 基站通过升级改造成为增强型 4G 基站作为从站，即 5G 基站成为了控制面锚点，在 5G 网络架构中向下兼容 4G。选项 4 系列方案包括选项 4 和选项 4a，见图 6 - 22。

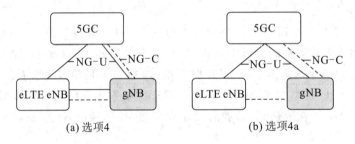

图 6 - 22　选项 4 和选项 4a

由图 6 - 22 可见，选项 4 系列中，5G 基站是控制面锚点，不同的是选项 4 数据分流控制点是 5G 基站，而选项 4a 的数据分流控制点是 5G 核心网。

（1）在选项 4 中，5G 基站作为主站，所有控制面信令都经由 5G 基站转入 5G 核心网，增强型 4G 基站有 NR 和 LTE 双连接能力，可承载 4G 业务，同时为用户提供高速率业务。

（2）选项 4a 与选项 4 的区别只在于增强型 4G 基站的用户面数据不再汇总到 5G 基站后进入 5G 核心网，而是通过增加 N3 接口能力，独自转发用户面数据进入 5G 核心网。

选项 4 引入了 5G 核心网，有着完善的 5G 网络架构，支持 5G 新功能和新业务，支持 5G 和 4G 双连接，带来流量增益和用户体验好的优势，适用于由 5G 提供连续覆盖的 5G 商用的中后期部署场景，4G 成为了 5G 的补充存在。因此，选项 4 在 5G 性能方面一定比选项 3、7 系列的两种过渡方案成熟得多，5G 的需求和指标都可以通过选项 4 来基本实现。但该方式也存在增强型 4G 基站的部署需要的改造工作量较大的缺点。此外，因为选项 4 中 5G 基站与增强型 4G 基站必须搭配使用，一般要求两种基站出自同一设备商，这样也会带来部署灵活性较低的问题。

2. SA 独立组网

5G 独立组网（SA）指的是新建 5G 网络，包括新基站、新回程链路以及新核心网的组建。

1）选项 5

SA 组网方式的选项 5 见图 6-23。它是把 4G 基站升级为增强型 4G 基站后连到 5G 核心网上，适用于 5G 核心网新建之后不再使用原先的 4G 核心网，但 4G 基站需要连接到 5G 核心网的部署情况。但是，改造后的增强型 4G 基站跟 5G 基站相比，在峰值速率、时延、容量等方面依然有明显的差别。后续的优化和演进，增强型 4G 基站也不一定都能支持。

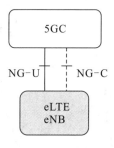

图 6-23　选项 5

2）选项 2

SA 组网方式的选项 2 见图 6-24。该方式组网采用 5G 基站连接 5G 核心网的全新 5G 网络架构的最终发展模式，可以支持 5G 的所有应用。

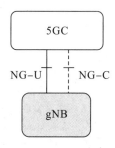

图 6-24　选项 2

综上所述，5G 组网的模式总的来说可以分两种实现路径：

• 路径 1：在资金允许的情况下，直接一步到位，进行选项 2 组网，实现全新 5G。我国的广电系统 5G 建设首选该模式。

• 路径 2：若运营商的部署不能一次到位，只能选择循序渐进的方式，即从 NSA 到

SA：选项 1→选项 3x→选项 7x→选项 4→选项 2，其中，中间的步骤都是可选的，还可以演变为其他路径的多种方式。但多次投资不一定资金投入最少，也可能导致反复资金投入带来总资金更高，但这种方式具有系统建设风险小的优点。各国早期的 5G 建设一般会采用这种方式。

6.2.5 多 RAT 双连接

5G 无线接入网支持多种无线连接技术（RAT）的双连接操作。双连接指的是在非独立组网模式下，处于连接模式中的 UE 可以由两个不同无线连接技术的基站提供对应的不同无线资源（主小区和从小区资源）。

图 6-25 是 MN(Master Node，主基站)和 SN(Secondary Node，从基站)在特定 UE 中的控制面和用户面的连接示意图。EN-DC 模式指的是 UE 与 4G 基站（主基站）、5G 基站（从基站）的双连接。MR-DC(Multi-RAT Dual Connectivity，多无线接入技术双连接)模式指的是 UE 与 4G 基站（从基站）、5G 基站（主基站）的双连接。

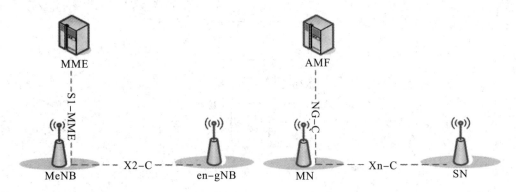

（a）控制面连接为EN-DC（左）和MR DC（右）

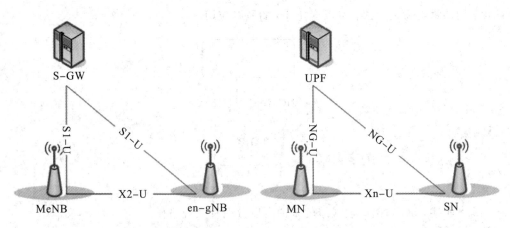

（b）用户面连接为EN-DC（左）和MR-DC（右）

图 6-25 多 RAT 双连接图

在双连接中，5G 主基站 MN/4G 主基站 MeNB 和 5G 从基站 SN/4G 从基站 en-gNB

主要负责特定 UE 的小区无线资源的分配。

在 MR-DC 模式下，MN 通过 NG-C 接口和 AMF 连接传递控制信令，MN 和 SN 之间通过 Xn-C 接口转发核心网控制面信令。MN/SN 通过 NG-U 接口和 UPF 双连接，并传递用户面数据。MN 与 SN 之间通过 Xn-U 接口进行用户面数据传输和调度。

在 EN-DC 模式下，MeNB 通过 S1-MME 接口和 MME 连接传递控制信令，MeNB 和 en-gNB 之间通过 X2-C 接口转发核心网控制面信令。MeNB/en-gNB 通过 S1-U 接口和 S-GW 双连接，并传递用户面数据。MeNB 与 en-gNB 通过 X2-U 接口进行用户面数据传输和调度。

6.3　5G 帧结构

6.3.1　5G 帧结构定义

为了应对 5G 灵活多变的应用场景，适应从 1 GHz 到毫米波的频谱范围，5G NR 子载波间隔与 LTE 系统相比，LTE 中只支持 15 kHz 间隔的子载波，NR 支持多种子载波间隔。3GPP TS 38.211 中定义了 NR 子载波间隔类型，见表 6-8。

表 6-8　NR 子载波间隔类型

μ	$\Delta f = 2^{\mu} \cdot 15 (kHz)$	CP	支持数据	支持同步	12 个子载波的带宽(1 个 RB)
0	15	常规	是	是	$15 \times 12 = 180$ kHz
1	30	常规	是	是	$30 \times 12 = 360$ kHz
2	60	常规，扩展	是	否	$60 \times 12 = 720$ kHz
3	120	常规	是	是	$120 \times 12 = 1440$ kHz
4	240	常规	否	是	$240 \times 12 = 2880$ kHz

从表 6-8 可见，5G 定义的最基本的子载波间隔也是 15 kHz，但是子载波间隔基于 $\Delta f = 2^{\mu} \cdot 15 (kHz)$ 可以灵活扩展，其中 $\mu = \{0,1,3,4\}$，即子载波间隔取值为 15 kHz、30 kHz、120 kHz 和 240 kHz 的，可用于主同步信号(PSS)、辅同步信号(SSS)和物理广播信道(PBCH)中；$\mu = \{0,1,2,3\}$，即子载波间隔取值为 15 kHz、30 kHz、60 kHz 和 120 kHz 的，可用于其他数据传输信道。所有子载波间隔均支持常规循环前缀(CP)，$\mu = 2$ 支持扩展 CP。扩展 CP 只能用在子载波间隔为 60 kHz 的配置下。

5G NR 无线帧长度与 LTE 一样仍为 $T_f = (\Delta f_{max} N_f / 100) \cdot T_c = 10$ ms，每个无线帧由持续时间为 10 ms 的 10 个子帧(子帧 0～9)组成，每个子帧长度 $T_{sf} = (\Delta f_{max} N_f / 100) \cdot T_c = 1$ ms，每个子帧由连续的 14 或者 12 个 OFDM 符号组成。每个无线帧又被分成两个大小相等的半帧，每个半帧由 5 个子帧组成，半帧 0 由子帧 0～4 组成，半帧 1 由子帧 5～9 组成。其中，NR 的基本时间单位为 $T_c = 1/(\Delta f_{max} \cdot N_f)$，其中 $\Delta f_{max} = 480 \cdot 10^3$ Hz，$N_f = 4096$。

虽然 5G NR 支持多种子载波间隔，但是不同子载波间隔配置下，无线帧和子帧的长度都是相同的，不同的是每个子帧中包含的时隙数有所不同，见表 6-9。在常规 CP 情况下，每个 5G 子帧时隙内的 OFDM 符号数相同，且都为 14 个，扩展 CP 情况下时隙内 OFDM 符号数为 12 个。

表 6-9　常规 CP 下每个时隙、每帧时隙和每个子帧的 OFDM 符号数

μ	子载波带宽/kHz	循环前缀 CP	每时隙的 OFDM 符号数 N_{symb}^{slot}	每无线帧的时隙数 $N_{slot}^{fram,\mu}$	每子帧的时隙数 $N_{slot}^{subfram,\mu}$	说　明
0	15	常规	14	10	1	1 子帧＝1 时隙 1 时隙＝1 ms
1	30	常规	14	20	2	1 子帧＝2 时隙 1 时隙＝0.5 ms
2	60	常规	14	40	4	1 子帧＝4 时隙 1 时隙＝0.25 ms
3	120	常规	14	80	8	1 子帧＝8 时隙 1 时隙＝0.125 ms
4	240	常规	14	160	16	1 子帧＝16 时隙 1 时隙＝0.0625 ms
2	60	扩展	12	40	4	1 子帧＝4 时隙 1 时隙＝0.25 ms

由表 6-9 可见，5G NR 时隙长度因为可变的子载波间隔选择不同也相应不同，子载波间隔越大，1 个时隙的时长也就越短，对应每个时隙下 OFDM 符号占据的时长也越短。所以子载波间隔越大，符号传输时间间隔（TTI）越短，空口传输时延也就越低，当然对系统的要求也就越高。

5G NR 帧统一结构见图 6-26。

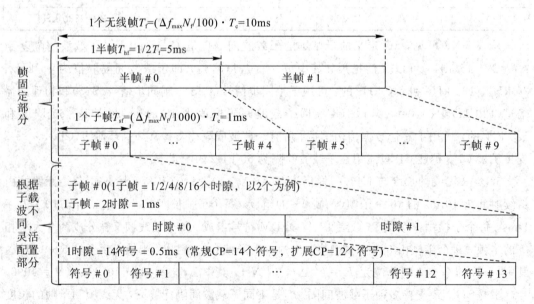

图 6-26　5G NR 帧统一结构图（以子载波间隔为 30 kHz 为例）

　　5G NR 帧结构保留了 4G 帧结构的一部分结构，即 10 ms 的无线帧和 1 ms 的子帧长度保持一样，以保证 4G 和 5G 系统的共存，也有利于 4G 和 5G 共同部署模式下时隙与帧结构的同步，以简化小区搜索和频率测量。5G NR 通过定义了多种类型的子载波间隔，帧结构对应配置灵活的子载波间隔、时隙长度和 OFDM 符号长度，以更好地适应 5G 多种业务的需求。如在 eMBB 场景中，子载波间隔通常取 30 kHz，1 子帧＝2 时隙，1 时隙＝0.5 ms。

　　要强调的是，5G NR 上、下行链路中的各自对应的一组帧在发送时，从 UE 发送的上行链路帧的时间，应在 UE 的相应下行帧发送开始之前，提前 T_{TA} 的时间先发送出去，见图 6-27。上行定时提前量 T_{TA}，用于相对于下行链路帧定时来调整上行链路的帧定时，以最大限度地减少系统传输的时延，一般按照 UE 与基站的距离进行测量估计和调整，UE 需要不断地更新其上行定时提前量 T_{TA}，以保持上行同步。图中，N_{TA} 为上下行链路的时间提前量，$N_{TA,offset}$ 是用于计算时间提前量的固定偏移量，T_c 为 NR 基本时间单元。

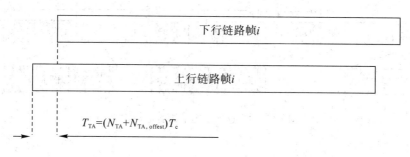

图 6-27　上行-下行链路帧时间定时提前量关系

6.3.2　5G 帧结构时隙格式

　　3GPP TS 38.211 定义了许多不同的时隙格式，多时隙格式的定义与 LTE TDD 子帧配置定义类似，但在 5G NR 时隙格式中，上下行业务是以符号作为转换点；在 LTE TDD 中，上下行业务是以子帧作为转换点。同时 5G NR 时隙格式的上下行符号配置类型比 LTE TDD 上下行子帧配置类型更丰富。附录表 3 为 3GPP 定义的常规 CP 下的时隙配置，可用于 TDD 和 FDD 模式中。现已有各厂家提出了典型的帧结构选项 1～选项 5，系统可支持其中的一种或多种静态配置。

1. 选项 1(2.5 ms 双周期帧结构)

　　该配比周期为 5 ms(也称为 2.5 ms 双周期帧结构)，配比为 DDDSUDDSUU，即 5 个全下行时隙 D，2 个特殊时隙 S(下行为主)和 3 个全上行时隙 U，见图 6-28。时隙♯3 和时隙♯7 为下行为主时隙的特殊时隙 S。特殊时隙 S 的 D∶GP∶U 配比为 10∶2∶2(可调整)。5 ms 周期内存在连续 2 个全上行时隙 U，可发送长随机接入前导码序列格式，有利于提升上行覆盖能力，但双周期实现较复杂。

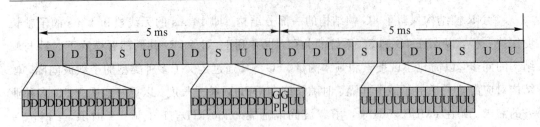

图 6-28　选项 1 帧结构时隙格式

2. 选项 2(2.5 ms 单周期帧结构)

该配比周期为 2.5 ms，配比为 DDDSU，即 3 个全下行时隙 D，1 个特殊时隙 S(下行为主)和 1 个全上行时隙 U，见图 6-29。下行为主的特殊时隙 S 的 D：GP：U 配比为 10：2：2(可调整)。一个周期内只存在 1 个全上行时隙 U，下行有更多的时隙。该配比有利于提升下行吞吐量，但无法配置长随机接入前导码序列格式。

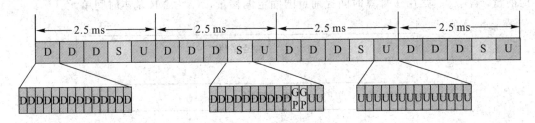

图 6-29　选项 2 帧结构时隙格式

3. 选项 3(2 ms 单周期帧结构)

该配比周期为 2 ms，配比为 DSDU，即 2 个全下行时隙 D，1 个上行为主时隙 U 和 1 个特殊时隙 S(下行为主)，见图 6-30。下行为主的特殊时隙 S 的 D：GP：U 配比为 10：2：2(可调整)；上行为主时隙 U 的 D：GP：U 配比为 1：2：11(GP 长度可调整)。该配比可有效减少时延，但上下行的转换点会增多，一定程度下会影响系统性能。

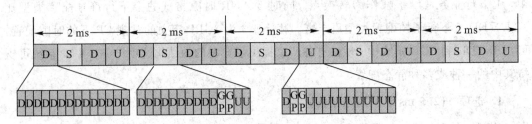

图 6-30　选项 3 帧结构时隙格式

4. 选项 4(2.5 ms 单周期帧结构)

该配比周期为 2.5 ms，配比为 DDDDU，即 4 个下行为主时隙 D，1 个上行为主时隙 U，见图 6-31。下行为主时隙 D 的 D：GP：U 配比为 12：1：1；上行为主时隙 U 的 D：GP：U 配比为 1：1：12。该配比存在频繁上下行转换，会影响系统性能。

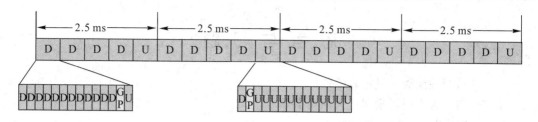

图 6 - 31　选项 4 帧结构时隙格式

5. 选项 5(2 ms 单周期帧结构)

该配比周期为 2 ms,配比为 DDSU,即 2 个全下行时隙 D,1 个特殊时隙 S(下行为主)和 1 个全上行时隙 U,见图 6 - 32。下行为主时隙的特殊时隙 S 的 D∶GP∶U 配比为 12∶2∶0(GP 长度可配置,且个数≥2)。该配比周期较短,有利于降低时延,但最多支持 5 束波束扫描,无法配置长随机接入前导码序列格式。

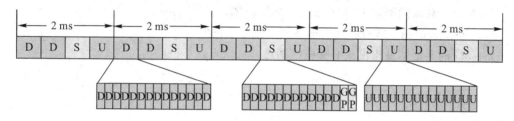

图 6 - 32　选项 5 帧结构时隙格式

以上五种帧结构选项归纳见表 6 - 10。

表 6 - 10　五种帧结构选项归纳

选　项	属性(D∶GP∶U 配比)	优　势	劣　势
选项 1 2.5 ms 双周期	DDDSUDDSUU,S 配比为 10∶2∶2(可调整)	上下行时隙配比均衡,可配置长随机接入前导序列格式	双周期实现较复杂
选项 2 2.5 ms 单周期	DDDSU,S 配比为 10∶2∶2(可调整)	下行有更多的时隙,有利于下行吞吐量,单周期实现简单	无法配置长随机接入前导码序列格式
选项 3 2 ms 单周期	DSDU,S 配比为 10∶2∶2(可调整),U 配比为 1∶2∶11(GP 长度可调整)	有效减少时延	转换点增多,影响性能
选项 4 2.5 ms 单周期	DDDDU,D 配比为 12∶1∶1,U 配比为 1∶1∶12	每个时隙都存在上下行,调度时延缩短	存在频繁上下换行,影响性能
选项 5 2 ms 单周期	DDSU,S 配比为 12∶2∶0	有效减小调度时延	最多支持 5 束波束扫描,无法配置长 PRACH 格式

目前,我国 5G 部署主要集中在选项 1、选项 2 和选项 5 三种选项上,其中重点部署和已实现的是选项 1。

思 考 与 习 题

1. 5G 系统性能需求目标有哪些?

2. 5G 的三大应用场景和八大性能指标是什么?

3. 5G NR 定义的频段范围是什么?

4. 已知使用的射频参考频率是 7800 MHz,求对应的绝对频点 NR - ARFCN 的参考编号值 N_{REF}。

5. 已知 NR - ARFCN 的频点号为 870 000,求实际频率。

6. 5G 频点中定义了哪些栅格的概念?

7. 画出 5G NG - RAN 架构图,并简述其网元的主要功能。

8. 5G NG - RAN 无线接口有哪些?

9. 画出子载波间隔取 15 kHz 的 5G 帧结构图。

10. 5G NR 组网模式有哪些? 哪些属于独立组网?

11. 5G 的典型帧结构模式有哪些? 阐述其优缺点。

第 7 章　5G 物 理 层

7.1　物 理 层 概 述

7.1.1　5G 物理层结构与功能

5G 物理层结构与 LTE 系统一致，图 7-1 显示了物理层相关的无线接口的三层协议架构。从整体结构上看，5G 和 LTE 的协议栈在本质上变化不大，两者都是扁平化设计，用户面和控制面分离，无线接口协议栈也是划分为了"三层两面"。其中，"三层"指的是物理层(L1)、数据链路层(L2，包括媒体访问控制 MAC 子层和无线链路控制 RLC 子层)、网络层(L3，即无线资源控制层 RRC)；"两面"指的是用户面和控制面。

L1 层通过服务接入点(SAP)连接 L2 层的 MAC 子层和 L3 层的 RRC 层。L1 层位于无线接口的最底层，提供物理信道传输比特流所需的功能，它通过传输信道为 MAC 和高层提供信息传输服务，传输信道的特性由无线接口的传输方式确定。L2 的 MAC 子层通过逻辑信道向上一个 RLC 子层提供信息传输服务，逻辑信道的特性由传输信息的种类确定。

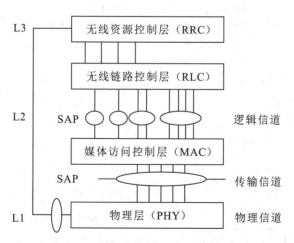

图 7-1　物理层相关的无线接口协议架构

物理层的功能有：传输信道上的错误检测和对更高层的指示；传输信道的前向纠错编码/解码；混合自动重传的软组合；编码传输信道与物理信道的速率匹配；将编码传输信道映射到物理信道上；物理信道的功率加权；物理信道的调制和解调；频率和时间同步；高层无线特性测量和指示；MIMO 天线处理和射频处理。

5G NR 物理层的大体流程和 LTE 基本保持一致，NR 在主要流程的编码、调制、资源映射等具体实现中存在一定差别。此外，NR 带宽灵活可变，L1 层不在带宽下，以基于资源块的方式进行频谱资源分配。

7.1.2　5G 物理资源

1. 天线端口

在 4G LTE 系统中，由于天线引入了 MIMO 技术，对应有了天线端口的概念，5G NR 的天线端口与 LTE 的天线端口概念是一样的。天线端口指的是能进行信道估计和分辨的端口数，每一个天线端口对应一个物理资源单元，天线端口属于逻辑端口，在发射机中进行设置。天线端口与物理信道/信号之间存在着严格的对应关系，即每个天线端口都有自己的物理资源单元和对应的特定参考信号集，因此，在同一天线端口上传输的不同的信号所经历的信道环境变化一样。或者说，只要是不同的信号经过相同的信道，就认为这些信号都经历了相同的逻辑天线端口，即一个端口对于接收者来说，就是一个独立的能解析的逻辑过程，这个过程就是接收机利用参考信号的物理资源单元的特性进行信道估计，并进一步地实现对接收信号的解调。

3GPP 定义了天线端口编号的结构，并在 5G NR 中对各物理信道和信号进行了更明确的逻辑天线端口号划分，以保证不同目的的天线端口具有不同范围内的编号，见表 7-1。表中的天线端口（逻辑端口）是抽象概念，不一定对应特定的物理天线端口，一般情况下提到的天线端口指的都是逻辑天线端口。天线端口到物理天线端口的映射由传输信号产生的波束来控制。因此，有可能将两个天线端口映射到一个物理天线端口，或者将一个天线端口映射到多个物理天线端口。天线端口和物理天线端口之间没有严格固定的映射关系，在符合协议规定的范围内，一般由设备厂商规定。

表 7-1　5G NR 的天线端口定义

信道/信号	天线端口
PDSCH	天线端口从 1000 开始
PDCCH	天线端口从 2000 开始
CSI-RS	天线端口从 3000 开始
SS/PBCH(SSB)	天线端口从 4000 开始
PUSCH/DM-RS	天线端口从 0 开始
SRS	天线端口从 1000 开始
PUCCH	天线端口从 2000 开始
PRACH	天线端口为 4000

在 5G 中，因为超密集组网的场景有大量小基站或者射频单元拉远的设计，为了区分这些新型天线配置与传统宏站天线布放场景的区别，协议中还明确了对于两个天线端口是否是逻辑上共站点的定义，即如果包括时延扩展、多普勒扩展/频移、平均天线增益、平均时延和接收机参数等其中之一或多个空间信道属性相同时，这两个天线端口就可以认为是逻辑上共站点。

2. 资源单元(RE)

在 NR 中，资源单元(Resource Element，RE)的定义与 LTE 中一样，是物理资源的最小资源单元。一个资源单元(RE)由频域上的1个子载波和时域上的1个OFDM符号组成。资源单元用$RE(k,l)_{p,\mu}$唯一标识。其中，k是频域中的索引，l是时域中的符号位置，p是天线端口，μ是子载波间隔配置指数。

3. 资源单元组(REG)和控制信道单元(CCE)

在NR中，资源单元组(Resource Element Group, REG)由频域上的12个连续子载波和时域上的1个OFDM符号(即1个REG＝12个RE)组成。

控制信道单元(Control Channel Element, CCE)由6个资源单元组构成，即1个CCE＝6个REG＝72个RE，如图7-2所示。在LTE中，1个CCE＝9个REG＝36个RE。为了保证系统的可靠性和增加覆盖的需求，NR中CCE占用的RE资源较LTE系统的更多。一个给定的NR物理控制信道可由1/2/4/8/16个CCE构成，多个CCE的数量构成模式称为聚合级别(Aggregation Level, AL)。当UE随着无线环境不停地恶化，构成物理控制信道的CCE数量会按照需要增加，即聚合级别会增大。

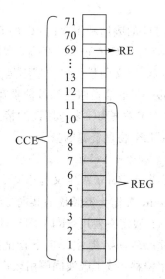

图7-2　5G REG和CCE示意图

4. 资源块(RB)

在NR中，资源块(Resource Block, RB)的定义与LTE中一样，是为业务信道资源分配的资源单位。RB由频域上的12个子载波(即$N_{SC}^{RB}=12$)和时域上的1个时隙(不同子载波的配置下，时隙宽度不一样)组成。但不一样的是，LTE中因为时隙是固定的，故对应RB的大小也是固定的，但是，5G中因为子载波的间隔可变，从而时隙的长度可变，故对应RB在时域上的大小也是可变的。3GPP规定，每个信道带宽和子载波间距的传输带宽配置的RB个数(N_{RB})由系统带宽对应不同的频段来确定，见表7-2(空白表示不存在该配置)。

表7-2　FR1和FR2中N_{RB}的配置

频段	子载波间隔/kHz	带宽/MHz														
		5	10	15	20	25	30	40	50	60	70	80	90	100	200	400
		N_{RB}														
FR1	15	25	52	79	106	133	160	216	270							
	30	11	24	38	51	65	78	106	133	162	189	217	245	273		
	60		11	18	24	31	38	51	65	79	93	107	121	135		
FR2	60								66					132	264	
	120								32					66	132	264

以100 MHz的带宽为例，在该带宽下，FR1频段取30 kHz的子载波间隔，可以传送的资源块个数为

$$N_{RB}=100\ \text{MHz(带宽)}\div 30\ \text{kHz(子载波间隔)}\div 12\text{(个子载波)}\approx 277\text{(个)}$$

由表 7-2 可见，实际系统选取的 $N_{RB}=273$ 个，这是因为系统在有效带宽内，每个信道带宽两边各预留了一定的保护带宽（以 kHz 为单位）。对应的实际频谱利用率为

$$\frac{273\times12\times30\ \text{kHz}}{100\ \text{MHz}}\times100\%\approx98\%$$

可见，5G 的频谱利用率比 4G 的 90% 提高了不少，这是因为 5G 设备的邻道泄露、抗阻塞等指标均比 4G 有较大的提高，保护带预留带宽明显缩小带来了效率提升。这里需要注意的是，5G 定义的最小保护带不是固定的，而 4G 保护带则是固定的，这是因为 5G 在某些不同的应用下信道两边的保护带宽是非对称的。

3GPP 根据 5G 多应用性的特点对应定义了可以灵活配置的资源块，因此，资源块还涉及以下几个物理资源的概念。

1）参考点 Point A

参考点 Point A 定义为第 0 个公共资源块（CRB_0）的第 0 个子载波中心对应的频率/频点。Point A 作为资源块的共同参考点，可以通过以下两种方式获得：

（1）假定在使用 FR1 的 15 kHz 子载波间隔和 FR2 的 60 kHz 子载波间隔的情况下：$offsetToPointA$ 是主小区下行链路中用于表示 Point A 与最低资源块的最低子载波之间的频率偏移，该子载波间隔由较高层参数 $subCarrierSpacingCommon$ 提供，并用与 UE 用于初始小区选择的同步信号块（SSB）重叠的 RB 表示。

（2）对于所有其他情况：$absoluteFrequencyPointA$ 表示 Point A 的频率位置，由频点表示。$absoluteFrequencyPointA$ 包含在 $FrequencyInfoDL$、$FrequencyInfoUL$、$Frequency\text{-}InfoUL\text{-}SIB$ 这几个信令中，对应主辅小区上/下行和辅助频段上行等情况。

2）公共资源块（CRB）

公共资源块（Common Resource Blocks，CRB）由若干个 RB 组成。CRB 在频域上从 0 开始向上编号。CRB_0 的 0 号子载波的中心与 Point A 重合。

CRB 的数量定义为

$$n_{CRB}^{\mu}=\left\lfloor\frac{k}{N_{SC}^{RB}}\right\rfloor$$

其中，μ 是子载波间隔指数，k 是 $RE(k,l)$ 的 OFDM 的序号。k 是相对于 Point A 定义的，即 $k=0$ 时定义为以 Point A 为中心的子载波。

3）物理资源块（PRB）

物理资源块（Physical Resource Blocks，PRB）是在部分带宽（Band Width Part，BWP）内的定义。物理资源块在 BWP 中的编号为 $0\sim N_{BWP,i}^{size,\mu}-1$。其中，$\mu$ 是子载波间隔指数，i 是 BWP 的编号，size 是 BWP 的大小。在 i 号 BWP 的物理资源块数量 n_{PRB}^{μ} 和公共资源块数量 n_{CRB}^{μ} 的关系为

$$n_{CRB}^{\mu}=n_{PRB}^{\mu}+N_{BWP,i}^{start,\mu}$$

式中，$N_{BWP,i}^{start,\mu}$ 是 i 号 BWP 的起始位置相对于 CRB_0 的公共资源块数量。

4）虚拟资源块（VRB）

虚拟资源块（Virtual Resource Blocks，VRB）是在部分带宽内的定义，在部分带宽中的编号为 0 到 $N_{BWP,i}^{start,\mu}-1$。

5. 资源网格(RG)

一个资源网格(Resource Grid，RG)由 1 个或者若干个资源块组成，具体是指频域为 $N_{\text{grid},x}^{\text{size},\mu} \times N_{\text{SC}}^{\text{RB}}$ 个子载波，时域为 1 个子帧内的 $N_{\text{symb}}^{\text{subframe},\mu}$ 个 OFDM 符号数，见图 7-3。常规 CP 下，每个时隙中所包含的 OFDM 符号都是 14 个，在子载波间隔分别为 15/30/60/120/240 kHz 的数值下，每个 1 ms 子帧包含的时隙个数为 1/2/4/8/16 个，所以对应资源网格中的一个子帧内的时域符号数分别为 14/28/56/112/224 个。扩展 CP 下，子载波间隔为 60 kHz，每个时隙中所包含的 OFDM 符号为 12 个，对应一个子帧内的时域符号数为 48 个。

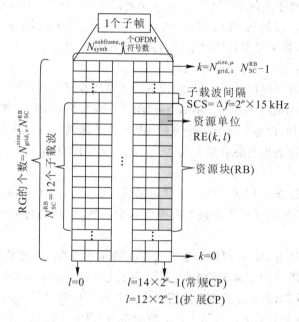

图 7-3　资源网格示意图

每个上/下行的传输方向有一组资源网格，下标 x 分别设置为上行或下行。在不混淆的情况下，$N_{\text{grid},x}^{\text{size},\mu}$ 简写为 $N_{\text{grid}}^{\text{size},\mu}$。一个资源网格对应给定了天线端口 p、子载波间隔指数 μ 和传输方向(下/上行)。因为 5G 技术采用了多天线技术，所以资源网格的定义需要同时指定天线端口。RG 载波开始位置 $N_{\text{grid}}^{\text{start},\mu}$ 及参数 μ 由在 $SCS\text{-}SpecificCarrier$ 信令中的高层参数 $offsetToCarrier$ 指示。RG 的大小 $N_{\text{grid}}^{\text{size},\mu}$ 由在 $SCS\text{-}SpecificCarrier$ 信令中的高层参数 $carrierBandwidth$ 指示，如 100 MHz 的带宽下，$N_{\text{grid}}^{\text{size},\mu}$ 最大可以取 273。

6. 部分带宽(BWP)

5G 系统支持的带宽为 5 MHz～400 MHz。如果要求所有 UE 都支持最大的 400 MHz，无疑会对 UE 的性能提出较高的要求，增加了 UE 的功耗和成本。因此在 5G 中引入部分带宽(Band Width Part，BWP)物理资源的概念。基于 BWP 采用了部分带宽自适应技术，终端只在一个较小的部分带宽上监听下行控制信道，同时接收少量的下行数据传输。当终端有大量的数据需接收时，则自适应地扩大带宽进行接收。该技术进一步降低了 UE 的功耗和成本，同时带来了更多的灵活性，满足了 5G 多子载波间隔配置和多场景应用的需求。

BWP 定义为公共资源块中的一块连续子集，在指定载波上的第 i 号的 BWP 的起始位置为 $N_{\text{BWP},i}^{\text{start},\mu}$，大小为 $N_{\text{BWP},i}^{\text{start},\mu}$。其中，$N_{\text{BWP},i}^{\text{start},\mu} = O_{\text{carrier}} + \text{RB}_{\text{start}}$，$O_{\text{carrier}}$ 由子载波偏置参数

$offsetToCarrier$ 配置，RB_{start} 由资源块起始位置参数 $locationAndBandwidth$ 确定。部分带宽与资源网格之间要满足以下条件：

$$N_{grid,x}^{start,\mu} \leq N_{BWP,i}^{start,\mu} < N_{grid,x}^{start,\mu} + N_{grid,x}^{size,\mu} \quad 且 \quad N_{grid,x}^{start,\mu} < N_{BWP,i}^{start,\mu} + N_{BWP,i}^{size,\mu} \leq N_{grid,x}^{start,\mu} + N_{grid,x}^{size,\mu}$$

BWP 属于 UE 级概念，主要分为两类：初始 BWP 和专用 BWP。初始 BWP 主要用于 UE 在发起随机接入时接收系统信息；专用 BWP 主要用于数据业务传输。专用 BWP 的带宽一般比初始 BWP 的大。

1）初始 BWP

初始 BWP 是指处于空闲态的 UE 在小区初始接入时，用于 UE 小区接入前的随机接入的相关信息接收。在系统信息 SIB1 的 $ServingCellConfigCommonSIB$ 信令中配置 $initialUplinkBWP$ 参数来确定具体的上行的初始 BWP。

2）专用 BWP

专用 BWP 是指处于连接态的 UE 在上/下行链路或补充上行链路中，可以通过高层参数 $downlinkBWP-ToAddModList$ 和 $uplinkBWP-ToAddModList$ 来配置最多四个专用的 BWP，在给定的时间内也只能有一个专用 BWP 处于激活使用状态。UE 只能在当前的激活专用 BWP 上传输数据业务或参考信号。因此，专用 BWP 进一步分为默认 BWP 和激活 BWP。

（1）默认 BWP 是指在 RRC 连接下，通过高层参数 $defaultDownlinkBWP-Id$ 给 UE 配置一个默认的下行 BWP。如果高层没有配置这个参数，UE 则将初始 BWP 认为是默认的下行 BWP。

（2）激活 BWP 是指 UE 可以用于数据收发和物理下行控制信道检索的 BWP。

UE 上/下行激活专用 BWP 的方式可以由高层参数 $firstActiveUplinkBWP-Id$/$firstActiveDownlinkBWP-Id$ 配置；或者由 UE 收到下行链路控制信息（DCI）格式确定，根据 DCI 格式 1_1 中内容指示，从给 UE 配置的下行 BWP 中激活下行 BWP，根据 DCI 格式 0_1 中内容指示激活上行 BWP。对于每一个 BWP，需要配置给 UE 的参数有：子载波间隔（由高层参数 $subcarrierSpacing$ 配置）、循环卷积 CP（由高层参数 $cyclicPrefix$ 配置）、BWP 的频域位置和带宽（由高层参数 $locationAndBandwidth$ 配置）。

3GPP 协议中定义了一个定时器 $bwp-InactivityTimer$，供下行 BWP 状态跳转使用，在激活了某个下行 BWP 的时候，同时启动该定时器。当定时器超时时，该激活 BWP 跳转到默认 BWP 的 $defaultDownlinkBWP$ 状态，如果没有配置 $defaultDownlinkBWP$，则跳转到下行初始 BWP 的 $initialDownlinkBWP$ 状态。

在 NR 中，UE 的接收和发送带宽不需要像小区的带宽那么大，因此 UE 的带宽可以按照需求动态自适应的变化。UE 在对应的部分带宽内只需要采用对应部分带宽的中心频率/频点即可。在 NR 中，每个 BWP 的频点、带宽、子载波间隔、循环卷积 CP 类型、同步信号块 SSB 周期等都可以差异化配置，以适应不同的业务。比如，每个 BWP 的不同应用以图 7-4 为例来解释，图中描述了三种不同子载波间隔配置的 BWP 方案的部分带宽自适应的情景。其中，BWP₁ 带宽为 40 MHz，子载波间隔为 15 kHz；BWP₂ 带宽为 10 MHz，子载波间隔为 15 kHz；BWP₃ 带宽为 20 MHz，子载波间隔为 60 kHz。

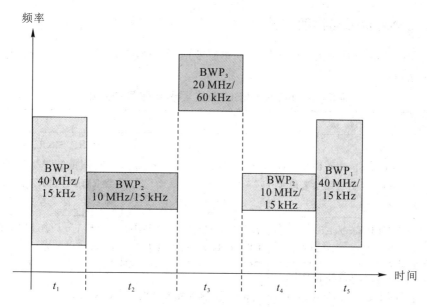

图 7-4 BWP 自适应变换的情景示意图

在 t_1 时刻，UE 的业务量较大，系统给 UE 配置一个大带宽（BWP_1）。在 t_2 时刻，UE 的业务量较小，系统给 UE 配置了一个小带宽（BWP_2），满足基本的通信需求即可，也可以节省 UE 功率。在 t_3 时刻，系统发现 BWP_1 所在带宽内有大范围的频率选择性衰落，或者 BWP_1 所在频率范围内资源较为紧缺，于是给 UE 配置了一个新的带宽（BWP_3），新 BWP 的带宽位置可以按照需求在频域中移动，以增加调度灵活性。BWP_3 从 15 kHz 子载波间隔变换为了 60 kHz，即子载波间距可以被命令更改，以满足不同的服务需求。在 t_4、t_5 时刻同理。

BWP 与 RB 中 CRB、Point A、PRB 和 VRB 的关系如图 7-5 所示。

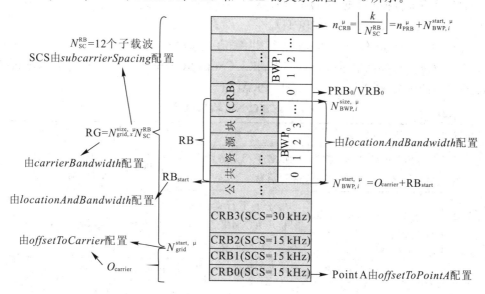

图 7-5 5G 物理资源示意图

7.1.3　5G 物理信号与物理信道

5G 物理信道的信号为主、辅同步信号和参考信号，表 7 - 3 给出了 5G NR 与 LTE 主要参考信号的对比。

表 7 - 3　5G NR 与 LTE 主要参考信号的对比

参考信号	含　义	5G NR	LTE
CRS	Cell - specific Reference Signal，小区专用参考信号	N/A	RSRP/SINR、CQI/PMI/RI 下行测量（TM2/3/7/8），下行数据解调（TM7/8/9）；持续宽频发送
CSI - RS	CSI Reference Signals 信道状态信息参考信号	RSRP/SINR/CQI/PMI/RI 下行测量；波束管理	下行 CQI/PMI/RI 测量（TM9）
PT - RS	Phase Tracking Reference Signal，相位跟踪参考信号	上/下行高频相噪补偿	N/A
DM - RS	Demodulation Reference Signal，解调参考信号	上/下行公共/控制/业务解调	上/下行数据解调（TM7/8/9）
SRS	Sounding Reference Signal，探测参考信号	TDD 高精度信道状态信息测量，用于上行预编码设计	为上行调度和链路适配进行信道状态信息测量

物理信道分为下行和上行物理信道，如表 7 - 4 所示。

• 下行物理信道包括：物理下行共享信道（Physical Downlink Shared Channel，PDSCH）、物理下行控制信道（Physical Downlink Control Channel，PDCCH）、物理广播信道（Physical Broadcast Channel，PBCH）。

• 上行物理信道包括：物理上行共享信道（Physical Uplink Shared Channel，PUSCH）、物理上行控制信道（Physical Uplink Control Channel，PUCCH）、物理随机接入信道（Physical Random Access Channel，PRACH）。

表 7 - 4　5G NR 物理信道

物理信道	NR 物理信道	功　能	编码类型	调制方式
下行信道	物理下行共享信道（PDSCH）	承载下行业务数据、寻呼消息	LDPC 码	QPSK、16QAM、64QAM、256QAM
	物理下行控制信道（PDCCH）	用于上下行调度分配和其他控制信息，承载下行控制信息（DCI）	Polar 码	QPSK
	物理广播信道（PBCH）	承载广播信息	Polar 码	QPSK

物理信道	NR 物理信道	功能	编码类型	调制方式
上行信道	物理上行共享信道（PUSCH）	承载上行数据，包括业务数据和高层信令等	LDPC 码	π/2 - BPSK（仅当转换预编码启用时）、QPSK、16QAM、64QAM、256QAM
	物理上行控制信道（PUCCH）	承载上行控制信息（UCI），如 HARQ 信息、ACK/NACK、CQI/PMI、RI	Polar 码	BPSK、π/2 - BPSK、QPSK
	物理随机接入信道（PRACH）	用于终端发起与基站的通信。终端随机接入时发送前导码信息，基站通过 PRACH 接收，确定接入终端身份并计算其时延	N/A	N/A

表 7 - 4 中，LDPC 码为低密度奇偶检查码（Low Density Parity Check）编码，Polar 码为极化码编码。

5G 物理层的接入采用了混合接入多址方式，物理层下行链路的传输波形使用具有循环前缀的正交频分复用（OFDM）；上行链路采用频域产生信号的单载波频分多址方案，传输波形使用具有循环前缀的离散傅里叶变换扩展的 OFDM（DFT - S - OFDM）。上下行链路可采用的 CP - OFDM 发射机框图如图 7 - 6 所示，图中的转换预编码的功能在上行链路（UL）中启用，在下行链路（DL）中禁用，以相应地启用/禁用 DFT 扩展功能。

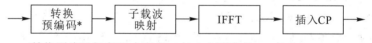

*转换预编码仅在UL中存在，在DL中不存在

图 7 - 6　具有可选 DFT 扩展的 CP - OFDM 发射机框图

5G 物理层上/下行链路支持的调制方案分别是：在上行链路中，使用 CP - OFDM 传输波形时的调制方式为 QPSK、16QAM、64QAM 和 256QAM，使用 CP - DFT - S - OFDM 传输波形时的调制方式为 π/2 - BPSK、QPSK、16QAM、64QAM 和 256QAM；在下行链路中支持的调制方式为 QPSK、16QAM、64QAM 和 256QAM。

7.1.4　物理层流程

5G 物理层相关流程包括：小区搜索，功率控制，上行链路同步和上行链路定时控制，随机接入相关流程，HARQ 相关流程，波束管理和信道状态信息（CSI）相关流程。

在 5G NR 中通过控制频域、时域和功率中的物理层资源来提供对干扰协调的支持。

7.2　5G 下行链路

7.2.1　下行物理信道

下行链路物理信道对应于承载源自高层信息的一组资源单元。5G 下行物理信道有：物理下行共享信道(PDSCH)、物理下行控制信道(PDCCH)和物理广播信道(PBCH)。

5G 下行传输和 LTE 一样，支持 CP – OFDM 传输波形。下行链路支持的调制方式有QPSK、16QAM、64QAM 和 256QAM。

1. 物理下行共享信道(PDSCH)

PDSCH 主要用于承载下行业务数据、寻呼消息。PDSCH 的处理流程如图 7 – 7 所示。

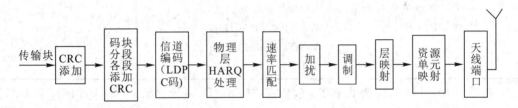

图 7 – 7　PDSCH 的物理处理流程

1）传输块(CRC)添加

CRC 的添加目的是循环冗余校验，用于接收端在检测解码的传输块中纠错使用。如果检测到错误，系统可以通过混合自动重传 HARQ 来激活一次要求发送端重发的请求。若传输块的长度大于 3824 bit 时，则在尾部添加长度为 24 bit 的 CRC；如果小于 3824 bit，则在尾部添加长度为 16 bit 的 CRC。

2）码块分段，各段添加 CRC(24 bit)

当传输码块的长度超过最大的 LDPC 编码基图的最大码块长度 8424 bit 时，PDSCH就需要对码块进行分段处理，将前一步骤已经添加了的 CRC 码块一起分割为若干个长度相等的码块，并在每一个分段码块尾部添加和前面步骤一样的 24 bit 的额外 CRC。若传输块长度没有超过 8424 bit，则不需要分段，也不需要添加额外 CRC。

3）信道编码(LDPC 码)

LDPC 码是线性分组码的一种，用于前向纠错的编码方式，是 5G NR 的信道编码方案。20 世纪 60 年代，美国人罗伯特·加拉格在其博士论文中提出 LDPC 码，并证明了LDPC 码的错误校正能力非常接近香农理论最大值。但受限于当时技术，LDPC 码无法实现。后来随着集成电路技术的演进，LDPC 码才成为了各种先进通信系统的信道编码标准。

LDPC 码利用校验矩阵的稀疏性，让译码复杂度只与码长呈线性关系，在码的长度很长的情况下仍然可以有效地译码。由于 LDPC 码可以使用高效的并行译码构架，其译码器在硬件实现复杂度和功耗方面均优于 LTE 系统使用的 Turbo 码。研究表明：1/2 码率的LDPC 码在 BPSK 调制下的性能距香农极限仅差 0.0045 dB。

NR 应用场景较多，为了满足这些不同场景灵活应用的性能要求，NR 信道编码采用的LDPC 码定义了基图 1 和基图 2 两种不同的基图，以使系统能够有效处理不同净荷长度的传输块和编码速率。当系统高速上传/下载时，编码器应支持以中、高编码速率传输净荷长度较大的传输块；当系统处于恶劣的通信环境时，编码器也应支持以非常低的编码速率传输净荷长度较小的传输块。

LDPC 码编码时选择基图 1/基图 2 的规则为（A 为码块长度，R 为编码速率）：

（1）若 $A \leqslant 292$ bit，或者 $A \leqslant 3824$ bit 并且 $R \leqslant 0.67$，或者 $R \leqslant 0.25$，则选择基图 2。

（2）其他情况选择基图 1。

基图 1 可用的编码速率范围为 $1/3 \sim 22/24$（即对应小数值为 $0.33 \sim 0.92$）；基图 2 可用的编码速率范围为 $1/5 \sim 5/6$（即对应小数值为 $0.2 \sim 0.83$）。经过速率匹配，最高的编码速率可以增加到 0.95。超出该最高数值，将导致终端无法解码。

4）物理层 HARQ 处理

NR 与 LTE 系统物理层混合自动重传 HARQ 处理类似，在传输信道中使用 HARQ 技术可以有效提高数据传输速率，减小数据传输时延。

5）速率匹配

速率匹配是指传输信道上的信息比特流通过被重发或打孔的方式来匹配物理信道的承载能力，使得信息比特流在进行信道映射时，传输速率符合传输要求。

6）加扰（比特级交织）

在完成信道编码后，PDSCH 对在物理信道上传输的每个码字比特流进行加扰处理，即将每个码字中的编码位进行置乱处理。

7）调制

信道对加扰后的比特流进行调制，产生复值调制符号。5G 下行链路支持的调制方式有 QPSK、16QAM、64QAM 和 256QAM，对应的调制阶数分别为 2、4、6、8 阶。

8）层映射

信道将复值调制符号映射到一个或多个传输层中，NR 可以映射最多 8 层。

9）映射到分配的资源和天线端口

基站向 UE 发送 PDSCH 的每个层上存在至少 1 个具有解调参考信号（DM-RS）的符号，并且可以由更高层配置最多 3 个附加解调参考信号。相位跟踪参考信号可以在附加解调参考信号上发送，以辅助接收机的相位跟踪。

层映射后的向量块按照 3GPP TS 38.214 规定，映射到对应的天线端口上，映射过程分为虚拟资源块映射和虚拟资源块映射到物理资源块两个步骤。

（1）虚拟资源块映射。UE 将用于物理信道传输的每个天线端口的复值符号块按照 NR 中的下行功率分配的规定，对满足映射条件的待发送符号按照先频域（子载波）后时域（符号）的顺序将调制符号一一映射到对应的虚拟资源块（VRB）上。

要注意在 VRB 映射的过程中，不能映射到 UE 用于其他共同调度的相关解调参考信号（DM-RS）或其他非预定终端的 DM-RS 的占用物资资源上，包括信道状态信息参考信号（CSI-RS）、相位参考信号（PT-RS）、非零功率 CSI-RS（除了由 *MeasObjectNR* IE 中的高层参数 *CSI-RS-Resource-Mobility* 配置的非零功率 CSI-RS 外）。

（2）虚拟资源块映射到物理资源块。UE 根据指示的映射方案，信道采用非交织/交织映射方式将虚拟资源块（VRB）映射到物理资源块（PRB）上。如果没有指示映射方案，则 UE 应采用非交织映射。

对于 VRB 到 PRB 的非交织映射，虚拟资源块 n 被映射到除去在公共搜索空间中用下行链路控制信息 DCI 格式 1_0 调度的 PDSCH 传输之外的物理资源块 n 上，在这种情况下虚拟资源块 n 被映射到物理资源块 $n + N_{\text{start}}^{\text{CORESET}}$ 上。$N_{\text{start}}^{\text{CORESET}}$ 是接收相应 DCI 的控制资源集中编号最小的物理资源块。

对于 VRB 到 PRB 的交织映射，映射过程是根据资源块包的单位进行。对 PDSCH 传输数据所占用大小为 $N_{\text{BWP},i}^{\text{size}}$ 的第 i 个部分带宽（BWP），首先按照 $N_{\text{bundle}} = \left\lceil (N_{\text{BWP},i}^{\text{size}} + (N_{\text{BWP},i}^{\text{start}} \bmod L_i))/L_i \right\rceil$ 分为 N 个虚拟资源块包。其中，该 BWP 从带宽 $N_{\text{BWP},i}^{\text{start}}$ 开始，将虚拟资源块包按编号递增的顺序依次映射到物理资源块包上。L_i 为从 i 开始的资源块包大小，由高层参数 $vrb\text{-}ToPRB\text{-}Interleaver$ 提供。

2. 物理下行控制信道（PDCCH）

1）PDCCH 的功能

PDCCH 采用 Polar 码编码，调制方式采用 QPSK。Polar 码是一种前向纠错的编码方式，2008 年在信息理论国际研讨会上，土耳其毕尔肯大学埃达尔·阿利坎教授首次提出了信道极化的概念，定义了人类已知的第一种能够被严格证明达到信道容量极限的信道编码方法，并将该方法命名为极化码。Polar 码的核心主要是基于信道极化现象和串行译码方式来提升信息比特的可靠性。

信道极化现象指的是当组合信道的数目趋于无穷大时，会出现信道极化现象，即一部分信道将趋于无噪声信道，另外一部分信道则趋于全噪声信道。在这种极化现象下的无噪声信道的传输速率将会达到信道的极限容量，且无传输错误。Polar 码的编码策略正是应用了这种现象的特性，利用无噪声信道来传输用户有用的信息，全噪声信道来传输约定的信息或者不传信息。Polar 码比 LDPC 码更加接近于香农极限。华为公司在 Polar 码方面投入了大量的研究，也是在 5G 系统中采用 Polar 码的主要倡导者。

PDCCH 的功能包括：

• PDCCH 主要通过下行链路控制信息（DCI）来调度 PDSCH 的下行传输和 PUSCH 的上行传输。DCI 可以执行上/下行调度信息，包括调制和编码格式、资源分配以及与上/下行共享信道有关的 HARQ 信息的上/下行分配。

• 用于 PUSCH 传输配置的许可激活和去激活。

• 用于 PDSCH 半持续传输的激活和去激活。

• 用于通知一个或多个 UE 可用的时隙格式。

• 用于通知一个或多个 UE（在 UE 可能假设不打算传输数据的情况下，即该 UE 不携带数据，但为了防止该 UE 被忽略的情况）使用的 PRB 和 OFDM 符号。

• 用于传输 PUCCH 和 PUSCH 的传输功率控制 TPC 命令。

• 在一个或多个 UE 的探测参考信号 SRS 中用于传输一个或多个 TPC 命令。

• 切换 UE 的当前使用带宽。

• 发起随机接入过程。

2）PDCCH 的 DCI 格式

PDCCH 的 DCI 格式包含格式 0_0、格式 0_1、格式 1_0、格式 1_1、格式 2_0、格式 2_1、格式 2_2 和格式 2_3 共 8 种 DCI 格式，见表 7-5。

表 7 - 5 **PDCCH 的 DCI 格式**

DCI 格式	用 途
0_0	用于同一个小区内 PUSCH 调度
0_1	用于同一个小区内 PUSCH 调度
1_0	用于同一个小区内 PDSCH 调度
1_1	用于同一个小区内 PDSCH 调度
2_0	用于通知一组 UE 的时隙格式
2_1	用于将 PRB 和 OFDM 符号通知一组 UE(不携带数据，防止 UE 忽略而设置)
2_2	用于传输 TPC 指令给 PUCCH 和 PUSCH
2_3	由一个或多个 UE 传输用于 SRS 传输的一组 TPC 命令

3) PDCCH 的控制资源集(CORESET)

NR 与 LTE 系统相比，PDCCH 在时频域的资源配置中引入了控制资源集(Control Resource Set，CORESET)，让 PDCCH 在频域和时域所占用的物理资源可以分别灵活进行配置。CORESET 在 PDCCH 中固定占用每个子帧中小区载频全带宽的前 1～4 个 OFDM 符号。1 个 CORESET 由频域上 $N_{RB}^{CORESET}$ 个 RB 和时域上 $N_{symb}^{CORESET} \in \{1, 2, 3\}$ 个 OFDM 符号组成。$N_{RB}^{CORESET}$ 通过高层参数 $frequencyDomainResources$ 给定，$N_{symb}^{CORESET} \in \{1, 2, 3\}$ 通过高层参数 $duration$ 给定，其中仅当高层参数 $DMRS - TypeA - Position = 3$ 时，$N_{symb}^{CORESET} = 3$。

资源单元(RE)、资源单元组(REG)和控制信道单元(CCE)在控制资源集(CORESET) 内定义，1 个 CCE＝6 个 REG＝72 个 RE。PDCCH 由 1 个或多个控制信道单元(CCE)聚合组成，通过聚合不同数量的 CCE 来实现控制信道的不同码速率，聚合的级别可以是 1/2/4/8/16 个 CCE。承载 PDCCH 的每个资源单元组携带其自己的解调参考信号。

UE 根据相应的搜索空间条件，必要时配置 1 组 PDCCH 候选 UE 监视器，对应配置 1 个或多个 CORESET。CORESET 内的资源单元组以时间优先的方式按递增顺序编号，第 1 个 OFDM 符号和编号最小的资源块从 0 开始。每个 CORESET 仅与一个 CCE 到 REG 映射相关联。PDCCH 由 $ControlResourceSet$ 信令中的高层参数 $cce - REG - MappingType$ 来配置 CCE 映射到 REG 上时需要采用交织还是非交织的方式。当 CORESET 0 由 MIB 或 SIB1 配置时，UE 可以采用常规循环卷积 CP，也可以在 REG 中使用相同的预编码。

5G NR 由于系统带宽配置较大，可能会出现 CORESET 配置占用的资源空间较多的情况，如果按照 LTE 传统的盲检遍历的方式会导致解码效率降低，为了优化提升 PDCCH 的解码效率，NR 在 CORESET 资源空间解码 PDCCH 信道过程中引入了"搜索空间集合" 的概念。根据 PDCCH 承载内容的不同，PDCCH 搜索空间集合从逻辑上划分可分为 UE 特定搜索空间集(USS)和公共搜索空间集(CSS)。其中，USS 集合承载终端的专属业务信道内容，可以通过 C - RNTI、MCS - C - RNTI、SP - CSI - RNTI 或者 CS - RNTI 实现循环冗余校验的加扰；CSS 集合又进一步分为了表 7 - 6 所示的 5 种类型，对应承载相应的内容。

表 7-6　CSS 集合分类

	集合类型	承载内容
1	Type0-PDCCH CSS 集合	承载 SIB1,通过 SI-RNTI 实现 CRC 加扰
2	Type0A-PDCCH CSS 集合	承载非 SIB1 的其他系统消息,通过 SI-RNTI 实现 CRC 加扰
3	Type1-PDCCH CSS 集合	承载随机接入响应消息,通过 RA-RNTI 或 TC-RNTI 实现 CRC 加扰
4	Type2-PDCCH CSS 集合	承载寻呼消息,通过 P-RNTI 实现 CRC 加扰
5	Type3-PDCCH CSS 集合	承载其他消息,例如功率控制、时隙类型指示等

3. 物理广播信道(PBCH)

PBCH 用于承载高层传下来的系统参数(广播信息)。为了保证传输可靠性,物理信道都会经过加扰、CRC 校验、信道编码和速率匹配等过程。

PBCH 信道编码方式为 Polar 码编码,调制方式为 QPSK。PBCH 符号携带其自己的频率复用的解调参考信号(DM-RS)。

7.2.2　下行物理信号

物理信号是物理层使用的不承载高层信息的信号。

由于 NR 时频域资源配置的多样性,控制信道取消了 LTE 系统 UE 的全频带设计,也对应取消了全频带一直存在的小区专用参考信号 CRS,相应地节省了一部分物理资源,让 5G 在时频域资源的调度上变得更加灵活。与 LTE 相比,5G NR 物理层中的参考信号取消了 LTE 的小区专用参考信号 CRS、MBSFN 等,5G NR 根据时频域资源的分配模式新增了两种物理层参考信号,即解调参考信号(DM-RS)和相位跟踪参考信号(PT-RS)。

5G NR 下行链路物理信号包括:

• 解调参考信号(Demodulation Reference Signal,DM-RS),用于终端信道估计并进行 PDSCH、PDCCH 和 PBCH 的相关解调。

• 相位跟踪参考信号(Phase Tracking Reference Signal,PT-RS),用于支持相位补偿。与 DM-RS 相比,PT-RS 占据时域位置更密集,但频域相对稀疏。PT-RS 需要和 DM-RS 一起配置使用。可以通过附加 DM-RS 符号传输,以帮助天线进行相位跟踪。

• 信道状态信息参考信号(Channel State Information Reference Signal,CSI-RS),用于帮助 UE 获取下行信道状态信息,还可以为 UE 提供定时、频率跟踪和移动性测量。

• 主同步信号(Primary Synchronization Signal,PSS),用于时频同步和小区搜索的主信号。

• 辅同步信号(Secondary Synchronization Signal,SSS),用于时频同步和小区搜索的辅助信号。

1. 解调参考信号(DM-RS)

DM-RS 用于终端信道估计并进行 PDSCH、PDCCH 和 PBCH 的相关解调。其中各自使用于 PDSCH、PDCCH 和 PBCH 的解调参考信号(DM-RS)的定义和物理映射都不一样。

2. 相位跟踪参考信号(PT - RS)

在通信系统中，随着振荡器载波频率的上升，相位噪声也会增大。使用较高频段的 5G 系统(尤其是毫米波频段)，相比 1G～4G 移动通信系统，相位噪声对信号传输的影响较大。因此，5G 引入的全新参考信号——相位跟踪参考信号(PT - RS)主要用于相位噪声补偿，以减少相位噪声的干扰。PT - RS 用于跟踪基站和 UE 中的本振引入的相位噪声，以支持相位补偿。可以把 PT - RS 看作是 DM - RS 的一种扩展，二者需要关联使用，如采用相同的正交序列生成、相同的预编码和端口关联性等。PT - RS 在频域具有低密度而在时域则有高密度。PT - RS 配置在 UE 的调度带宽内与 PDSCH 的数据同时传输，可以用于相位估计、补偿和数据解调。

3. 信道状态信息参考信号(CSI - RS)

NR 系统为了支持高频段的网络部署和满足更加灵活的应用场景需求，增加了 CSI - RS 的配置和对应支持的功能。NR 的 CSI - RS 可以用于获取信道状态信息、波束管理、精确的时频跟踪、移动性管理和速率匹配。

NR 定义了零功率(ZP)和非零功率(NZP)的 CSI - RS，分别由高层参数 *ZP - CSI - RS - Resource* IE、*NZP - CSI - RS - Resource* 信令来对应配置。其中，配置了零功率 CSI - RS 的资源单元都不能用于 PDSCH 信道的传输，只能专用为速率匹配的资源单元。零功率 CSI - RS 进一步分为周期、半持续周期和非周期三种类型的配置。

4. 同步信号

NR 包含两种同步信号：主同步信号(PSS)和辅同步信号(SSS)。PSS 和 SSS 各自占用 127 个子载波。其中，PSS 由 3 个 m 序列构成，SSS 由 2 个 Gold 序列构成。使用了较好互相关性 Gold 码的 NR 系统在物理小区标识(PCI)检测率上明显优于 LTE 系统。PBCH 信号占据 3 个 OFDM 符号和 240 个子载波，其中有一个 OFDM 符号的中间 127 个子载波被 SSS 占用。

由于 5G 基站多且位置密集，NR 系统为了能更灵活地部署基站，NR 的物理小区标识从 LTE 系统中的 $3 \times 168 = 504$ 个扩展到了 $3 \times 336 = 1008$ 个。因此，NR 系统中一共定义了 1008 个小区 ID，定义为

$$N_{\mathrm{ID}}^{\mathrm{cell}} = 3N_{\mathrm{ID}}^{(1)} + N_{\mathrm{ID}}^{(2)} \tag{7-1}$$

式中，$N_{\mathrm{ID}}^{(1)} \in \{0, 1, \cdots, 335\}$，$N_{\mathrm{ID}}^{(2)} \in \{0, 1, 2\}$，即 336 个小区组 ID，每个小区组由 3 个组内小区组成。

1) SS/PBCH 块(SSB)的时频结构

SS/PBCH 块(SSB)由 PSS、SSS 和 PBCH 组成。5G NR 遵从"极简"的设计规范，通过减少一直存在的信号以最大化地实现降低功耗的目的。因此，5G NR 中引入了 SSB 这个最小的同步单元，简称为同步信号块。SSB 根据实际载波的子载波间隔不同，对应地分为了两种类型：SSB 类型 A(对应子载波间隔 15 kHz)和 SSB 类型 B(对应子载波间隔 60 kHz)。

5G NR 的系统特征是大带宽，带宽在 100 MHz 以上，高频甚至能达到 400 MHz，这个带宽数值远远大于 LTE 系统的最大 20 MHz 带宽，如果 5G 仍像 LTE 系统一样把同步

信号放在载波中心，UE 按照 100 kHz 的粒度进行同步信号搜索，那么所需要的时间将太长，而且终端会非常耗电，这是让人无法接受的。因此，5G 改变了 LTE 同步信号在时频域位置固定和周期固定的设置模式，同步信号块 SSB 采用了时频域位置和周期按需灵活设置的方法。基站可以根据传输需求灵活配置 SSB 的个数及其在时域和频域的位置，SSB 长度可以不同，在时域和频域中的位置也可以不同。5G 不再把 SSB 放在载波中心，而是放在每个频段内一组有限的可能位置，即"同步栅格"上。UE 只需在这些稀疏的同步栅格上搜索 SSB，而且搜索的速度也会更快（参见 6.1.4 节）。

与 NR 的其他下行传输一样，SSB 也是基于 OFDM 定义的时频资源，如图 7-8 所示。在时域上，一个 SSB 由 4 个以 0～3 的递增顺序编号的 OFDM 符号组成；在频域上，一个 SSB 块由 240 个连续的子载波组成，其中的子载波编号为 0～239。

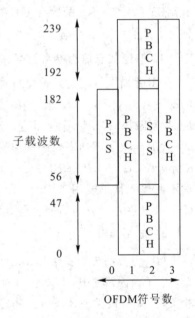

图 7-8 SSB 的时频结构

由图 7-8 可见，SSB 在时域上持续 4 个 OFDM 符号，在频域上占据 240 个子载波，即 20 个 RB。

- PSS 在 SSB 的 OFDM 符号 0 上发送，占用 1 个 OFDM 符号和 127 个子载波，其余子载波为空。
- SSS 在 SSB 的 OFDM 符号 2 上发送，与 PSS 一样，占用 1 个 OFDM 符号和 127 个子载波，SSS 两端分别空 8 或 9 个子载波。
- PBCH 在 SSB 的最后 3 个 OFDM 符号上发送，OFDM 符号编号为 1～3，跨越 3 个 OFDM 符号和 240 个子载波，但是在 OFDM 符号 2 的中间留下一个未使用的部分给 SSS，占用两端各 48 个子载波发送。

与 LTE 同步信号固定时频位置和固定周期不同，半帧内的 SSB 时间位置由子载波间隔和由网络配置的半帧周期确定，NR 中 SSB 时域发送周期在 SIB1 中配置，周期可以在 5 ms～160 ms 间灵活可配，取值可以是 5/10/20/40/80/160 ms。在初始接入的时候，UE 还没有收到 SIB1，则会按照默认的 20 ms 周期来搜索 SSB。在每个周期内，会有一系列 SSB，每个 SSB 对应一个波束方向。需要强调的是，NR SSB 并不是隔一段时间出现一次，而是隔一段时间在某一个半帧内出现若干次。

半帧内的 SSB 在载波的频率范围内频域占据了 20 个 RB，因此频域发送位置灵活，可以发送多个 SSB。在不同频率位置传输的 SSB 的 PCI 不是唯一的，即频域上不同的 SSB 可以具有不同的 PCI。在半帧 5 ms 时间，可以在不同的空间方向实现波束扫描（即使用不同的波束，跨越小区的覆盖区域），发送不同的 SSB。5G FR1 频段最大支持 8 波束扫描。但是，当 SSB 与剩余最小系统信息相关联时，SSB 对应于具有唯一 NCGI（NR Cell Global Identifier，NR 小区全局标识符）的单个小区。这样的 SSB 被称为小区定义 SSB（CD-SSB）。主小区始终与 CD-SSB 相关联。

SSB 中 PSS、SSS 和 PBCH 与相关的 DM-RS 映射到表 7-7 给出的资源上，表中 l 和 k 分别表示一个 SSB 的时间和频率的编号位置。UE 可认为，在表 7-7 中表示为"设置为 0"的 RE 对应的复值符号被设置为零。用于 PBCH 的 DM-RS 中的映射层数

v 由物理小区 ID 决定，$v = N_{ID}^{cell} \bmod 4$，目的是把 PBCH 的 DM - RS 在频域上错开，以减少小区间干扰。

表 7 - 7　SSB 中 PSS、SSS、PBCH 和 PBCH DM - RS 的资源映射

信道/信号	SSB 开始的 OFDM 符号数 l	SSB 开始的子载波编号 k
PSS	0	$56, 57, \cdots, 182$
SSS	2	$56, 57, \cdots, 182$
设置为 0	0	$0, 1, \cdots, 55, 183, 184, \cdots, 239$
	2	$48, 49, \cdots, 55, 183, 184, \cdots, 191$
PBCH	1, 3	$0, 1, \cdots, 239$
	2	$0, 1, \cdots, 47,$ $192, 193, \cdots, 239$
用于 PBCH 的 DM - RS	1, 3	$0 + v, 4 + v, 8 + v, \cdots, 236 + v, \; v = N_{ID}^{cell} \bmod 4$
	2	$0 + v, 4 + v, 8 + v, \cdots, 44 + v$ $192 + v, 196 + v, \cdots, 236 + v$, $v = N_{ID}^{cell} \bmod 4$

LTE 中，因为只有一种 15 kHz 的子载波间隔，最大带宽只有 20 MHz，所以同步栅格和频率栅格是对齐的。但在 NR 中，由于频带范围太广，而且有 5 种不同的子载波间隔，因此协议重新定义了同步栅格，同步栅格不再与频率栅格对齐。由于 NR 同步栅格和频率栅格的不对齐，公共资源块 N_{CRB}^{SSB} 的子载波 0 到 SSB 的子载波 0 的子载波偏移量被定义为同步信号块偏移参数 k_{SSB}。其中，N_{CRB}^{SSB} 由高层参数 $offsetToPointA$ 给出，k_{SSB} 的 4 个最低有效位由高层参数 $ssb - SubcarrierOffset$ 给出；对于 SSB 类型 A，k_{SSB} 的最高有效位由 PBCH 净荷中的 $\overline{a}_{\overline{A}+5}$ 给出。如果没有提供 $ssb - SubcarrierOffset$ 设置，则 k_{SSB} 由 SSB 和 Point A 之间的频率差产生。

SSB 类型 A：$\mu \in \{0, 1\}$，$k_{SSB} \in \{0, 1, 2, \cdots, 23\}$，$k_{SSB}$、$N_{CRB}^{SSB}$ 由 15 kHz 的子载波间隔表示。

SSB 类型 B：$\mu \in \{3, 4\}$，$k_{SSB} \in \{0, 1, 2, \cdots, 11\}$，$k_{SSB}$ 变量的子载波间隔由高层参数 $subCarrierSpacingCommon$ 给出，N_{CRB}^{SSB} 由 60 kHz 的子载波间距表示。

UE 使用天线端口 $p = 4000$ 来传输 SSB 和 PBCH 的 DM - RS。

2）SS 突发集和定时周期

5G NR 标准中增强了大规模 MIMO 的支持，因此波束赋形是 NR 标准的基本特征。NR 的同步信号与 LTE 的同步信号相比，增加了一个重要特性，就是不仅要完成同步的任务，还要进行初始的波束扫描和波束建立。针对这个波束赋形的功能，NR 引入了同步 SS 突发集（SS Burst Set，同步信号突发集）的设计。SS 突发集是时域上波束扫描中 SSB 的集合，在一个 SS 突发集中，每个 SSB 除了承载同样的系统参数之外还有一个唯一的 SSB 地址。通过波束赋形，不同 SSB 形成指向不同方向的波束。终端通过测量不同方向波束的接收功率，进一步确定基站到终端之间初始波束的方向。在实际使用中，可以把一个周期内的不同 SSB 分配到不同的波束上发送，每个 SSB 按照不同的发送时间依次发送，即 SSB 波束扫描，这些参与波束扫描的 SSB 集合就是 SS 突发集。由于每个波束的能量更为集中，这样就有效增强了 5G 的覆盖。

NR SS 突发集的周期可以在 5 ms～160 ms 之间灵活设置，但是每个 SS 突发集总是受限于 5 ms 的时间间隔，只能存在于每 10 ms 帧的前半帧/后半帧。手机在进行小区搜索时，不能在某一个频点上等待过长时间，因此默认按照 20 ms 来进行搜索。如果手机在某个频点上等待了 20 ms 的时间，一直未发现 SSB，则认为这个频点上不存在 NR 载波，然后转到同步栅格里面的下一个频点再次尝试。

NR 系统不同频段内，SS 突发集的周期也不同，因此发送的 SSB 数目不同，其波束赋形的能力也各不相同。总体上来说，频段越高，波束赋形能力越强。

- 在 3 GHz 以下频段，一个 SS 突发集里最多可以有 4 个 SSB，最多可以扫描 4 个波束。
- 在 3 GHz～6 GHz 频段，一个 SS 突发集里最多可以有 8 个 SSB，可以最多扫描 8 个波束。
- 在更高频段(FR2)，即高于 6 GHz 的毫米波频段，一个 SS 突发集里最多可以有 64 个 SSB，可以最多扫描 64 个波束。

在 80 ms 的广播信道的传输时间间隔(TTI)的更新周期内，存在 16 个可能的 SS 突发集位置(SS 突发集的最小周期是 5 ms)，可以通过系统帧号(SFN)的 3 个最低有效位(LSB)和 1 位半帧(HRF)索引来识别。SSB 在 SS 突发集内重复发送，当 UE 检测到 SSB 时，就可以从物理广播信道(PBCH)获取定时信息，NR PBCH 承载的信息一共为 56 bit (包括 CRC)，大于 LTE 的 40 bit，具体见表 7-8。UE 能在一个时隙中从该 PBCH 识别系统帧号、子载波间隔、SSB 的子载波偏移和时间索引等，进而获取 SSB 的时频位置。

表 7-8　PBCH 承载的信息表

参　数	比特数	参　数　说　明
systemFrameNumber	10	系统帧号，完整的帧号需要 10 bit，而 MIB 承载的帧号只有高位 6 bit，低位的 4 bit 通过 SIB1 获取。
subCarrierSpacingCommon	1	传 SIB1 的 PDCCH 及 PDSCH 的子载波间隔，只作用于 SIB1/SI/初始接入的"消息 2"/"消息 4"
ssb-SubcarrierOffset	4	SSB 的子载波偏移 k_{SSB}
dmrs-TypeA-Position	1	DM-RS 的 A 配置类型，承载 SIB1 相关的 PDSCH 的时域位置(OFDM 符号 2 或 3)
pdcch-ConfigSIBl	8	与 SIB1 相关的 PDCCH 的配置，包括 CORESET 和搜索空间配置
cellBarred	1	小区是否禁止接入标识(禁止/不禁止)
intraFreqReselection	1	频内重选(允许/不允许)
Spare	1	预留
Half frame indication	1	半帧指示
Choice	1	指示当前是否为扩展 MIB 消息(用于前向兼容)
SSB 索引	3	当载波大于 6 GHz 时，指示 SSB 索引的高 3 位。当载波小于 6 GHz 时，有 1 bit 用于指示 SSB 子载波偏移，剩余 2 bit 预留。
CRC	24	校验码
合计	56	

7.2.3 下行物理资源

5G 物理资源新增加了天线端口的定义，以便可以从传输同一天线端口上的另一个符号的信道推断天线端口上的符号，即接收机可以利用同一天线端口传输的参考信号的物理资源单元的特性进行信道估计，并进一步实现对接收信号的解调。

当接收下行链路发送的数据时，定义下列天线端口用于下行链路：

• 用于 PDSCH 的天线端口从 1000 开始。

• 用于 PDCCH 的天线端口从 2000 开始。

• 用于信道状态信息参考信号(CSI - RS)的天线端口从 3000 开始。

• SSB 传输使用的天线端口从 4000 开始。

在每个同步信号块(SSB)上，主同步信号(PSS)、辅同步信号(SSS)和物理广播信道(PBCH)使用同一个单天线端口。应用于 SSB 的物理波束对 UE 来说是透明的，因为 UE 只在预编码和/或波束赋形之后才能看到等效的同步信号和物理广播信道。

7.2.4 下行传输信道

传输信道定义了空中接口中数据传输的方式和特性。传输信道是连接物理层和 MAC 层的服务通道，负责将数据从物理层传递到高层 MAC 层，或者是将数据从高层 MAC 层传递到物理层。传输信道关注的不是信息传什么，而是信息要怎么传的问题。

1. 广播信道(Broadcast Channel, BCH)

BCH 在整个小区中广播 BCCH 系统信息，即主信息块(MIB)。请求在小区的整个覆盖区域中广播，可以作为单个消息，或者采用波束形成不同的 BCH 实例，采用固定的预定义传输格式，每 80 ms 有一个 BCH 传输块。BCH 传输的物理层流程如图 7 - 9 所示。

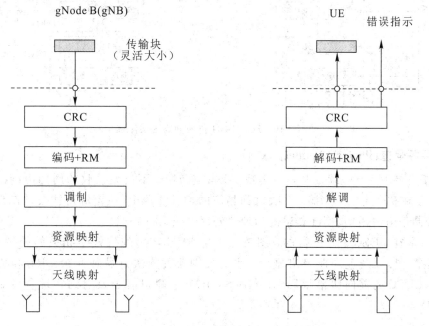

图 7 - 9 BCH 传输的物理层流程

　　BCH 的处理过程包括：gNB 向 UE 发送下行数据块，依次进行循环冗余校验（即将每个传输块添加 CRC，以用于错误检测）、前向纠错编码和速率匹配（RM）、调制、物理资源映射和天线映射（多天线处理）；UE 端依次进行天线映射、资源映射、解调、解码和速率匹配、CRC 校验/传输块错误指示。

2. 下行共享信道(Downlink Shared Channel，DL - SCH)

　　DL - SCH 是用于在 NR 中传输下行数据的主要传输信道。DL - SCH 支持混合自动重传（HARQ），通过改变调制、编码和发射功率来支持链路动态自适应；DL - SCH 支持在整个小区中广播（用于传输未映射到 BCH 的部分 BCCH 系统信息）；DL - SCH 中可以使用波束赋形，支持动态和半静态资源分配；DL - SCH 支持非连续性接收，以实现 UE 电量节省。DL - SCH 传输的物理层流程模型见图 7 - 10。

　　图 7 - 10 中 DL - SCH 与物理层相关的处理步骤（可由较高层配置）以灰色底框突出显示。DL - SCH 的处理过程依次是循环冗余 CRC 和错误传输块指示、前向纠错编码和速率匹配（RM）、数据调制、将调制信号映射到物理资源、天线端口的映射。DL - SCH 支持 L1 层控制和 HARQ 相关信令。

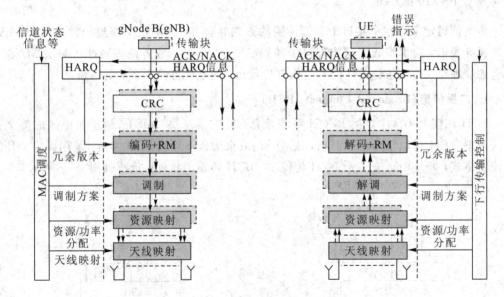

图 7 - 10　DL - SCH 传输的物理层流程

3. 寻呼信道(Paging Channel，PCH)

　　PCH 支持 UE 不连续接收，以实现 UE 电量节省（不连续接收的周期由网络指示给 UE）；需要在整个小区中广播，并映射到相应的物理资源上（该资源可能会动态地被其他业务和控制信道占用）。PCH 传输的物理层处理流程见图 7 - 11。

　　PCH 是在 PDSCH 上进行的，图 7 - 11 中 PCH 与物理层模型相关的处理步骤（可由较高层配置）以灰色底框突出显示，主要处理流程依次是循环冗余 CRC 和传输块错误指示、LDPC 的前向纠错编码、速率匹配（RM）、调制信号映射到物理资源、天线端口的映射。

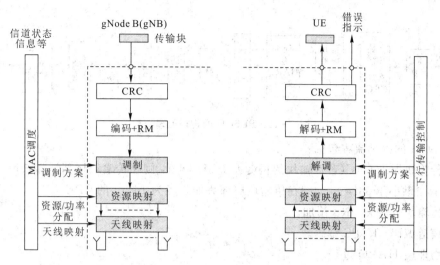

图 7-11　PCH 传输的物理层流程

7.3　5G 上行链路

7.3.1　上行物理信道

上行链路物理信道对应于承载源自高层信息的一组资源单元。5G 上行物理信道有：

- 物理上行共享信道(Physical Uplink Shared Channel，PUSCH)
- 物理上行控制信道(Physical Uplink Control Channel，PUCCH)
- 物理随机接入信道(Physical Random Access Channel，PRACH)

NR 支持灵活的应用，上行传输支持 CP-DFT-S-OFDM 和 CP-OFDM 两种传输波形，因此对应的上行链路调制方式有两种：

(1) CP-DFT-S-OFDM 时为 $\pi/2$-BPSK(启用转换预编码时使用)、QPSK、16QAM、64QAM、256QAM。

启用转换预编码后，对于小区覆盖范围比较大并且 SNR 比较差和低功率 UE 的传输场景，可以使用 $\pi/2$-BPSK 调制。转换预编码禁用时，使用 QPSK、16QAM、64QAM、256QAM 调制。

CP-DFT-S-OFDM 主要用于上行传输功率受限的边缘覆盖场景，每个 UE 只支持单流的数据传输。

(2) CP-OFDM 时为 QPSK、16QAM、64QAM、256QAM。

CP-OFDM 支持的调制方式可以更好地与 MIMO 结合，可以采用简单的均衡算法，因此上行链路支持 CP-OFDM 调制。每个 UE 最多可以支持 4 路的并行数据传输，从而支持更高的峰值速率。

1. 物理上行共享信道(PUSCH)

PUSCH 的处理流程如图 7-12 所示，与 PDSCH 的处理流程不一样的是上行增加了转换预编码和预编码环节。

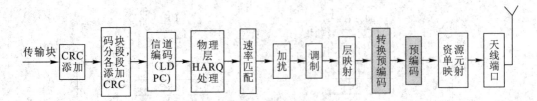

图 7-12　PUSCH 的物理处理流程

PUSCH 的处理流程包括：

- 传输块添加 CRC（若传输块的长度大于 3824 bit，则在传输块尾部添加长度为 24 bit 的 CRC；如果小于 3824 bit，则在传输块尾部添加长度为 16 bit 的 CRC）。
- 传输块分段和 CRC 添加。
- 信道编码：LDPC 编码。
- 物理层 HARQ 过程。
- 速率匹配。
- 加扰（比特级交织）。
- 调制：$\pi/2$ - BPSK（仅当进行转换预编码启用时）、QPSK、16QAM、64QAM、256QAM。
- 层映射。
- 转换预编码（需上层配置确定是否进行启用/禁用）和预编码。
- 映射到相应的资源和天线端口。

UE 在发送 PUSCH 的每个层上发送至少 1 个符号的解调参考信号（DM - RS），可以由更高层配置多达 3 个符号的附加 DM - RS。可以在附加符号上发送相位跟踪 PT - RS，以帮助接收机的相位跟踪。其中，PUSCH 的处理流程中，速率匹配后的几个物理层步骤具体阐述如下。

1）加扰

对于单个码字 $q=0$，在物理信道上传输的码字中的比特块 $b^{(q)}(0),\cdots,b^{(q)}(M_{bit}^{(q)}-1)$，在调制前进行加扰，其中 $M_{bit}^{(q)}$ 是在物理信道上传输的码字 q 的比特数，加扰后的比特块为 $\tilde{b}^{(q)}(0),\cdots,\tilde{b}^{(q)}(M_{bit}^{(q)}-1)$。

2）调制

对于每个码字，加扰比特块 $\tilde{b}^{(q)}(0),\cdots,\tilde{b}^{(q)}(M_{bit}^{(q)}-1)$ 根据表 7-9 中的一种调制方式进行调制后，产生一组复值调制符号 $\tilde{d}^{(q)}(0),\cdots,\tilde{d}^{(q)}(M_{symb}^{(q)}-1)$。

表 7-9　支持调制方式

转换预编码禁用		转换预编码启用	
调制方式	调制阶数 Q_m	调制方式	调制阶数 Q_m
		$\pi/2$ - BPSK	1
QPSK	2	QPSK	2
16QAM	4	16QAM	4
64QAM	6	64QAM	6
256QAM	8	256QAM	8

3) 层映射

对于单个码字 $q=0$，要发送的码字的复值调制符号根据 PDSCH 中的定义最多映射到 4 个层。码字 q 的复值调制符号 $d^{(q)}(0)$，$\cdots$，$d^{(q)}(M_{symb}^{(q)}-1)$ 被映射到层 $x(i)=[x^{(0)}(i)$，$\cdots$，$x^{(\upsilon-1)}(i)]^{T}$，$i=0,1,\cdots,M_{symb}^{layer}-1$，其中 υ 是层数，M_{symb}^{layer} 是每层的调制符号数。码字的复值调制符号应映射的层数也是每层调制符号的数目。

4) 转换预编码

如果转换预编码禁用，对于每层 $y^{(\lambda)}(i)=x^{(\lambda)}(i)$，$\lambda=0,1,\cdots,\upsilon-1$。

如果转换预编码启用，$\upsilon=1$ 和 $\tilde{x}^{(0)}(i)$ 取决于相位跟踪参考信号(PT‒RS)的配置，且只支持单个 MIMO 层传输。

如果没有使用 PT‒RS，则把 $\lambda=0$ 的单层复值符号块 $x^{(0)}(0)$，$\cdots$，$x^{(0)}(M_{symb}^{layer}-1)$ 分成 $(M_{symb}^{layer}/M_{SC}^{PUSCH})$ 组，每组对应一个 OFDM 符号，取 $\tilde{x}^{(0)}(i)=x^{(0)}(i)$。

如果使用 PT‒RS，则复数值符号块 $x^{(0)}(0)$，$\cdots$，$x^{(0)}(M_{symb}^{layer}-1)$ 分成若干组，每组对应一个 OFDM 符号，该组位置 l 中包含有 $M_{SC}^{PUSCH}-\varepsilon_{1}N_{samp}^{group}N_{group}^{PTRS}$ 个符号，并根据 l 位置优先把复值符号进行转换预编码。变换预编码根据下式得到复值符号块 $y^{(0)}(0)$，$\cdots$，$y^{(0)}(M_{symb}^{layer}-1)$：

$$
\begin{cases}
y^{(0)}(l\cdot M_{SC}^{PUSCH}+k)=\dfrac{1}{\sqrt{M_{SC}^{PUSCH}}}=\displaystyle\sum_{i=0}^{M_{SC}^{PUSCH}-1}\tilde{x}^{(0)}(l\cdot M_{SC}^{PUSCH}+i)e^{-j\frac{2\pi ik}{M_{SC}^{PUSCH}}}\\
k=0,\cdots,M_{SC}^{PUSCH}-1\\
l=0,\cdots,M_{symb}^{layer}/M_{SC}^{PUSCH}-1
\end{cases}
\tag{7-2}
$$

其中，变量 $M_{SC}^{PUSCH}=M_{RB}^{PUSCH}\cdot N_{SC}^{RB}$。$M_{RB}^{PUSCH}$ 表示占据的带宽值，并且满足：

$$M_{RB}^{PUSCH}=2^{\alpha_{2}}\cdot3^{\alpha_{3}}\cdot5^{\alpha_{5}}$$

其中，α_{2}、α_{3}、α_{5} 是非负整数集合。

5) 预编码

对向量块 $[y^{(0)}(i)$，$\cdots$，$y^{(\upsilon-1)}(i)]^{T}$，$i=0,1,\cdots,M_{symb}^{layer}-1$，根据

$$
\begin{bmatrix}z^{(p_{0})}(i)\\\vdots\\z^{(p_{\rho-1})}(i)\end{bmatrix}=\boldsymbol{W}\begin{bmatrix}y^{(p_{0})}(i)\\\vdots\\y^{(\upsilon-1)}(i)\end{bmatrix}
$$

完成预编码，其中 $i=0,1,\cdots,M_{symb}^{ap}-1$，$M_{symb}^{ap}=M_{symb}^{layer}$。

5G NR 的 PUSCH 支持两种上行预编码传输方案：基于码本的预编码传输和基于非码本的预编码传输。

(1) 基于码本的预编码传输。对于基于码本的预编码传输，单层传输时，预编码矩阵由单天线端口上的单层传输给出 $\boldsymbol{W}=1$。其他情况由 3GPP TS 38.211 中表 6.3.1.5‒1～6.3.1.5‒7 和 TPMI(传输预编码矩阵指示)索引给出，其中 TPMI 索引由 DCI 调度上行链路传输或高层参数获得。即基站在 DCI 中向 UE 提供传输预编码矩阵指示，UE 根据基站指示从码本中选择 PUSCH 预编码矩阵。当高层参数 $txConfig$ 没有配置时，预编码矩阵 $\boldsymbol{W}=1$。

(2) 基于非码本的预编码传输。对于基于非码本的预编码传输，预编码矩阵等于单位矩阵。UE 通过对下行链路的信道状态参考信号来执行测量，并确定 PUSCH 预编码矩阵，

然后使用该预编码矩阵发射探测参考信号（SRS）。

6) 虚拟资源块映射

对于用于传输 PUSCH 的每个天线端口，复数值符号块 $z^{(p)}(0)$，…，$z^{(p)}(M_{symb}^{ap}-1)$ 乘以幅值因子 β_{PUSCH}，以满足 3GPP TS 38.213 规范对 PUSCH 传输功率的要求，映射序列从开始按照 3GPP TS 38.214 分配给 PUSCH RE $(k', l)_{p,\mu}$，依次进行虚拟资源块映射，在分配的虚拟资源块上增加第一个索引 k' 的顺序，其中 $k'=0$ 是分配给传输的最低编号的虚拟资源块中的第一个子载波，然后是 l。在分配传输数据的虚拟资源块单元时要注意：不能映射到已用于传输 DM-RS、PT-RS 或 SRS 的相应资源单元中。

7) 虚拟资源块映射到 PRB

PUSCH 根据非交织映射将虚拟资源块（VRB）映射到物理资源块（PRB）。一般情况下，虚拟资源块 n 依次被映射到物理资源块 n。特殊情况下，虚拟资源块 n 被映射到物理资源块 $n+N_{BWP,0}^{start}-N_{BWP,i}^{start}$。这些情况包括：当随机接入响应上行接入许可的 PUSCH 调度或者被 TC-RNTI 加扰的 DCI 格式 0_0 的 PUSCH 调度出现，占据了上行带宽的 $N_{BWP,0}^{start}-N_{BWP,i}^{start}$ 的 BWP。

2. 物理上行控制信道（PUCCH）

1) PUCCH UCI 格式

PUCCH 携带从 UE 到 gNB 的上行链路控制信息（UCI）。UCI 包含的信息为信道状态信息 CSI、混合自动重传（HARQ）应答信息 ACK/NACK 和调度请求。如果 UE 没有发送 PUSCH，并且 UE 正在发送 UCI，则 UE 在 PUCCH 中使用发送 UCI。根据 PUCCH 的持续时间和 UCI 有效载荷大小，UCI 分为五种格式，如表 7-10 所示。

表 7-10   PUCCH UCI 格式和调制方式

PUCCH 格式		符号长度 N_{symb}^{PUCCH}	UCI bit 位数	调制方式
0	短 PUCCH 格式	1~2	≤2	N/A
1	长 PUCCH 格式	4~14	≤2	BPSK(1 bit 时)，QPSK(2 bit 时)
2	短 PUCCH 格式	1~2	>2	QPSK
3	长 PUCCH 格式	4~14	>2	QPSK，$\pi/2$-BPSK
4	长 PUCCH 格式	4~14	>2	QPSK，$\pi/2$-BPSK

PUCCH 的格式 0 和格式 1 中最多 2 bit 的 UCI 短格式是基于序列选择的，而大于 2 bit 的 UCI 短 PUCCH 格式 2 是基于频率复用的 UCI 和 DM-RS 选择的。PUCCH 的格式 3 和格式 4（长格式）是基于时间复用的 UCI 和 DM-RS 的。其中，PUCCH 的格式 1、格式 3 和格式 4 占据 4~14 个 OFDM 的长 PUCCH 格式设计是为了满足 NR 的广覆盖需求，这 3 种格式可以用于时隙内跳频配置。如果允许跳频，每一跳会使用正交块扩展序列实现跳频。第一跳中的符号数由 $\lfloor N_{symb}^{PUCCH}/2 \rfloor$ 给出，N_{symb}^{PUCCH} 是 PUCCH 传输的 OFDM 符号长度。UE 可以在一个 N_{symb}^{slot} 符号的时隙内用不同的符号在服务小区上发送 1 或 2 个 PUCCH。当 UE 在一个时隙内发送 2 个 PUCCH 时，这 2 个 PUCCH 中，要求至少 1 个必须使用 PUCCH 的格式 0 或格式 2。

2) PUCCH 的资源分配

为了满足 NR 的灵活机制设计，同样引入了 PUCCH 资源集的概念。一个 PUCCH 资源集包含至少 4 组 PUCCH 资源配置,每一组资源配置对应使用的 PUCCH 格式。因此,UE 可以由高层参数 $PUCCH\text{-}ResourceSet$ 配置最多 4 组 PUCCH 资源,即用于 PUCCH 格式(格式 0~格式 4)配置。例如,高层参数格式指示为 $PUCCH\text{-}format0$,即相应配置为 PUCCH 格式 0。

当 UE 需要发送上行控制信息(UCI)时,会根据 UCI 的净荷长度选择 PUCCH 资源集。同时下行控制信息(DCI)中的确认资源指示信息域决定使用 PUCCH 资源集中的哪个 PUCCH 资源配置(即具体的 PUCCH 格式)。当 UCI 和 PUSCH 传输在时间上重合时,支持在 PUSCH 中的 UCI 多路复用,可以采用上行共享信道传输块的传输,或者由信道状态参考信号触发传输(没有上行共享信道传输块时使用);通过 PUSCH 打孔复用携带 1 bit 或 2 bit 的 HARQ-ACK 反馈的 UCI;在所有其他情况下,UCI 通过速率匹配 PUSCH 复用。

PUCCH 支持半静态和动态资源分配。半静态资源分配下,高层 RRC 信令直接配置 1 个 PUCCH 资源集合,同时配置一个周期和周期内偏移。动态资源分配下,高层 RRC 信令配置 1 个或多个 PUCCH 资源集合,每个资源集合包含多个 PUCCH 资源配置,UE 收到下行调度信息后,会根据下行控制信息 DCI 中的指示在 1 个 PUCCH 资源集合中找到一个确定的 PUCCH 资源配置。

3) PUCCH 调制和编码

PUCCH 大部分情况下都采用 QPSK 调制方式,具体调制方式见表 7-10,最大 2 bit 信息的长 PUCCH(格式 1)可以采用 BPSK(承载 1 bit 时)和 QPSK(承载 2 bit 时)调制;大于 2 bit 信息的短 PUCCH(格式 2)采用 QPSK 调制;大于 2 bit 信息的长 PUCCH(格式 3、格式 4)采用 QPSK 和 $\pi/2\text{-}BPSK$ 调制;对于使用 PUCCH 格式 3 或格式 4 的 PUCCH 传输,若启用转换预编码,使用 $\pi/2\text{-}BPSK$ 替代 QPSK 时,由更高层参数 $pi2BPSK$ 指示。

转换预编码应用于长 PUCCH。用于上行链路控制信息的信道编码见表 7-11,PUCCH 的编码方式也比较丰富,当只携带 1 bit 信息时,采用 Repetition Code(重复码);当携带 2 bit 信息时,采用 Simplex Code(单纯码);当携带信息为 3 bit~11 bit 时,采用 Reed Muller Code(里德·穆勒码);当携带信息大于 11 bit 时,采用 Polar Code(极化码)。

表 7-11　上行链路控制信息的信道编码

包括 CRC 的 UCI 大小/bit	信道编码
1	重复码(Repetition Code)
2	单纯码(Simplex Code)
3~11	里德·穆勒码(Reed Muller Code)
>11	极化码(Polar Code)

3. 物理随机接入信道(PRACH)

在每个时频 PRACH 中定义了 64 个前导码,首先为逻辑根序列的先增加循环移位,然后是逻辑根序列索引的递增顺序,依次从较高层参数 $prach\text{-}RootSequenceIndex$ 获得的索引开始递增。如果不能从单个根 ZC 序列生成 64 个前导码,则从具有连续逻辑索引的根序列获得附加前导序列,直到找到所有的 64 个序列。

PRACH 前导码序列 $x_{u,v}(n)$ 由

$$\begin{cases} x_{u,v}(n) = x_u((n+C_v) \bmod L_{RA}) \\ x_u(i) = e^{-j\frac{\pi u i(i+1)}{L_{RA}}}, \quad i=0,1,\cdots,L_{RA}-1 \end{cases}$$

生成，对应的频域式为

$$y_{u,v}(n) = \sum_{m=0}^{L_{RA}-1} x_{u,v}(m) \cdot e^{-j\frac{2\pi mn}{L_{RA}}}$$

其中，前导码长度 $L_{RA}=839$ 或 139，取决于 PRACH 前导码的格式。

NR 支持长短两种不同长度的随机接入前导码序列，即 $L_{RA}=839$ 和 $L_{RA}=139$，从逻辑根序列索引中获得序列号，见附录表 5。长前导码序列长度为 839，适用于子载波间隔为 1.25 kHz 和 5 kHz；短前导码序列长度为 139，适用于子载波间隔为 15 kHz、30 kHz、60 kHz 和 120 kHz。长前导码序列支持类型 A 和类型 B 的无限制集和限制集，而短前导码序列仅支持无限制集。

7.3.2　上行物理信号

5G NR 定义了 3 种上行链路物理信号。

1. 解调参考信号(DM-RS)

1) PUSCH 解调参考信号(DM-RS)

解调参考信号(DM-RS)主要用于帮助基站解调 PUSCH，只在分配给 UE 的带宽上发送，属于 UE 级别参考信号。当在 PUSCH 上使用解调参考信号(DM-RS)时，由于上行信道中的转换预编码需上层配置来确定启用/禁用，对应传输的 PUSCH 的 DM-RS 的序列定义和物理资源映射不一样。

2) PUCCH 解调参考信号(DM-RS)

解调参考信号 DM-RS 用于 PUCCH 时，主要作用是用于终端信道估计的相关解调。根据 PUCCH 的 4 种格式的 DM-RS 的序列定义不一样，物理资源映射均开始于端口 p=2000。

2. PUSCH 相位跟踪参考信号(PT-RS)

相位跟踪参考信号(PT-RS)用于 PUSCH 相位补偿。PT-RS 需要和 DM-RS 一起配置使用。上行 PT-RS 是 UE 特定的参考信号(即每个终端的 PT-RS 信号不同)，可被波束赋形、可被纳入到受调度的资源。PT-RS 端口的数量可以小于总的端口数，而且 PT-RS 端口之间的正交可通过 OFDM 来实现。此外，PT-RS 信号的配置是根据振荡器质量、载波频率、OFDM 子载波间隔、用于信号传输的 PUSCH 的调度及编码格式来进行的。由于上行信道中的转换预编码需上层配置确定启用/禁用，因而 PT-RS 对应的序列定义不一样。

PUSCH 的 PT-RS 与 PDSCH 中不同的是，上行信道中单载波的 DFT-S-OFDM 增加了 DFT 变换步骤，以实现时域到频域的转换，因此 PT-RS 即可以置于 DFT 之前(时域内插)，也可以置于 DFT 之后(频域内插)，两个内插方式各有一定利弊。NR 中采用了分束映射的时域内插方式。

3. PUCCH 探测参考信号(SRS)

探测参考信号(SRS)是由 UE 发出的上行参考信号，用来帮助网络进行上行信道状态估计。当 SRS 用于估计上行信道频域参考信号时，主要作用是进行频率选择性调度；当

SRS 用于估计上行信道状态参考信号时，主要作用是波束赋形。对于 5G NR，SRS 主要被用于面向大规模天线阵列的基于互易性的预编码器设计，用于上行波束管理。此外，SRS 有模块化的灵活设计，以支持不同的流程以及用户终端能力。相比 4G，5G NR 更短周期的 SRS 测量可以提高信道估计的精准性。

7.3.3　上行物理资源

UE 在上行链路中进行传输时使用的帧结构和物理资源对应的天线端口为：

- 用于 PUSCH 的 DM - RS 天线端口从 0 开始。
- 用于 SRS、PUSCH 的天线端口从 1000 开始。
- 用于 PUCCH 的天线端口从 2000 开始。
- 用于 PRACH 的天线端口为 4000。

如果物理信道的高层参数未启用时隙内跳频，则 UE 用于上行链路传输的天线端口上的符号可以由信道中同一天线端口上传输的另一符号推断出该两个符号对应于同一时隙，则接收机可以利用该物理资源单元的特性进行信道估计，并进一步实现对接收信号的解调。

如果物理信道的高层参数启用了时隙内跳频，只有当两个符号对应于相同的跳频（包括跳频距离为零），且都在相同的天线端口上传送时，使用于 UE 上行传输的天线端口上的符号才可以由信道中同一天线端口上传输的另一符号推断出对应的物理资源单元的特性。

7.3.4　上行传输信道

上行传输信道包括上行共享信道（UL - SCH）和随机接入信道（RACH）。

1. 上行共享信道（Uplink Shared Channel，UL - SCH）

UL - SCH 是用于在 NR 中传输上行数据的主要传输信道，可以使用波束赋形，可以通过改变发射功率、调制和编码配置来支持链路动态自适应，支持 HARQ，支持动态和半动态资源分配。UL - SCH 传输的物理层流程见图 7 - 13。

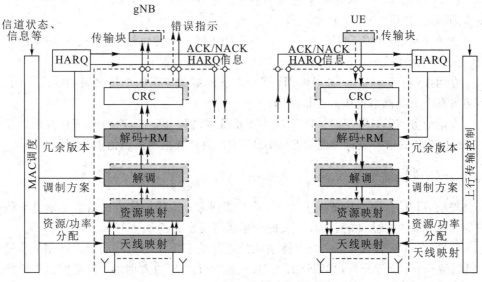

图 7 - 13　UL - SCH 传输的物理层流程

图 7-13 中与物理层相关的处理步骤（可由较高层配置）以灰色突出显示，UL-SCH 上行信道中 UE 向 gNB 传输数据块的流程依次为：CRC 校验和错误传输块指示、前向纠错编码和速率匹配（RM）、数据调制、物理资源映射、天线端口映射。UL-SCH 同时支持 L1 控制和 HARQ 相关信令。

2. 随机接入信道（Random Access Channel，RACH）

RACH 仅限传输控制信息，存在有竞争的风险。RACH 传输的物理层传输模式由 PRACH 前导码格式确定，包括循环前缀、前导码和保护时间。RACH 在保护时间内不进行任何传输。

7.4 5G 信道映射

信道映射是指逻辑信道、传输信道、物理信道之间的对应关系，这种对应关系包括低层信道对高层信道的服务支撑关系及高层信道对低层信道的控制命令关系。

7.4.1 5G 逻辑信道

MAC 层以逻辑信道的形式向上为 RLC 层提供服务。对物理层而言，MAC 层以传输信道的形式使用物理层提供的服务。逻辑信道由其承载的信息类型所定义，分为 CCH（控制信道）和 TCH（业务信道）。控制信道用于传输系统所必需的控制和配置信息；业务信道用于传输用户数据。NR 的逻辑信道类型包括：

• 广播控制信道（BCCH）。BCCH 用于承载从网络到小区中所有移动终端的系统控制信息。移动终端在接入系统之前，需要获取系统信息以了解系统的配置方式、系统带宽等接入所需的系统消息。特别强调的是：在非独立组网模式下，系统信息由 LTE 系统提供，NR 没有 BCCH。

• 寻呼控制信道（PCCH）。PCCH 用于寻呼位于小区级别中的 UE，由于网络不知道 UE 的位置，因此寻呼消息需要发到多个小区。与 BCCH 类似，在非独立组网模式下，寻呼由 LTE 系统提供，NR 没有 PCCH。

• 公共控制信道（CCCH）。CCCH 用于在随机接入时传输控制信息。此信道用于与网络没有无线网络连接的 UE。

• 专用控制信道（DCCH）。DCCH 用于承载网络和专用的 UE 之间的双向控制信息。该信道由具有无线网络连接的 UE 使用。

• 专用业务信道（DTCH）。DTCH 用于承载网络和 UE 之间的上、下行双向的业务数据。这是用于传输所有上行链路和非 MBMS 下行用户数据的逻辑信道类型。

7.4.2 5G 传输信道

物理层以传输信道的形式向上为 MAC 层提供服务。传输信道是由信息通过无线接口传输的方式和特性来定义的。NR 定义的传输信道类型有：

• 广播信道（BCH）。BCH 为广播系统消息规范了预先定义好的指定的格式、发送周期、调制编码方式，不允许灵活机动。BCH 是在整个小区内发射的、使用固定传输格式的下行传输信道，用于给小区内的所有用户广播特定的系统消息。

• 寻呼信道(PCH)。PCH 是在整个小区内进行发送寻呼信息的下行传输信道。为了减少 UE 的耗电,UE 支持寻呼消息的非连续接收(DRX)。为支持终端的非连续接收,PCH 的发射与物理层产生的寻呼指示的发射是前后相随的。

• 下行共享信道(DL-SCH)。DL-SCH 支持 NR 的关键特性,如时域和频域中的动态速率自适应和信道相关调度、具有软合并的 HARQ 和多路复用。

• 上行共享信道(UL-SCH)。UL-SCH 是 DL-SCH 的上行对应信道,即用于传输上行数据的上行链路传输信道。

• 随机接入信道(RACH)。尽管 RACH 不承载传输块,但也被定义为传输信道。

7.4.3　5G 信道映射

5G NR 下/上行信道的映射关系见图 7-14、图 7-15。

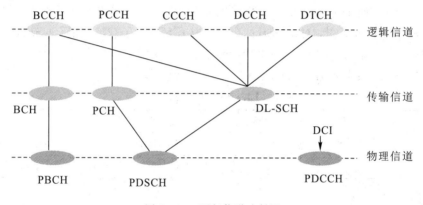

图 7-14　下行信道映射图

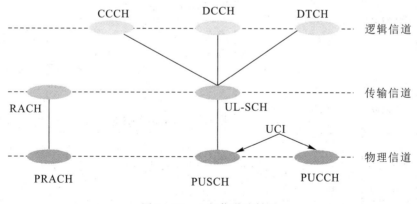

图 7-15　上行信道映射图

7.5　5G 物理过程

5G 的物理过程主要包括小区搜索、随机接入、小区选择与重选和功率控制。

7.5.1　小区搜索

小区搜索是 UE 获取与小区的时间和频率同步，并检测该小区的物理小区地址的过程。UE 通过接收同步信号来执行小区搜索过程。与 LTE 小区搜索不同，NR 中同步信号块 SSB 的时、频域位置都不再固定，而是灵活可变的。频域上，同步信号块不再固定于频带中间。时域上，同步信号块发送的位置和数量都可能变化。所以，在 NR 系统中，UE 仅通过解调主/辅同步信号是无法获得时、频域资源的完全同步的，必须进一步完成物理广播信道的解调，才能完成时、频资源同步。因此，NR 小区搜索的同步过程中涉及主同步信号(PSS)、辅同步信号(SSS)和物理广播信道的 DM-RS 三种物理信号。

UE 根据同步信号块 SSB 的时间索引及半帧位可以确定小区的帧边界，其中，半帧位指示了 SSB 是位于 10 ms 无线帧的前半帧，还是后半帧。SSB 的时间索引由 PBCH 加扰编码的隐式部分和 PBCH 净荷里的显式部分组成。PBCH 可以采用 8 种不同的加扰模式，分别对应 8 种 SSB 时间索引。对于 SSB 的半帧，根据 SSB 的子载波间隔(SCS)确定候选时刻的 SSB 的第 1 符号索引，其中索引 0 对应半帧中第 1 时隙的第 1 符号，具体情况分为表 7-12 所示的五种情况，表中 L 为 5 ms 半帧内 SSB 的个数。

表 7-12　SSB 的索引分类表

情况	SCS	SSB 的第 1 个符号索引	频率		n	L
情况 A	15 kHz	$\{2,8\}+14 \cdot n$	≤3 GHz		$n=0,1$	4
			大于 3 GHz 且在 FR1 范围内		$n=0,1,2,3$	8
情况 B	30 kHz	$\{4,8,16,20\}+28 \cdot n$	成对频谱	≤3 GHz	$n=0$	4
				大于 3 GHz 且在 FR1 范围内	$n=0,1$	8
			不成对频谱	≤2.4 GHz	$n=0$	4
				大于 2.4 GHz 且在 FR1 范围内	$n=0,1,2,3$	8
情况 C	30 kHz	$\{2,8\}+14 \cdot n$	≤3 GHz		$n=0,1$	4
			大于 3 GHz 且在 FR1 范围内		$n=0,1,2,3$	8
情况 D	120 kHz	$\{4,8,16,20\}+28 \cdot n$	在 FR2 范围内		$n=0,1,2,3,5,6,$ $7,8,10,11,12,$ $13,15,16,17,18$	64
情况 E	240 kHz	$\{8,12,16,20,32,$ $36,40,44\}+56 \cdot n$			$n=0,1,2,3,$ $5,6,7,8$	64

由表 7-12 可见，在 5 ms 半帧内存在多个 SSB，对应不同的 SCS 和频率，SSB 的最大个数 L_{max} 可以为 4/8/64。半帧内 SSB 个数按 $0 \sim L_{max}-1$ 的递增顺序进行索引。当 $L_{max}=4$ 时，UE 可以确定半帧内 SSB 索引的 2 bit 最低有效位；当 $L_{max}>4$ 时，UE 从物理广播信道中发送的 DM-RS 序列的索引——映射到半帧内 SSB 索引的 3 bit 最低有效位；当 $L_{max}=64$ 时，UE 从 PBCH 有效负载比特 $\bar{a}_{\bar{A}+5}, \bar{a}_{\bar{A}+6}, \bar{a}_{\bar{A}+7}$ 确定半帧内 SSB 索引的 3 bit 最高有效位。

一般情况下，SSB 的子载波间隔（SCS）由高层参数 *ssbSubcarrierSpacing* 提供，如 *ssbSubcarrierSpacing* 指示 30 kHz SSB 的 SCS，则选择情况 B。如果 *ssbSubcarrierSpacing* 没有配置，则小区的 SSB 的 SCS 适用情况取决于各自相应频带。一般来说，工作在 FR1 低频段，最多 8 个 SSB；工作在 FR2（10 GHz 以上）高频段，SSB 最多可以为 64 个，即需要额外的 3 bit 来指示 SSB 时间索引，这额外的 3 bit 作为显式信息包含在 PBCH 的净荷里。

NR 同步信号块 SSB 是周期发送的信号，周期可以在 5 ms～160 ms 之间进行设置，UE 端的接收周期数值由服务小区的高层参数 *ssb-periodicityServingCell* 提供。如果 UE 没有配置 SSB 的接收周期，则 UE 假定为 5 ms 的半帧时长为一个周期，UE 同时假设服务小区中的所有 SSB 的周期是相同的。

初始小区选择，UE 可以假设具有 5 ms 半帧时长的 SSB 以 2 帧的周期（20 ms）发送。在检测到 SSB 时，UE 从 MIB 消息中监测到控制资源集中的"Type0-PDCCH CSS"类型存在，则 $k_{\text{SSB}} \leqslant 23$ 用于 FR1 频段，$k_{\text{SSB}} \leqslant 11$ 用于 FR2 频段。如果不存在，则 $k_{\text{SSB}} > 23$ 用于 FR1 频段，$k_{\text{SSB}} > 11$ 用于 FR2 频段。其中，控制资源集中的"Type0-PDCCH CSS"类型由 *PDCCH-ConfigCommon* 配置。对于没有 SSB 传输的服务小区，UE 基于服务小区的小区组的主小区 PCell 或主辅小区 PSCell 上的 SSB 的接收来获取该服务小区的时、频率同步。

5G 小区初始选择的 20 ms 的 SSB 周期是 LTE 的同步信号 5 ms 的 4 倍，NR 选择更长的 SSB 周期是为了满足 NR 的极简设计原则，从而提高无线网络节能性。但更长的 SSB 周期带来了 5G 终端 UE 必须在每个频点停留更长时间（用以确定该频点有没有同步信号）的缺点。因此，NR 采用了稀疏同步栅格的方式，让 UE 搜索 SSB 频域位置的数量减少，以获得相应补偿。因此，系统会根据实际情况在 5 ms～160 ms 之间选择合适的 SSB 周期，该周期设置一般选择 5/10/20/40/80/160 ms。短的 SSB 周期设置可使连接态的 UE 快速完成小区搜索。长的 SSB 周期设置可用于进一步提高网络的节能性。

UE 在进行小区搜索时，不能在某一个频点上等待过长时间，会默认按照 20 ms 的周期来进行搜索。如果 UE 在某个频点上等待了 20 ms 的时间，仍未发现 SSB，则认为这个频点上不存在 5G 载波，立刻转到同步栅格中的下一个频点再次搜索。NR 的小区搜索流程见图 7-16。

NR 小区搜索的过程分为以下几个步骤：

（1）通过检测主同步信号（PSS）/辅同步信号（SSS）功率，UE 选择驻留小区。

（2）通过解调 PSS 信号，获取 5 ms 帧定时，获得 $N_{\text{ID}}^{(2)} \in \{0, 1, 2\}$。

（3）通过解调 SSS 信号，获得 $N_{\text{ID}}^{(1)} \in \{0, 1, \cdots, 335\}$。

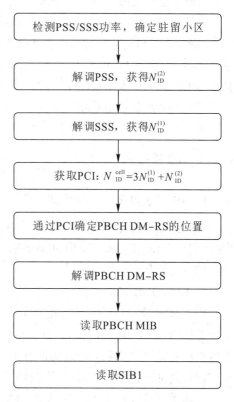

图 7-16 NR 小区搜索流程

（4）获取物理小区地址 PCI，计算公式为 $N_{\mathrm{ID}}^{\mathrm{cell}} = 3N_{\mathrm{ID}}^{(1)} + N_{\mathrm{ID}}^{(2)}$，并通过 PSS/SSS 信号时域上的位置获取符号长度和子载波间隔 SCS。

需要说明的是，UE 解调完 PSS/SSS 信号后得到 PCI 和符号的同步，也间接得到了 SSB 的 SCS 和频点，但由于 PSS/SSS 在时域上的位置（具体 SSB 分布在哪几个符号上）是不固定的，因此在频域上的位置（起始资源块 RB）也是不固定的，所以解调 PSS 和 SSS 之后，UE 并没有完成下行时频资源的同步。

（5）通过 PCI 确定 PBCH DM-RS 的位置。PCI 计算以后，可以计算物理广播信道（PBCH）的解调参考信号（DM-RS）的位置偏移量 $\nu = N_{\mathrm{ID}}^{\mathrm{cell}} \bmod 4$。时域上，成功解调物理广播信道 DM-RS 之后，如果 $L_{\max} = 4$，则可以得到 SSB 索引和半帧信息，UE 端可以获得 10 ms 帧同步。但是如果 $L_{\max} = 8$ 或 64，那么 UE 还需要继续解调出物理广播信道有效载荷才能获得 10 ms 帧同步。

（6）解调 PBCH DM-RS，获取 SSB 索引和 SSB 前半帧/后半帧。

（7）解码 PBCH，得到 MIB，获取 MIB 中的 SSB 偏移量 k_{SSB} 等参数。MIB 中包含的信息主要是系统帧号、初始接入的子载波间隔、小区是否禁止接入（如禁止，则停止流程；如不禁止，则继续获取进一步信息），以及其他系统消息（最关键的 SIB1）等信息。NR 的小区搜索，频域上位置偏移由 MIB 中 k_{SSB} 的 4 bit 和物理广播信道有效负荷中最高有效位 k_{SSB} 的 $\overline{a}_{\overline{A}+5}$ 1 bit 来确定。时域上周期是 20 ms，起始位置由解调 DM-RS 得到的 3 bit 和 PBCH 有效负荷中的 3 bit，一共 6 bit 来确定。通过接收 MIB 消息，UE 获得系统帧号和半帧指示，从而完成无线帧定时和半帧定时。

（8）读取 SIB1。由于 MIB 中包含的信息有限，还不足以支持 UE 接入 5G 小区，因此 UE 还必须再得到一些"必备"的系统消息，即 SIB1，这个系统消息也被称为 RMSI（Remaining Minimum System Information，剩余最少系统消息）。SIB1 以 160 ms 为周期在物理下行共享信道上传输，由于 UE 已在物理广播信道获取的 MIB 信息中获取到了 SIB1 传输所使用的参数集和调度控制资源的分布情况，因此可以顺利获取 SIB1。

至此，UE 获得所有必需的系统消息，完成小区搜索并成功接入 5G 网络。

7.5.2 随机接入

1. NR 无线资源控制的状态

NR 系统无线资源控制（RRC）支持 3 种模式：RRC_IDLE（空闲态）、RRC_INACTIVE（非激活态）和 RRC_CONNECTED（连接态），见图 7-17。

1）RRC_IDLE（空闲态）

RRC_IDLE 是一种 UE 驻留在某个小区但没有建立任何无线资源控制（RRC）连接的接入层（AS）状态。该状态下的 UE 在小区内没有被网络识别，基站侧没有 UE 的上下文信息。UE 主要完成公共陆地移动网络（PLMN）选择；接收广播系统信息；进行小区移动性重选；寻呼由 5G 核心网发起；寻呼区由 5G 核心网管理；由非接入层（NAS）配置的用于核心网寻呼的非连续接收。

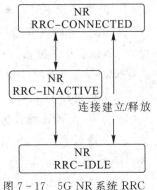

图 7-17　5G NR 系统 RRC 支持三种模式

当 UE 处于 RRC_IDLE 状态时，提供以下三个级别的服务：有限的服务（在可接收的小区上的紧急呼叫、地震海啸预警系统 ETWS 和商用手机预警系统 CMAS）、正常服务（适用于合适的小区）和操作员服务（仅适用于预留小区的操作员）。

2）RRC_INACTIVE（非激活态）

与 LTE 的支持状态相比，NR 引入了 RRC_INACTIVE（非激活态）新状态。非激活态引入目的是满足降低 UE 设备的功耗，减少一直存在的信令发送开销，并能以最快速度的响应接入无线网络，降低时延的多方面要求。在 RRC_INACTIVE 非激活态下，UE 仍然保持在连接状态，且 UE 可以在无线网区域内移动而不用通知 5G 无线网，类似于省电模式的计算机的"睡眠"状态，能有效减少电池耗电量和减少信令开销。但它又在随时待命，系统中的 UE 仍然保留一个与无线网的上下文服务（gNB 保留 UE 的上下文和 UE 相关联的服务，保持与 AMF 和 UPF 的无线连接），从核心网侧看终端状态，UE 是一直处于连接态的样子。可以通过类似于寻呼的消息（"唤醒"消息）快速地做出响应，从 RRC_INACTIVE 非激活态转移到 RRC_CONNECTED 连接态。

在 RRC_INACTIVE 非激活态下，UE 主要完成 PLMN 选择；接收广播系统信息；完成小区移动性重选等。UE 可以建立 5GC 与无线网连接（包括用户面/控制面），可以进行 5G 无线网寻呼发起。基于无线网的通知区域由 5G 无线网管理，由 5G 无线网配置的无线网寻呼的非连续接收。UE 接入层报文存储在 5G 无线网和 UE 中，5G 无线网知道 UE 所属的基于无线网的通知区域。

当 UE 处于 RRC_INACTIVE 状态时，提供以下两个级别的服务：正常服务（适用于合适的小区）和操作员服务（仅适用于预留小区的操作员）。

3）RRC_CONNECTED（连接态）

RRC_CONNECTED 连接态时，UE 可以与网络之间收发数据。在该连接态下，UE 完成建立 5G 无线网连接（包括用户面/控制面），5G 无线网知道 UE 所属的小区，UE 接入层报文存储在 5G 无线网中，无线网与 UE 之间互传单播数据。UE 由网络控制其移动性，即 UE 可以在 5G 无线网内和 LTE 无线网之间切换。

当 UE 处于 RRC_CONNECTED 状态时，提供以下两个级别的服务：正常服务（适用于合适的小区）和操作员服务（仅适用于预留小区的操作员）。

RRC 的三个状态中，与小区选择和重选有关的是 RRC_IDLE 空闲态和 RRC_INACTIVE 非激活态。RRC_IDLE 和 RRC_INACTIVE 状态任务可以细分为三个过程：PLMN 选择；小区选择和重选；位置注册和无线网更新。PLMN 选择、小区重选过程和位置注册对于 RRC_IDLE 空闲和 RRC_INACTIVE 非激活态都是共同的。无线网更新仅适用于 RRC_INACTIVE 非激活态。

当 UE 接通时，非接入层选择 PLMN。对于所选择的 PLMN，可以设置相关联的无线接入技术，提供接入层用于小区选择和小区重选的可用 PLMN 列表。通过小区选择，UE 搜索所选 PLMN 的合适小区，选择该小区以提供可用服务，并监视其控制信道，即"在小区上驻留"。如果需要，UE 应该通过非接入层注册过程在所选小区的跟踪区域中注册并存在，所选择的 PLMN 成为注册的 PLMN。如果 UE 找到更合适的小区，则根据小区重选标准，UE 重新选择该小区并驻留在其上。如果新小区不属于 UE 注册的区域，则先执行位置注册。在 RRC_INACTIVE 非激活态中，如果新小区不属于配置的无线接入网的通知区，则执行区域更新流程。如果需要，UE 将根据规定的时间间隔搜索更高优先级的 PLMN 注册。如果 UE 离开注册的 PLMN 的覆盖范围，则自动选择新 PLMN，或者向用户给出可用 PLMN 的指示，采用手动选择新的 PLMN。

2. NR 系统消息

LTE 中，所有的系统信息始终在整个小区范围内周期性广播，但这也意味着即使小区内没有 UE 接入，基站也要发送系统信息。NR 对系统信息采用了不同于 LTE 的方式，取消了总是一直存在的部分系统消息。NR 系统消息分为三种：MIB、SIB1 和其余 SIB。其中，MIB 的小区范围内必须广播的系统信息上，只承载非常有限的信息，超出的信息分为两部分，即 SIB1 和其余 SIB。

1）MIB

MIB 是 UE 在完成了小区搜索和时频同步之后，需要马上获得的系统信息。MIB 通过同步信息块在广播信道进行广播，也是 NR 系统中固有的信令开销，随机接入过程中 MIB 中的前 4 个参数是必需已知的。NR 的 MIB 周期由 LTE 系统的 40 ms 改为了 80 ms。

2）SIB1

SIB1 也称为剩余最小系统信息（RMSI），包含了 UE 在接入系统前需要获知的系统信息。SIB1 通过物理下行共享信道总是在整个小区范围内周期（160 ms）地广播（在 MIB 中的消息就没有必要存在于 SIB1 中，以免重复，造成资源的浪费）。SIB1 的一个重要任务是给 UE 提供初始随机接入所需的信息。在获取 MIB 之后，UE 必须要获取的下一个系统消息就是 SIB1。SIB1 主要广播的信息包括：小区选择参数、接入控制参数、初始接入相关的信道配置、系统消息请求配置、其他系统消息的调度信息和其他的一些信息，比如是否支持 VoIP 业务等。其中，前三类信息一起构成了 UE 在该小区驻留并发起初始随机接入的必需信息。

（1）小区选择参数信息，是 UE 判断小区的信号是否满足小区驻留条件的必要信息。

（2）接入控制信息，是 UE 判断某种业务是否被允许发起的必要信息。

（3）初始接入相关的信道配置信息，是随机接入过程所必需的信道配置信息。

其余的信息是在无线接入连接状态后，由专用信道来获取。所以 SIB1 消息也是 UE 进入无线接入连接状态所必需的信息。

3）其余 SIB

其余 SIB 是除 SIB1 以外的消息，共有 8 种 SIB1 以外的消息：SIB2～SIB9。其余 SIB 也是 UE 在接入系统前不需要获取的。其余 SIB 通过物理下行共享信道可以按周期广播，也可以按需发送，即只在连接态的 UE 显示请求时才发送。因此，当小区没有 UE 驻留时，网络可以避免周期性广播这些 SIB，从而提高了网络的能效。

MIB、SIB1 和其余 SIB 是按照时间顺序来获取的，MIB 随着同步信息块 SSB 一起广播，UE 通过盲检获取了 SSB 以后，也获取了 MIB。通过 MIB 信息，UE 获取 SIB1 的物理下行控制信道的搜索空间集，进而获取 SIB1 和其余 SIB 的调度信息，包括信息资源映射关系、其余 SIB 的调度周期和发送窗口的大小等。

3. 随机接入触发场景

在小区搜索过程之后，UE 已经与小区取得了下行同步，因此 UE 能够接收下行数据。但 UE 只有与小区取得上行同步以后，才能具备上行传输的能力。UE 需要通过随机接入过程与小区建立连接并取得上行同步。NR 随机接入的目的是获得上行同步、获得上行授权和申请上行资源。

与 LTE 一样，NR 随机接入过程分为基于竞争的随机接入和基于非竞争的随机接入。

• 竞争的随机接入指的是当多个 UE 发送相同的前导码给基站时，基站无法区分该前导码序列究竟是哪个用户发送的，因此用户之间存在一种竞争的随机接入方式。

• 非竞争的随机接入指的是基站通过分配给 UE 指定的前导码来区分 UE 发送来的消息的接入方式。

NR 中可以由以下事件触发随机接入过程：

(1) 初始接入：UE 从 RRC_IDLE 空闲态到 RRC_CONNETTED 连接态。

(2) 无线接入连接重建：以便 UE 在无线链路失败后重新建立无线连接（期间重建小区可能是 UE 无线链路失败的小区，也可能不是）。

(3) 切换：UE 处于 RRC_CONNETED 连接态，UE 需要新的小区建立上行同步。

(4) RRC_CONNETTED 连接态下，上行或下行数据到达时，此时 UE 上行处于失步状态。

(5) RRC_CONNETTED 连接态下，上行数据到达，此时 UE 没有进行 PUCCH 资源的调度请求。

(6) 调度请求失败：通过随机接入过程重新获得 PUCCH 资源。

(7) 无线接入在同步重配时的请求。

(8) RRC_INACTIVE 非激活态下的接入：UE 会从 RRC_INACTIVE 非激活态到 RRC_CONNETTED 连接态。

(9) 在添加辅小区时建立时间对齐。

(10) 请求其余 SIB：UE 处于 RRC_IDLE 空闲态和 RRC_CONNETTED 连接态下时，通过随机接入过程请求其余 SIB。

(11) 波束失败恢复：UE 检测到失败并发现，并选择该新的波束时。波束恢复一般包括两步的非竞争随机接入请求，即前导码发送和随机接入响应。

其中，上述场景(1)～(6)、(8)～(11)应用于基于竞争的随机接入；(3)、(4)、(7)、(9)、(10)、(11)应用于基于非竞争的随机接入。

对于基于竞争的随机接入过程，UE 只能在主小区 PCell 发起，而基于非竞争的随机接入过程，UE 既可以在主小区 PCell 发起也可以在辅小区 SCell 发起。

每个小区有 64 个可用的随机接入前导码序列，UE 会选择其中一个（或由基站指定）在随机接入信道上传输，前导码序列分为两部分：一部分为 $totalNumberOfRA-Preambles$ 指示用于基于竞争和基于非竞争随机接入的前导码；另一部分是除了 $totalNumberOfRA-Preambles$ 之外的前导码，这一部分前导码用于其他目的，如系统信息请求，其中系统信息请求所用前导码由 $ra-PreambleStartIndex$ 配置。

如果 $totalNumberOfRA-Preambles$ 不指示具体的前导码，则 64 个前导码都用于基于竞争和基于非竞争的随机接入。基于竞争的随机接入的前导码又可分为两组：A 组和 B

组。其中 B 组不一定存在，其参数的配置由 $ssb\text{-}perRACH\text{-}OccasionAndCB\text{-}Preambles\text{-}PerSSB$ 配置（只有当 SSB 的波束扫描信号覆盖到 UE 时，UE 才有机会发送前导码，因此关联 SSB）。对于基于竞争的随机接入参数的配置，基站是通过 $RACH\text{-}ConfigCommon$（SIB1 中携带）来发送这些配置的，而基于非竞争的随机接入参数的配置，基站通过 $RACH\text{-}ConfigDedicated$ 进行。

4. 随机接入过程

NR 随机接入过程与 LTE 相比，主要增加了波束故障恢复的过程，还包括随机接入的用途、随机接入前导码的发送机制、随机接入的覆盖范围等新内容。NR 基于竞争的随机接入之前要对随机接入流程进行初始化，主要是对变量的赋值和命名等。在 NR 中，随机接入除了让 UE 接入到某个载波上，最重要的是用于系统消息的请求和波束赋形失败后恢复的过程。

1) 基于竞争的随机接入

对于随机接入过程，NR 与 LTE 之间最大的区别是触发场景已经在"消息 1"中进行了处理。随机竞争接入流程分为 4 个步骤，见图 7-18。

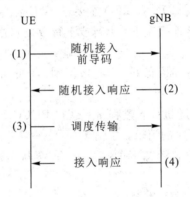

图 7-18　随机竞争接入流程

（1）UE 通过上行 UL 发送随机接入前导码，即"消息 1"。基于竞争的随机接入过程，前导码索引是由 UE 随机选择发送的。

在 LTE 系统中，UE 还需要根据随机接入信道的隐含索引来进一步选择随机接入机会，NR 系统在此基础上增加了同步信号块 SSB 或信道状态参考信号 CSI-RS 的测量和比较的过程，因此 NR 系统前导码跟 LTE 不同的是在一个随机接入信道中多了给系统消息请求和专用的前导码。

触发随机接入过程发送"消息 1"的方式有以下 3 种：

① PDCCH 顺序触发：gNB 通过 PDCCH 的 DCI 格式 1_0 告诉 UE 需要重新发起随机接入过程，并告诉 UE 应该使用的随机接入的前导码索引、SSB 索引、PRACH 隐含索引以及指示是上行 UL 还是上行辅助 SUL 的指示。

② MAC 层触发：UE 自己选择前导码发起随机接入过程。

③ RRC 层触发：如初始接入、重建、切换、RRC_INACTIVE 非激活态转换到 RRC_CONNECTED 连接态、请求其余 SIB、RRC 在同步重配时的请求等。

因此，UE 要成功发送前导码，需要完成的内容包括：选择 SSB 或 CSI-RS，选择前导码索引，选择用于发送前导码的 PRACH 资源，确定对应的 RA - RNTI，确定目标接收功率。

（2）网络通过下行 DL 发送随机接入响应 RAR，即"消息 2"。UE 在发送了前导码后，将在随机接入响应的时间窗内监听 PDCCH，以接收对应 RA - RNTI 的随机接入响应。监听的最大的持续时间是由参数 $ra - ResponseWindow$ 来决定的，时间单位是时隙，长度是基于搜索空间集的"Type1 - PDCCH CSS"集的大小。其中 RA - RNTI 的定义和 LTE 系统不同，取决于所发送的前导码所在的随机接入信道的时频域位置以及上行载波的序列。在 NR 中，"消息 2"至少包含了前导码索引、TC - RNTI 和上行授权。如果 RA - RNTI 和前导码索引与 UE 本地的值是吻合的，UE 就认为收到了自己响应的消息，否则继续监听 PDCCH。如果 UE 在随机接入响应的监听时间窗内没有接收到 gNB 回复的随机接入响应（即"消息 2"），则认为此次随机接入过程失败，会在时延一定时间后，再次从第一步开始。

（3）UE 通过上行 UL 发送包含 UE_ID 的"消息 3"，然后监听"消息 4"的 PDCCH。"消息 3"中需要包含一个重要信息，即每个 UE 唯一的标识（UE_ID），该标识将用于下一步的冲突解决。

• 对于处于 RRC_CONNECTED 连接态的 UE，其唯一标识是 C - RNTI。

• 对于处于 RRC_IDLE 空闲态的 UE，使用来自核心网的唯一的 UE 标识：39 bit 的 $ng - 5G - S - TMSI - Part1$ 或一个 39 bit 的随机数。此时 gNB 需要先与核心网通信后才能响应"消息 3"。

• 对于处于 RRC_INACTIVE 非激活态的 UE，使用来自核心网的唯一的 UE 标识：24 bit 的中断指示（$ShortI - RNTI - Value$）或 40 bit 的中断指示（$I - RNTI - Value$），用于恢复 UE 上下文。

• 当 UE 处于 RRC_CONNECTED 连接态，但上行不同步时，UE 有自己的 C - RNTI，在随机接入过程的"消息 3"中，UE 会通过 MAC 层 C - RNTI 控制单元将自己的 C - RNTI 告诉 gNB，gNB 在下一步中使用这个 C - RNTI 来解决冲突。

"消息 3"的 PDCCH 加扰的是 TC_RNTI，而"消息 4"的 PDCCH 加扰的可能是 C - RNTI 或 TC_RNTI。如果"消息 3"上承载的是一个公共控制信道消息，那么冲突的解决在于"消息 3"和"消息 4"的对比，如果两者相同则竞争成功解决。

（4）竞争解决成功判断，UE 接收到下行 DL 传来的"消息 4"。UE 发送了"消息 3"，会启动一个 MAC 层连接计时器（$mac - ContentionResolutionTimer$），并在"消息 3"进行自动混合重传时，重启该计时器。在该计时器超时或停止之前，UE 会一直监听 PDCCH。如果 UE 监听到 PDCCH，且 UE 在发送"消息 3"时携带了 MAC 层 C - RNTI 控制单元，则在以下两种情况下，UE 认为冲突解决成功（即该 UE 成功接入，此时 UE 会停止定时器，并丢弃 TC - RNTI。注意：这两种情况下 TC - RNTI 不会提升为 C - RNTI）。

• 随机接入过程由 MAC 层触发，且 UE 在"消息 4"中接收到的 PDCCH 由"消息 3"携带的 C - RNTI 加扰，并给新传的数据分配了上行授权。

• 随机接入过程由 PDCCH 顺序触发，且 UE 在"消息 4"中接收到的 PDCCH 由"消息 3"携带的 C - RNTI 加扰。

如果"消息 3"在公共控制信道发送，且在"消息 4"中接收到的 PDCCH 由随机接入响应中指定的 TC - RNTI 加扰，则当成功解码出的 MAC 协议数据单元中包含的竞争身份解决指示 MAC 控制单元与"消息 3"发送的公共控制信道的业务数据单元匹配时，UE 会认为随机接入成功，并将自己的 TC - RNTI 设置为 C - RNTI。(只要成功解码随机接入响应 MAC 层的协议数据单元，就停止计时器，并不需要等待冲突解决成功。注意：这种情况下 TC - RNTI 会提升为 C - RNTI。)如果计时器超时，UE 会丢弃 TC - RNTI 并认为竞争冲突解决失败。如果成功，"消息 4"将 UE 迁移到连接态，随机接入完成。

对于配置为辅助上行的小区中的随机访问，网络可以显式地指示要使用哪个载波(上行/辅助上行)。否则，UE 选择辅助上行载波当且仅当上行的测量质量低于广播阈值时。一旦启动，随机接入过程的所有上行链路传输都保留在选定的载波上。当载波聚合被配置时，竞争接入的前三个步骤总是发生在主小区上，而争用解决方案可以由主小区交叉调度。

3GPP TS 38.321 规定竞争身份解决指示 MAC 层控制单元为 48 bit，在 UE 端，如果 MAC 层收到高层公共控制信道的业务数据单元大于 48 bit，则 UE 只会保存前 48 bit，用于与"消息 4"中 48 bit 的竞争身份解决指示 MAC 控制单元进行匹配。

2) 基于非竞争的随机接入

非竞争随机接入流程包括三步，见图 7 - 19。

(0) gNB 通过下行 DL 中的专用信令对 UE 进行随机接入前导码分配，即发送"消息 0"。基于非竞争的随机接入过程，其前导码索引是由 gNB 指示的。gNB 分配前导码索引的方式有两种：

① 通过 *PRACH - ConfigDedicated* 的 *ra - PreambleIndex* 字段配置。

② 在 PDCCH 顺序触发的随机接入中，通过 DCI 格式 1_0 的随机接入前导码索引字段进行配置。

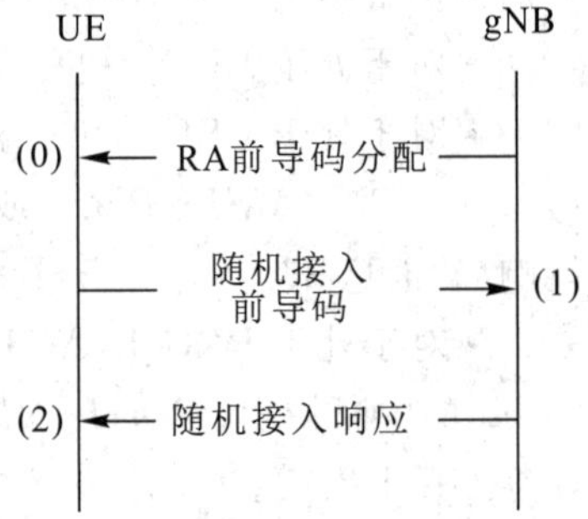

图 7 - 19　非竞争随机接入流程

(1) UE 通过上行链路 RACH 向 gNB 发送所分配的非竞争随机接入前导码，即"消息 1"。

(2) gNB 通过下行共享信道 DL - SCH 向 UE 的随机接入响应，即"消息 2"。

非竞争随机接入过程如果从主小区开始，则这三个步骤非竞争随机接入的过程都在主小区上完成。辅小区上的非竞争随机接入只能由 gNB 发起，以便为辅助上行时间提前量的定时标记。该过程由 gNB 以 PDCCH 顺序(步骤(0))发起，该命令在第二标记的激活辅小区的调度单元上发送，前导码传输(步骤(1))发生在指示的辅小区上，随机访问响应(步骤(2))发生在主小区上。

7.5.3　小区选择与重选

基于移动通信的特点，当 UE 进驻的服务小区不满足服务需求的时候，UE 会根据预设的规则进行小区选择与重选，即 UE 在空闲状态下，通过监测邻区和当前小区的信号质量，选择一个最好的小区提供服务信号。

1. 小区选择触发

NR 小区选择过程由以下两种情形触发，发生其一即执行小区选择：

(1) 刚接入无线网的 UE，对无线信道中的 NR 载波未知时，需要进行初始小区选择。

UE 根据其能力扫描 NR 频带中的所有无线信道以找到合适的小区。每个载波频率上，UE 仅需要搜索最强的小区信号。一旦 UE 找到合适的小区，就选择该小区入驻。

（2）UE 通过设备存储的信息选择小区。该过程需要 UE 已存储了 NR 载波频率的信息，并且可选地还需要来自先前接收的测量控制信息的小区或来自先前检测了信道参数信息的小区。一旦 UE 找到合适的小区，就选择该小区。如果没有找到合适的小区，则 UE 开始第一种情形的初始小区选择过程。

2. 小区选择标准

NR 满足正常覆盖范围内的小区选择 S 标准定义为：$S_{rxlev} > 0$ 且 $S_{qual} > 0$。其中，

$$S_{rxlev} = Q_{rxlevmeas} - (Q_{rxlevmin} + Q_{rxlevminoffset}) - P_{compensation} - Q_{offsettemp}$$
$$S_{qual} = Q_{qualmeas} - (Q_{qualmin} + Q_{qualminoffset}) - Q_{offsettemp}$$

即

小区选择接收电平值＝参考信号接收功率值－（最低接收电平值＋
最低接收电平值偏移）－功率补偿值－
服务小区和邻区之间的暂时偏移量
小区选择质量值＝参考信号接收质量值－（最低接收质量值＋
最低接收质量值偏移）－
服务小区和邻区之间的暂时偏移量

S 标准具体参数见表 7-13。

表 7-13　S 标准参数表

参数	说　　明
S_{rxlev}	小区选择接收电平值(dB)
S_{qual}	小区选择质量值(dB)
$Q_{offsettemp}$	服务小区和邻区之间的暂时偏移量(dB)
$Q_{rxlevmeas}$	参考信号接收功率值 RSRP(dBm)
$Q_{qualmeas}$	参考信号接收质量值 RSRQ(dB)
$Q_{rxlevmin}$	小区所需的最低接收电平值(dBm)。如果 UE 支持该小区的辅助上行频率，则在 SIB1 中从 $q\text{-}RxLevMin\text{-}sul$（如果存在）获得 $Q_{rxlevmin}$，否则从 SIB1 中的 $q\text{-}RxLevMin$ 获得 $Q_{rxlevmin}$。如果存在附加的 SIB1、SIB2 和 SIB4，如果 $Q_{rxlevminoffsetcellSUL}$ 存在相关小区的 SIB3 和 SIB4，该单元特定偏移量被添加到相应的 $Q_{rxlevmin}$ 中，以达到相关小区中所需的最小接收水平；其他 $Q_{rxlevmin}$ 来自 SIB1、SIB2 和 SIB4 中的 $q\text{-}RxLevMin$。另外，如果有关小区的 $Q_{rxlevminoffsetcell}$ 存在于 SIB3 和 SIB4 中，则该小区特定偏移量被添加到相应的 $Q_{rxlevmin}$ 中，以达到所需的最小接收水平
$Q_{qualmin}$	小区所需的最低接收质量值(dB)。此外，如果对有关小区发出了 $Q_{qualminoffsetcell}$ 信号，则添加该小区特定偏移量以达到所需的有关小区中的最低质量水平

续表

参数	说　明
$Q_{\text{rxlevminoffset}}$	在 S_{rxlev} 评估中考虑的信号 Q_{rxlevmin} 的偏移(dB)
$Q_{\text{qualminoffset}}$	在 S_{qual} 评估中考虑的信号 Q_{qualmin} 的偏移(dB)
$P_{\text{compensation}}$	功率补偿值(dB)。如果 UE 支持信令功率最大值列表 $NS-PmaxList$ 中的附加功率最大值存在,则在 SIB1、SIB2、SIB4 中计算 $$P_{\text{compensation}} = \max(P_{\text{EMAX1}} - P_{\text{PowerClass}},\ 0) - (\min(P_{\text{EMAX2}},\ P_{\text{PowerClass}})$$ $$- \min(P_{\text{EMAX1}},\ P_{\text{PowerClass}}))\ (\text{dB})$$ 否则 $$P_{\text{compensation}} = \max(P_{\text{EMAX1}} - P_{\text{PowerClass}},\ 0)\ (\text{dB})$$
P_{EMAX1}、 P_{EMAX2}	UE 的最大发送功率电平为 P_{EMAX} 的小区(dBm)的上行链路上发送时使用。如果 UE 支持该小区的辅助上行频率,则在指定的 SIB1、SIB2 和 SIB4 中,从 SIB1 中的功率最大值 $p\text{-}Max$ 和 SIB1、SIB2、SIB4 中 NR 信令功率最大值列表 $NR-NS-PmaxList$ 中分别获得 P_{EMAX1} 和 P_{EMAX2}。否则,在上行中指定的 SIB1、SIB2、SIB4 中分别从 $p\text{-}Max$ 和 $NR-NS-PmaxList$ 中得到 P_{EMAX1} 和 P_{EMAX2}
$P_{\text{PowerClass}}$	UE 最大 RF 输出功率(dBm)

仅当 UE 正常驻留在拜访公用陆地移动网 VPLMN 中,以周期性搜索较高优先级 PLMN 的结果来评估小区的小区选择时,才使用 $Q_{\text{rxlevminoffset}}$(最低接收电平值偏移)和 $Q_{\text{qualminoffset}}$(最低接收质量值偏移)。在此周期性搜索更高优先级 PLMN 期间,UE 可以使用从该更高优先级 PLMN 的不同小区存储的参数值来检查小区的 S 标准。

3. 小区重选标准

UE 仅对系统信息中给出的具有优先级的 NR 频率和其他无线接入频率的小区之间执行小区重选评估。

1) 小区重选测量的规则

(1) UE 在 NR 频率内的测量启动规则为:如果当前服务小区满足 S_{rxlev}(小区选择接收电平值) $< S_{\text{IntraSearchP}}$(小区内搜索电平)且 S_{qual}(小区选择质量值) $< S_{\text{IntraSearchQ}}$(小区内搜索质量),则 UE 开始启动执行频率内测量。

(2) UE 在 NR 频率和其他无线接入(RAT)频率之间测量的启动规则为:① 对具有高于当前 NR 频率的重选优先级的 NR 频率,UE 应执行更高优先级的频率测量;② 对具有与当前 NR 频率的重选优先级相等或更低的重选优先级的 NR 频率/其他无线接入(RAT)的频率,如果当前服务小区满足 S_{rxlev}(小区选择接收电平值) $< S_{\text{nonIntraSearchP}}$(小区间搜索电平),且 S_{qual}(小区选择质量值) $< S_{\text{nonIntraSearchQ}}$(小区间搜索质量),则 UE 开始启动执行具有相同或更低优先级的小区的频率测量。

2) NR 频率间或其他无线接入(RAT)频率间的小区重选标准

(1) 高优先级 NR 频率或 RAT 频率间的小区重选。

如果 UE 驻留在当前服务小区已经超过 1 秒,则当 $threshServingLowQ$(脱离当前服务小区最低质量值)信令在系统信息中广播时,在脱离选择小区时间(由信令 $Treselection_{RAT}$ 设置)内,具有较高优先级 NR 或 E-UTRAN RAT 频率的小区满足 S_{rxlev}(小区选择接收电平值) $>$ $Thresh_{X, HighP}$(小区选择接收电平值),且 S_{qual}(小区选择质量值) $>$ $Thresh_{X, HighQ}$(小区选择接收质量值)条件时,UE 将执行向更高优先级 NR 频率或 RAT 频率间的小区重选。

(2) 低的优先级 NR 频率或 RAT 频率间的小区重选。

如果 UE 驻留在当前服务小区已经超过 1 秒,则当 $threshServingLowQ$(脱离当前服务小区最低质量值)信令在系统信息中广播时,在脱离选择小区时间(由信令 $Treselection_{RAT}$ 设置)内,当前服务小区满足 S_{rxlev}(小区选择接收电平值) $<$ $Thresh_{Serving, LowP}$(当前服务小区接收电平最低值),且 S_{qual}(小区选择质量值) $<$ $Thresh_{Serving, LowQ}$(当前服务最低质量值),同时新的一个低优先级的 NR 或 E - UTRAN RAT 频率小区满足 S_{rxlev}(小区选择接收电平值) $>$ $Thresh_{X, LowP}$(当前服务小区接收电平最低值),且 S_{qual}(小区选择质量值) $>$ $Thresh_{X, LowQ}$(当前服务最低质量值)时,UE 将执行向低的优先级 NR 频率或 RAT 频率间的小区重选。

如果具有不同优先级的多个小区满足小区重选标准,则按照优先级从高到底的排序进行小区重选。NR 频率在符合最高优先级频率的小区中排名是最高的小区,即优先等级数值是 5G>4G>3G>2G。如果最高优先级频率来自另一个无线接入网络,UE 则在满足该网络标准的最高优先级频率上的小区中选择排名最高的小区。

3) 同频或相等优先级频率间小区重选标准

同频和相等优先级频率间小区重选也需要满足 UE 在当前服务小区上驻留以来已超过 1 秒的条件,或者在脱离选择小区时间(由信令 $Treselection_{RAT}$ 设置)内,按照 R 准则进行小区新小区 R 值优于服务小区 R 值的情况下。

R 准则指的是服务小区的小区排序标准 R_s 和邻小区的小区排序标准 R_n 由下式定义:

$$R_s = Q_{meas, s} + Q_{hyst} - Q_{offsetrtemp}$$
$$R_n = Q_{meas, n} + Q_{offset} - Q_{offsetrtemp} \tag{7-3}$$

具体参数见表 7 - 14。即

服务小区 R 排序标准=小区重选参考信号接收功率(RSRP)测量量+
服务小区 RSRP 的滞后值-服务小区和邻区之间的暂时偏移量

邻小区 R 排序标准=小区重选参考信号接收功率(RSRP)测量量-
服务小区和邻区之间的偏移量-服务小区和邻区之间的暂时偏移量

表 7 - 14 R 标准参数表

参数	说 明
Q_{meas}	小区重选参考信号接收功率(RSRP)测量量,下标 s 表示当前服务小区,下标 n 表示邻小区
Q_{hyst}	服务小区 RSRP 的滞后值,目的是为了减少重选振荡
Q_{offset}	服务小区和邻区之间的偏移量,用于控制小区重选的难度。若给某个邻区配置的偏移量越大,则越难重选到该小区。可以设置正负值。 频率内:如果 $Q_{offsets, n}$ 可用,则 $Q_{offset} = Q_{offsets, n}$,否则 $Q_{offset} = 0$; 频率间:如果 $Q_{offsets, n}$ 可用,则 $Q_{offset} = Q_{offsets, n} + Q_{offsetfrequency}$,否则 $Q_{offset} = Q_{offsetfrequency}$
$Q_{offsettemp}$	服务小区和邻区之间的暂时偏移量

UE 应对符合小区选择 S 标准的所有小区进行排序。通过推导 $Q_{meas, n}$、$Q_{meas, s}$ 和计算平均

RSRP 结果得到 R 值，小区应按照上述 R 标准进行排序。如果未配置最佳小区 *rangeToBestCell* 参数，则 UE 对排名最高的小区执行小区重选。如果配置了最佳小区 *rangeToBestCell* 参数，则 UE 在所有超过小区重选阈值参数的所有小区内，选择最高的 R 值小区为目标小区，进行小区重选。如果配置了 *rangeToBestCell*，则 UE 在 R 值位于最高等级范围内的小区中，选择小区的波束数目超过阈值（*absThreshSS – BlocksConsolidation*），且波束个数最多的小区为目标小区，并进行小区重选。如果发现该小区不合适，则 UE 重新进行小区测量。

4. 小区选择与重选流程

小区选择与重选流程如图 7 – 20 所示。每当执行新的 PLMN 选择时，将退出到①处重新执行。NR 中 PLMN 的选择原则遵循 3GPP PLMN 的选择原则。在 UE 中，接入层（AS）

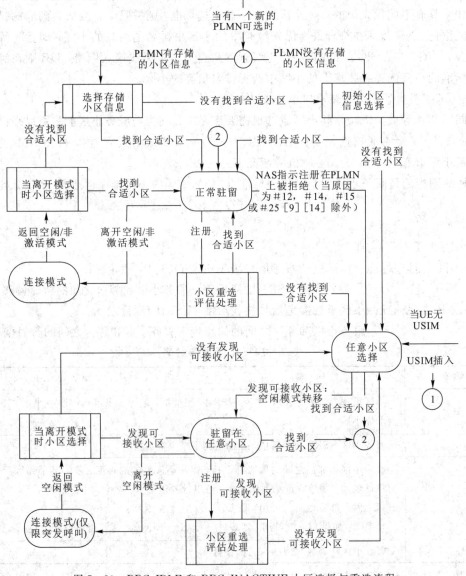

图 7 – 20　RRC_IDLE 和 RRC_INACTIVE 小区选择与重选流程

应根据非接入层的请求或自主地向非接入层(NAS)报告可用的 PLMN。在 PLMN 选择期间，基于优先级顺序的 PLMN 标识列表可以自动或手动选择特定 PLMN。在关于广播信道的系统信息中，UE 可以在给定小区中接收一个或多个"PLMN 标识"。由非接入层执行 PLMN 选择的结果。

1) 小区选择的原则

• UE 非接入层标识所选 PLMN 和等效 PLMN。

• 小区选择一般基于同步栅格上的同步信号块：UE 搜索 NR 频段，并根据同步信号块在每个载波频率识别最强的小区，然后读取小区系统广播消息，以识别其 PLMN。UE 可以依次搜索每个载频("初始小区选择")或利用存储信息缩短搜索("存储信息小区选择")。

• UE 寻找识别合适的小区，如果它不能找到合适的小区，就寻求识别一个可接收的小区。当找到一个合适的小区或只有一个可接收的小区被发现时，它在该小区上驻留并进入小区重选过程：合适的小区是被测量的小区属性满足小区选择标准的小区；小区 PLMN 是所选的 PLMN、注册的或等效的 PLMN；小区不被禁止或保留，小区不属于"禁止漫游的跟踪区域"列表中的跟踪区域。

• 可接收的小区是指测量的小区属性满足小区选择标准，且小区不被禁止接入的小区。

• 过渡到无线资源控制(RRC)空闲态：当从 RRC 连接态向 RRC 空闲态过渡时，UE 应驻留在其在 RRC 连接态的最后一个小区上，或由 RRC 在状态转换消息中分配的小区/任何小区组或频率。

• 恢复到覆盖范围内：UE 应尝试以上述存储信息或初始小区选择所述的方式查找合适的小区。如果在任何频率或系统上未发现合适的小区，则 UE 应尝试找到可接收的小区。

• 在多波束情况下，小区质量在对应于同一小区的波束中得到。

2) 小区重选的原则

小区重选主要是指处于 RRC 空闲态的 UE 执行的过程。

• 小区重选始终基于同步栅格上的同步信号块。

• UE 对服务小区和邻小区的属性进行测量，以启用重选过程。为了搜索和测量相邻小区的频率，只需要指示载波频率。

• 小区重选标识 UE 应该驻留的小区。它基于小区重选标准，包括服务小区和邻近小区的测量。同频重选是基于小区的排队；异频重选是基于绝对优先级的排队。此时，用户尝试驻留在可用的最高优先级频率上。

• 服务小区可以提供本基站的邻区列表，用于处理同频和异频邻小区的特定情况。可以确定特定的优先级。

• UE 可以提供黑名单，以防止 UE 重选特定的同频和异频相邻小区。

• UE 的速度影响着小区重选的相关参数。

• 在多波束模式下，小区质量在对应于同一小区的波束中得到，波束数量最大的小区优先级最大。

7.5.4　功率控制

功率控制的目的是在保证良好通信质量的前提下,尽可能地降低发射功率,以减小系统内干扰、降低终端电池消耗。5G 的功率控制算法和 LTE 相似,上行有开环功率控制和闭环功率控制,下行没有功率控制,但有功率分配算法。

开环功率控制是指 UE 根据接收到基站的信号强度,决定自己的发射功率。优点是功率调整速度快,而且没有下行信令开销。

闭环功率控制是指基站根据接收到 UE 信号的质量,决定控制 UE 增加或降低发射功率。闭环功率控制比较准确,但是有下行信令开销。

1. 下行功率分配

由于 5G 不再采用小区专用参考信号 CRS,而是采用了基于同步信号块 SSB 和信道状态信息参考信号 CSI-RS 的资源进行功率分配,因此,下行功率分配涉及一个术语:每个资源单元的能量(Energy Per Resource Element,EPRE),即分配给每个资源单元的功率。5G 下行信道采用全静态功率分配的稳定功率设置方式,有利于保证下行质量。PDSCH 功率分配采用每子载波平均分配法,PDSCH 每个子载波功率为载波功率除以总的子载波数。

由基站确定下行传输的 EPRE。为了实现 SS-RSRP、SS-RSRQ 和 SS-SINR 测量的目的,UE 可以假设下行 EPRE 在带宽上是恒定的,也可以假设下行 EPRE 在不同的同步信号块中承载的辅同步信号 SSS 是恒定的,还可以假设辅同步信号 EPRE 与物理广播信道的解调参考信号 EPRE 的比值为 0 dB。为了实现 CSI-RSRP、CSI-RSRQ 和 CSI-SINR 测量的目的,UE 可以假定 CSI-RS 资源配置端口的下行 EPRE 在配置的下行链路带宽上是恒定的,并且在所有配置的 OFDM 符号上都是恒定的。

下行链路 SSB 中的 SSS 的 EPRE 可由较高层提供的参数 $ss-PBCH-BlockPower$ 给出的 SSB 下行链路发射功率导出。下行链路 SSS 发射功率被定义为在系统带宽内携带 SSS 的所有资源单元的平均功率(单位为瓦)。下行链路 CSI-RS 的 EPRE 可以由参数 $ss-PBCH-BlockPower$ 给出的 SSB 下行链路发射功率和由更高层提供的参数 $powerControlOffsetSS$ 给出的 CSI-RS 功率偏移导出。下行链路参考信号发射功率被定义为在系统带宽内承载的 CSI-RS 的资源单元的所有 RE 的平均功率(单位为瓦)。

对于与 PDSCH 相关联的下行链路 DM-RS,UE 可以采用 PDSCH EPRE 与 DM-RS EPRE 的比率 β_{DMRS}(dB),见表 7-15。表中给出了没有数据的 DM-RS 码分复用组的数量(根据 DCI 通知的不包含数据的 DM-RS 码分复用组的数量)。DM-RS 比例因子 $\beta_{PDSCH}^{DMRS}=10^{-\frac{\beta_{DMRS}}{20}}$。解调参考信号功率及其自身配置由 PDSCH 功率决定。

表 7-15　PDSCH EPRE 与 DM-RS EPRE 的比例

无数据的 DM-RS 码分复用组数量	DM-RS 配置类型 1/dB	DM-RS 配置类型 2/dB
1	0	0
2	-3	-3
3	—	-4.77

当 UE 被调度到与 PDSCH 相关联的 PT-RS 端口时,如果 UE 被高层参数 $epre-$

Ratio 配置，对应的 PT - RS EPRE 与 PDSCH EPRE 的每层每资源单元的比值 ρ_{PTRS} 由表 7 - 16 给出。PT - RS 比例因子 $\beta_{\text{PTRS}} = 10^{\frac{\rho_{\text{PTRS}}}{20}}$。如果在表中没有列出对应配置，则 UE 假设 *epre - Ratio* $= '0'$。

表 7 - 16　PT - RS EPRE 与 PDSCH EPRE 每层每 RE 的比值（ρ_{PTRS}）

epre - Ratio	PDSCH 的层数					
	1	2	3	4	5	6
0	0	3	4.77	6	7	7.78
1	0	0	0	0	0	0
2	备用					
3	备用					

下行链路恢复时的 PDCCH EPRE 与 NZP CSI - RS EPRE 之比为 0 dB。

2. 上行功率控制

5G 系统的 PUSCH、PUCCH、SRS 采用上行开环加闭环的功率控制算法，PRACH 采用上行开环功率控制算法。其他上行参考信号根据伴随主信道功率决定自己的功率。

上行链路功率控制决定了用于 PUSCH、PUCCH、SRS 和 PRACH 传输的功率定义见式(7-4)~式(7-7)，单位为 dBm。UE 不能提供同时维护每个服务小区对所有 PUSCH/PUCCH/SRS 传输的超过 4 个的路径损失估计。

（1）PUSCH 的功率控制算法定义为

$$
P_{\text{PUSCH}, b, f, c}(i, j, q_d, l) = \min \left\{ \begin{array}{l} P_{\text{CMAX}, f, c}(i) \\ P_{\text{O\_PUSCH}, b, f, c}(j) + 10 \lg(2^{\mu} \cdot M_{\text{RB}, b, f, c}^{\text{PUSCH}}(i)) + \\ \alpha_{b, f, c}(j) \cdot PL_{b, f, c}(q_d) + \Delta_{\text{TF}, b, f, c}(i) + f_{b, f, c}(i, l) \end{array} \right\}
$$

$$(7-4)$$

式(7-4)大括号式的第 2 个长式里面，前面三项为开环功率控制算法，最后两项为闭环功率控制算法。式中，$P_{\text{CMAX}, f, c}(i)$ 是 UE 配置的最大输出功率；$P_{\text{O\_PUSCH}, b, f, c}(j)$ 是 PUSCH 的一个物理资源块到达基站期望的功率；$M_{\text{RB}, b, f, c}^{\text{PUSCH}}(i)$ 是分配给用户的物理资源块数；μ 是 NR 子载波间隔参数；$PL_{b, f, c}(q_d)$ 是由 UE 利用参考信号来计算的下行路径损耗估计，由高层参数 *PUSCH - PathlossReferenceRS* 配置，或者从主系统消息 MIB 中获取；下行路径损耗 $PL_{b, f, c}(q_d)$ 乘以一个修正系数 $\alpha_{b, f, c}(j)$ 得到上行路径损耗估计 $\alpha_{b, f, c}(j) \cdot PL_{b, f, c}(q_d)$；$\Delta_{\text{TF}, b, f, c}(i) = 10 \lg((2^{\text{BPERE}, K_s}) - 1) \cdot \beta_{\text{offset}}^{\text{PUSCH}}$，是根据不同的传输格式决定的修正因子；$f_{b, f, c}(i, l)$ 是基站根据上行质量计算功率调整的函数。

（2）PUCCH 的功率控制算法定义为

$$
P_{\text{PUCCH}, b, f, c}(i, q_u, q_d, l) = \min \left\{ \begin{array}{l} P_{\text{CMAX}, f, c}(i) \\ P_{\text{O\_PUCCH}, b, f, c}(j) + 10 \lg(2^{\mu} \cdot M_{\text{RB}, b, f, c}^{\text{PUCCH}}(i)) + \\ PL_{b, f, c}(q_d) + \Delta_{\text{F\_PUCCH}}(F) + \Delta_{\text{TF}, b, f, c}(i) + g_{b, f, c}(i, l) \end{array} \right\}
$$

$$(7-5)$$

式(7-5)和式(7-4)类似，不同的是多了一个 PUCCH 功率的修正因子 $\Delta_{\text{TF}, b, f, c}(i)$，

在 PUCCH 中不考虑物理资源块的个数。

（3）PRACH 的功率控制算法定义为

$$P_{PRACH, b, f, c}(i) = \min\{P_{CMAX, f, c}(i), P_{PRACH, target, f, c} + PL_{b, f, c}\} \qquad (7-6)$$

由式（7-6）可见，PRACH 功率取决于 $P_{CMAX, f, c}(i)$，和 $P_{PRACH, target, f, c} + PL_{b, f, c}$ 的最小值，其中，$P_{CMAX, f, c}(i)$ 是 UE 的最大功率，$P_{PRACH, target, f, c}$ 是 PRACH 到达基站的目标功率，这里用下行路径损耗估计 $PL_{b, f, c}$ 代表上行路径损耗值。$PL_{b, f, c}$ 为 UE 根据系统消息得知的同步信号功率减去测量的同步信号电平功率。如果 UE 没有收到基站确认，则会提高功率重发 PRACH 的前导码，式中的 PRACH 目标功率 $P_{PRACH, target, f, c}$ 会提高一个步长。

（4）SRS 的功率控制算法定义为

$$P_{SRS, b, f, c}(i, q_s, l) = \min \begin{cases} P_{CMAX, f, c}(i) \\ P_{O\_SRS, b, f, c}(q_s) + 10 \lg(2^{\mu} \cdot M_{SRS, b, f, c}(i)) + \\ \alpha_{SRS, b, f, c}(q_s) \cdot PL_{b, f, c}(q_d) + h_{b, f, c}(i, l) \end{cases} \qquad (7-7)$$

式（7-7）和式（7-4）类似，只是在最后的闭环功率控制部分不存在不同传输格式修正因子 $\Delta_{TF, b, f, c}(i)$。

在相同的优先级顺序和与载波聚合操作的情况下，主小区组（MCG）的 UE 功率传输优先于辅小区组（SCG）完成。在相同优先级的情况下，对于与两个上行载波一起工作的情况，UE 优先对配置了 PUCCH 的载波完成功率传输。如果两个上行载波中的任何一个载波都没有配置 PUCCH，则 UE 优先分配用于辅助上行载波上的功率传输。

思 考 与 习 题

1. 5G 的物理资源有哪些？

2. 5G 下行物理信道有哪些？对应的功能和调制方式是什么？

3. 5G 下行物理参考信号有哪些？

4. 什么是搜索空间集合？

5. NR 的 PCI 是如何定义的？

6. 什么是 SSB？对应的分类是什么？

7. 5G 上、下行链路支持的传输波形分别是什么？对应的调制方式是什么？

8. 5G 与 LTE 相比，增加了哪些调制方式？

9. 5G 上行物理信道有哪些？对应的功能和调制方式是什么？

10. 5G 上行物理参考信号有哪些？

11. 什么是 UCI 和 DCI？它们各自携带什么信息？

12. 5G NR 的 PUSCH 支持的上行传输方案有哪些？

13. 简述 5G 信道映射。

14. 5G 随机接入过程的分类有哪些？并简述它们各自的随机接入过程。

15. 简述 5G 小区搜索过程。

16. 5G NR 系统 RRC 有哪几种状态？试解释这些状态。

17. 5G 的功率控制如何实现？

第 8 章   5G 关键技术

8.1   新型的网络架构

IMT-2020 提出的 5G 概念可由标志性能力指标和一组关键技术来共同定义,见图 8-1。其中标志性能力指标为"Gb/s 用户体验速率",一组关键技术包括在新型网络架构下的"大规模天线阵列""超密集组网""新型多址""全频谱接入"等。

图 8-1   5G 关键技术

8.1.1   新型网络架构概述

新型网络架构是指基于软件定义网络(SDN)、网络功能虚拟化(NFV)和云计算等先进技术,可实现以用户为中心的更灵活、智能、高效和开放的 5G 新型网络,它是 5G 关键技术实现的基础。其中,大规模天线阵列是提升系统频谱效率最重要的技术手段之一,对满足 5G 系统容量和速率需求将起到重要的支撑作用;超密集组网通过增加基站部署密度,可实现百倍量级的容量提升,是满足 5G 千倍容量增长需求的最主要的手段之一;新型多址技术通过发送信号的叠加传输来提升系统的接入能力,可有效支撑 5G 网络千亿设备连接需求;全频谱接入技术通过有效利用各类频谱资源,可有效缓解 5G 网络对频谱资源的巨大需求。

为了满足 5G 业务与运营的需求,5G NR(New Radio,新空口)的新型的网络架构对接入网和核心网的功能进行了全新的增强。5G 网络采用云化建设,更加轻盈和灵动。5G 以中心、区域、边缘三级 DC(Data Center,数据中心)+基站机房为基础架构,网元可按照场景需求部署在网络相应的位置。

5G 接入网是一个满足多场景的以用户为中心的多层异构网络。采用宏站和微站结合的方式部署，统一容纳接口多种接入技术，提升小区边缘协同处理效率，提高了无线和回传资源的利用率。5G 接入网由原系统的孤立接入模式转为支持多接入和多连接、分布式和集中式、自回传和自组织的复杂网络拓扑，具备无线资源智能化管控和共享能力，支持基站的即插即用。

　　5G 核心网引入了网络功能虚拟化（NFV）和软件定义网络（SDN）技术，以支持三大场景的低时延、大容量、高速率和大带宽的业务需求。5G 核心网利用控制面和用户面分离属性，驱动云化网络向分布式云架构演进。通过构建面向 5G 的分布式云架构，5G 硬件平台支持虚拟化资源的动态配置和高效调度。在广域网层面，MANO（管理与编排）用于基于NFV 技术的网络中的资源管理和编排，以便最大化提升网络的灵活性和使用率。NFV 编排器（NFVO）可实现跨数据中心的功能部署和资源调度，SDN 控制器负责不同层级数据中心之间的广域互连，从而进一步增强了网络弹性和自适应性，能够更高效地实现差异化业务按需编排的功能。为实现超低时延和高流量目标，5G 核心网转发平面简化下沉，同时将业务存储和计算能力从网络中心下移到网络边缘，增强了网络灵活均衡的流量负载调度功能，实现了业务快速处理和就近转发，满足 5G 多样化的应用场景。

　　5G 网络逻辑架构包括接入面、控制面和转发面三个逻辑域，如图 8-2 所示。

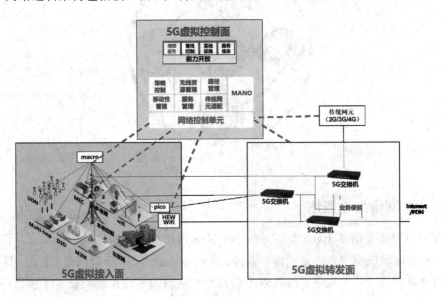

图 8-2　5G 网络逻辑架构图

　　新型 5G 网络中，控制面负责全局控制策略的生成，接入面和转发面负责策略的执行。它们的具体功能如下：

1. 控制面

　　控制面是 5G 网络逻辑的集中控制核心，它由多个虚拟化网络控制功能模块组成，提供网络功能重构，实现集中的控制功能和简化的控制流程，以及接入和转发资源的全局调度。控制面面向差异化业务需求，通过按需编排的网络功能，提供可定制的网络资源和友好的能力开放平台。关键技术有控制功能重构、新型连接和移动性管理、网络能力开放平台与接口等。

2. 接入面

接入面包含所有无线接入设备和各种类型基站。基站间交互能力增强，组网拓扑形式丰富，提升了差异化服务能力，能够实现快速灵活的无线接入协同控制和更高的无线资源利用率。接入面部分涉及的关键技术有 Mesh 与动态自组网络、无线资源调度与共享、无线网络感知与处理、定制化部署和服务等。

3. 转发面

转发面包含用户面下沉的分布式网关，集成边缘内容缓存和业务流加速等功能，在集中的控制面的统一控制下，数据转发效率和灵活性得到极大提升。转发面部分涉及的关键技术有网关控制转发分离和移动边缘内容与计算等。

8.1.2　新型网络架构关键技术

1. 核心层的关键技术

如前面 6.2 节 5G 系统架构所述，相比于传统 4G EPC 核心网，为满足 5G 业务丰富、网络灵活、高速高效、开放的发展趋势，3GPP 采用云原生技术，全新定义了 5G 核心网的 SBA 服务化架构，将网元解耦为一组独立网络功能 NF，每个 NF 也解耦为多个 NF 服务，并且在 3GPP R16 版本 eSBA 阶段，NF 解耦为更多、更小的 NF 服务。融合云原生特性的增强型服务化架构 SBA＋将网元功能拆分为细粒度的网络服务，"无缝"对接云化 NFV 平台轻量级部署单元，为差异化的业务场景提供敏捷的系统架构支持；网络切片和边缘计算提供了可定制的网络功能和转发拓扑。5G 网络功能实现了控制与转发分离、网络功能模块化设计、接口服务化和 IT 化、增强的能力开放等新特性。

1）网络功能虚拟化（NFV）

NFV 是通过虚拟化的硬件（设备）抽象，将网络功能从其所运行的硬件（设备）中分离出来，即通过 IT 虚拟化技术将网络功能软件化，并运行于通用硬件设备之上，以替代传统专用网络硬件设备。NFV 是运营商实现云化组网的关键技术。NFV 将网络功能以虚拟机的形式运行于通用硬件设备上，以实现配置的灵活性、可扩展性和移动性，并以此希望降低网络 CAPEX（资本性支出）和 OPEX（经营活动性支出）。NFV 还可以实现 RAN 内部各功能实体动态无缝连接，便于配置客户所需的接入网边缘业务模式。NFV 技术的核心在于把逻辑上的网络功能从实体硬件设备中解耦出去，以期能够大幅度地降低基础电信网络运营商的网络建设成本与运营成本。具体实现方式为：网络硬件设备方面，将此前的实体网元标准化为"大容量服务器""大容量存储器"以及"数据交换机"这三大类 IT 设备；网络功能实现方面，利用可编程的软件平台来实现虚拟化的网络功能。

2）软件定义网络（SDN）

SDN 是一种将网络基础设施层（数据面）与控制层（控制面）分离的网络设计方案，可以实现业务控制层和传送承载层分离。网络基础设施层与控制层通过标准接口连接，如 OpenFLow（首个用于互连数据和控制面的开放协议）。SDN 将网络控制面解耦至通用硬件设备上，并通过软件化集中控制网络资源。控制层通常由 SDN 控制器实现，基础设施层通常被认为是交换机，SDN 通过南向 API（管理其他厂家网管或设备的接口，即向下提供的接口，如 OpenFLow）连接 SDN 控制器和交换机，通过北向 API（提供给其他厂家或运营商进行接入和管理的接口,即向上提供的接口)连接 SDN 控制器和应用程序。SDN 基于大数据和人工智能形成可弹性扩展的即插即用的资源池,实现端到端选路,从而可以绕开有安全风险的路由。

目前,随着 NFV 与 SDN 相关技术越来越深入地发展,在很多场合下,通信业界所泛指的 NFV 通常就包含了 NFV 与 SDN。SDN/NFV 技术融合将提升 5G 进一步组大网的能力:NFV 技术实现底层物理资源到虚拟化资源的映射,构造虚拟机(VM),加载网络逻辑功能(VNF);虚拟化系统实现对虚拟化基础设施平台的统一管理和资源的动态重配置;SDN 技术则实现虚拟机间的逻辑连接,构建承载信令和数据流的通路。SDN/NFV 技术融合有助于最终实现接入网和核心网功能单元动态连接,配置端到端的业务链,实现灵活组网。

3)网络切片

网络切片是网络功能虚拟化应用于 5G 阶段的关键特征。5G 网络将面向不同的应用场景,如超高清视频、VR、大规模物联网、车联网等。不同的场景对网络的移动性、安全性、时延、可靠性和计费方式的要求都是不一样的,因此,需要将一张物理网络分成多个虚拟网络,每个虚拟网络面向不同的应用场景需求,这个划分过程被形象地比喻为"网络切片"。虚拟网络间是逻辑独立的,互不影响。只有实现 NFV/SDN 之后,才能实现网络切片。不同的切片依靠 NFV 和 SDN 通过共享的物理/虚拟资源池来创建。网络切片还包含 MEC 资源和功能。一个网络切片将构成一个端到端的逻辑网络,按切片需求方的需求灵活地提供一种或多种网络服务。

3GPP 中定义的网络切片管理功能包括通信业务管理、网络切片管理、网络切片子网管理等。其中通信业务管理功能实现业务需求到网络切片需求的映射;网络切片管理功能实现切片的编排管理,并将整个网络切片的 SLA(Service - Level Agreement,服务等级协议)分解为不同切片子网(如核心网切片子网、无线网切片子网和承载网切片子网)的 SLA;网络切片子网管理功能实现将 SLA 映射为网络服务实例和配置要求,并将指令下达给管理和编排器(MANO),以便最大化提升网络的灵活性和使用率。通过 MANO 进行网络资源编排,对于承载网络的资源调度将通过与承载网络管理系统的协同来实现。

图 8-3 所示的网络切片架构主要包括切片管理和切片选择功能。

(1)切片管理功能。

切片管理功能在商务运营管理、虚拟化资源平台和网管系统的联合协作下为不同切片需求方(如垂直行业用户、虚拟运营商和企业用户等)提供安全隔离、高度自控的专用逻辑网络。切片管理包含三个阶段:

① 商务设计阶段:在这一阶段,切

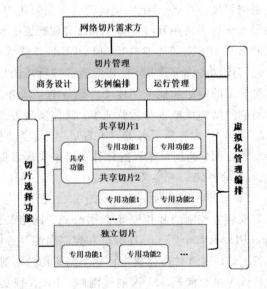

图 8-3 网络切片架构

片需求方利用切片管理功能提供的模板和编辑工具,设定切片的相关参数,包括网络拓扑、功能组件、交互协议、性能指标和硬件要求等。

②　实例编排阶段:切片管理功能将切片设计阶段的描述文件发送到 NFV MANO 功能实现切片的实例化,并通过与切片之间的接口下发网元功能配置,发起连通性测试,最终完成切片向运行态的迁移。

③　运行管理阶段:在运行状态下,切片所有者可通过切片管理功能进行实时监控和动态维护,主要包括资源的动态伸缩,切片功能的增加、删除和更新,以及告警故障处理等。

(2) 切片选择功能。

切片选择功能实现用户终端与网络切片间的接入映射。切片选择功能综合业务签约和功能特性等多种因素,为用户终端提供合适的切片接入选择。用户终端可以分别接入不同的切片,也可以同时接入多个切片。用户同时接入多切片的场景可以分为独立和共享两种模式:

①　独立切片:不同切片在逻辑资源和逻辑功能上完全隔离,只在物理资源上共享,每个切片包含完整的控制面和用户面功能。

②　共享切片:在多个切片间共享部分网络功能。一般情况下,考虑到终端实现的复杂度,可对移动性管理等终端粒度的控制面功能进行共享,而业务粒度的控制和转发功能则为各切片的独立功能,可实现特定的服务。

5GC(5G 核心网)采用云原生和微服务等虚拟化技术,进行各种类型切片的构建和部署,基于微服务构建切片,支持切片智能选择、灵活组网,提供切片的应用能力开放,从而更加精细化和智能化地满足垂直行业应用对网络切片的要求。网络切片同时需要考虑以下安全需求:切片授权与接入控制,切片间的资源冲突,切片间的安全隔离,切片用户的隐私保护,以切片方式隔离故障网元等问题。

2019 年 2 月,中兴通讯成功推出了第一个 5G 切片商城"Slice Store"。在 5G"Slice Store"中,行业用户可以根据行业特点选择预定的切片模板并设置 SLA 参数,然后一键式操作即可自动部署和激活网络切片。当用户数量增加或 KPI 性能降低时,系统可自动调整资源以适应 KPI 的变化。目前,该切片商城解决方案正广泛应用于各垂直行业,以满足 5G 试验的各种行业要求。

4) 移动边缘计算(MEC)

5G 核心网在云原生架构中引入移动边缘计算(Mobile Edge Computing,MEC),MEC 改变了 4G 中网络与业务分离的状态,将计算存储能力与业务服务能力下沉至网络边缘节点,为移动用户就近提供基于云的 IT 业务计算和数据缓存能力,使应用、服务和内容可以实现本地化、近距离、分布式部署,从一定程度上解决了 5G 三大场景的超低时延、高宽带、实时性业务需求,是 5G 代表性的关键能力之一。同时,MEC 通过充分挖掘网络数据和信息,实现网络上下文信息的感知和分析,并开放给第三方业务应用,有效提升了网络的智能化水平,促进了网络和业务的深度融合。MEC 支持移动网络、固定网络、WLAN 等多种网络同时接入。MEC 的核心功能主要包括网络辅助功能、业务链控制功能、服务和内容进管道,如图 8-4 所示。5G 网络的边缘网关可通过 UPF(第 6 章 6.2.1 节)下沉至离用户更近的位置以实现最大限度地消除传输时延的影响,满足毫秒级极低时延的业务需求。同时,MEC 可根据不同的服务业务类型和需求,将其灵活路由至不同网络,缓解网络回传压力，实现多网络协同承载；MEC 在控制面功能的集中调度下，可以实现动态业务链控制技术，灵活控制业务数据流在应用间路由，提供创新的应用网内聚合模式。

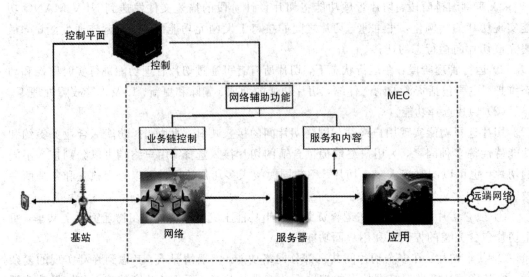

图 8 - 4   5G 网络 MEC 架构

MEC 的主要应用场景包括以下几种：

（1）面向低时延和高可靠要求的边缘处理服务场景，如车联网/工业互联网等场景中的区域内高精度地图的实时加载、区域内自动驾驶车辆的调度和工业控制等的实现。

（2）面向终端的计算迁移降低终端成本的边缘辅助计算服务场景，如面向 AR/VR 和游戏等提供边缘云渲染等的实现。

（3）面向与网络连接和网络能力开放相关的本地边缘服务场景，如代替企业 WiFi 网络的移动虚拟专网的移动办公、基于无线网络定位并与室分（室内分布的网络部署的简称）结合的室内定位等的实现。

（4）面向边缘就近处理节省回传带宽，降低时延的视频边缘服务场景，如 4k~8k 视频、面向视频监控的边缘存储和识别分析等功能的实现。

2. 核心网云化部署

5G 阶段，移动核心网云化部署的可能任务包括以下几个方面：

（1）4G EPC 功能升级：支持 NSA 的 EPC 功能和网关控制承载分离（CUPS）功能。

（2）EPC 功能虚拟化：对 4G 核心网网元进行虚拟化改造。

（3）分布式云网建设：包括分布式数据中心组网、云化 NFV 平台建设、网络功能虚拟化编排器（NFVO）建设与网管对接以及容器部署等。

（4）5G 核心网（5GC）建设：完成 5GC 功能开发，支持服务化架构、网络切片、边缘计算、语音等业务能力。

（5）5GC 部署配套建设：基于 HTTP 的信令网建设优化，4G/5G 设备合设、混合组池（厂家通用资源池）和互操作，以及业务管理、网络管理和计费配套支持等。

以 EPC 功能升级支持 5G 基站非独立组网（6.2.5 小节的选项 3）和以虚拟化改造为起点触发 5G 全网云化部署是一种基于演进思路的选项，这一方面是出于保护现有投资和维持移动宽带业务延续性的考虑，另一方面也因为 EPC 已有部署和商用经验，有利于促进云网一体化建设，快速达成云化运营的目标，同时为 5GC 新功能部署和配套建设奠定基础。

运营商也可以选择直接部署支持 5G 基站独立组网（6.2.5 小节的选项 2）的 5GC。直接部署 5GC 可以在一定规模上快速满足 5G 三大场景对网络的创新要求，第一时间把握 5G 新型业务的发展机遇。但 5GC 部署涉及服务化架构、网络切片、容器等全新技术，而且 5GC 必须实现与传统网络的共存，满足网络平滑升级和业务连续性要求。运营商在规划时需提前考虑，充分开展技术试验验证，推进关键技术和部署方案成熟。

3. 全新的无线网 CU/DU 网络架构和部署

如前面 6.2 节所述，3GPP 标准化组织提出了面向 5G 的无线接入网功能重构方案，引入 CU - DU 功能划分架构，即 PDCP 层及以上的无线协议功能由 CU 实现，PDCP 层以下的无线协议功能由 DU 实现。在此架构下，5G 的 BBU 基带部分拆分成 CU 和 DU 两个逻辑网元，而射频单元以及部分基带物理层底层功能与天线构成 AAU。CU 与 DU 作为无线侧逻辑功能节点，可以映射到不同的物理设备上，也可以映射为同一物理实体。对于 CU/DU 部署方案，由于 DU 难以实现虚拟化，因此 CU 虚拟化目前存在成本高、代价大的挑战。分离适用于 mMTC 小数据包业务，有助于避免 NSA 组网双链接下的路由迂回，而 SA 组网无路由迂回问题，因此初期可以采用 CU/DU 合设部署方案。CU/DU 合设部署方案可节省网元，减少规划与运维复杂度，降低部署成本，无需中传，可以减少时延，缩短建设周期。随着 5G 业务应用多样化的需求发展，5G 网络架构会逐步向 CU/DU/AAU 三层分离的新架构演进。因此，现阶段的 CU/DU 合设设备采用模块化设计，易于分解，方便未来实现 CU/DU 分离架构。同时，还需解决通用化平台的转发能力的提升、与现有网络管理的协同，以及 CU/DU 分离场景下移动性管理标准流程的进一步优化等问题。

设备厂商在 DU 和 AAU 之间的接口实现上存在较大差异，难以标准化。在部署方案上，目前主要存在 CPRI（Common Public Radio Interface，通用公共无线电接口）与增强的 eCPRI 两种方案。采用传统 CPRI 接口时，前传速率需求基本与 AAU 天线端口数呈线性关系，以 100 MHz/64 端口/64QAM 为例，需要 320 Gb/s，即使考虑 3.2 倍的压缩，速率需求也已经达到了 100 Gb/s。采用 eCPRI 接口时，速率需求基本与 AAU 支持的流数呈线性关系，同条件下速率需求将降到 25 Gb/s 以下，因此 DU 与 AAU 接口首选 eCPRI 方案。

5G RAN 组网方式分为以下三种场景：

(1) C - RAN 大集中：CU/DU 集中部署在一般机楼/接入汇聚机房，一般位于中继光缆汇聚层与接入光缆主干层的交界处。大集中点连接基站数通常为 10~60 个。

(2) C - RAN 小集中：CU/DU 集中部署在接入局所（模块局、PoP 点等），一般位于接入光缆主干层与配线层交界处。小集中点连接基站数通常为 5~10 个。

(3) D - RAN：CU/DU 分布式部署在宏站机房，接入基站数为 1~3 个。

基于 5G RAN 架构的变化，5G 承载网由以下三部分构成，如图 8 - 5 所示。

(1) 前传（AAU - DU）：传递无线侧网元设备 AAU 和 DU 间的数据。

在光纤资源充足或 DU 分布式部署（D - RAN）的场景，5G 前传方案以光纤直连为主；当光纤资源不足、布放困难且 DU 集中部署（C - RAN）时，为降低总体成本、便于快速部署，可采用波分复用 WDM 技术承载方案。

(2) 中传（DU - CU）：传递无线侧网元设备 DU 和 CU 间的数据。

（3）回传（CU -核心网）：传递无线侧网元设备 CU 和核心网网元间的数据。

5G 回传主要考虑无线接入网 IP 化（IPRAN）和光传送网（OTN）两种承载方案，初期业务量不太大，可以首先采用比较成熟的 IPRAN，后续根据业务发展情况，在业务量大而集中的区域可以采用 OTN 方案；PON 技术在部分场景可作为补充。

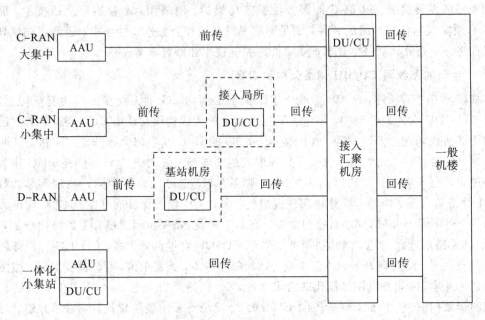

图 8 - 5　面向不同 RAN 部署架构的承载网络分段

8.2　大规模天线技术

大规模天线阵列（Large Scale Antenna Array，或称为 Massive MIMO）是在现有多天线基础上通过增加大规模的天线数，以支持数十个乃至上百个独立的空间数据流的技术。大规模天线技术将数倍提升多用户系统的频谱效率，对满足 5G 系统容量与速率需求起到重要的支撑作用。大规模天线阵列应用于 5G 需解决信道测量与反馈、参考信号设计、天线阵列设计、低成本实现等关键问题。

8.2.1　Massive MIMO 概述

MIMO 技术早已作为 LTE 的关键技术投入使用，LTE 系统中最多采用 4 根天线，LTE - A 系统中最多采用 8 根天线（TM9）。基于 TM9 的多天线技术显著地扩大了小区容量，提高了用户数据速率和小区边缘用户体验。5G 时代，三大场景的提出，大容量、大带宽、低时延、低功耗的需求更明显，现有 4G 移动网络的 MIMO 技术（8 端口 MU - MIMO、CoMP）很难满足需求，由 MIMO 演进的 Massive MIMO 技术作为 5G 的关键技术开始投入使用。R15 版本中 Massive MIMO 下行最大支持 16 流，上行支持 8 流，相比传统仅支持 2 流的系统提高了频谱效率近 8 倍。Massive MIMO 天线产品支持 192 阵列，最大 64 通道，这就意味着 5G 移动终端将拥有超过 16 个天线单元，5G 基站采用超大规模天线阵列（128 根、256～1024 根或者更多），可以带来更多的增加覆盖、节能减耗和提高系统容量等优点。

大规模天线技术作为 5G 的核心关键技术,在无线数据速率和链路可靠性方面有着显著的提高。Massive MIMO 系统支持空分复用,可以动态地调整信号的方位角和垂直方向,从而使波束能量可以更集中、更准确地定向到特定的 UE,从而减少小区间干扰。波束赋形与多用户的空分复用相结合,区域频谱效率提高了一个数量级。简单地说,Massive MIMO系统的特点是:

(1) 具有大量发射器和接收机(TRXs)。

(2) 具有空间复用能力。

(3) 具有多用户调度(MU - MIMO)能力。

(4) 具有上行和下行链路的高增益。

Massive MIMO 在满足 5G eMBB、URLLC 和 mMTC 业务的技术需求中发挥着重要的作用。

1. eMBB 场景

eMBB 的主要技术指标为频谱效率、峰值速率、能量效率、用户体验速率等,高阶 MU - MIMO 传输可以获得极高的频谱效率。同时,随着天线规模的增加,根据概率统计学原理,当基站侧天线数远大于用户天线数时,基站到各个用户的信道将趋于正交。在这种情况下,用户间干扰将趋于消失。因此,巨大的阵列增益将能够有效地提升每个用户的信噪比,从而能够在相同的时频资源上支持更多用户传输;可以实现在达到相同的覆盖和吞吐量的情况下,基站所需的发射功率降低,从而提升能量效率。此外,高频段大带宽是达到峰值速率的关键,大规模天线技术提供的赋形增益可以补偿高频段的路径损耗,使得高频段的移动通信应用部署成为可能。

2. URLLC 场景

URLLC 的主要技术指标为时延和可靠性。半开环 MIMO 传输方案通过分集增益的方式增强传输的可靠性。分布式的大规模天线或者多 TRP(Transmission Reception Point,传输接收点)传输技术,将数据分散到地理位置上分离的多个传输点上传输,可以进一步提升传输的可靠性。

3. mMTC 场景

mMTC 的主要技术指标为连接数量和覆盖。大规模天线技术的波束赋形增益有助于满足 mMTC 场景的覆盖指标,同时,高阶 MU - MIMO 也有利于连接数量的大幅提升。

8.2.2　Massive MIMO 技术

1. Massive MIMO 的优势

LTE - A 中 R10 版本提出 MIMO TM9 模式,消除了与增加天线端口相关的参考信号开销的限制,形成更窄波束来传输 UE 端参考信号,促进了 LTE 多天线技术的广泛发展。同时 TM9 引入的窄波束赋形使得用户之间的信道更加独立,大大减少了 UE 间的干扰,保证了在同一时间和频率资源上传输数据的用户的性能。因此,5G Massive MIMO 沿用TM9 模式,理论上可以通过安装更多的天线来达到传输可靠性高和频谱利用率高的目的,天线阵元大幅增加,需要扩展到二维平面/曲面或三维阵列,才能实现多方向的波束赋形,见图 8 - 6。Massive MIMO 天线技术采用全向天线(球形)或一个面阵天线(面板型),或其他新型天线。

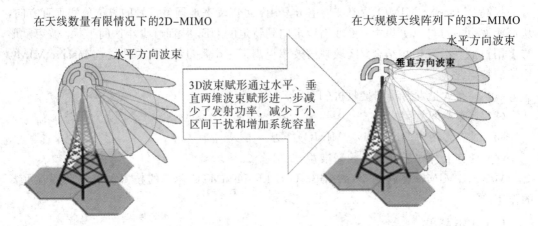

图 8 - 6　Massive MIMO 的技术示意

由图 8 - 6 可见,使用 Massive MIMO 技术形成的 3D 波束能够让空间域内的粒度变得更细,从而增强单用户或多用户 MIMO 的功能。3D 波束赋形通过水平、垂直两维波束赋形提供最大 32 流。4G 只有水平维度的波束赋形,最大 8 流。(注:这里"流"指多天线的数据流)

Massive MIMO 天线能够带来抗衰落的分集增益、抗干扰的赋形增益、功率增益、提升容量的空分复用增益和阵列增益的优势。具体来说,Massive MIMO 优势如下:

1) 抗衰落的分集增益

Massive MIMO 提供了减少空口时延的可能。5G 超低延迟的无线链路是抗衰落的关键技术之一,Massive MIMO 较低的空口时延提供了数据传输与信令控制的良好链路环境实现,减少了数据与信令的传输时间,带来了良好的抗衰落的分集增益。

2) 抗干扰的赋形增益

Massive MIMO 在天线数量足够大的情形下,基站和 UE 之间的准正交的信道特性使得在相同资源上终端间的信道具备良好的正交特性,用户间干扰将趋于消失。同时,Massive MIMO 更窄的波束赋形技术也带来了更多的抗干扰的赋形增益。

3) 功率增益、提升容量的空分复用增益和阵列增益

与 LTE 技术下的 MIMO 相比,Massive MIMO 的空间分辨率显著增强,Massive MIMO 能深度挖掘空间维度资源,使得网络中的多个用户可以在同一时频资源上利用大规模 MIMO 提供的空间自由度与基站同时进行通信,从而在不提高基站站点密度的条件下能够提高频谱效率、功率效率,也同时大幅提升了系统的容量;天线数目增多能够实现平滑信道响应,降低小尺度信道的随机变化。

4) 绿色的低功耗性能

Massive MIMO 只需一些低价的小功耗天线器件来完成,Massive MIMO 建立的"绿色"基站很好地满足了 5G 系统对于能源效率、辐射效率的需求。同时,5G Massive MIMO 射频天线合一降低了工程部署难度,加快了业务上线的时间。5G Massive MIMD 与 LTE MIMO 的对比见图 8 - 7。

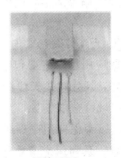

传统站点天面
需要7人部署
· 8根馈线，逐个安装
· 接头防水处理

5G极简天面
仅需4人部署
· 无需安装馈线
· 无需防水处理

图 8-7　LTE MIMO 与 5G Massive MIMO 对比图

2. Massive MIMO 的核心技术

LTE 的基站多天线只排列于水平方向，因此形成的波束只能在水平方向，水平排列在较多天线的情况下会因为超大的总天线尺寸致使安装不便。为了有效增强系统的空间自由度，Massive MIMO 天线的设计方案运用了军事使用的雷达相控阵的思想，同时在垂直与水平的方向上安装天线，这样就使得波束在垂直方向上也有了维度，而且还将不同的用户隔离度增强了，见图 8-8。它能将垂直方向的波束进行半静态调节，通过采用垂直小区分裂的方法在垂直方向上对不同的小区进行区分，实现资源的最大复用率。Massive MIMO 也可沿着波束的水平/垂直方向动态地调整波束方向来实现对不同用户的区分。Massive MIMO 引进了大规模有源天线（Active Antenna Unit，AAU）技术，在天线的性能大幅增长的同时可以极大程度地降低天线耦合导致的能量损耗。

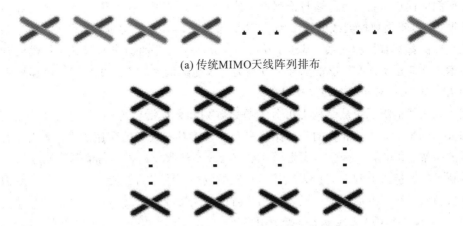

(a) 传统MIMO天线阵列排布

(b)5G中基于Massive MIMO的天线阵列排布

图 8-8　5G 天线与 4G 天线对比

Massive MIMO 目的是要在传统 MIMO 优势的基础上获得更大规模的增益，因此大规模 MIMO 依赖于空分复用技术，要求基站端有良好的上行与下行信道信息。对于上行信道而言，通过获取基站发射的导频，基站可以很好地对每个终端进行信道响应估计，而对于下行信道而言却很难。因此，Massive MIMO 天线应用的核心技术主要包括如下几个方面：

1）Massive MIMO 天线应用场景与信道建模＋高频段

大规模天线技术的应用场景主要包括宏覆盖、高层建筑、异构网络、室内外热点以及无线回传链路等。此外，以分布式天线的形式构建大规模天线系统也可能成为该技术的应用场景之一。在需要广域覆盖的场景，大规模天线技术可以利用现有频段；在热点覆盖或回传链路等场景，则可以考虑使用更高频段。针对上述典型应用场景，需要根据大规模天线信道的实测结果，对一系列信道参数的分布特征及其相关性进行建模，从而反映出信号在三维空间中的传播特性。

2）Massive MIMO 信道状态信息测量与反馈

信道状态信息测量、反馈及参考信号设计对于 MIMO 技术的应用具有重要意义。为了更好地平衡信道状态信息测量开销与精度，除了传统的基于码本的隐式反馈和基于信道互易性的反馈机制之外，诸如分级 CSI 测量与反馈、基于 Kronecker 运算的 CSI 测量与反馈、压缩感知以及预体验式等新型反馈机制也值得考虑。

3）Massive MIMO 天线资源分配和多用户调度

大规模天线为无线接入网络提供了更精细的空间粒度以及更多的空间自由度，因此基于大规模天线的多用户调度技术、业务负载均衡技术以及资源管理技术将获得可观的性能增益。

4）Massive MIMO 天线传输与检测算法

大规模天线的性能增益主要是通过大量天线阵元形成的多用户信道间的准正交特性保证的。但是在实际的信道条件中，由于设备与传播环境中存在诸多非理想因素，为了获得稳定的多用户传输增益，仍然需要依赖下行发送与上行接收算法的设计来有效地抑制用户间和小区间的同道干扰，而传输与检测算法的计算复杂度则直接与天线阵列规模和用户数相关。此外，基于大规模天线的预编码/波束赋形算法与阵列结构设计、设备成本、功率效率和系统性能都有直接的联系。基于 Kronecker 运算的水平垂直分离算法、数模混合波束赋形技术，或者分级波束赋形技术等可以较为有效地降低大规模天线系统的计算复杂度。

5）Massive MIMO 有源天线阵列设计

大规模天线前端系统从结构上可分为数字阵列和数模混合阵列两大类。出于复杂度、功耗和成本的考虑，数模混合的阵列架构在高频段将具有很大的应用潜力。大规模有源阵列天线的构架、高可靠/高效/模块化/小型化/低成本的收发组件、高精度监测与校准方案等关键技术将直接影响到大规模天线技术在实际应用环境中的性能与效率，并将成为直接关系到大规模天线技术能否最终进入实用化阶段的关键环节。

6）Massive MIMO 天线节点和用户分簇

在大规模天线系统中，为了进一步提高网络中无线资源的利用率，需要联合优化调配空时频资源、功率资源以及空分用户组等，这对无线资源管理带来新的挑战。而设计低复杂度、高性能的资源分配对于大规模天线系统的实现至关重要。大规模分布式 MIMO 中用户和节点分簇研究大致可以分为三种：以用户为中心的节点分簇，动态的节点和用户分簇，准静态的交错分簇。

3. Massive MIMO 的部署

未来 Massive MIMO 的主要应用场景可以从室外宏覆盖、高层覆盖、室内覆盖这三种主要场景划分。从部署方式看，Massive MIMO 可以集中部署，也可以分布式部署。

1）集中部署

Massive MIMO 的主要应用场景有城区覆盖、无线回传、郊区覆盖、局部热点。其中城区覆盖分为宏覆盖和微覆盖（如高层写字楼）两种。无线回传主要解决基站之间的数据传输问题，特别是宏站与小小区（Small Cell）之间的数据传输问题；郊区覆盖主要解决偏远地区的无线传输问题；局部热点主要针对大型赛事、演唱会、商场、露天集会、交通枢纽等用户密度高的区域。频段直接决定了天线系统的尺寸，在需要广域覆盖的场景，大规模天线技术倾向于 6 GHz 以下的低频段；在热点覆盖或回传链路等场景中，大规模天线技术倾向于 6 GHz 以上的高频段。高频段的应用对于大规模天线阵列的小型化与实际网络部署十分有利，且在高频段中，也需要大规模天线系统所提供的高波束增益来弥补传播环境中非理想因素的影响。

2）分布式部署

Massive MIMO 的部署主要是要考虑到天线尺寸、安装等实际问题，重点需要考虑天线之间的协作机制及信令传输问题。分布式大规模天线就是把大规模天线分成若干个天线阵模块，每个模块化天线阵列可以分别部署，并进行集中处理。模块化分布式大规模天线能获得集中式大规模天线的性能优势，同时极大地简化部署、减轻天线重量、降低天线安装维护难度，实现天线按场景组合，降低天线检测难度等优势。当模块化分布式大规模天线与虚拟扇区化传输技术相结合时，相比于集中式大规模天线能进一步获得性能增益。

在我国 5G 第一阶段的测试中，大唐测试采用的 5G 基站支持了业界最大规模的 256 天线有源天线阵列，在 3.5 GHz 频段的 100 MHz 带宽上，支持 20 个数据流的并行传输，频谱效率达到了 LTE 系统的 7～8 倍。大唐参与本次测试的 5G 基站验证平台为传统的宏基站分布式架构，即类似 4G 中的 BBU＋射频拉远单元的设备形态。其中，射频单元 AAU 为 128 通道 256 天线有源天线阵列，射频工作带宽支持 3.5 GHz 频段的 200 MHz，每通道发射功率为 1 W，AAU 整体发射功率为 128 W，见图 8－9。

图 8－9　大唐 256 天线有源天线阵列

8.3　超密集组网

超密集组网（Ultra Dense Network，UDN）是通过增加更密集的无线网络基础设施数（如基站等）进行无线网络组网的方式。超密集组网可以获得更高的频率复用效率，进一步带来在局部热点区域百倍量级的系统容量提升的优势。但随着小区部署密度的增加，考虑到频率干扰、传输资源、站址选址和部署成本等复杂情况，因此，实现易部署、易维护、用户体验轻快的轻型网络是超密集组网的主要目标，干扰管理与抑制、小区虚拟化技术、接入与回传联合设计等是超密集组网的重要研究方向。

8.3.1　超密集组网概述

高频段是未来 5G 网络的主要频段，在 5G 的热点高容量典型场景中将采用宏微异构的超密集组网架构进行部署，以实现 5G 网络的高峰值速率、高流量密度的性能。为了满足热点高容量场景的高峰值速率、高流量密度和用户体验高速率等性能指标的要求，采用高频段 5G 网络的基站间距必将进一步缩小，同时 5G 全频谱接入的各种频段资源的应用、多样化的无线接入方式及各种类型的基站将组成宏微异构的超密集组网架构。超密集组网将是满足 2020 年以及未来移动数据流量需求的主要技术手段。超密集组网的典型应用场景主要包括办公室、密集住宅、密集街区、校园、大型集会、体育场、地铁、公寓等。但在热点高容量密集场景下，无线环境复杂且干扰多变，基站的超密集组网可以在一定程度上通过快速资源调度实现快速无线资源调配，提高系统无线资源利用率和频谱效率，但这同时也带来了许多问题。5G 超密集组网的主要问题有：

1. 系统成本与能耗有所增加

超密度组网可以有效解决热点区域的高系统吞吐量和用户体验高速率要求，但组网需要新建大量密集基站，也需要更丰富的频率资源和新型接入技术，运营商需要兼顾系统部署运营成本和能源消耗（基站的电费也是剧增的成本），尽量使其维持在与传统移动网络相当的水平。

2. 系统干扰增大

基站的超密度组网带来的最大困扰是小区系统干扰的问题。在复杂、异构、密集场景下，高密度的无线接入站点共存可能带来严重的系统干扰，甚至导致系统频谱效率恶化。

3. 移动信令负荷加剧

随着超密度组网无线接入站点间距的减小，小区间切换将更加频繁，会使信令消耗量大幅度激增，导致用户业务服务质量下降。

4. 低功率基站即插即用

为了应对超密度组网带来的站点增加、基站功耗较大问题，需要实现低功率小基站的快速灵活部署，要求 5G 超密度组网具备小基站即插即用能力，包括自主回传、自动配置和管理等功能。

8.3.2　超密集组网技术

1. UDN 特点

移动通信业务市场丰富暴增的各类业务应用需求和计算机通信软硬件技术的不断发展演进共同驱动了 UDN 部署组网技术的发展。UDN 是未来蜂窝移动系统必然的发展趋势，UDN 不仅关系到 5G 网络的系统容量，还密切关系到 5G 网络的各层面综合性能和各种中高级移动应用业务的用户体验。超密集网络的核心特点为基站小型化、小区密集化、节点多元化和高度协作化。

　　超密集网络由大量小小区(Small Cell)部署，小小区是低功率的无线接入节点，工作在授权的频谱范围内，覆盖范围为 10 m～200 m，而宏基站的覆盖范围可达数千米。小小区具有众多优势：体积小、易安装，可在人流众多的密集区域安装，满足深度覆盖；发射功率小、覆盖范围小，可在宏网边缘进行异频较大密度的覆盖，而且不会产生干扰；小小区基站距离用户近，路径损耗较小，可较大程度地提升信号质量，提供高速率业务；小小区之间距离较小，可在多个小小区之间进行频率复用，提高频谱效率；成本低、辐射小，建站阻力小，回传灵活。在小小区部署下超密集网络的 5G 超级极简站点也进一步带来了免机房建站的好处，微小基站组网方式可以节省建站人力和时间，节省机房租赁费，节省机房空调电费等。其与传统站点对比见图 8-10。

传统站点机房
・机房租金：约9万元
・空调功耗：占40%整网功耗
・新增站址周期：6个月

5G超级极简站点
・免机房
・免空调
・利用老站址

图 8-10　UDN 下的 5G 超级极简站点与传统站点对比

　　超密集组网具有 5G 多维度节能的效应，大幅降低了网络能耗，比如：利用 Massive MIMO 可以带来设备级降能耗；5G 极简站点免空调用电可以带来站点级降能耗；UDN 基于 AI 人工智能的多频多制式智能协同技术可以带来网络级降能耗。总的来说，超密集组网下的 5G 基站有极低能耗的"绿色"特点，5G 基站(64T64R)每 1 度电支持 3400 Gb/s 流量传输，相比 4G(2T2R)能效提升了 50 倍，具体见表 8-1。

表 8-1　4G 与 5G 基站能效对比

能效	4G	5G	
TRX	2T2R	32T32R	64T64R
模块功耗	500 W	650 W	950 W
小区容量	150 Mb/s	5000 Mb/s	14 580 Mb/s
每比特能效	3.3 W/(Mb/s)	0.13 W/(Mb/s) (效率比 4G 提升了 25 倍)	0.065 W/(Mb/s) (效率比 4G 提升了 50 倍)

　　常见的小小区可分为家庭基站(Femto Cell)、微微小区(Pico Cell)、微小区(Micro

Cell)等。小小区的详细分类和性能见表 8-2 所示。

表 8-2 小小区分类和性能(5G)

分类	小区用户密度	小区密度	用户数据速率	干扰程度	部署场景	发射功率	覆盖半径
微小区(Micro Cell)	高	中	中	中	室外覆盖、室外补盲	5 W～10 W	<300 m
微微小区(Pico Cell)	高	中	中	中	室外热点,中小型企业的公共热点覆盖	室内型发射功率小于 250 mW;室外型发射功率小于 1 W	<100;室内型覆盖半径为 30 m～50 m;室外型覆盖半径为 50 m～100 m
室内小区	中/高	中	高	中	办公室、购物街	40 W～50 W	<50 m
家庭基站(Femto Cell)	低	高	高	低	用于室内小面积覆盖,如家庭、咖啡馆	10 W～100 mW	<20 m;10 m～20 m
个人小区	低	高	低	高	D2D	0.5 W～5 W	<10 m

小小区基站具有各种优势,而且种类多,对不同的网络场景针对性强。从频率的角度来看,也会有更多的不同频率应用到小小区密集网络中,如开放频段(5 GHz)和毫米波波段(3 GHz～20 GHz)等。多种频段的使用也可以在一定程度上减少小小区间的干扰。小小区的应用非常丰富,既可安放在宏基站的盲区中,用于增强网络覆盖,也可以安放在宏基站的热点中,用于减小网络与终端设备的物理距离,以此来提高链路质量,增大系统容量。在偏远的郊区,宏基站(Macro Cell)的建设成本高,但在人流较少的偏远郊区可以选择小小区的部署,这样性价比高。

2. UDN 关键技术

UDN 关键技术见图 8-11 所示,包括接入和回传联合设计、干扰管理和抑制策略、小区虚拟化技术及多连接技术等。

1) 接入和回传联合设计

在现有网络架构中,基站与基站之间很难做到快速、高效、低时延的横向通信。基站不能实现理想的即插即用,部署和维护成本高昂,其原因是受基站本身条件的限制,另外底层的回传网络也不支持这一功能。为了提高节点部署的灵活性,降低部署成本,利用与接入链路相同的频谱和技术进行无线回传传输能解决这一问题。在无线回传方式中,无线资源不仅为终端服务,还为节点提供中继服务。接入和回传联合设计包括混合分层回传、多跳多路径回传、自回传技术和灵活回传技术等。

(1) 混合分层回传。

混合分层回传是指在架构中将不同基站分层标示,宏基站以及其他享有有线回传资源的小基站属于一级回传层,二级回传层的小基站以一跳形式与一级回传层基站相连接,三

图 8-11　UDN 关键技术示意

级及以下回传层的小基站与上一级回传层以一跳形式连接、以两跳/多跳形式与一级回传层基站相连接，将有线回传和无线回传相结合，提供一种轻快、即插即用的超密集小区组网形式。

（2）多跳多路径回传。

多跳多路径回传是指无线回传小基站与相邻小基站之间进行多跳路径的优化选择、多路径建立和多路径承载管理、动态路径选择、回传和接入链路的联合干扰管理与资源协调，可给系统容量带来较明显的增益。

（3）自回传技术。

自回传技术是指回传链路和接入链路使用相同的无线传输技术，共用同一频带，通过时分/频分方式复用资源。自回传技术包括接入链路和回传链路的联合优化以及回传链路的链路增强两个方面。在接入链路和回传链路的联合优化方面，通过回传链路和接入链路之间自适应地调整资源分配，可提高资源的使用效率。在回传链路的链路增强方面，利用广播信道特性加上多址接入信道特性机制，在不同空间上使用空分子信道发送和接收不同数据流，增加空域自由度，提升回传链路的链路容量；通过将多个中继节点或者终端协同形成一个虚拟 MIMO 网络进行数据收发，可获得更高阶的自由度，并可协作抑制小区间干扰，从而进一步提升链路容量。

（4）灵活回传。

灵活回传是提升超密集网络回传能力的高效、经济的解决方案。它通过灵活地利用系统中任意可用的网络资源（包括有线和无线资源），灵活地调整网络拓扑和回传策略来匹配网络资源和业务负载，灵活地分配回传和接入链路网络资源来提升端到端传输效率，从而能够以较低的部署和运营成本来满足网络的端到端业务的质量要求。

2）干扰管理和抑制策略

超密集组网能够有效提升系统容量，但随着小小区更密集的部署、覆盖范围的重叠，也相应地带来了严重的边缘用户干扰问题。当前干扰管理和抑制策略主要包括自适应小小区分簇、基于集中控制的多小区相干协作传输和基于分簇的多小区频率资源协调技术。

（1）自适应小小区分簇。

通过调整每个子帧、每个小小区的开关状态并动态形成小小区分簇，关闭没有用户连接或者无需提供额外容量的小小区，从而降低对临近小小区的干扰。

（2）基于集中控制的多小区相干协作传输。

通过合理选择周围小区进行联合协作传输，终端对来自多小区的信号进行相干合并避免干扰，对系统频谱效率有明显提升。

（3）基于分簇的多小区频率资源协调。

按照整体干扰性能最优的原则，对密集微小基站进行频率资源的划分，相同频率的微小站为一簇，簇间为异频，可较好地提升边缘用户体验。

3）小区虚拟化技术

随着站点密度的增加，小区边缘越来越多，边缘用户也将受到多个密集邻区的同频干扰，且 UE（用户终端）在密集小区间移动时切换过于频繁，用户体验急剧下降。5G UDN 解决方案可以将多个基站的干扰有效变为有用信号，且服务集合随小区移动不断更新，始终使用户处于小区中心的状态，实现小区虚拟化，达到一致性的用户体验。UDN 采用虚拟层技术为单层实体网络构建虚拟多层网络，单层实体微基站小区搭建两层网络（虚拟层和实体层），其原理见图 8-12。宏基站小区作为虚拟层，虚拟宏小区承载控制信令，负责移动性管理；实体微基站小区作为实体层，微小区承载数据传输。虚拟层技术可通过单/多载波实现：单载波方案通过不同的信号或者信道构建虚拟多层网络；多载

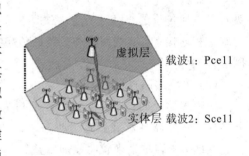

图 8-12　虚拟层技术基本原理

波方案通过不同的多载波构建虚拟多层网络，将多个物理小区（或多个物理小区上的一部分资源）虚拟成一个逻辑小区。

虚拟小区的资源构成和设置可以根据用户的移动、业务需求等动态配置和更改。虚拟层和以用户为中心的虚拟小区可以解决超密集组网中的移动性问题。小区虚拟化技术包括以用户为中心的虚拟化小区技术、虚拟层技术和软扇区技术。

（1）以用户为中心的虚拟化小区技术。

以用户为中心的虚拟化小区技术是指打破小区边界限制，提供无边界的无线接入，围绕用户建立覆盖、提供服务，虚拟小区随着用户的移动快速更新，并保证虚拟小区与终端之间始终有较好的链路质量，使得用户在超密集部署区域中无论如何移动，均可以获得一致的高 QoS/QoE。

（2）虚拟层技术。

虚拟层技术由密集部署的小基站构建虚拟层和实体层网络。其中，虚拟层承载广播、寻呼等控制信令，负责移动性管理；实体层承载数据传输，用户在同一虚拟层内移动时，

不会发生小区重选或切换现象,从而实现用户的轻快体验。

(3) 软扇区技术。

软扇区技术由集中式设备通过波束赋形手段形成多个软扇区,可以降低大量站址、设备、传输带来的成本;同时,可以提供虚拟软扇区和物理小区间统一的管理优化平台,降低运营商维护的复杂度,是一种易部署、易维护的轻型解决方案。

4) 多连接技术

随着移动蜂窝业务市场对系统的网络容量和无线覆盖的要求越来越高,5G 时代存在着多种无线接入制式并存,多频段、多带宽、多类型的小区部署并存,多种不同的节点部署方式并存,多种不同程度的耦合工作方式并存等情况。因此,采用 UDN 部署组网面临多种连接技术问题。对于 5G 宏微异构组网,微基站大多在热点区域局部部署,微基站或微基站簇之间存在非连续覆盖的空白区域。因此对于宏基站而言,除了要实现信令基站的控制面功能,还要视实际部署需要,提供微基站未部署区域的用户面数据承载。

多连接技术的主要目的在于实现 UE 与 UDN 的宏微多个无线网络节点的同时连接。不同的网络节点可以采用相同的无线接入技术,也可以采用不同的无线接入技术。由于宏基站不负责微基站的用户面处理,因此不需要宏微小区之间实现严格同步,降低了对宏微小区之间回传链路性能的要求。在双连接模式下,宏基站作为双连接模式的主基站,提供集中统一的控制面;微基站作为双连接的辅基站,只提供用户面的数据承载。辅基站不提供与 UE 的控制面连接,仅在主基站中存在对应 UE 的 RRC 实体。主基站和辅基站对 RRM 功能进行协商后,辅基站会将一些配置信息通过 X 接口传递给主基站,最终 RRC 消息只通过主基站发送给 UE。UE 的 RRC 实体只能看到从一个 RRU(射频单元)实体发送来的所有消息,并且 UE 只能响应这个 RRC 实体。用户面除了分布于微基站,还存在于宏基站。由于宏基站也提供了数据基站的功能,因此可以解决微基站非连续覆盖处的业务传输问题。

3. 超密集组网部署

5G 网络采用 HetNet 异构网络部署方式,同时也支持全频谱的接入,低频段提供广覆盖能力,超密集组网采用高频段,从而提供高速无线数据接入能力。根据工信部现有频谱划分 3.3 GHz～3.6 GHz 和 4.8 GHz～5 GHz 的低频为 5G 的优选频段,可以解决覆盖的问题;高频段如 28 GHz 和 73 GHz 邻近频段主要用于提升流量密集区域的网络系统容量。但高频段穿墙损耗非常大,不适合用于室外到室内的通信覆盖场景。5G 站点规划可在现有 4G 站点上增加 5G 站点。由于 5G 频段比 4G 高,需要增加弱覆盖区域的站点规划,在业务热点区域采用密集组网的方式解决覆盖和容量问题。5G 规划覆盖的重要发展方向是精细化超密集组网。根据不同的场景需求,采用多系统、多分层、多小区、多载波方式进行组网,以满足不同的业务类型需求。对于移动广覆盖业务场景的网络形态,以宏蜂窝基站簇覆盖为主,支持高移动性,核心网控制功能集中部署,无线资源管理功能下沉到宏蜂窝和基站簇。基站簇场景下,结合干扰协调需求,实现基于独立模块的集中式增强资源协同管理;对于热点高容量业务场景的网络形态,微蜂窝进行热点容量补充,同时结合大规模天线、高频通信等无线技术进行优化。

按照组网基站类型方式不同,5G 超密集组网可以分为"宏基站＋微基站""微基站＋微基站"两种模式,两种模式通过不同的方式实现干扰与资源的调度。

1）宏基站+微基站

5G 超密集组网在"宏基站+微基站"模式下，实现宏基站+微基站模式下控制与承载的分离。在业务层面，由宏基站负责低速率、高移动性类业务的传输，微基站主要承载高带宽业务；在控制层面，由宏基站负责覆盖以及微基站间资源的协同管理，微基站负责容量接入方式，实现接入网根据业务发展需求以及分布特性灵活部署微基站。通过控制与承载的分离，5G 超密集组网可以实现覆盖和容量的单独优化设计，解决密集组网环境下频繁切换问题，提升用户体验，提升资源利用率。

2）微基站+微基站

5G 超密集组网"微基站+微基站"模式没有宏基站存在，为了能够在此覆盖模式下，实现类似于"宏基站+微基站"模式下宏基站的资源协调功能，需要由多个微基站组成的密集网络构建一个虚拟宏小区。虚拟宏小区的构建需要簇内多个微基站共享部分资源（包括信道、参考信号、载波等资源），以保证同一簇内的多个微基站通过共享资源实现控制面承载的传输，以达到虚拟宏小区的目的。同时，各个微基站在其剩余资源上单独进行用户面数据的传输，从而实现 5G 超密集组网场景下控制面与数据面的分离。在网络低负载时，分簇化管理微基站，由同一簇内的微基站组成虚拟宏基站，发送相同的数据，以增强终端的接收分集增益，从而提高接收信号质量。当网络高负载时，每个微基站执行小区分裂，分别为各自独立的小区发送相应的数据信息，进一步实现网络容量和数据速率的提升，解决网络高负载问题。

8.4　新型多址技术

新型多址技术通过发送信号在空/时/频/码域的叠加传输来实现多种场景下系统频谱效率和接入能力的显著提升。此外，新型多址技术可实现免调度传输，也可有效简化信令流程，显著降低信令开销，缩短接入时延，降低空口传输时延，节省终端功耗。

8.4.1　新型多址技术概述

5G 系统三大典型场景对系统容量、连接数、用户体验速率和时延指标等都提出了较高的要求，为了应对这些需求的灵活应用，5G 相应地也衍生出了多种新型多址技术。5G 系统通过引入非正交多址技术，有效提升了频谱效率、连接数密度和时延等 5G 关键性能指标，带来了满足 5G 三大典型场景的性能指标要求的好处。

无线传输资源包括时间、频率、功率、空间、码序列等，即时/频域、功率域、空域、码域。从广义上看，多址接入技术是指使用这些资源进行传输以及基站区分不同用户数据的方式。在传统的移动通信设计中，用户至少在一个维度上是可区分的，或者说用户之间是正交的。与 LTE 的传统 OFDMA 不一样，5G 采用了以叠加传输为特征的新型非正交多址技术。利用非正交多址采用多用户信息的叠加传输，在相同的时频资源上可以支持更多的用户连接，可以有效提升频谱效率、连接数密度，满足了物联网海量设备连接能力的要求；利用非正交多址技术便于实现免调度传输，相比 LTE 的正交传输方式可有效简化信令流程，大幅度降低空口传输时延，这也是实现 1 ms 的空口传输时延指标的关键技术之一；非正交多址技术还可以利用多维调制以及码域扩展以获得更高的频谱效率。

目前是 5G 发展初期，业界提出的多种 5G 新型非正交多址技术方案主要包括基于功率叠加的非正交多址（NOMA）技术、华为提出的基于多维调制和稀疏码扩频的稀疏码分多址（SCMA）技术、大唐提出的基于非正交特征图样的图样分割多址（PDMA）技术、中兴提出的基于复数多元码及增强叠加编码的多用户共享接入（MUSA）技术等。其中，NOMA 是最基本的非正交多址技术，它是基于简单的功率域叠加方式的多址技术；SCMA、MUSA 是基于码域叠加的非正交多址技术；PDMA 是联合空域、码域和功率域优化的非正交多址技术。

5G 非正交多址技术通用框架结构见图 8-13，下行方向的传输过程是：发送端对单用户信息完成信道编码后，进入核心的码本映射模块，包括调制映射、码域扩展和功率优化，这三个部分可以进行联合设计，以获得额外编码增益。其中，码域扩展可以基于空/时/频/功率域叠加。码本映射模块后进行下行多用户信息的叠加，之后送入信道并传输到接收端。接收端采用多用户信号联合检测后分解出单个用户信息，并进行单用户纠错译码。这里也可以将信道译码的结果反馈到多用户联合检测器进行迭代译码，可进一步提升性能。上行方向的传输过程与下行方向一致，不同的是仅在发送端码本映射模块出来后直接送入信道，到接收端检测之前才进行上行多用户信息的叠加步骤。

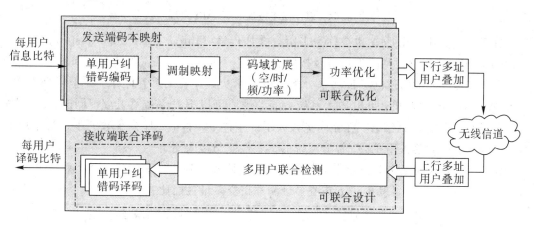

图 8-13　5G 非正交多址技术通用框架结构

8.4.2　NOMA

非正交多址接入（Non-Orthogonal Multiple Access，NOMA）技术是基于功率叠加的非正交多址（NOMA）技术，即发射端使用功率域区分用户，接收端使用串行干扰消除（Successive Interference Cancellation，SIC）接收机进行多用户检测。在 RRC-CONNECTED 状态下（假设 UE 已事先完成了上行同步），采用 NOMA 可以节省调度请求过程。在 RRC-INACTIVE 状态下，数据可以在没有 RACH 程序的情况下传输。因此，NOMA 节省了信令开销，也就节省了能源消耗，减少了延迟，提高了系统容量。

NOMA 可以在功率域引入，也可以在码域和功率域混合引入，见图 8-14。为满足不同类型的需求，非正交多址技术进一步将功率域与扩频序列进行结合。例如，为提升接收可靠性，可以将功率域与正交序列结合；为提升连接能力，将功率域与非正交序列结合等。NOMA 把功率域由传统的单用户改为多用户共享，并把无线接入能量提升 50%，非正交多址接入技术新增功率域，可以满足每个用户不同的路径损耗，实现复用。NOMA 可以提升系统吞吐量，可以用于 eMBB 场景；NOMA 的非正交接入可以极大地提升系统同时连接的用户数，满足 mMTC 的需求；NOMA 允许用户非正交传输，因此即使发生碰撞，也能够正确传输、正确接收，可以降低时延并提高资源利用率，适用于 URLLC 场景。

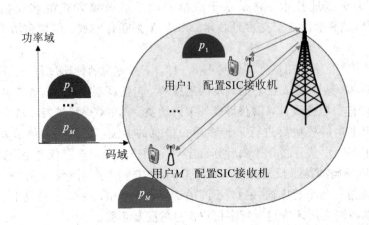

图 8-14　基于功率叠加的 NOMA 原理

在下行链路中，NOMA 也被称为多用户叠加传输（Multi-User Superposition Transmission，MUST），通过用户调度以及按照需求进行不同功率分配，如离基站远的 UE 分配大一些的功率，离基站近的 UE 功率分配减少，可以提升系统总吞吐量。在上行链路中，NOMA 借助 SIC 接收机，可以增大系统容量，进而可以提升系统吞吐量。同时，NOMA 可以将功率与扩频序列结合，在相同扩频因子的条件下，非正交序列个数大于正交序列个数，可以增加同时接入用户数，提升系统的接收性能与接入能力。

满足 5G 需求的正交多址和非正交多址的性能比较见表 8-3。

表 8-3　正交多址和非正交多址性能比较

OMA（正交多址）	NOMA（非正交多址）
单用户容量受限； 同时进行传送的用户数受限； 不支持免调度传输； MU-MIMO 和 CoMP 严重依赖于信道状态信息 CSI	可以获得多用户容量； 支持过载传输； 支持可靠和低时延的免调度传输； 支持开环 MU 复用和 CoMP； 支持灵活的业务复用

NOMA 涉及的关键技术有：有非正交多址接入方案的序列设计、SIC 接收机的用户分组和序列分组等。

8.4.3　SCMA

稀疏码分多址接入（Sparse Code Multiple Access，SCMA）是华为在 2013 年提出的第五代移动通信网络全新空口核心技术的多址接入方案之一，SCMA 引入稀疏编码对照簿，在不增加系统资源的前提下，通过发送端的调制波形和稀疏码本设计，以及接收端的低复杂度最优用户检测接收机设计，采用多个用户在码域的非正交多址接入来实现无线频谱资源利用效率的提升和系统容量的增加。

　　SCMA 是一种基于码域叠加的新型非正交多址技术，它将低密度码扩频和调制技术相结合，通过共轭、置换和相位旋转等操作方式选择最优性能的码本集合，让不同用户采用基于分配的不同码本进行信息传输。SCMA 系统发送端将输入的二进制比特流直接从预先设定好的码本中映射成多维复数域稀疏码字，取代传统方案中的调制和扩频，在接收端则基于码字的稀疏性，采用具有迭代特性的消息传递算法（Message Passing Algorithm，MPA）进行多用户解码检测，通过稀疏码的设计和优化，可以简化接收端的多用户检测器设计，提高发送端的分集增益，进而在降低复杂度的同时提升系统性能。由于 SCMA 技术是基于非正交稀疏编码叠加的，在同样的资源条件下，可以支持更多用户连接；利用多维调制和频域扩频技术，SCMA 可以大幅提高用户连接数和单用户链路质量性能以实现海量连接，还可以通过免授权接入方式降低信令开销和接入时延，且降低终端能耗。同时，还可以利用盲检测技术以及 SCMA 对码字碰撞不敏感的特性，实现免调度随机竞争接入，有效降低实现复杂度和时延，更适合用于小数据包、低功耗、低成本的物联网业务应用。此外，SCMA 和 LTE 系统的 OFDM 技术可以完美兼容。

　　SCMA 系统的发送端处理过程如图 8-15 所示，信道编码后的比特根据预先编排的 SCMA 码本对照簿直接被映射成多维调制符号表示的稀疏码字，一个单用户数据流被看作一层，每层对应一个 SCMA 码本，同一个码本中的不同码字具有相同的稀疏图样，见图 8-16。完整的 SCMA 实现结构包含接收端调制映射与码域扩展（频域为例）、功率优化的联合优化，并通过稀疏扩展来平衡接收端复杂度。基于 SCMA 技术，不同用户的数据在码域和功率域实现复用，并共享时频资源。如果复用的数据层数超过复用码字的长度，则系统提示过载。SCMA 的发送结构具有很高的灵活性，可以通过码本设计实现不同维度的资源叠加使用。

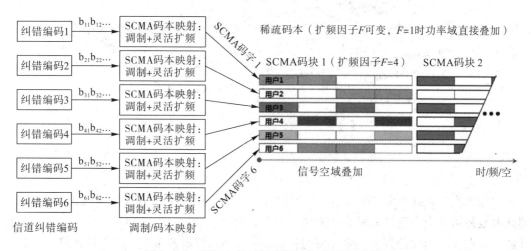

图 8-15　SCMA 的灵活发送结构（以频域为例）

　　图 8-16 中有 6 个数据层分别对应 6 个不同的码本，每个码本包含 4 个码字长度为 4 的码字。同一个码本中的所有码字在两个维度上都包含 0，不同码本中的 0 的位置是独特的，以便实现 2 个用户间的碰撞避免。在比特到码字映射时，根据比特对应的编号从码本中选择对应的码字，以非正交的方式叠加。其中，考虑到多个用户复用时相互之间的影响

问题，如何设计 SCMA 码本是 SCMA 技术实现的关键。

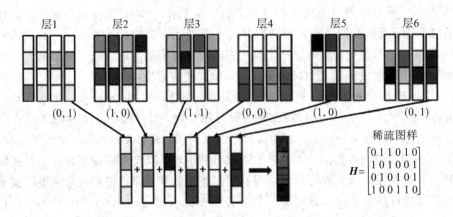

图 8-16　SCMA 的比特到码字映射过程

SCMA 主要采用了低密度扩频技术和多维/高维调制技术两个关键技术。

SCMA 码本采用低密度扩频的方式对单个子载波进行扩展，并将其在频域方向扩展到 4 个子载波上（见图 8-17），实现 6 个用户共享这 4 个子载波。之所以称之为"低密度扩频"，是因为每个用户数据在频域方向上只占用了其中的两个子载波（图中有颜色的格子部分），而另外两个子载波则是空载的（图中的白色格子），这也是 SCMA 中"Sparse（稀疏）"的概念。低密度扩频技术在现有资源条件下实现了更有效的用户资源分配，具有更高的频谱利用率。

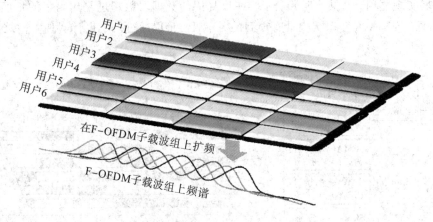

图 8-17　SCMA 低密度扩频原理图

但低密度扩频技术中原本 4 个子载波承载的 4 个用户经过 SCMA 扩展到了 6 个用户，即此时是使用 4 个子载波来承载 6 个用户的数据，子载波之间就是非正交形式，在单个子载波上存在 3 个用户的数据发生冲突的问题，这给多用户解调带来了较大的困难，增加了接收端的复杂度。针对这个问题，SCMA 利用多维/高维调制技术来解决。

多维/高维调制技术通过幅度和相位的高维调制，增大多用户星座点之间的欧氏距离，提升多用户的抗干扰及解调能力，每个用户的数据都使用系统统一分配的稀疏编码对照簿进行多维/高维调制，这样就可以较容易地实现在不正交的情况下对用户进行快速识别。

　　SCMA 综合使用低密度扩频技术与多维/高维调制技术可使得多个用户在同时使用相同无线频谱资源的情况下引入码域的多址技术,大大提升无线频谱资源的利用效率,而且通过使用数量更多的子载波组(对应服务组),并调整稀疏度(多个子载波组中单用户承载数据的子载波数),来进一步地提升无线频谱资源的利用效率。

8.4.4　PDMA

　　图样分割多址接入(Pattern Division Multiple Access,PDMA)技术是大唐电信科学技术研究院在早期 SIC Amenable Multiple Access(简称 SAMA)研究基础上提出的新型非正交多址接入技术。PDMA 基于在多用户间引入合理不等分集度提升容量的原理,通过设计多用户不等分集的 PDMA 图样矩阵,实现空域、码域和功率域等多维度的非正交信号叠加传输,获得更高多用户复用和分集增益的非正交多址接入技术。

　　PDMA 以多用户信息通信理论为基础,采用发送端和接收端的联合优化设计,整体技术框架见图 8-18。发送端(在相同的空域、码域和功率域资源内)将多个用户信号进行复用传输,利用图样分割技术对用户信号进行合理分割,不同的用户采用不同的图样;在接收端采用 SIC 接收机进行多用户检测,实现上行和下行的非正交传输,逼近多用户信道的信道容量。用户图样的设计可以在空域、码域或功率域内独立进行,也可以在多个信号域内联合进行。图样分割技术通过在发送端利用用户特征图样进行相应的优化,加大不同用户间的区分度,有利于改善接收端串行干扰删除的检测性能。

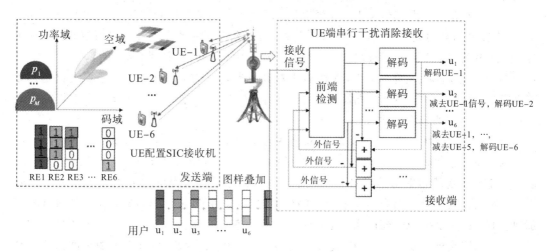

图 8-18　PDMA 技术框架

　　整体来说,在发送端,PDMA 基于多个信号域(包括空域、码域和功率域等)的非正交特征图样区分用户,在基于预先设计的图样上进行复用叠加,对所有用户进行星座图映射和统一的 PDMA 编码、子载波资源映射,然后进行图样星座调制,完成发射端信号处理过程;在接收端,基于用户图样的特征结构,每个用户采用相应的逆过程处理,即信号经过图样星座解调,采用广义串行干扰接收删除方式实现准最优多用户检测接收解码,最后得到该用户的传输数据。

　　通过改变 PDMA 图样设计,可以改变用户的传输分集度,进一步减少 SIC 接收机的误差传播问题;通过优化 SIC 接收机检测算法设计可以减少检测时间。PDMA 关键技术包括发送端/接收端关键技术和多天线结合的关键技术等。PDMA 在发送端需要考虑的关键技术有图样矩阵设计、图样分配方案设计、功率分配方案设计和链路自适应等。PDMA 在接收端需要考虑的关键技术有高性能低复杂度的检测算法和基于导频的激活检测算法等。PDMA 与多天线结合的关键技术需要考虑上/下行 PDMA 与多天线结合方案。

　　传统的 MU－MIMO 多用户调度算法重点关注空间隔离特征，PDMA 的多用户配对关注功率域、编码域等几个维度的特征，增加了调度算法的复杂度。PDMA 简化的调度算法首先将用户基于空间域隔离度进行分组，然后通过组内进一步对用户采用配对方式进行多用户的资源分配。通过 PDMA 与多天线 MU－MIMO 实现方案结合以及多用户调度方案，可有效增加用户配对比例，并利用空间波束赋形技术，降低接收端的检测复杂度，进一步提升系统性能。

8.4.5　MUSA

　　多用户共享接入(Multi－User Shared Access，MUSA)是面向 5G 海量连接和移动宽带两个典型场景的新型多址技术，是一种基于码域叠加的多址接入方案，由中兴通讯公司提出。对于上行链路，将不同用户的已调符号经过特定的扩展序列扩展后在相同资源上发送，接收端采用串行干扰消除 SIC 接收机对用户数据进行译码，基于复数域多元码的叠加可以支持真正的免调度接入，免除资源调度过程，并简化同步、功率控制等过程，从而能极大地简化终端的实现，降低终端的能耗，特别适合作为 5G 海量接入的解决方案。上行链路扩展序列的设计是影响 MUSA 方案性能的关键，要求在码长很短的条件下(4 个或 8 个)具有较好的互相关特性。对于下行链路，基于传统的功率叠加方案，采用新型叠加编码技术，利用镜像星座图对配对用户的符号映射进行优化，提升下行链路性能，可提供比 4G 正交多址及基于功率域叠加的 NOMA 技术具有更高容量的下行传输，并能更大化地简化终端设计与实现过程，降低终端能耗，可应用于 5G 移动宽带高容量场景，用于提高中心用户和边缘用户的容量。

　　MUSA 上行传输采用非正交复数多元序列作为扩展码，适合免调度接入的多用户共享接入方案，非常适合低成本、低功耗实现 5G 海量链接，其原理如图 8－19 所示。复数扩展码由于具有实部和虚部的设计自由度，优化设计空间比实数扩展序列大很多。我们知道，在序列较长的时候很容易实现较低的相关性，但序列过长也容易导致系统的过载率增加(把同时接入的用户数与序列长度的比值称为负载率，当负载率大于 1 时通常称为"过载")，带来接收机的复杂度增加。复数扩展码可以采用长度较短的序列，如长度为 8 甚至为 4 时，复数扩展码也能保持相对较低的互相关。同时，复数扩展码具有大量的扩展码供选择使用，而且即使是随机产生的扩展码集合，仍然具有很好的互相关特性。例如，一种非常简单的 MUSA 扩展序列，利用其复数的实部/虚部取值一个简单三元集合 $\{-1, 0, 1\}$，也能取得相当优秀的性能。长度较短的非正交复数扩展码可以避免数据发送时引入较大时延，还可以有效控制串行干扰消除 SIC 等类型的接收机的处理复杂度。因此，选择合适的扩展序列会直接影响 MUSA 上行传输的性能和接收机复杂度，是 MUSA 上行传输方案设计的关键技术。

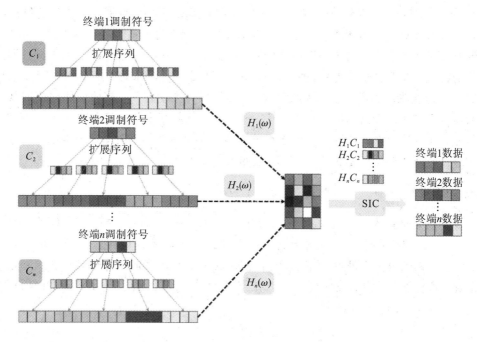

图 8 - 19 MUSA 上行链路接入方案框图

5G 下行多址的主要需求是高容量，MUSA 下行方案的设计是通过新型的增强叠加编码来引入非正交多址接入，在更低复杂度接收机条件下增强 UE 侧的接入最佳性能，以提升系统容量。MUSA 下行链路接入方案如图 8 - 20 所示，在发射侧多个用户被分为 N 组用户，每组的用户数为 M。每组内多用户调制符号乘以对应分配的功率因子 P，具备一定功率的调制符号采用增强叠加编码，得到叠加后的符号。使用正交序列集合中的序列对叠加后的符号进行扩频扩展处理，得到扩展后的符号序列。累加合并扩展后的符号序列，得到合并后的符号序列，合并后的符号序列形成发射信号。在 UE 侧，UE 完成对应的信道均衡和解扩，再根据需要完成 SIC，或者直接解调译码。

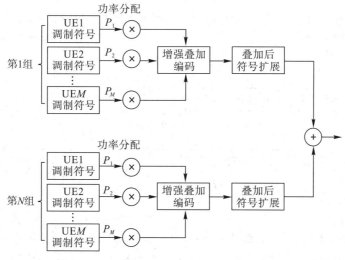

图 8 - 20 MUSA 下行链路接入方案框图

　　MUSA 下行传输的关键技术是增强叠加编码和后续的符号扩展。不同于传统的叠加编码，MUSA 增强叠加编码首先将部分参与叠加的调制符号做适当变化后再进行相加，叠加后的符号星座图上具有格雷映射属性（即相邻星座点之间只相差 1 个比特），具备调制性能最优的特点。采用这样的增强叠加编码，终端可以使用非常简单、低时延、低复杂度的符号级 SIC 即能取得非常接近最优的解调性能。同时，符号级 SIC 接收机相对于码块级接收机所需信令和资源调度也简单得多。其后的符号扩展将每个叠加编码符号进一步扩展成多个符号，并尽量均匀地放置到多个子载波上或在多个天线上发送，这样可以拉平叠加符号的可靠性，进一步提升终端符号级 SIC 的鲁棒性。

8.4.6　RSMA

　　资源扩展多址接入（Resource Spread Multiple Access，RSMA）技术是 5G 非正交多址接入方案之一，是一种非同步、基于竞争接入方式的支持免许可传输。RSMA 接入模式下，不管用户的数目多还是少，所有用户都使用相同的频率和时间资源，实现到基站的传输。也就是说，每个用户的发射功率可以在其可用的时/频资源上进行扩展以提供更高的网络接入密度，如图 8-21 所示。

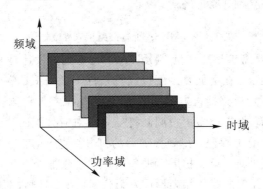

图 8-21　RSMA 资源扩展示意

　　正交多址接入方案的优点在于可以忽略来自同一小区内其他终端的干扰。但系统获得正交性的同时需要付出其他额外的代价，包括资源分配和上行链路定时等。非正交多址接入的 RSMA 技术的灵活性在于它可以将具体的系统设计目标与各种波形和调制方案相结合，见图 8-22。

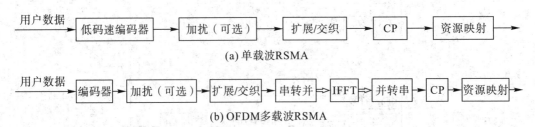

图 8-22　RSMA 与各种波形结合

　　图 8-22(a)为 RSMA 与单载波波形结合方式，单载波波形利于降低耗电并扩展覆盖，适用于终端链路预算受限且需要考虑电池节电的情况。支持免调度传输和可能的异步接

入。使用 RSMA 结合免授权传输方式可以有效降低信令开销，同时单载波波形进一步降低峰均功率比以获得更高的功率放大器效率。脉冲整形块可以进一步增强所述的 PAPR 性能（如恒定包络波形），并减少带外发射。

图 8-22(b)为 RSMA 与 OFDM 多载波波形结合方式（多载波 RSMA），更利于低时延接入和免调度传输，用于满足系统减少接入时延的首要目标。这种场景可以是一个已经与基站同步的处于连接态的终端，其链接预算并不受限（如接近基站）。这样的终端可以采用免授权传输方式的 RSMA，与基于 OFDM 的多载波波形结合来减少整体接入延迟。

RSMA 下带宽相对较大，易于实现频率分集，提高系统容量。RSMA 的关键技术主要有链路预算的改善（涉及干扰消除和接收天线的数量）、信令开销的减少算法。

8.4.7　LCRS

低码率扩展（Low Code Rate Preading，LCRS）是 Intel 提出的一种基于低码率扩频的非正交多址技术。结合低码速率传输和用户专用解调参考信号（DM-RS），LCRS 可以在接收端实现不同用户的区分。当使用更先进的（如基于 Turbo 均衡）接收机时，LCRS 可以采用用户特定的加扰或交织以进一步提高多用户检测性能。

LCRS 发射机原理见图 8-23 所示。每个用户的部分数据使用重复和速率匹配过程对信息比特进行编码。假定用户发送资源相对于发送的分组大小足够大，则低码率扩展技术可以实现。此外，可以使用用户特定的加扰/交织来改善接收端的多用户信号分离。在 QAM 调制之后，可以为基于 SC-FDMA 的上行链路传输添加可选的 DFT 模块；然后调制复值信号进行资源映射，将传输信号与分配给多个用户的一组非正交物理资源相关联；最后一步是 IFFT 模块应用于基于 OFDM 的波形。

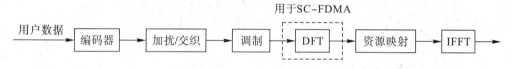

图 8-23　LCRS 发射机原理示意图

LCRS 的关键技术主要涉及 LCRS 对应的先进接收机的结构设计。图 8-24 是 LCRS 基于并行干扰删除（PIC）的接收机结构示意图。

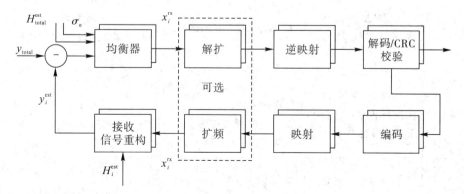

图 8-24　MMSE-PIC 接收机示意图

图中 y_{total} 为总接收信号，H_{total}^{est} 为每一个用户的信道估计集合，σ_n 为噪声功率；x_i^{rx} 为来自第 i 个用户均衡后的接收信号，x_i^{tx} 为来自第 i 个用户的调制符号，H_i^{est} 为第 i 个用户的信道估计，y_i^{est} 为被重构后的来自第 i 个用户的信号。并行干扰删除接收机是基于码字级别的干扰删除，将被成功译码的其他用户信号从总接收信号中删除，以降低其带来的干扰。接收机采用基于迭代运算的方法，即当前的用户信号是将在前一次迭代中被成功译码的信号从总接收信号中删除而得到的信号。

在低码率的情况下（码率小于母码率的 1/3 时），用户间的额外干扰会导致 LCRS 性能降低，然而随着码率的增加，编码增益成为重要的因素，LCRS 会展现出更好的性能。

8.4.8　几种多址技术比较

5G 新型多址技术的比较见表 8-4。

表 8-4　几种非正交多址接入技术的特征比较

多址技术	关键技术	优　势	存在问题
NOMA	功率域或码域复用；SIC	1. 系统中用户的公平性较好； 2. 提升了系统的频谱利用率和吞吐量	1. 功率域复用技术有待进一步研究； 2. SIC 接收机的复杂度很高
SCMA	低密度扩频；多维调制技术；MPA 算法迭代	1. 码本灵活，适用场景广泛； 2. 高维调制技术使星座图增加成形增益； 3. 提升频谱效率 3 倍以上，上行容量为 OFDMA 的 28 倍，下行小区吞吐率比 OFDMA 提升 5%～8%	1. 码本的进一步优化问题； 2. 应降低 MPA 算法复杂度
PDMA	采用特征图样区分不同信号域；SIC	进行功率域、空域、码域联合或选择性的编码，上行系统容量提升 2～3 倍，下行系统频谱效率提升 15 倍	1. 特征图样的设计有待进一步优化； 2. 技术复杂度高
MUSA	采用复数域多元码序列进行扩频；SIC	1. 低误块率； 2. 支持大用户数的接入； 3. 提升频谱效率	1. 用户间的干扰较大； 2. 需考虑低互相关性复数域多元码的设计如何承载更多用户
RSMA	可在时/频资源上进行扩展；链路预算的改善	1. 可以忽略来自同一小区内其他终端的干扰； 2. 可以根据具体的系统设计目标与各种波形和调制方案相结合	牺牲了资源分配和上行链路定时等
LCRS	基于低码率扩频；PIC	可以采用用户特定的加扰或交织以进一步提高多用户检测性能	在低码率时，用户间的额外干扰有可能导致 LCRS 性能降低

　　除以上所述几种主要的非正交多址技术外,3GPP 还提出了其他几种技术,如非正交码分多址接入(Non‐orthogonal Coded Multiple Access,NCMA)、非正交码分接入(Non‐orthogonal Coded Access,NOCA)、交织分割多址接入(Interleave Division Multiple Access,IDMA)、交织栅格多址接入(Interleave Grid Multiple Access,IGMA)、重复分割多址(Repetition Division Multiple Access,RDMA)和组正交编码接入(Group Orthogonal Coded Access,GOCA)等。表 8-5 是设备商提供的几种多址接入技术参数对比表。

表 8-5　几种多址接入技术参数对比表

类别	名称	公司	用户区分方法	超负载因素	稀疏	适用的接收器	接收机复杂度
基于码本的多址接入	SCMA	Huawei	码本	用户数和码字容量比	是	MPA	高
	PDMA	CATT				MPA,SIC	
基于序列的多址接入	MUSA	ZTE	符号复杂序列	用户数目与序列长度之比	是	MMSE‐SIC	较低
	NCMA	LG			否	MMSE‐PIC,ESE‐PIC	
	NOCA	Nokia,Alcatel‐Lucent				MMSE‐SIC,ESE‐PIC	
	GOCA	Media Tek				MMSE‐SIC	
基于交织/扰码的多址接入	IDMA	Nokia,InterDigital	比特级交织器	用户数量与复用次数之比	否	ESP‐PIC	中等
	IGMA	Samsung	符号级交织器		是	ESE‐PIC,MPA	中等/高
	RDMA	Media Tek					
	RSMA	Qualcomm	符号级扰频器		否	MMSE‐SIC	较低
					否	MMSE‐SIC	

8.5　全频谱接入

　　全频谱接入通过有效利用各类移动通信频谱(包含高低频段、授权与非授权频谱、对称与非对称频谱、连续与非连续频谱等)资源来提升数据传输速率和系统容量。

8.5.1　全频谱接入概述

　　在巴塞罗那 MWC 2019 上,GSMA 公布的一份最新报告中预测到 2025 年,全球将拥有 14 亿 5G 连接,占到全球移动连网总数的 15%,但这一设想能否实现还要取决于运营商的频谱获得情况。在"GSMA 公共政策对 5G 频谱的立场"的报告中提到:

　　(1) 5G 需要更宽的频段来支持更高的速度和更大的流量,如果各政府和监管机构在主要的 5G 中频段(如 3.5 GHz)中为每个运营商提供 80 MHz～100 MHz 频谱以及在毫米波段(24 GHz 以上)为每个运营商提供约 1 GHz 的频谱,就能很好地支持 5G 服务。

　　(2) 为了提供广泛的覆盖范围并支持所有应用,5G 需要三个关键频率范围内的频谱:

　　① 低于 1 GHz 的频谱,可在城市、郊区和农村地区扩展高速 5G 移动宽带覆盖范围,

并帮助支持物联网(IoT)服务。

② 1 GHz～6 GHz 的频谱，为 5G 业务提供良好的覆盖范围和兼容组合。

③ 高于 6 GHz 的频谱，以支持超高速移动宽带等 5G 业务。

（3）政府在 2019 年世界无线电通信会议上支持 26 GHz、40 GHz(37 GHz～43.5 GHz)和 66 GHz～71 GHz 移动频段。这些频谱能够支持 5G 实现其最快的速度，支持低成本设备和国际漫游，以及实现最小化跨境干扰。

由此可见，全频谱接入必然成为 5G 实现的关键技术之一，其中全频谱接入技术主要依赖于高频段通信的实现，高频段通信能够利用高频丰富的频谱资源，大幅度提升数据传输速率和系统容量，是 5G 通信实现的关键性技术。

8.5.2 全频谱接入技术

全频谱接入涉及 6 GHz 以下低频段和 6 GHz 以上高频段，其中 6 GHz 以下低频段因其较好的信道传播特性可作为 5G 的优选核心频段，用于无缝覆盖；6～100 GHz 高频段具有更加丰富的空闲频谱资源，可作为 5G 的辅助频段，用于热点区域的速率提升。全频谱接入采用低频和高频混合组网，充分挖掘低频和高频的优势，共同满足无缝覆盖、高速率、大容量等 5G 需求。5G 全频谱接入的具体应用见表 8-6。

表 8-6 5G 全频谱接入应用

频率	主要应用场景	技术指标
＞6 GHz	eMBB	小区峰值：10 Gb/s；小区平均速率：2 Gb/s；5G NR
3 GHz～6 GHz	eMBB	小区峰值：5 Gb/s；小区平均速率：1 Gb/s；5G NR 或 eLTE
	URLLC	
	mMTC	
＜3 GHz	URLLC	小区峰值：100 Mb/s～500 Mb/s；小区平均速率：20 Mb/s～100 Mb/s；eLTE
	mMTC	

考虑高频段传播特性与 6 GHz 以下频段有明显不同，全频谱接入的重点是研究高频段在移动通信中应用的关键技术，鉴于低频段资源有限，目前业界主要研究 6 GHz～100 GHz 频段，该频段拥有丰富的空闲频谱资源，可有效满足 5G 对更高容量和速率的需求，可支持 10 Gb/s 以上的用户传输速率。高频信号在移动条件下易受到障碍物、反射物、散射体以及大气吸收等环境因素的影响，高频信道与传统蜂窝频段信道有着明显的差异，如传播损耗大、信道变化快、绕射能力差等。5G 高频研究要以信道测量和建模为基础，分析不同高频频点的传播特性，同时考虑高频器件的约束，依此设计高频的新空口技术。因此高频信道测量与建模、高频空口系统技术、高频部署和组网以及高频器件是全频谱接入技术面临的主要挑战。

1. 高频信道测量建模与频段

5G 高频段研究范围涵盖 6 GHz～100 GHz 频段，可选频段包括授权频谱和非授权频谱、对称和非对称频谱、连续频谱和离散频谱等。面向未来 5G 可能的候选频点，需要结合业界信道测量成果，研究高频候选频点的信道传播特性，构建适用于高频频段的信道模型，分析和评估高频频点的适用场景，选择适合 5G 的高频频段。目前，高频信道建模主要采用两种方式：基于大量测试数据的统计信道模型和基于地图环境通过射线追踪并叠加部分统计特性的混合模型。3GPP 主要采用了第一种方式，利用实际测量中得到的信道统计参数(如时延功率分布、角度功率分布等)的统计特性对信道模型进行描述，并通过随机参数的生成来建立或者模拟实际中的信道情况。而射线追踪的模型主要是通过对传播环境的确定性建模，并考虑电磁波传播的几何特性以及电磁特性进行仿真建模。同时，为了凸显高频段与低频段传播特性的区别，5G 高频信道模型中还引入了更多与高频相关的新特性，包括阻挡模型、空间一致性模型和角度模型等。

目前业界开展研究的 5G 典型候选频段主要包括 6 GHz、15 GHz、18 GHz、28 GHz、38 GHz、39 GHz、45 GHz、60 GHz 和 72 GHz 等，测量场景涵盖室外热点和室内热点。根据实际信道测量显示，频段越高，信道传播路损越大。高频信道表现出的一个新特性是信道特性比较依赖所采用的天线形态，如传输损耗、时延扩展和接收功率角度谱等参数随着天线形态的不同将发生较大的变化，因此信道测量如何与天线形态解耦是高频信道建模的研究重点。

2. 高频空口系统技术

高频通信受移动信道复杂性大、高频信号传输损耗大等影响，难以实现无缝覆盖。因此，5G 网络的建设必定是以低频覆盖为基础、高频网络为补充的混合组网模式。因此，统一空口技术是高频通信重要的关键技术，统一空口的设计主要包括以下几个因素：

(1) 高低频统一的帧结构及扩展的物理层参数化统一设计。

高低频在帧、子帧甚至时隙上保持划分统一，有利于高低频混合组网以及降低设备实现的复杂度。

(2) 高频空口在接入与回传上保持统一的设计。

高频段因为大带宽的优势可以在做接入的同时用于无线回传，一体化的接入与回传是充分共享接入和回传资源(如前端、基带和频谱资源)，以有效提升系统容量，降低部署成本的最佳途径。因此，回传上的帧结构及物理层参数要求保持一定的统一，如子载波间隔等。

(3) 更加灵活的自适应可配置空口支持。

基于高频信道的特征，高频通信系统以多天线、阵列天线技术为核心研究收发波束赋形技术，以及窄波束的对准与跟踪技术，以提高高频系统的覆盖；研究适用于不同高频频点信道传播特性及信号波形，以支持高低频混合组网下统一的空口帧结构及接入机制；研究自适应感知频谱技术，以支持授权频谱和非授权频谱等多种频谱使用需求；研究适用于高频通信的编码调制技术、点射技术、干扰管理技术以及高效的 MAC 层技术等，提升高频空口传输的性能；研究接入与回传相结合的无线传输技术，以降低高频组网的成本。

高频波形目前主要考虑单载波和多载波两大类，包括 OFDM、FBMC、UFMC、F - OFDM、NOMA、SCMA、TDMA、PDMA、MUSA、SC - OFDMA 等，其中商用应用主要集中于单载波 SC - OFDM 波形和多载波 OFDM 波形。例如，华为、三星、爱立信采用 OFDM 波形实现，诺基亚采用单载波的 NCP - SC - OFDM 波形。IEEE802.11ad 的实现采用了 OFDM 和 SC - OFDM 两种波形。

3. 高频部署场景与组网

1) 高频部署场景

高频部署典型应用场景可以分为室内场景、室外场景、室外-室内场景和无线回传场景。

(1) 室内场景(Indoor-to-Indoor，I2I)。

室内的无线移动环境较室外简单，也不存在恶劣天气的损耗、雨衰和穿透损耗等，加上室内传输较短的无线通信距离的室内条件和用户终端低移动性的特点更适合于进行高频通信部署。室内场景的主要应用部署包括办公室、会议室、大型教室、火车站、体育馆和商场、超市、购物中心等，以提供高密度链接，满足室内高吞吐量的需求。部署需要解决的主要问题是：提供高密度连接，满足室内高吞吐量需求，解决室内天线或微蜂窝间信号干扰，室内高频天线形态及微蜂窝部署方式，以及无线回传的支持。

(2) 室外场景(Outdoor-to-Outdoor，O2O)。

5G是大带宽高速率的移动网络，室外移动场景的部署也是一个非常重要的场景。高频通信部署的室内场景主要包括体育场、城市街道、大学校园和大型开发广场等流量需求大、需要提供高密度连接的室外典型场景。相比室内场景，室外场景的移动通信环境较为恶劣，同时通信距离明显增大，在大雨或者暴雨情况下雨衰显著，人体和汽车对于传播链路遮挡的问题更为突出。部署需要解决的主要问题是：提供高密度连接，满足室外高吞吐量需求，解决室外链路遮挡、扩大覆盖范围，室外微蜂窝间信号干扰，室外高频天线形态及微蜂窝部署方式。

(3) 室外-室内场景(Outdoor-to-Indoor，O2I)。

在难以获得显著收益的情况下，室外-室内场景具有最低的优先级。

(4) 无线回传场景。

在实际移动通信网络中，某些不具备光纤传输条件的业务热点区域需要在室外或者室内新建宏站/微站的时候，可以通过高频通信结合大规模天线技术为新建站点提供无线回传，可以较好地解决城区部署有线回传成本高的问题。这些场景的特点是流量需求大、链路阻挡少、回传带宽高和用户静止。高频无线回传场景可以进一步划分为六个典型场景(按照回传带宽大小排序)：城市热点覆盖回传、街道热点回传、密集部署回传、室内热点回传、中继回传和城市补盲回传。部署需要解决的主要问题是：满足高传输速率、高可靠性、低传输时延的要求，需要灵活回传带宽的配置。

2) 高频组网

5G建设初期，由于采用4G和5G混合组网方式，高低频混合组网是必要的模式。低频段网络(包括LTE/LTE-A和5G低频网络等)主要用于全区域的无缝覆盖，高频段网络作为低频蜂窝空口的补充，具有丰富的频段资源，可以极大地提升系统流量，很好地支撑UDN的需求。高频组网主要部署在室内外热点区域，用于提供大容量大数据速率的数据传输业务，同时实现对低频网络的负荷分流。利用高频通信的窄波束和小覆盖的特点，可用于D2D、车载雷达等新型无线应用通信场景。

高低频混合组网允许通过现有网络(包括所有移动通信网络、D2D网络、WiFi网络、自组织网络等)中的网元设备作为"辅助"节点，与高频站点紧密耦合，实现简化高频组网，实现终端对高频载波的使用，提高了系统配置效率，能够保持较低的高频组网成本。另外高频频段因其大带宽的优势，在密集组网的情况下，适当分配部分高频带宽用于无线回传，可以大幅降低组网成本。同时，5G 网络也要考虑局部的高频独立组网。高频组网部署的关键技术是波束干扰协调技术，解决由于 UDN 部署比较密集，高频节点间存在大量的波束交叠，干扰情况相应地也比较复杂的问题；利用用户面/控制面分离技术来减少 UDN 部署带来的站点间频繁切换问题；利用无线自回程来灵活部署节点，解决由于节点数的增多，导致有线回程的成本较高，而且不利于灵活部署的问题。

4. 高频器件

高频段射频器件是影响 5G 研究及产业化的关键因素。由于高频的大带宽、信号传播损耗大等特点，高频段通信的实现主要受限于高频器件的开发。与中低频相比，高频器件更易于系统集成，实现大规模无线和设备小型化。目前 6 GHz～100 GHz 的器件在微波产品中相对成熟，其中，工作在 14 GHz、23 GHz、28 GHz、V 波段和 E 波段的等微波产品已商用，但应用于蜂窝移动通信尚需在关键高频器件上进一步突破，以实现高性能、高集成度的高频器件。

为了验证高频通信关键技术，业界研制了一些高频通信原型系统。其中，在我国 5G 第一阶段测试中，中兴通讯首家完成高频室内和室外的全场景测试，它也是国内首个提供高频外场移动覆盖测试和外场波束跟踪测试的厂商。测试结果表明，中兴通讯高频原型机在室内、室外各种视距和非视距场景下表现良好，单用户峰值速率可达到 Gb/s 数量级以上，同时支持自动波束捕获、波束跟踪，并能根据信道质量自适应地切换波束。此外，业界基于 E 波段的原型系统可实现高达 115 Gb/s 的传输速率，基于 20 GHz～40 GHz 的原型系统可支持 10 Gb/s 的传输速率，初步验证了高频段支持高速数据通信的可行性。

思 考 与 习 题

1. 5G 关键技术有哪些？
2. 5G 新型网络架构的特点是什么？
3. 什么是网络切片？
4. 什么是边缘计算？
5. 什么是 Massive MIMO 技术？它的特点和优势是什么？
6. 什么是超密集组网？它的特点和优势是什么？
7. 什么是小区虚拟化技术？它主要解决了什么问题？
8. 5G 新型多址技术有哪些？
9. 什么是全频谱接入？5G 全频谱接入的关键技术是什么？

第 9 章　LTE 与 5G 移动通信网络设备

9.1　LTE 移动通信网络设备

3GPP 在 R8 中提出了 LTE 和 SAE 的概念，分别明确了无线网络演进及分组核心网络演进的方向。SAE 侧重于网络架构，而 LTE 侧重于无线接入技术，因此 LTE 与 E-UTRAN、SAE 与 EPC 间存在着一定的映射关系。

为了对 4G 移动通信网络设备有个完整的认识，故对 LTE 移动通信网络设备的介绍将包括 E-UTRAN 和 EPC 这两部分的功能实体。这里的 LTE 泛指 4G 网络。

另外，在 LTE 网络中存在着两种传输模式：FDD(频分双工)和 TDD(时分双工)，这两种模式之间只有较小的差异。本节将以中国移动在 4G 组网中采用的 TD-LTE 制式作为典型架构，进行 LTE 移动通信网络设备的介绍。TD-LTE 系统组网示意图如图 9-1 所示。

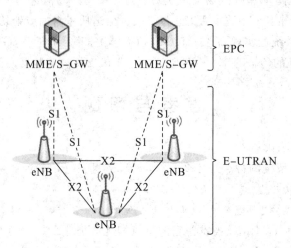

图 9-1　TD-LTE 系统组网示意图

前面 3.2 节我们讲过，E-UTRAN 是由 eNB 构成的，而 eNB 则是构成基站系统的核心设备；核心网 EPC 由 MME、S-GW、P-GW 等网元构成。了解网络结构和各网元功能将有助于理解网络设备的工作原理。

9.1.1　LTE 无线接入网设备

在构成移动通信系统时，基站是非常重要的组成部分。eNB 即基站，是构成基站系统的核心设备。它可以在一定的无线信号覆盖范围内实现与核心网 EPC、移动通信终端 UE 之间的信息传送。

从逻辑结构上来说，基站系统可以分为五个子系统：传输子系统、控制子系统、中频/

基带子系统、射频子系统和天馈子系统,如图 9 - 2 所示。受篇幅限制,各子系统的功能结构此处不再详述。

图 9 - 2　基站系统逻辑结构

在 3G 组网之前,基站的基带单元(Base Band Unit,BBU)和射频单元(Radio Frequency,RF)是以集中的方式合设于一个功能实体中的,但 3G 之后,基带单元加远端射频单元(Remote RF Unit,RRU)的分布式基站已然成为主流,BBU 与 RRU 之间往往通过一对光纤来连接。

基站系统的硬件连接关系如图 9 - 3 所示。eNB 设备按照硬件系统组成,可以分为室内基站主设备和室外天馈系统两部分。其中室内基站主设备即为基带单元,室外天馈系统的主设备即为远端射频单元。本章将以大唐移动通信设备有限公司(后面简称大唐移动公司)开发的 EMB5116 TD - LTE 设备为例,对这种基带拉远型的基站进行详细介绍。

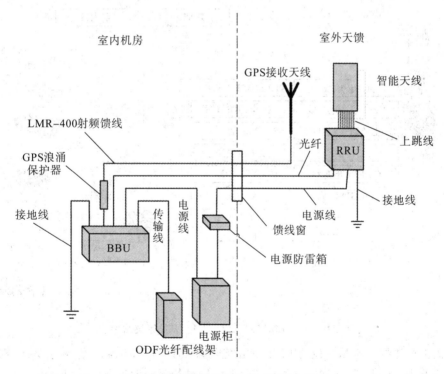

图 9 - 3　基站系统室内外连接示意图

按照 3GPP 的定义,基站可以根据其最大输出功率和最小耦合损耗(Minimum Coupling Loss,MCL)的不同,划分为四种类型:宏站(Macro Cell)、微站(Micro Cell)、皮站(Pico Cell)和飞站(Femto Cell)。所有输出功率超过 6W 的高功率基站均称为宏站,输出功率最大为 6W 的称为微站,皮站的输出功率被限制在 0.25W,而飞站的最大输出功率只有0.1W。四种基站类型对比如表 9 - 1 所示。

表 9 - 1　四种基站类型对比

类型	输出功率	最小耦合损耗（MCL）	覆盖范围
宏站	＞6 W	＞70 dB	室外广大区域
微站	最大 6 W	＞53 dB	室内外公共区域
皮站	最大 0.25 W	＞45 dB	小型办公区域
飞站	最大 0.1 W	—	家庭或个人区域

　　大唐移动公司的 EMB5116 TD - LTE 设备既可以作为宏站对室外区域进行广覆盖，如城市热点地区、郊区、乡镇、农村、公路沿线等，使用拉远技术达到低成本快速覆盖的效果；也可以用作微站解决中小容量的室内信号覆盖，如隧道、地铁、楼宇、住宅小区等，可以在没有大幅度成本增加的情况下，改善网络的覆盖、提高网络的服务质量。

1. EMB5116 TD - LTE 系统结构

EMB5116 TD - LTE 基站系统结构如图 9 - 4 所示。

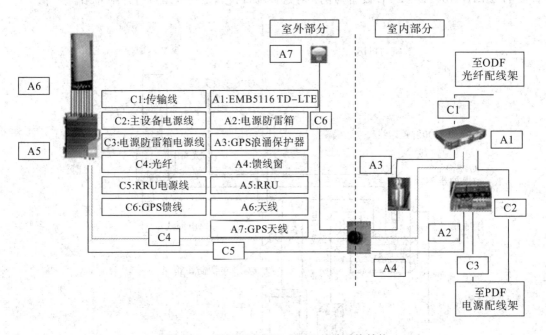

图 9 - 4　EMB5116 TD - LTE 基站系统结构

　　室内部分主要由基站主设备 BBU 和相应的配套设备（如电源、传输等设备）构成，室外部分主要由 RRU、GPS 和天线等构成。下面将对各部分设备进行详细介绍。

2. 基站主设备 BBU

基站主设备是整个 EMB5116 TD - LTE 系统的核心部分。

1）机框总体情况

EMB5116 TD - LTE 采用 19 英寸（1 英寸＝25.4 mm）宽、2U（1U＝1.75 英寸＝44.45 mm）高的标准机框，如图 9 - 5 所示。机框内共有 12 个板卡槽位，其中 8 个全宽业务槽位、1 个半宽业务槽位、2 个电源槽位和 1 个风扇槽位，当机框内的功能板件满配置时，外形和排布分别如图 9-6 和图 9-7 所示。该机框可以安装在任何标准机柜中，并采用风机强制风冷的方式进行散热，环境温度的冷空气通过机框右侧的滤网过滤后，通过风机吹风，向左冷却功能板卡区，然后再从机框左侧的出风区排出。

注：1U=44.45 mm

图 9-5　机框外形尺寸 483 mm(长)×310 mm(宽)×88 mm(高)

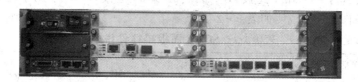

图 9-6　机框外形实物图

PSA SLOT 11	BPOG/BPOH　SLOT 3	BPOG/BPOH　SLOT 7	FC SLOT8
PSA SLOT 10	BPOG/BPOH　SLOT 2	BPOG/BPOH　SLOT 6	
	SCTE　　　　SLOT 1	BPOG/BPOH　SLOT 5	
EMx SLOT 9	SLOT0	BPOG/BPOH　SLOT 4	

图 9-7　机框内硬件单元排布示意图

2) 硬件结构

EMB5116 TD-LTE 主设备中包含七种类型的功能单板：交换控制与传输单元(SCTE)、基带处理和 Ir 接口单元(BPOx)、扩展传输处理单元(ETPE)、电源单元(PSA/PSC)、环境监控单元(EMx)、风扇单元(FC)和背板(CBP)。

(1) 交换控制与传输单元。

交换控制和传输单元由 SCTE 单板组成，在工程实践中，SCTE 只能放在 SLOT 1 槽位。SLOT 0 槽位原则上是用于放置 EMB5116 TD-SCDMA 设备的 SCTA 单板的，可以通过共享机框的方式，实现 3G 和 4G 网络的双模组网。

SCTE 单板的主要功能如下：

• 实现 EMB5116 TD-LTE 与 EPC 以及其他基站之间的 S1/X2 接口，实现 2 路 GE/FE 传输。

• 实现 EMB5116 TD-LTE 的业务和信令交换功能。

• 实现 EMB5116 TD-LTE 的所有控制和上联接口协议控制面处理。

• 实现 EMB5116 TD-LTE 的高稳时钟和保持功能。

- 实现 EMB5116 TD-LTE 单板卡的上电和节电等控制。
- 实现 EMB5116 TD-LTE 的时钟和同步码流分发。
- 实现 EMB5116 TD-LTE 不依赖于单板软件的机框管理。
- 实现 EMB5116 TD-LTE 系统的主设备冗余备份。

SCTE 单板的面板示意图如图 9-8 所示。

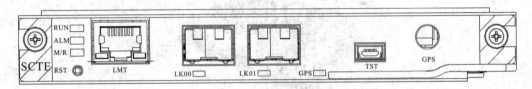

图 9-8　SCTE 单板的面板示意图

SCTE 面板上配置有一个用于本地维护时使用的 RJ45 电接口，两个用于进行 S1/X2 连接的 SFP 光接口，一个用于连接 GPS 天线的 SMA 电接口，一个用于测试时钟的 USB 电接口。各接插件的详细说明如表 9-2 所示。

表 9-2　SCTE 面板接插件说明

接口名称	接插件类型	对应线缆	功能说明
GE0	SFP	BBU 与 EPC、BBU 与 BBU 之间的 S1/X2 接口（千兆光纤）	用于实现 eNB 与 EPC、eNB 与 eNB 间的千兆数据相连，输入/输出，FE/GF 自适应
GE1	SFP	BBU 与 EPC、BBU 与 BBU 之间的 S1/X2 接口（千兆光纤）	用于实现 eNB 与 EPC、eNB 与 eNB 间的千兆数据相连，输入/输出，FE/GF 自适应
LMT	RJ45	BBU 与本地维护终端或与连接交换机之间的以太网线缆	用于实现与本地维护终端的连接，输入/输出，FE/GF 自适应
GPS	SMA	BBU 与 GPS 天线之间的射频线缆	用于实现与 GPS 天线的连接，输入/输出
TST	MiniUSB	BBU 与测试仪表之间的连接线缆	用于提供测试时钟，10 Mb/s，80 ms，5 ms

（2）基带处理和 Ir 接口单元。

基带处理和 Ir 接口单元由 BPOx 单板组成，BPOx 可以放在除 SLOT 0/1 以外的任意全宽业务槽位，但推荐放在 SLOT 4/5/6/7 槽位。出于对板卡散热及资源池共享问题的考虑，在工程实践中，BPOx 单板一般按以下原则进行摆放：当机框中要配置一块 BPOx 板时，应放在 SLOT 4 槽位；当机框中要配置两块 BPOx 板时，应放在 SLOT 4/7 槽位；当机框中要配置三块 BPOx 板时，应放在 SLOT 4/6/7 槽位；只有需要配置四块 BPOx 板时，才放在 SLOT 4/5/6/7 槽位。

BPOx 单板的主要功能如下：

- 实现标准 Ir 接口。

- 实现基带数据的汇聚和分发。
- 实现 TD‑LTE 物理层算法。
- 实现 TD‑LTE 的 MAC 算法。
- 实现 TD‑LTE 中 S1/X2 接口协议。
- 接收 SCTE 的电源控制信号，控制上下电，实现板卡节点管理。
- 接收 SCTE 的同步时钟和同步码流，实现与系统的同步。
- 实现 I^2C 功能，配合完成自身的系统管理。

BPOx 中的 x 代表两种型号的单板：BPOG 和 BPOH。两者的不同之处在于所支持的光模块不一样：BPOG 支持 6Gb/s 的光模块，而 BPOH 支持 10Gb/s 的光模块，具体使用时需注意区分。BPOG/BPOH 单板的面板示意图都是一样的，这里以 BPOG 为例进行介绍。BPOG 单板的面板示意图如图 9‑9 所示。

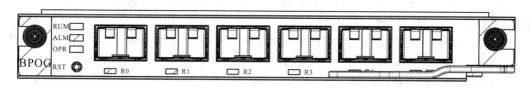

图 9‑9　BPOG 单板的面板示意图

BPOG/BPOH 面板上配置有 6 个 Ir 光接口及其相对应的 LED 指示灯。6 个 Ir 接口可以支持 3 个 20MHz 带宽的 8 天线小区，受每块 BPOG/BPOH 板卡上只有 3 个 DSP 芯片的影响，可以支持的 20MHz 带宽的 2 天线小区数也只能是 3 个，因为每个 DSP 只能处理一个 20Mb/s 小区。

（3）扩展传输处理单元。

扩展传输处理单元由 ETPE 单板组成，用于应对 SCTE 单板 S1/X2 接口不够用的情况，ETPE 可以放在 SLOT 2/3 槽位。

ETPE 单板的主要功能如下：
- 1 路 FE 电接入，可以实现 S1/X2 和 IEEE 1588v2 消息通路功能。
- 1 路 FE 光接入，可以实现 S1/X2 和 IEEE 1588v2 消息通路功能。
- 2 个 GE 口，用于连接 SCTE 子系统，进行业务数据及控制信令的传输。
- 1 路 PP1S 和 TOD 信息输出，用于系统同步。

ETPE 单板的面板示意图如图 9‑10 所示。

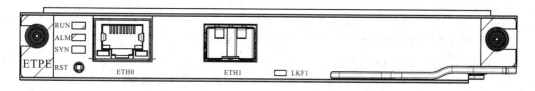

图 9‑10　ETPE 单板的面板示意图

ETPE 面板上配置有 1 路百兆位光口和 1 路百兆位电口作为 S1/X2 接口，其接插件的详细说明如表 9‑3 所示。

表 9-3　ETPE 面板接插件说明

接口名称	接插件类型	对应线缆	功能说明
ETH0	RJ45	BBU 与 EPC、BBU 与 BBU 之间的 S1/X2 接口(百兆位网线)	用于实现 eNB 与 EPC 及 eNB 与 eNB 间的百兆位数据相连,实现数据输入/输出,支持 1588v2
ETH1	SFP	BBU 与 EPC、BBU 与 BBU 之间的 S1/X2 接口(百兆位光纤)	用于实现 eNB 与 EPC 及 eNB 与 eNB 间的百兆位数据相连,实现数据输入/输出,支持 1588v2

（4）电源单元。

有两种类型的电源单元：直流电源单元 PSA 和交流电源单元 PSC。

• PSA 单元可以将外部－48 V 直流电进行 DC/DC 转换，输出 12V 直流电作为 EMB5116 TD-LTE 整站的工作电源，所提供的额定功率为 420 W。

• PSC 单元可以将外部 220 V 交流电进行 AC/DC 转换，输出 12V 直流电作为 EMB5116 TD-LTE 整站的工作电源，所提供的额定功率也为 420W。

PSA/PSC 面板示意图如图 9-11(a)、(b)所示。

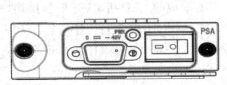 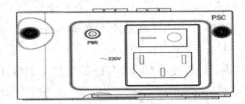

(a) PSA面板示意图　　　(b) PSC面板示意图

图 9-11　PSA/PSC 面板示意图

一块 PSA 单板占用一个电源槽位，故整个 EMB5116 TD-LTE 机框可以放置两块 PSA 板卡(一主一备)，位于 SLOT 10/11 槽位；而一块 PSC 单板却要占用两个电源槽位，因此整个机框只能放置一块 PSC 板卡，需同时把 SLOT 10/11 两个槽位占满。

（5）环境监控单元。

环境监控单元有两种类型的子板：EMA 和 EMD，只能放在 SLOT 9 槽位，提供基站环境的监控功能，对外提供智能接口和干接点输入输出接口，同时也支持基站同步级联接口。

EMA/EMD 单板的主要功能如下：

• 实现对外环境监控，干接点输入输出和智能接口。
• 实现对外时钟的级联。
• 接收 SCTE 的电源控制信号，控制上下电，实现板卡节点功能。
• 实现 I^2C 功能，配合完成自身的系统管理和数据传输。
• 实现 GPS/BD 光纤拉远功能。

EMA/EMD 单板的面板示意图如图 9-12(a)、(b)所示。

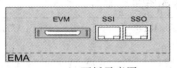

(a) EMA面板示意图

(b) EMD面板示意图

图 9-12　EMA/EMD 单板的面板示意图

两种子板接插件的详细说明如表 9-4 所示。

表 9-4　EMA/EMD 面板接插件说明

接口名称	接插件类型	对 应 线 缆	功 能 说 明
EVM	SCSI-26 母头	BBU 与环境监控设备之间的信号线缆	用于实现对外设备的监控，线缆采用一分多出线的方式
SSO	RJ45	BBU 与上级 BBU 的同步连接线缆	用于实现与上级 BBU 的同步连接，输入 PP1S 和 TOD
SSI	RJ45	BBU 与下级 BBU 的同步连接线缆	用于实现与下级 BBU 的同步连接，输出 PP1S 和 TOD
RCI	SFP	GPS/BD 光纤拉远的光纤接口	用于实现与 GPS/BD 天线的连接
SSIO	RJ45	BBU 与上下级 BBU 的同步连接线缆	用于实现与上下级 BBU 的同步连接，传输 PP1S 和 TOD

（6）风扇单元。

风扇单元 FC 固定放在 SLOT 8 槽位，可以实现三个方面的功能：

· 温度传感功能，主要对风扇盘内部的环境温度进行测量，并通过通信口上报给主控板 SCTE 做后续处理；

· 风扇转速测定功能，主要实现三个风扇的转速数据采集，并通过 I^2C 总线接口上报给监控板 SCTE 做后续处理；

· 风扇转速控制功能，主要根据系统环境需求调节各个风扇的转速，以实现最佳的功耗和噪音控制。

FC 单板非常简单，这里就不展示具体的面板示意图了。

3. 射频拉远单元 RRU

RRU 是 EMB5116 TD-LTE 设备中的远端射频系统，主要完成室内基站主设备到室外拉远模块之间数字基带信号的复用和解复用，并实现数字基带信号到射频信号的调制发射和射频信号到基带信号的解调接收。它与室外的天线通过上跳线连接，与室内的 BBU 通过一对光纤连接。

大唐移动公司的 RRU 设备是系列化的，型号功能非常齐全，这里仅按 RRU 可支持的频段和具体的应用场景做分类介绍，并以中国移动的组网为例。

1）D 频段的 RRU

这一频段的 RRU 主要用来满足室外的宏覆盖到深度覆盖的各种应用场景，典型产品型号为 TDRU358D、TDRU342D 和 mTDRU342D，其性能指标详见表 9-5 所述。

表 9-5　D 频段 RRU 设备的主要性能指标

产品型号	TDRU358D	TDRU342D	mTDRU342D*
体积	18 L	15 L	8 L
重量	18 kg	15 kg	8 kg
射频带宽	2575 MHz～2635 MHz	2575 MHz～2615 MHz	2575 MHz～2615 MHz
支持通道数	8	2	2
输出功率	8×20 W	2×40 W	2×10 W
光纤接口	2×10Gb/s Ir 接口，支持速率自适应，采用 Ir 压缩技术	2×10Gb/s Ir 接口，支持速率自适应，采用 Ir 压缩技术	2×10Gb/s Ir 接口，支持速率自适应，采用 Ir 压缩技术
组网能力	标配单级 2 km，最大10 km，多级级联最大 40 km	标配单级 2 km，最大10 km，多级级联最大 40 km	标配单级 2 km，最大 10 km
供电方式	DC-48V	DC-48V，可选配交流	DC-48V
防护等级	IP65	IP65	IP65
工作温度	-40 ℃～+55 ℃	-40 ℃～+55 ℃	-40 ℃～+55 ℃

* mTDRU342D 是一种迷你(mini)RRU；Ir 是标准规范中规定的接口，是指 BBU 与 RRU 之间的接口。

2) FA 频段的 RRU

这一频段的 RRU 主要用来支持从 3G 网络向 4G 网络的平滑演进，用于 TD-LTE 双模组网的应用场景，典型产品型号为 TDRU348FA 85A30、TDRU342FA 85A30，其性能指标详见表 9-6。

表 9-6　FA 频段 RRU 设备的主要性能指标

产品型号	TDRU348FA 85A30*	TDRU342FA 85A30
体积	25 L	15 L
重量	25 kg	15 kg
射频带宽	1885 MHz～1915 MHz 2010 MHz～2025 MHz	1885 MHz～1915 MHz 2010 MHz～2025 MHz
支持通道数	8	2
输出功率	8×20 W	2×40 W
光纤接口	2×10Gb/s Ir 接口，支持速率自适应，采用 Ir 压缩技术	2×10Gb/s Ir 接口，支持速率自适应
组网能力	单级拉远 10 km，最大 40 km	单级拉远 10 km，最大 40 km
供电方式	DC-48 V	DC-48 V，可选配交流
防护等级	IP65	IP65
工作温度	-40 ℃～+55 ℃	-40 ℃～+55 ℃

* TDRU348FA 85A30 中的 85A30 代表 F 频段从 1885 MHz 开始，共有 30 MHz 的带宽，到 1915 MHz 结束。

3) E 频段的 RRU

这一频段的 RRU 主要用来满足 LTE 室内分布系统的建设场景，典型产品型号为 TDRU342E、TDRU341FAE，其性能指标详见表 9-7。

表 9 - 7　E 频段 RRU 设备的主要性能指标

产品型号	TDRU342E	TDRU341FAE
体积	15 L	15 L
重量	12 kg	12 kg
射频带宽	2320 MHz～2370 MHz	1885 MHz～1915 MHz 2010 MHz～2025 MHz 2320 MHz～2370 MHz
支持通道数	2	1
输出功率	2×50 W	50 W(E 频段)+24 W(FA 频段)
光纤接口	2×10 Gb/s Ir 接口，支持速率自适应，采用 Ir 压缩技术	2×10 Gb/s Ir 接口，支持速率自适应，采用 Ir 压缩技术
组网能力	标配单级 2 km，最大 10 km，多级级联最大 40 km	单级拉远 10 km，最大 40 km；支持 4 级级联，最大 6 个小区合并
供电方式	AC 220 V	AC 220 V
防护等级	IP65	IP65
工作温度	−40 ℃～+55 ℃	−40 ℃～+55 ℃

　　为了对上面介绍的 RRU 有个直观的认识，这里以 TDRU342D 为例进行简单的外观展示，如图 9 - 13 所示，其他型号的 RRU 设备的外观与它大同小异。

图 9 - 13　TDRU342D 正面外观

TDRU342D 的外部接口如表 9 - 8 所示。

表 9 - 8　TDRU342D 外部接口表

接口名称	印字	接口类型	型号	备注
天线接口	ANT	N - female	N	—
DC −48 V 电源接口	PWR	航空插头	2 芯	—
光纤接口 1	OP1	DLC 光纤		单模
光纤接口 2	OP2	DLC 光纤		单模
环境监控及干接点	MON	8 芯迷你(mini)头		一对 RS485 用于环境监控，2 个干接点，2 个地线

4）各种类型的小基站

上述介绍的基站都是宏站，下面将要介绍的这些小基站则涉及前面介绍的 3GPP 分类中的另外三种基站类型：微站、皮站和飞站。这些小基站主要用于补盲和补热场景，以进行信号的深度覆盖。

（1）一体化微站 EBS5232D。

一体化微站 EBS5232D 体积小、重量轻，其覆盖天线与机箱一体化，方便安装，且可以通过选配各式各样的美化罩与现场环境融合，将极大地降低与小区物业站址协调的难度，减少对天面的依赖。其外观与美化罩如图 9-14(a)、(b)所示。

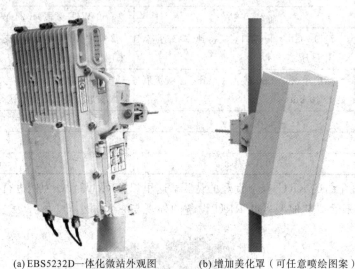

(a) EBS5232D一体化微站外观图　　(b) 增加美化罩（可任意喷绘图案）

图 9-14　EBS5232D 一体化微站外观及美化罩

这种一体化微站与 Relay 回传模块的紧密配合，将进一步把对站址的需求依赖度降到最低。Relay 回传模块的功能类似于手机上的 WiFi 热点，可用于解决很多古建筑风景名胜区 LTE 信号覆盖弱的问题，如故宫博物院的 LTE 信号覆盖。

EBS5232D 和 Relay 回传模块的性能参数详见表 9-9 所示。

表 9-9　EBS5232D 和 Relay 回传模块的主要性能指标

产品型号	EBS5232D	R5232（Relay 回传模块）
体积	6 L/8 L(不含/含 Dock*)	4 L
重量	6.5 kg/9 kg(不含/含 Dock)	3.5 kg
射频带宽	2575 MHz～2635 MHz	1885 MHz～1915 MHz 2320 MHz～2370 MHz
输出功率	2×5 W	2×26 dBm
工作带宽	2×20 MHz, 2T2R, MIMO	20 MHz(F 频段)，3×20 MHz(D 频段)
吞吐量	上行：60 Mb/s 下行：160 Mb/s	上行：28 Mb/s(SA1) 下行：95 Mb/s(SA2)
用户容量	激活用户数：600 调度用户数：200	

续表

产品型号	EBS5232D	R5232(Relay 回传模块)
天线	内置天线	内置天线
时钟	外部 GPS、1588v2	
传输	2 个 GE/FE 电口 1 个 GE/FE 光口	
供电方式	1 个 AC(输入)+3 个 POE(输出)	POE
防护等级	IP65	IP65
工作温度	−40 ℃～+55 ℃	−40 ℃～+55 ℃

*：Dock 是一种三合一的功能模块，可支持防雷、POE 供电和传输交换。

（2）企业级的小基站。

企业级的小基站 fBS3221w(支持三模：TDS+TDL+WLAN)/ fBS3221(支持双模：TDS+TDL)主要用于室内补热和补盲的场景。这种类型的小基站虽然信号覆盖的范围有限，但可以通过大规模的部署开通，达到提升业务容量的目的。该设备安装及上电都很方便，无需进行人工配置，可自动运行、自动获取 IP 地址等，甚至还支持 MIMO。其外观如图 9-15 所示。

图 9-15　fBS3221w/ fBS3221 小基站外观

相关技术指标详见表 9-10 所示。

表 9-10　fBS3221w/ fBS3221 的主要性能指标

体积/重量	2.98 L/3 kg
供电方式	DC −48V、AC 220V 或 POE
工作温度	−5 ℃～+40 ℃
防护等级	IP30(室内)
安装方式	桌面放置、吸顶、壁挂

续表

TDS＋TDL 技术指标	TDL 工作频段	E 频段：2300 MHz～2370 MHz F 频段：1880 MHz～1920 MHz
	TDL 系统带宽	5/10/15/20 MHz，2×20 MHz 载波聚合
	TDL 最大输出功率	2×125 mW
	TDLS 工作频段	F 频段：1880 MHz～1920 MHz A 频段：2010 MHz～2025 MHz
	TDS 系统带宽	2 个 TDS 载波
	TDS 最大输出功率	2×125 mW
WLAN 技术指标	工作频段	2.40 GHz～2.48 GHz；5.15 GHz～5.85 GHz
	最大输出功率	2×100 mW
	支持协议	802.11a/b/g/n

（3）家庭级的小基站。

家庭级的小基站借助系列化的 Nanocell 产品进行规模化的部署，以实现室内场景多种制式(TDS＋TDL＋FDL＋WLAN)的精确化覆盖。多模 Femto 基站也无需进行人工配置，能够自动运行，支持 2×TDS 载波＋1×20 MHz LTE 载波，或 2×20 MHz 载波聚合；支持 POE 供电；支持 PTN/PON/xDSL 等多种回传方式。其外观与 fBS3221 类似，或更小。

4. 天线

天线是基站系统的重要组成部分，如果没有天线，就无法进行信号的正常接收和发送。

按照水平方向图的特性，基站天线可以分为全向天线和定向天线两种；按照极化特性，基站天线可以分为单极化天线和双极化天线两种。一般的全向天线多为单极化的，而定向天线则有单极化的，也有双极化的。

目前室外型宏基站所使用的天线基本都是智能天线，智能天线按照工作原理分为两大类：多波束天线和自适应天线阵列。它们各有优劣，选用时以最终要达到的技术指标为参考依据。当前自适应天线阵列是智能天线制作的主流技术。天线厂家不同，所提供的天线外形尺寸和性能参数也就稍有差异，这里选取一种 8 天线双极化的智能宽频天线和一种 2 天线单极化的智能单频天线进行对比分析。其外形结构如图 9-16(a)、(b)所示。

(a) 8天线双极化智能天线　　　　　(b) 2天线单极化智能天线

图 9-16　外观图

表 9-11 给出了两种天线的主要性能指标比较。

表 9-11　两种天线的主要性能指标比较

产品型号	8 天线双极化智能天线 （宽频）			2 天线单极化智能天线 （单频）
工作频段/MHz	1880～1920	2010～2025	2500～2690	2300～2400
极化方式	±45°			垂直
输入阻抗	50 Ω			50 Ω
雷电保护	直流接地			直流接地
馈电位置	天线底部			天线底部
垂直面电下倾预设值(°)	6			0±0.5
垂直面 3 dB 波瓣宽度/(°)	≥7	≥7	≥6	≥12
水平面 3 dB 波瓣宽度/(°)	100±15	90±15	65±15	65±5
隔离度	≥28 dB(同极化端口) ≥30 dB(异极化端口)			≥30 dB
天线增益	≥14 dBi	≥14.5 dBi	≥17 dBi	15 dBi
天线尺寸	1372 mm×320 mm×135 mm			523 mm×176 mm×56 mm
重量	15 kg			2.7 kg
机械倾角	0°～15°机械可调			0°～10°机械可调
接口类型	N 型 Female			N 型 Female
接口数量	9			2
工作风速	130 km/h			216 km/h
工作温度	−40 ℃～+70 ℃			−55 ℃～+65 ℃
极限温度	−55 ℃～+75 ℃			−55 ℃～+75 ℃
相对湿度	≤95%((40±2)℃)			0～100%

　　室内分布系统使用的天线种类繁多，下面仅简单介绍四种，其外形如图 9-17 所示。这四种室内天线的主要性能参数可以查阅相关资料，这里不做一一介绍。

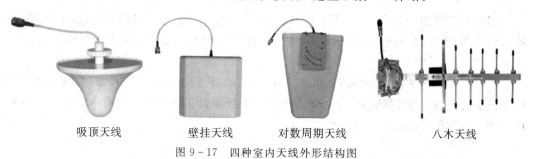

吸顶天线　　　壁挂天线　　　对数周期天线　　　八木天线

图 9-17　四种室内天线外形结构图

5. GPS

GPS 天线主要是用来给基站主设备提供基准时钟的，它采用的是有源 GPS 天线，可以将接收到的卫星信号放大，通过提供一定的增益，保证 GPS 信号在通过较长距离的射频馈线连接到基站主设备时，还能够有足够的信号强度。

GPS 天线的安装结构示意如图 9‑18 所示。

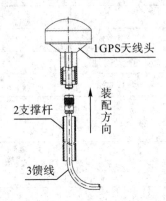

图 9‑18　GPS 天线安装结构示意

GPS 天线的主要技术指标如表 9‑12 所示。

表 9‑12　GPS 天线的主要技术指标

项目	特性	项目	特性
工作频率	$(1575\pm5)\,\mathrm{MHz}$	电压驻波比	<1.5
增益	4 dBi	工作电压	+5 V
3 dB 波束宽度	$110°\pm10°$	工作电流	40 mA, 5.0 V DC
极化	右旋圆极化	接口	N‑K
极化轴比($\theta=90°$)	2.5 dB	工作温度	$-40\,℃\sim+70\,℃$
LNA 增益	(37 ± 2) dB	抱杆直径	$\phi30\,\mathrm{mm}\sim\phi60\,\mathrm{mm}$
噪声系数	<2 dB	天线重量	350 g
输入阻抗	50 Ω		

9.1.2　LTE 核心网设备

EPC 核心网由 MME、S‑GW、P‑GW、PCRF 及 HSS、CG 等网元组成，能够将 UE 接入到外部 PDN 以完成分组数据业务，并实施计费。EPC 核心网域的网络结构如图 9‑19 所示。

EPC 产品的主要功能是完成对 E‑UTRAN、UTRAN、GERAN 和非 3GPP 等接入网网络设备的控制。大唐移动公司的 EPC 网络设备型号为 TLE3000，拥有 MME、S‑GW、P‑GW、PCRF、HSS 及 CG 等网元功能。

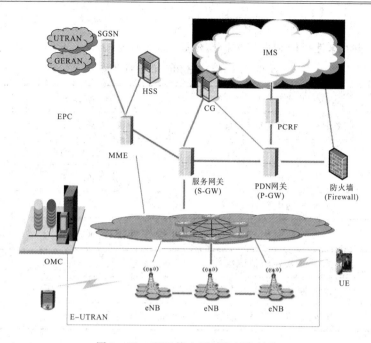

图 9 - 19 EPC 核心网域的网络结构

1. TLE3000 整机技术指标

1) TLE3000 的容量指标

TLE3000 的容量指标如表 9 - 13 所示。

表 9 - 13 TLE3000 容量指标

容量指标	指标值
最大用户数	200 万
等效 BHCA(最大忙时呼叫次数)	13000 k
业务容量	200 Gb/s
最大基站数	500 个

2) TLE3000 主要的机械和电气指标

TLE3000 主要的机械和电气指标如表 9 - 14 所示。

表 9 - 14 TLE3000 主要的机械和电气指标

机械和电气指标	指标值
机柜外形尺寸(高×宽×深)	2000 mm×600 mm×800 mm
插框单元外形尺寸(高×宽×深)	574.6 mm×482.6 mm×454 mm
电源分配单元外形尺寸(高×宽×深)	128.5 mm×482.6 mm×252 mm
总重量(单机柜)	≤350 kg
总功率消耗(单机柜)	≤2600 W
总功率消耗(单资源箱)	≤1060 W
主输入电压	直流 -48 V,电压波动范围:-40 V～-57 V

3）TLE3000 的可靠性指标和操作维护指标

TLE3000 的可靠性指标和操作维护指标如表 9 - 15 和表 9 - 16 所示。

表 9 - 15   TLE3000 可靠性指标

可靠性指标	指标值
MTBF（平均故障间隔时间）	≥38 万小时
MTTR（平均恢复时间）	≤30 分钟
可用性	≥99.9999%
年平均中断时间	≤3 分钟

表 9 - 16   TLE3000 操作维护指标

操作维护指标	指标值
与 OMC 断开情况下的告警保存时间	≥7 天
与 OMC 断开情况下的性能数据保存时间	≥7 天

2. TLE3000 产品结构

1）产品外形结构

TLE3000 机柜的外形尺寸为 2000 mm（高）×600 mm（宽）×800 mm（深），如图 9 - 20(a) 所示。前后门均采用左右两扇对开的方式，门上的通风孔设计兼具通风、透气和美观的作用，机柜主体色调为银灰色，上下门楣、侧板与上下围框则采用深灰色，以提升机柜的整体美感。每个机柜可以安装 19 英寸（1 英寸=25.4 mm）宽、13 U（1 U=44.45 mm）高的 ATCA 插框单元 3 个和 3 U 高的电源分配单元 1 个，如图 9 - 20(b) 所示。

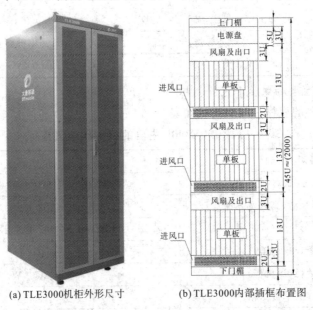

(a) TLE3000 机柜外形尺寸   (b) TLE3000 内部插框布置图

图 9 - 20   TLE3000 产品外形结构

2）硬件结构

TLE3000 产品的硬件按功能进行模块化设计，分别由全局处理单元、控制面处理单元、用户面处理单元、接入单元和交换单元五部分构成，各单元模块的逻辑连接关系可参考图 9-21 所示。

不同单元模块所具有的功能在实际组网时是由不同型号的板卡来实现的。

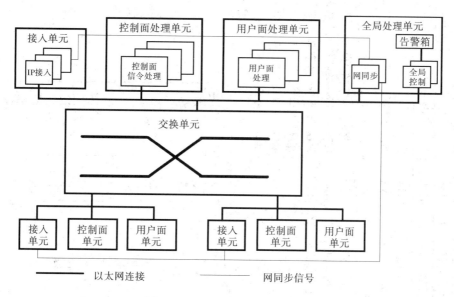

图 9-21　TLE3000 硬件结构图

TLE3000 产品的电路板分为前后两种插板，前后插板间的连接关系如图 9-22 所示。前后插板与背板间有导引机制，所有板件采用铝合金型材制造，板卡之间的缝隙用 EMC 屏蔽条处理。每块板卡上均装有助拔器，可满足 PCB 板卡的插拔需要。为增加板件的可靠性，板卡上还安装有紧固螺钉。前后插板上的接口、指示灯和按键均有相应的标识。

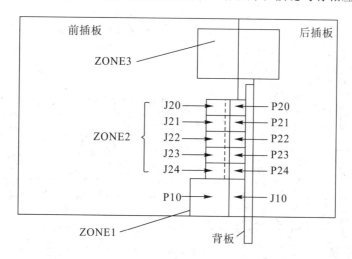

图 9-22　前后插板间的连接示意图

表 9-17 介绍了各种型号的板卡是如何实现不同单元模块功能的。

表 9 - 17　TLE3000 插板主要性能指标

单元模块	全局处理单元		控制面处理单元	用户面处理单元（接入单元类似）				交换单元	
插板型号	MCPA	MCPB	MCPA	MFPA	GECB	GEOB	GSWA	GSWB
名称	主控制处理板（带硬盘）	主控制处理板（后插板）	主控制处理板（不带硬盘）	多功能业务处理板	GE 电接口板（MFPA 后插板）	GE 光接口板（MFPA 后插板）	通用交换板	通用交换板（后插板）
功能	完成 MME、S - GW、P - GW 的全局处理功能	提供 MCPA 板的光电接口，USB 接口的扩展功能	完成 MME、S - GW、P - GW、PCRF 的信令处理功能	提供接口和业务处理，支持 10 Gb/s 的背板业务接口	与 MFPA 板配合使用，完成12路 GE 电接口	与 MFPA 板配合使用，完成12路 GE 光接口	具备业务面 220 Gb/s，控制面 20Gb/s 的以太交换容量；支持业务数据的基于以太网的多层交换功能；提供的编码配置供架、框号	配合 GSWA 完成机框间的交换级联功能；提供 6 个 10G BASE - CX4 接口，用于业务面交换级联；6 个 1000BASE - T 接口，用于控制面级联；提供两路时钟输入接口
外观图								

3）软件结构

TLE3000 产品的软件架构包括四个方面的应用子系统：MME 处理子系统、S-GW 处理子系统、P-GW 处理子系统和 PCRF 处理子系统，分别对应 MME、S-GW、P-GW 和 PCRF 的网元功能，这里就不再一一述说。

3. TLE3000 配置实例

TLE3000 产品的每一个插框单元前后各有 14 个槽位，最多可以插入 14 块单板，插框前后部分的实物外观如图 9-23 所示。

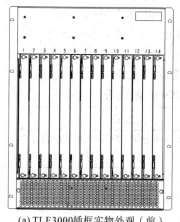
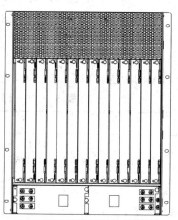
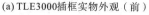

(a) TLE3000插框实物外观（前）　　　(b) TLE3000插框实物外观（后）

图 9-23　TLE3000 插框实物外观

实际需要的机柜、机框和插入机框的板卡数量，需根据网络将要开展的业务情况进行配置，但应遵循以下所述选卡原则。

1）TLE3000 必选板卡

TLE3000 必选板卡如表 9-18 所示。

表 9-18　TLE3000 必选板卡

板卡	说明	处理能力
MCPA	全局、计费、信令处理板，通常情况下全局板、计费板均为 1+1 配置，特殊情况下可与信令处理板合并配置	650k BHCA/10 万用户
MCPB	MCPA 后插板	
MFPA	接口/业务处理板	5 Gb/s
GECB/GEOB	MFPA 后插板	
GSWA	交换板，一般为 1+1 配置，固定在 7、8 槽位/机框	240 Gb/s
GSWB	GSWA 后插板	

2）TLE3000 其他配置原则

(1) 信令处理板数量 = max[A，B]。其中：

A= roundup(x/10,0)，x 表示实际需要设备支持的用户数，以万为单位；

B= roundup(y/650,0)，y 表示实际需要设备支持的 BHCA，以 k BHCA 为单位。

(2) 业务/接口处理板数量 = roundup(z/5,0)。这里 z 表示实际需要设备支持的最大数据吞吐量，以 Gb/s 为单位。

(3) 需要的插框数量＝roundup[(A＋B＋2×3)/14，0]。这里 2×3 表示全局板 1＋1、计费板 1＋1、交换板 1＋1，14 则表示每框允许插入的最大板卡数量为 14。

(4) 需要的机柜数量＝roundup(需要的插框数量/3，0)。这里 3 表示单个机柜能够安装的插框数量。

3) TLE3000 配置举例

【例】　如果现在有一个区域，在 LTE 的建网初期需要开通 10 万的用户，并支持 10 Gb/s 的数据吞吐量，问该区域的 TLE3000 设备应该如何配置？

解　　　　　信令处理板数量＝A＝roundup(10/10,0)＝1

业务/接口处理板数量＝ roundup(10/5, 0)＝2

需要的插框数量＝ roundup[(1+2+2×3)/14，0]＝1

需要的机柜数量＝ roundup(1/3, 0)＝1

加上必选板卡的配置，TLE3000 设备的最终配置见表 9-19 所示。

表 9-19　TLE3000 配置说明

板卡类型	数量	备　　　注
信令处理板	4	MME、S-GW、P-GW、PCRF 信令板各 1 块，一般放置于左半框(单框)
业务/接口处理板	2	一般放置于右半框(单框)
交换板	2	1 主 1 备，固定在 7、8 槽位/机框
全局板	2	1 主 1 备，主用放置在 1 槽，备用放置在 13 槽
计费板	2	1 主 1 备，计费板可以与 S-GW、P-GW 信令处理板合设，不合设时主用放置于 5 槽，备用可根据空余槽位整齐放置即可
插框	1	—
机柜	1	—

根据以上配置说明，此例中 TLE3000 设备的最终配置如图 9-24 所示。

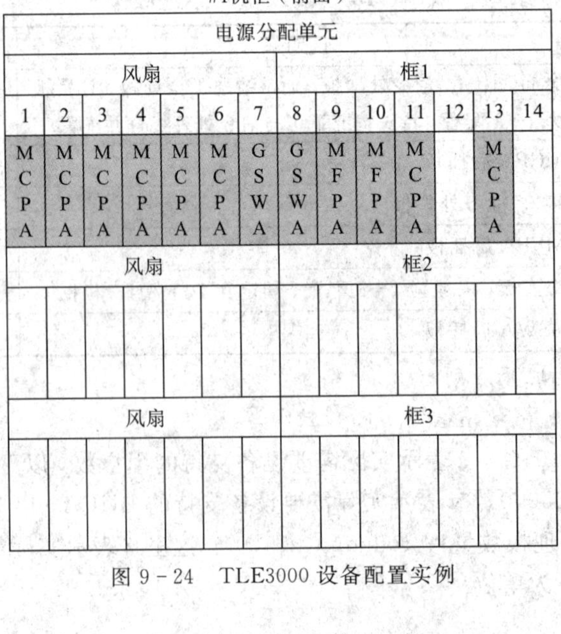

#1机柜（前面）

电源分配单元														
风扇							框1						
1	2	3	4	5	6	7	8	9	10	11	12	13	14
MCPA	MCPA	MCPA	MCPA	MCPA	MCPA	GWA	GSWA	MFPA	MFPA	MCPA		MCPA	
风扇							框2						
风扇							框3						

图 9-24　TLE3000 设备配置实例

9.2　5G 移动通信网络设备

与 LTE 移动通信设备相比,5G 设备有着很大的不同,这主要源于 5G 的业务需求、关键技术、网络架构等已发生了极大的变化。下面将从网络架构开始,通过与 4G 网络设备的比对,进行 5G 移动通信设备的介绍。当然,因为当前(2020 年)还处于 5G 网络商用的前期,故对 5G 设备的认识也仅限于建网初期,随着网络的飞速发展,设备的升级、更新及演进也必将是大势所趋。

图 9-25 是 4G 网络与 5G 网络的总体架构比较。经过对比可得,核心网元设备已由 4G 的 MME、S-GW 等演变成 AMF 和 UPF 等,关于这些网元设备的功能可以参考 6.2 节的内容;而无线接入网的网元设备则由 4G 的 eNB 演变为 5G 的 ng-eNB(gNB)。4G 时代的 eNB 组网属于分布式基站系统(D-RAN)架构,而 5G 时代的 gNB 组网将搭建全新的集中式基站系统(C-RAN)架构。

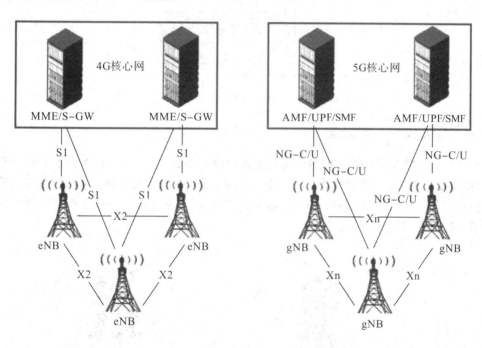

图 9-25　4G 与 5G 网络总体架构对比

在 C-RAN 架构中,BBU(基带单元)的功能将被重构成 CU(集中单元)和 DU(分布单元)两种功能实体,两者功能是按照将要处理内容的实时性来进行区分的;而远端射频单元(RRU)则和天线组合成一体,形成新的功能实体 AAU(Active Antenna Unit,有源天线处理单元)。各部分的功能划分如图 9-26 所示。

在 5G 建网初期,CU 和 DU 建议合设于一个功能实体中。下面我们将以华为技术有限公司(后面简称华为)开发的产品为例,对 5G 移动通信网络设备进行详细介绍。

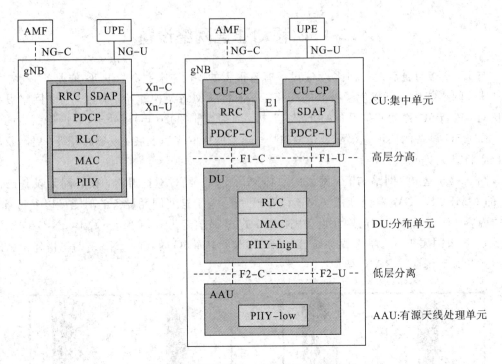

图 9-26 5G 网络中 gNB 基站的功能划分

9.2.1 5G 无线接入网设备

根据 9.1 节的介绍，LTE 网络的无线接入网设备主要有三种：室内主设备 BBU、室外 RRU 和天线，各部分连接示意如图 9-27(a)所示，而 5G 网络的无线接入网设备在建网初期主要有两种：CU/DU 合设于一体的 BBU 及 RRU 和天线合设于一体的 AAU，两部分的连接示意如图 9-27(b)所示。

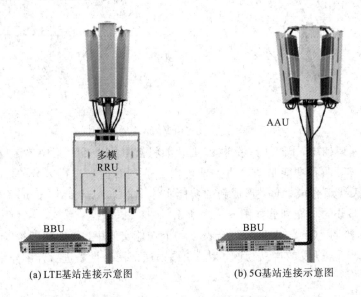

(a) LTE基站连接示意图   (b) 5G基站连接示意图

图 9-27 LTE 与 5G 基站示意图

1. 基站主设备 BBU(CU/DU)

1) 机框总体情况

华为当前在 5G 网络部署中所使用的 BBU 设备型号为 BBU5900,其实物外观如图 9 - 28 所示。机框内共有 11 个板卡槽位,其中有 8 个半宽业务槽位、2 个电源槽位和 1 个风扇槽位。

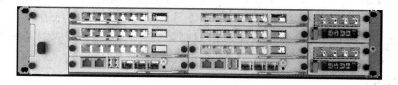

图 9 - 28　BBU5900 实物外观

当机框内的功能板件满配置时,如图 9 - 29(a)、(b)所示,即 BBU5900 机框实际可以支持半宽和全宽两种宽度的业务单板,其中 BBP 代表基带板,可以支持的基带板型号有三种:UBBPd、UBBPe、UBBPf;MPT 代表主控板,当前的型号为 UMPTe。

FAN	SLOT 0 (BBP)	SLOT 1 (BBP)	PWR
	SLOT 2 (BBP)	SLOT 3 (BBP)	
	SLOT 4 (BBP)	SLOT 5 (BBP)	PWR
	SLOT 6 (MPT)	SLOT 7 (MPT)	

(a) BBU5900 半宽业务板排布图

FAN	SLOT 0 (BBP)		PWR
	SLOT 2 (BBP)		
	SLOT 4 (BBP)		PWR
	SLOT 6 (MPT)	SLOT 7 (MPT)	

(b) BBU5900 全宽业务板排布图

图 9 - 29　BBU5900 板排布图

BBU5900 设备主要的性能参数见表 9 - 20。

表 9 - 20　BBU5900 主要性能参数

指　标	参　数
机框尺寸(高×宽×深)	86 mm×442 mm×310 mm
机框重量	≤18 kg(满配置)
电源	直流 -48 V,范围 -38.4 V~-57 V
工作温度	-20 ℃~+55 ℃
工作湿度	5%~95%
保护等级	IP20
最大散热能力	2100 W

2) 硬件结构

BBU5900 包含四种类型的功能单板:主控板(UMPTe)、基带板(UBBPfw1)、电源模块(UPEUe)和风扇模块(FAN)。

(1) 主控板。

BBU5900 设备主控板的型号为 UMPTe,位置固定在机框的 SLOT 6 和 SLOT 7 槽位,其单板的面板示意图如图 9 - 30 所示。

图 9-30 UMPTe单板的面板示意图

该单板可以提供 2 路 FE/GE 电接口，2 路 10GE 光接口（用于上连核心网或基站间互连），其光接口的可插拔光模块传输速率为 10 Gb/s；GPS 接口可以连接北斗和 GPS 两种制式的时钟源。此单板功能强大，向下可以同时兼容并管理五种制式的基站系统：GSM (2G)、UMTS(3G)、LTE(4G)、NB-IoT(窄带物联网)和 NR(5G)。

（2）基带板。

当前 5G 网络配置的基带板型号为 UBBPfw1，为全宽业务单板，每块单板需要占用两个半宽业务槽位，故满配置时，只能放置于 SLOT 0、SLOT 2 和 SLOT 4 槽位。其单板的面板示意图如图 9-31 所示。

图 9-31 UBBPfw1单板的面板示意图

由示意图可知，该单板提供的光接口可以安装 3 个 SFP 光模块，每个 SFP 模块能提供 25 Gb/s 的 CPRI 接口速率（用于连接 BBU 与 RRU）；另外也可以安装 3 个 QSFP 光模块，每个 QSFP 模块能提供的 CPRI 接口速率为 100 Gb/s。每块基带板可以下带的小区规格为：3×100 MHz 64T64R 或者 3×100 MHz 64T64R+3×20 MHz 4R。整块单板的最大功耗为 500 W。

（3）电源模块。

BBU5900 设备上使用的电源模块型号为 UPEUe，满配时可以放置两块，作为主备使用。其模块的面板示意图如图 9-32 所示。

该模块可以提供 2 路−48 V 直流电源的输入，并通过 2 路干接点输入输出接口和 2 路 RS485 接口实现对基站外环境的监控。如果只配置一块，则输入功率为 1100 W；配置两块并处于均流模式时，总的输入功率为 2000 W。

（4）风扇模块。

BBU5900 设备上使用的风扇模块（FAN）宽度为 50 mm，主要用于调节机框温度，以保证设备的正常运行，其模块的面板示意图如图 9-33 所示。

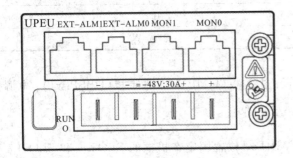

图 9-32 电源模块的面板示意图

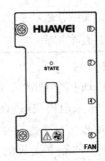

图 9-33 FAN 模块的面板示意图

2. 有源天线处理单元 AAU(RRU/天线)

早在 2015 年华为就提出了以 AAU 为代表的有源天线解决方案,可以实现在多频多模建网模式下高效利用有限的站点资源,提升网络容量,极大地解决了天面(天线所在位置的平台,是专业术语)获取难的问题。现在 AAU 解决方案已成为无线基站的演进方向,其应用实例如图 9-34 所示。

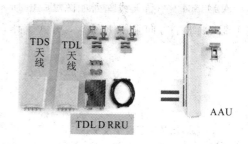

图 9-34　AAU 实现 TDS+TDL 双模建站

5G 时代,随着频段和带宽需求的多样化,AAU 的解决方案不仅能有效整合运营商的天面资源,简化站点配套,将射频单元和天线合为一体,减小馈线损耗、增强覆盖效果,更适合多频段、多制式组网的要求,能够实现快速建站,提升站点的运维管理效率。

为满足建网初期"大规模天线(3D Massive MIMO)+大带宽(100 MHz)"带来的 Gb/s 量级用户体验,华为采用 64T64R 作为 5G 宏基站建网的主力形态。这里以 AAU5612 产品为例进行详细介绍。

1) 整体情况介绍

AAU5612 产品的外观如图 9-35 所示。表 9-21 为 AAU5612 产品的整机技术指标。

表 9-21　AAU5612 整机技术规格

指　　标	参　　数
尺寸(高×宽×深)	860 mm×395 mm×190 mm
重量	40 kg
频段/MHz	模块(1):3445~3600 模块(2):3645~3800
输出功率	200 W
散热	自然冷却
防护等级	IP65
工作电源	−36 V～−57 V DC
工作温度	−40 ℃～+55 ℃
相对湿度	5% RH～100% RH
风载,150 km/h	前面:540 N 侧面:200 N 后面:560 N
最大工作风速	150 km/h
生存风速	200 km/h
载波配置	100 MHz(5G 网络单载波)
典型功耗	850 W(最大功耗 1000 W)
BBU 接口	CPRI 速率 100Gb/s
安装方式	支持抱杆、挂墙安装(抱杆转接) 场景支持±20°连续机械倾角调整

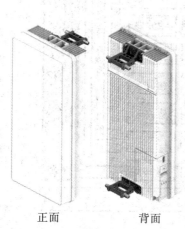

正面　　　背面

图 9-35　AAU5612 产品外观

AAU5612 产品天线阵列如图 9 - 36 所示，为 2 个 8 列 12 行的天线阵列，垂直方向采用 1 驱 3、水平方向采用 1 驱 1 的方式工作。AAU5612 产品的天线技术指标详见表 9 - 22 所示。

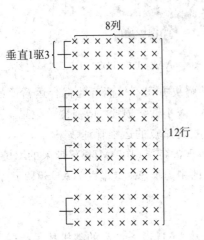

图 9 - 36　AAU5612 天线阵列示意图

表 9 - 22　AAU5612 天线技术指标

指　标	参　数
频段/MHz	模块(1)：3445～3600 模块(2)：3645～3800
极化方式	±45°
增益	24 dBi
水平波束范围	−60°～+60°
垂直波束范围	−15°～+15°
水平 3 dB 波宽	13.5°
垂直 3 dB 波宽	6.5°
天线阵列	8(H)×12(V)×2
前后比	30

2）硬件结构

AAU5612 产品由两大功能模块构成：射频单元（RU）和天线单元（AU）。图 9 - 37 所示为 AAU5612 的系统逻辑结构图。

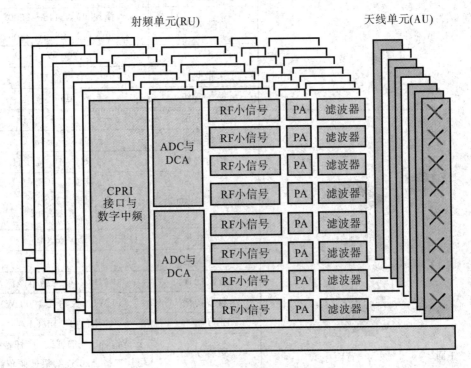

图 9 - 37　AAU5612 的系统逻辑图

（1）射频单元（RU）。

RU 的主要功能如下：

- 接收通道对射频信号进行下变频、放大、模数（A/D）转换及数字中频处理。
- 发射通道完成下行信号的滤波、数模（D/A）转换、下行数字中频处理。
- 完成上下行射频通道相位校正。
- 提供 CPRI 接口，实现 CPRI 的汇聚和分发。
- 提供 -48V DC 电源接口。
- 提供防护及滤波功能。

（2）天线单元（AU）。

天线单元采用 8×12 阵列的方式，共支持 96 个双极化振子，主要完成无线电信号的发送和接收。天线下倾角的调整原理如图 9-38 所示。

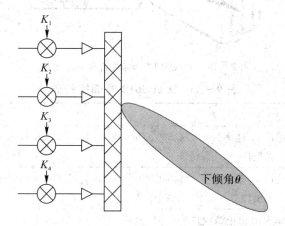

图 9-38　AAU5612 产品 Massive MIMO 下倾角控制原理图

AAU5612 Massive MIMO 为 64T64R 的模块，每列天线对应 4 个独立的射频通道。通过对 4 个射频通道相位权值 K_1、K_2、K_3、K_4 进行调整，以实现对天线波束下倾角的调整。

天线波束下倾角的调整过程举例如下：

首先，执行 MML 命令 MOD NRLOCELLRSVDPARAM 配置 Rsvd8Param17（倾角）和 Rsvd8Param12（覆盖场景）。

- 通过参数"倾角"配置下倾角。
- 通过参数"覆盖场景"配置广播波束的倾角、水平波宽和垂直波宽等参数，进行广播波束赋形。

注意：所谓广播波束赋形，是指通过对广播波束进行加权，从而改变广播波束的覆盖范围。对典型的覆盖场景设计不同的权值，并写入天线权值文件中，该文件已集成在 eNB 软件包里。

然后，产品软件根据"倾角/覆盖场景"的参数生成对应的 K_1、K_2、K_3、K_4 值，从而完成天线下倾角及其他参数的调整。

3）外部接口及连接线缆

AAU5612 产品的外部接口示意图如图 9-39 所示。各接口说明如表 9-23 所示。

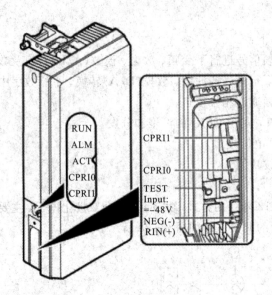

图 9 – 39　AAU5612 产品外部接口示意图

表 9 – 23　AAU5612 外部接口表

接口标识	说　　明
CPRI1	光接口 1，速率为 4×24.3302Gb/s 或 4×10.1376Gb/s，安装光纤时需要在光接口上插入光模块
CPRI0	光接口 0，速率为 4×24.3302Gb/s 或 4×10.1376Gb/s，安装光纤时需要在光接口上插入光模块
Input	−48 V 直流电源接口
TEST	测试接口(内部使用)

＊外部面板还有 5 个指示灯，功能和其他设备的基本一样，详细介绍可以查阅相关资料。

　　各连接线缆的描述如表 9 – 24 所示。

表 9 – 24　AAU5612 线缆连接表

线缆名称	线缆一端		线缆另一端	
	连接器	连接位置	连接器	连接位置
AAU 保护地线	OT 端子(M6)	AAU 主接地端子	OT 端子(M8)	外部接地排
AAU 等电位线(可选)	OT 端子(M6)	AAU 主接地端子	OT 端子(M6)	AAU 次接地端子
AAU 电源线(DC)		POWER – IN 端口	视外部设备而定	外部电源设备或配电设备
CPRI 光纤（同 BBU5900 或其他 BBU 直连）	DLC 连接器	AAU CPRI1 或 CPRI0 口	DLC 连接器	BBU5900 等 BBU 设备的 CPRI 口
CPRI 光纤（拉远，通过 ODF 连接）	DLC 连接器	AAU CPRI1 或 CPRI0 口	FC 连接器（或 SC/DLC 连接器）	视 ODF 架的位置而定

2020 年，随着 5G 业务的大规模商用，必将带来合适于各种高密度场景业务覆盖需求的、各种类型基站的大发展。以上仅简单介绍了一种室外的宏站设备，其他类型的小基站组网可以关注华为的官网介绍。

9.2.2　5G 核心网设备

5G 的核心网也是一个逐渐演进的过程，考虑到网络架构、资源配置和承载网络等方面的改变对运营商网络带来的成本压力，当前的 5G 网络演进采用的是"5G 技术 4G 化"的策略，一般都分三步走。

第一步：新建的 5G 基站（gNB）与 4G 基站（eNB）以双连接的方式共同接入 4G 核心网，如图 9－40 所示。

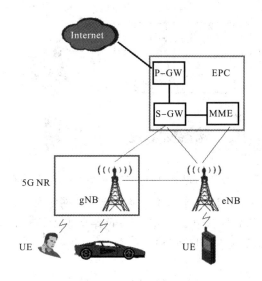

图 9－40　5G 基站与 4G 基站共同接入 4G 核心网

第二步：5G 基站独立接入 5G 核心网（NGCN，下一代核心网），如图 9－41 所示。

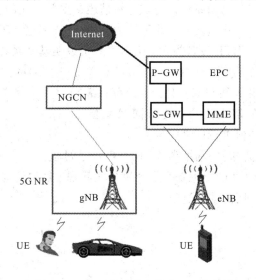

图 9－41　5G 基站独立接入 5G 核心网

第三步：5G 基站和 4G 基站统统接入 5G 核心网，4G 核心网退出历史舞台，如图 9 -
42 所示。

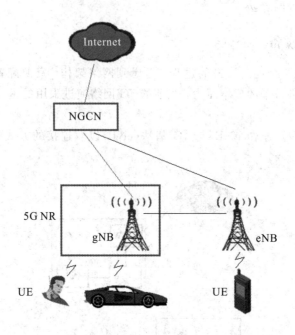

图 9 - 42　　5G 基站与 4G 基站共同接入 5G 核心网

当前 5G 网络还处于建网初期，故核心网设备与 4G 网络是共用的。读者可以参看 9.1
节关于 LTE 核心网设备部分的介绍。但随着 5G 网络的发展，未来的核心网必将随着业务
需求的不同而灵活部署，让我们拭目以待！

思 考 与 习 题

1. 画图说明 TD - LTE 通信系统的组成，并描述各主要网元的功能作用。

2. 根据 3GPP 的定义，基站被分为几种类型？（要求描述这几种类型基站间的差异。）

3. 以 EMB5116 TD - LTE 设备为例，画图并分析说明基站系统的室内外连接结构。

4. 以具体的应用场景为例，归纳总结射频拉远单元(RRU)的主要特性。

5. 查资料对比单极化天线与双极化天线之间的差异。

6. 某区域有 20 万的潜在用户，要求同时支持 20 Gb/s 的数据吞吐量，如果采用
TLE3000 设备组网，该如何进行网络配置？

7. 从总体架构方面说明 4G 网络到 5G 网络的演进过程。

8. 什么是 AAU？AAU 的出现是为了解决什么问题？是如何解决的？

9. 归纳总结 5G 核心网的演进过程。

附　　录

上述 6 个附录的内容可扫描下面二维码查阅。

参 考 文 献

[1]　章坚武. 移动通信[M]. 5 版. 西安：西安电子科技大学出版社，2017.

[2]　(美)Arunabha Ghosh Jun Zhang Jeffrey G. Andrews Rias Muhamed. LTE 权威指南[M]. 北京：人民邮电出版社出版，2012.

[3]　中睿通信规划设计有限公司. 迈向 5G：从关键技术到网络部署[M]. 北京：人民邮电出版社，2018.

[4]　林维忠. 全球移动通信系统(GSM)[J]. 现代电视技术，2003，04.

[5]　刘是枭，张刚，姜炜，等. 一种减小非授权频段混合自动重传请求进程时延的方案[J]. 科学技术与工程，2017，10.

[6]　严振亚. 下一代移动通信系统中的混合自动重传请求技术研究[D]. 北京：北京邮电大学，2007.

[7]　蜉蝣采采. 三分钟看懂 5G NSA 和 SA[EB/OL]. 无线深海，2019，04.

[8]　埃里克·达尔曼. 5G NR 标准：下一代无线通信技术[M]. 北京：机械工业出版社，2019.

[9]　3GPP. 3GPP TS 36. 211 V10. 7. 0[S]. Evolved Universal Terrestrial Radio Access (E‑UTRA) Physical Channels and Modulation，2013，02.

[10]　3GPP. 3GPP TS 36. 213 V10. 7. 0[S]. Evolved Universal Terrestrial Radio Access (E‑UTRA) Physical layer procedures，2013，03.

[11]　3GPP. 3GPP TS 36. 300 V10. 12. 0[S]. Evolved Universal Terrestrial Radio Access (E‑UTRA) Overall description，2014，12.

[12]　3GPP. 3GPP TS 36. 304 V10. 9. 0[S]. Evolved Universal Terrestrial Radio Access (E‑UTRA) User Equipment (UE) procedures in idle mode，2015，12.

[13]　3GPP. 3GPP TS 36. 331 V10. 9. 0[S]. Evolved Universal Terrestrial Radio Access (E‑UTRA) Radio Resource Control (RRC) Protocol specification，2013，03.

[14]　IMT‑2020(5G)推进组. 5G 愿景与需求白皮书[R]，2015.

[15]　IMT‑2020(5G)推进组. 5G 核心网云化部署需求与关键技术白皮书[R]，2018.

[16]　IMT‑2020(5G)推进组. 新型多址专题组技术报告[R]，2019，01.

[17]　IMT‑2020(5G)推进组. 新型调制编码专题组技术报告[R]，2015.

[18]　IMT‑2020(5G)推进组. 5G 概念白皮书[R]，2015.

[19]　IMT‑2020(5G)推进组. 5G 网络架构设计白皮书[R]，2015.

[20]　中国电信. 中国电信 5G 技术白皮书[R]，2018.

[21]　3GPP. 3GPP TS 38. 101‑1 V16. 0. 0[S]. User Equipment (UE) radio transmission and reception，2019，06.

[22]　3GPP. 3GPP TS 38. 201 V15. 0. 0[S]. NR Physical Layer‑General Description，2017，12.

［23］ 3GPP. 3GPP TS 38. 211 V15. 6. 0［S］. NR Physical channels and modulation，2019，06.

［24］ 3GPP. 3GPP TS 38. 212 V15. 6. 0［S］. NR Multiplexing and channel coding，2019，06.

［25］ 3GPP. 3GPP TS 38. 213 V15. 6. 0［S］. NR Physical layer procedures for control，2019，06.

［26］ 3GPP. 3GPP TS 38. 214 V15. 6. 0［S］. NR Physical layer procedures for data，2019，06.

［27］ 3GPP. 3GPP TS 38. 215 V15. 5. 0［S］. NR Physical layer measurements，2019，06.

［28］ 3GPP. 3GPP TS 38. 300 V15. 6. 0［S］. NR and NG - RAN Overall Description，2019，06.

［29］ 3GPP. 3GPP TS 38. 304 V15. 4. 0［S］. NR User Equipment (UE) procedures in Idle mode and RRC Inactive state，2019，06.

［30］ 3GPP. 3GPP TS 38. 401 V15. 6. 0［S］. NR NG - RAN Architecture description，2019，06.

［31］ 3GPP. 3GPP TS 38. 801 V14. 0. 0［S］. NR Study on new radio access technology：Radio access architecture and interfaces，2017，03.

［32］ 3GPP. 3GPP TS 23. 501 V16. 1. 0［S］. NR System Architecture for the 5G System，2019，06.

［33］ 3GPP. 3GPP TS 38. 101 - 3 V16. 0. 0［S］. NR Range 1 and Range 2 Interworking operation with other radios，2019，6.

［33］ 3GPP. 3GPP TS 38. 104 V16. 2. 0 ［S］. NR Base Station (BS) radio transmission and reception，2019，12.

［34］ Monirosharieh Vameghestahbanati, Ian D. Marsland, Halim Yanikomeroglu. Multidimensional Constellations for Uplink SCMA Syste ms—A Comparative Study ［J］. IEEE，2019，03.

［35］ Sergey D. Sosnin, Gang Xiong, Debdeep Chatterjee，and Yongjun Kwak. Non - Orthogonal Multiple Access with Low Code Rate Spreading and Short Sequence Based Spreadin ［J］. IEEE，2017，05.

［36］ Huawei. 5G：New Air Interface and Radio Access Virtualization, Huawei Global Analyst Summit 2015.

［37］ 王畅. PDMA 发端图样设计及功率分配优化［D］. 成都：电子科技大学，2019，06.

［38］ 华为技术有限公司. 基站站点设计培训资料［C］，2019.

［39］ 大唐移动通信学院. TD - LTE 产品介绍培训资料［C］，2018.

［40］ 大唐移动通信学院. EPC 产品介绍 - TLE3000 培训资料［C］，2018.

［41］ 中国移动. 5G 大规模场外测试技术要求 V1. 0［R］，2018.

［42］ 中国移动. 中国移动 TD - LTE 无线参数设置指导优化手册［C］，2017.